南药传承创新系列丛书

迷迭香

主编・张荣平　于浩飞　胡炜彦

上海科学技术出版社

图书在版编目（CIP）数据

迷迭香 / 张荣平，于浩飞，胡炜彦主编. -- 上海 :
上海科学技术出版社，2021.4
（南药传承创新系列丛书）
ISBN 978-7-5478-5315-3

Ⅰ. ①迷… Ⅱ. ①张… ②于… ③胡… Ⅲ. ①香料作
物—研究 Ⅳ. ①S573

中国版本图书馆CIP数据核字(2021)第064533号

迷迭香
主编・张荣平　于浩飞　胡炜彦

上海世纪出版(集团)有限公司
上 海 科 学 技 术 出 版 社 出版、发行
(上海钦州南路 71 号　邮政编码 200235　www.sstp.cn)
上海雅昌艺术印刷有限公司印刷
开本 787×1092　1/16　印张 14.5
字数：300 千字
2021 年 4 月第 1 版　2021 年 4 月第 1 次印刷
ISBN 978-7-5478-5315-3/R・2293
定价：98.00 元

内容提要

迷迭香在国内外均有广泛使用，已成为我国南方地区大宗资源植物，如何进一步地开发利用迷迭香是一个值得重视的课题。

本书从资源学、生物学、生药学、化学成分、药理学五个方面对迷迭香展开论述，并介绍迷迭香在药物分析、质量控制、稳定性、衍生物合成、提取工艺、功效与临床应用等方面的研究进展，同时介绍部分迷迭香相关产品。

本书内容丰富、重点突出，是一部对迷迭香从研究到应用多角度论述的参考书，旨在为从事迷迭香研究的广大学者和从事相关工作的从业人员提供一定的帮助和研究便利，为推进迷迭香学术研究及产业发展提供理论支撑。

“南药传承创新系列丛书”

编委会

《迷迭香》

编委会

主　编

张荣平　于浩飞　胡炜彦

副主编

周宁娜　陈兴龙　贺震旦　戴好富

编　委

（以姓氏笔画为序）

丁彩凤·昆明医科大学

于浩飞·昆明医科大学

邓世玉·昆明医科大学

李　菊·云南中医药大学

李　媛·昆明医科大学

李观丽·昆明医科大学

李爱民·上海师范大学天华学院

李锦超·昆明医科大学

陈兴龙·云南中医药大学

吴　昊·昆明医科大学

张丽霞·中国医学科学院药用植物研究所云南分所

张荣平·云南中医药大学

张荣健 · 上海师范大学天华学院

张恒罡 · 云南沃森生物技术有限公司

范　堃 · 昆明医科大学

周宁娜 · 云南中医药大学

贺震旦 · 深圳技术大学

胡炜彦 · 昆明医科大学

赵荣华 · 云南中医药大学

俞　捷 · 云南中医药大学

钱子刚 · 云南中医药大学

高秀丽 · 贵州医科大学

耿艺娟 · 昆明医科大学

程永现 · 深圳大学

程先睿 · 江西省余干县人民医院

樊若溪 · 云南中医药大学

戴好富 · 中国热带农科院热带生物技术研究所

魏　鑫 · 贵州中医药大学

“南药传承创新系列丛书”

序　一

南药是指亚洲南部(南亚)和东南部(东南亚)、非洲、拉丁美洲热带、亚热带所产的药材及我国长江以南的热带、亚热带地区,大体以北纬 25°为界的广东、广西、福建南部、台湾、云南所产的道地药材。南药是亚非拉各国人民和我国各民族应用传统药物防病治病的经验结晶,是中外传统药物交流应用的精华,也是我国与各国人民团结合作的历史见证。

南药有着悠久的历史,汉代非洲象牙、红海乳香已引入国内。盛唐时朝,中外文化交流十分频繁,各国贾商、文化使者涌入中国,医药文化的交流是重要组成部分。李珣的《海药本草》,全书共六卷,现存佚文中载药 124 种,其中大多数药物是从海外传入或从海外移植到中国南方,而且香药记载较多,对介绍国外输入的药物知识和补遗中国本草方面作出了贡献,如龙脑出波律国、没药出波斯国、降香出大秦国、肉豆蔻出昆仑国等。唐代海上丝绸之路途经 90 余个国家和地区,全程约 1.4 万千米,大批阿拉伯人主要经营香药贸易,乳香、没药、血竭、木香等阿拉伯药材随之传入中国。宋元时期进口大量“蕃药”,《圣济总录》“诸风门”有乳香丸、没药散、安息香丸等,以“蕃药”为主的成药计 28 种。明代郑和七下西洋,为所到达的西洋各国居民防病治病,传授医学知识,以此作为和平外交的重要内容。通过朝贡贸易,从国外输入香药以及包括各种食用调料和药材,朝贡采购的药物有犀角、羚羊角、丁香、乳香、没药、木鳖子、燕窝等 29 种以上,船队也带出中国本土的麝香、大黄、茯苓、肉桂、姜等中药,作为与各国进行交换和赐赠的物品,既丰富了中药资源,又促进了中医药的发展,给传统医药国际合作与交流树立了典范。

当前,建设“一带一路”和构建人类命运共同体等倡议正不断深化,卫生与健康是人类共同体的重要组成部分,而南药作为海上丝绸之路沿线国家防病治病的手段又具有特殊的意义。云南中医药大学因势利导、精心组织出版的南药传承创新系列丛书,从历史古籍、文化传承、现代研究、中外交流等多方面进行系统研究，构建了南药完整的理论体系，通过传承精华、守正创新，将有利于加强中国与“一带一路”沿线亚非拉国家在传统医药中的合作，实现更大范围、更高水平、更深层次的大开放、大交流、大融合，实现以传统中医药来促进“一带一路”国家民心相通，“让中医药更好地走向世界、让世界更好地了解中医药”，共绘中医药增进人类健康福祉的美好愿景。

有鉴于此，乐为之序。

中国工程院院士

中国医学科学院药用植物研究所名誉所长、教授

2020 年 4 月

“南药传承创新系列丛书”

序　二

“南药”称谓有多种解释，有广义和狭义之分，有不同国度之分，也有南药与大南药之分。本书采用肖培根先生的定义，即泛指原产于亚洲、非洲、拉丁美洲热带、亚热带地区的药材，在我国主产区包括传统南药和广药生产区域。南药不仅蕴含我国南药产区数千年来中华民族应用植物药防治疾病的宝贵经验和智慧，而且汇集了热带、亚热带地区中、外南药原产地各国人民的传统医药知识和临床经验，是中外传统医药“一带一路”交流互鉴的重要历史见证。对南药进行传承创新研究，将为丰富我国中药资源，推动中医药的发展起到重要的作用。

南药的历史记载可以追溯到公元前300年左右的《南方草木状》，迄今已有2 300多年。随着环境变迁、人类进步、社会发展，南药被注入多样性的科学内涵。我国南药物种资源丰富、蕴藏量大，原产或主产于多民族聚集区域，不同民族或用同一种药物治疗不同的疾病或用不同的药物治疗同一种疾病，这种民族医药的多样性构成了南药应用的多样性。南药是中成药和临床配方的重要药材，除了槟榔、益智、砂仁、巴戟天四大著名南药外，许多道地药材如肉桂、血竭等，也是重要的传统南药，在我国有悠久的应用历史。很多南药来自海外，合理开发利用东南亚、南亚国家药用资源对我国医药工业可持续发展同样起到了促进作用。

云南地处我国西南边陲，西双版纳、德宏、普洱等地与缅甸、老挝、越南相连，边界线总长达4 060千米，有15个少数民族世居在边境一带，形成了水乳交融、特色突出的南药体系。边疆民族地区良好的生态环境为发展南药种植提供了良好的条件。近几年来，边境地区南药的发展在精准扶贫，实现边境稳定、民族团结中发挥了重要作用。

云南省政府近年来把生物医药“大健康”产业作为重大和支柱产业加以培育和发展，一直非常重视南药的发展。云南中医药大学在云南省政府的支持下，联合昆明医科大学、中国科学院昆明植物研究所、中国医学科学院药用植物研究所云南分所、广州中医药大学、云南白药集团等单位，于2013年成立了“南药研究协同创新中心”，通过联结学校、科研机构、企业，组成协同创新联盟，搭建面向国内外的南药研究协同创新平台，系统开展了南药文化、南药古籍文献整理、重要南药品种等研究，取得一系列重要的研究成果，逐步成为国内外南药学术研究、行业产业共性技术研发和区域创新发展的重要基地，在国家药物创新体系建设中发挥了重要作用。

云南中医药大学以“南药研究协同创新中心”为平台，邀请一批国内专家学者，编写了“南药传承创新系列丛书”，全面系统地总结了我国南药的历史和现状，为南药的进一步开发利用提供科学依据和研究思路。本书的初衷在于汇集、整理中国南药（South-drug in China）的历史记载、民间应用、科学研究之大成，试图赋予南药系统的、科学的表征。丛书的出版必将推动南药传承创新，扩大中药资源，丰富、发展中医药文化，促进我国与东南亚、南亚等国家在传统医药中的合作与交流，以及在实施国家“一带一路”倡议、构建南药民族经济发展带、推动云南“大健康”事业发展、实现边疆民族经济与社会的协调发展中发挥重要的作用。

中国科学院院士

中国科学院昆明植物研究所研究员

2020年4月

前　言

迷迭香(*Rosmarinus officinalis* L.)为唇形科迷迭香属多年生常绿亚灌木植物,原产于地中海地区,魏晋时期传入中国,现广泛引种栽培于中国和美洲各国,在我国南方多省已成为大宗资源植物,属于传统的引种品种。欧洲国家早在两千多年前就将迷迭香用于增强记忆力、治疗语言障碍、调理月经、生发、助消化和保肝。国内也将其广泛用于医药,纳入"南药"范畴。20 世纪 60 年代研究发现,迷迭香中提取的抗氧化剂可应用于食品、油脂等领域,当前国内外广泛将迷迭香用于食品调味和提取精油。

迷迭香富含挥发油类、二萜类、三萜类、黄酮类和苯丙素类等成分,且含量高,其中挥发油类和二萜类成分具有抗氧化作用,被广泛应用于食品和医药行业。研究发现,以鼠尾草酸为代表的二萜类成分和以迷迭香酸为代表的苯丙素类成分表现出显著的神经保护、抗炎、抗氧化、改善血液流变学、抑制血栓形成、保护心肌等药理活性,具有广泛的食用和药用前景,有助于推动迷迭香资源产业化发展。

本书的编写工作得到各编写单位及编委们的大力支持,得到国家自然科学基金地区科学基金(81960666)、云南省科技计划(202002AA100007、2019FA033)、云南省南药资源可持续利用重点实验室、云南省创新团队(202005AE160004)、"云岭学者"(YNWR-YLXZ-2019-019)等项目的资助,在此表示衷心的感谢!

书中遗漏、不足之处,敬请广大专家及读者批评指正,以便修订改正。

编委会

2021 年 2 月

目录

第一章　迷迭香资源学

第二章　迷迭香生物学特性

• 第六章　迷迭香化学成分 •

043

• 第七章　迷迭香药理学 •

070

第十章 迷迭香成分的提取工艺

第十一章 迷迭香的临床应用

第十二章 迷迭香的开发利用

第一章　迷迭香资源学

第一节·迷迭香属植物的分类

迷迭香属(*Rosmarinus*)，属被子植物门(Angiospermae)、双子叶植物纲(Dicotyledoneae)、管状花目(Tubiflorae)、唇形科(Labiatae)多年生常绿亚灌木植物。该属共有3(～5)种，有不少分类学家认为系一单种属，均产自地中海地区，是一种高级天然芳香植物，野生或种植于白垩土壤中。

迷迭香属包含3个野生种，分别是迷迭香(*R. officinalis* L.)、毛萼迷迭香(*R. eriocalyx* Jordan & Fourr.)和绒毛迷迭香(*R. tomentosus* Huber-Morath & Maire)，以及2个杂交种*R.* × *lavandulaceus* De Noe 和 *R.* × *mendizabalii* Sagredo ex Rosua，二者具有一个共同的亲本*R. offcinalis*，并分别以*R. eriocalyx* 和*R. tomentosus* 作为另外一个亲本。

迷迭香属3个野生种分布于不同的地区，其中迷迭香广泛分布在地中海地区；绒毛迷迭香是伊比利亚半岛南部西班牙格拉纳达和马拉加的地方资源，已被列入濒危植物行列；毛萼迷迭香分布在伊比利亚半岛南端(西班牙阿尔梅利亚)和北非(摩洛哥、阿尔及利亚和利比亚)。

利用ITS序列对迷迭香、毛萼迷迭香和绒毛迷迭香进行系统分类，分析表明迷迭香和毛萼迷迭香属于单起源，而绒毛迷迭香杂合了毛萼迷迭香的序列。

在迷迭香属内，迷迭香(*Rosmarinus officinalis* L.)含3个亚种——*R. officinalis* subsp. *palaui* O. Bolòs & Molinier(分布于西班牙巴利阿里群岛)、*R. officinalis* subsp. *officinalis* L.(分布于地中海盆地)和*R. officinalis* subsp. *valentinus* Lamiaceae(分布于西班牙巴伦西亚)。毛萼迷迭香(*Rosmarinus eriocalyx* Jordan & Fourr.)含2个变种——*R. eriocalyx* var. *eriocalyx* Jord. & Fourr和*R. eriocalyx* var. *pallescens*(Maire) Upson & Jury。

第二节·迷迭香属植物的基本特征

迷迭香属植物为多年生石楠状常绿灌木，枝干呈褐色，表皮粗糙，幼枝为四棱形，老枝近圆形，具长短枝；叶线形，全缘，边缘外卷；花对生，少数，聚集在短枝的顶端成总状花序；花萼卵状钟形，11脉，二唇形，上唇全缘或具短小3齿，下唇2齿；花冠蓝紫、淡蓝或带白色，花冠筒伸出萼外，花冠裂片长圆形；雄蕊仅前对完全发育，花丝与花药隔接连，花药被药隔分开为2等分，药室平行，仅1室发育，线形，背部着生在药隔顶端，后对退化雄蕊不存在；花柱远超出雄蕊，先端不相等2浅裂；花盘平顶，具浅裂片；小坚果卵状近球形，平滑，具一油质体。迷迭香属植物的生活习性为：耐旱、耐盐碱，但不耐涝，一般在高温、干燥、排水良好、光照充足的地方生长良好；性喜温暖气候，生长适温为9～30℃，在5℃开始萌动，10℃缓慢生长，20℃左右生长旺盛，30℃进入半休眠期。

迷迭香属植物的代表——迷迭香（*Rosmarinus officinalis* L.），为多年生常绿小灌木，原产欧洲及北非地中海沿岸，是世界知名的芳香植物。迷迭香气味芳香、浓郁、清凉，生长季节植株会散发浓郁的清甜带松木香的气味。其茎、叶、花均可使用，果实黑色，种子千粒重约1.1 g，发芽率低。

按照植物分类学，迷迭香（*Rosmarinus officinalis* L.）3个亚种的基本特征如下。

(1) *R. officinalis* subsp. *officinalis*：植株直立生长，株高可达1.8 m；花萼长4.2～7 mm，花冠长8.5～13.5 mm。

(2) *R. officinalis* subsp. *palaui*：植株匍匐生长，株高最高80 cm；枝条上叶片密生，叶片短而肉质，深绿色有光泽；花萼长5 mm，花冠紫色，小于10 mm。

(3) *R. officinalis* subsp. *valentinus*：植株匍匐生长，株高最高只有20 cm；叶片窄而厚，绿色无光泽；白色花冠上有明显的紫色斑点。

迷迭香经过长期的自然演化和人工驯化，已经形成了丰富的品种和栽培种，并被引种到世界各地如美国、加拿大、英国、法国和中国等。常见的有Arp、Al-bus、Aureus等20余种，在生长习性、花色、叶形和枝条的着生状态等方面存在变异。

迷迭香根系较发达，主根入土可达20～30 cm。株形分直立型（高可达2 m）和匍匐型（株高30～60 cm），具长短枝。茎及老枝圆柱形，皮层暗灰色，有不规则的纵裂和块状剥落；幼枝四棱形，密被白色星状细绒毛。叶常在枝上簇生，具极短的柄或无柄；叶片线形，长1～2.5 cm，宽1～2 mm，先端钝，基部渐狭，全缘，向背面卷曲；革质；上面稍具光泽，墨绿色，近无毛；下面灰蓝色，密被白色的星状绒毛，干燥后呈针状；每个叶腋都有小芽，这些腋芽能发育成新的枝条。

花近无梗，对生，少数聚集在短枝的顶端组成总状花序；苞片小，具柄；花萼卵状钟形，长约4 mm，外面密被白色星状绒毛及腺体，内面无毛，11脉，二唇形，上唇近圆形，全缘或具短小的3齿，下唇2齿，喉部内面无毛，齿卵圆状三角形；花冠蓝紫色、淡蓝或带白色，长不及1 cm，外被疏短柔毛，内面无毛，冠筒稍外伸，冠檐二唇形，上唇直伸，先端微缺或浅2浅裂，裂片卵圆形，下唇宽大，3裂，中裂片最大，内凹，下倾，边缘为齿状，基部缢缩成柄，侧裂片长圆形；雄蕊仅前对完全发育，着生于花冠下唇的下方，花丝与药隔接连，中部有一向下的小齿，花药被药隔分为2等分，药室平行，仅1室能育，线形，背部着生在药隔顶端，后对退化雄蕊不存在；花柱细长，远超过雄蕊，先端不相等2浅裂，裂片钻形，后裂片短；花盘平顶，具相等的裂片；子房裂片与花盘裂片互生。花期自秋季至次年夏季，花期11月。果实为4粒很小的近球形坚果，卵圆或倒卵形，平滑，具一油质体。种子细小，黄褐色。

迷迭香具有发育良好的根系，在迷迭香的生活史中，需通过根系不断地吸收水分、养料，通过根茎输送到地上植株部分，以供植株生长所需。而叶片经光合作用制造的营养物质，经过茎及根茎输送到不定根，以维持不定根的生长。在这上下运输的同时，也不断地在根茎的薄壁组织中积累着营养物质。在迷迭香的维管组织中，中柱鞘中的薄壁组织与初生韧皮部纤维混在一起，很难分辨，其中木质部和韧皮部相互交错排列。木质部导管分子数量多而且有较大的宽度，其中在单个切面视野上导管数约为400个，最大的导管分子长约33 μm，宽约40 μm。木质部的主要功能是输导水分，韧皮部的主要功能是输导光合产物。当土壤中水分充足时，迷迭香中发育良好的木质部组织能保证水分的迅速输导，提高植物的耐旱能力。

迷迭香的茎是支持植株在地上生长发育的重要部分，它把地下的根茎、根系和地上的叶、花、果连接在一起。由于茎的支持作用把叶支撑至适当的空间，植株得到所需的光照，可进行光合作用，以获得生长发育所需的营养物质。茎能把水分、无机盐和养料输送至植物体的各部分，同时，在茎和根中不断地储藏着营养物质。当开花结果时，茎能及时地输送养料以满足植株当时的需求，使果实得以发育成熟。从迷迭香茎的横切面上看，茎的次生生长也像根的一样，包括周皮和次生维管组织。

迷迭香的叶也像根、茎一样，具有皮系统、维管系统和基本组织系统。叶的维管系统分布在整个叶片，因此叶肉细胞与维管组织之间有十分密切的空间关系。维管束在叶片中央平面上与叶表面平行地形成互相连接的系统。叶中的维管束一般称为叶脉。在迷迭香的网状脉序中，有一条最大的叶脉穿过叶的中部，形成主脉或中央叶脉，并产生分枝。维管组织中的木质部和韧皮部同样具有输导水分和光合产物的功能。在迷迭香大的和中等的叶脉中含有导管和筛管，反映出迷迭香叶的输导能力。迷迭香的叶为条形叶，长3～4 cm，宽2～4 mm，厚约0.2 mm，叶片面积小，叶缘外卷，革质，叶的下表面覆盖着浓密的白色绒毛，毛厚约0.25 mm，这些特征可减少植物的蒸腾面积和避免或推迟干旱胁迫的突然开始。叶上表面的气孔为圆形凸起，开口小，开口直径约为5 μm，气孔密度约为130个/mm^2，是植物体与大气交换气体的通道与门户，同时直接影响着植物体的蒸腾作用，气孔的密度、大小、数量等受光照、温度和降水的影响，气孔能根据环境的变化选择张开和闭合以维持植物体内的水分平衡。发达的栅栏组织和增厚的角质层有利于防止水分的过分蒸发。

迷迭香全株具芳香气味，为药食同源植物，其品种有很多，依外形可分为直立型和匍匐型。市场上最常见的为直立型迷迭香，植株可长至1～2 m，茎成熟后转木质化；叶片较匍匐型迷迭香大，呈狭长针状，革质，分阔叶及细叶种；开花较少，细叶种几乎不开花；盆栽株型优美，适合做盆栽及户外围篱，另也常用来烹调食用，作为园艺香料植物，有很高的观赏价值；栽培需要的地面空间相对较少，采收也方便，观赏效果佳，园林应用性较强，经济栽培多以此种为主。匍匐型迷迭香植株可长至30～60 cm，茎为硬质，分枝呈扭曲及涡旋状，可横向生长达100 cm；叶片较小，适合用于吊盆及地被；花开较多，一年可开花4～5次，于4～5月最多，从夏季到初冬，花色有蓝、粉、白、红、淡紫色；生长快，较不耐寒。

迷迭香常见品种包括阔叶迷迭香、狭叶迷迭香、针叶迷迭香、松香迷迭香、粉红迷迭香、金雨迷迭香、塞汶海迷迭香等。和大多数的香料植物一样，迷迭香喜欢日照充足的场所，全日照或半日照都可以，一般在高温、干燥、排水良好、光照充足的地方生长良好，也适于在半阴的环境中生长。迷迭香成熟时间为90～110天，温度过低时生长缓慢，高温高湿情况下极易死苗。抗寒性好，一般气温在10℃以上能正常越冬，低于10℃会受到一定程度的冻害，低于－2℃不能成活。北方寒冷地区冬季应覆土护根，以利越冬。不耐碱，在轻度碱地上种植生长缓慢，严重时全株发黄干枯死亡。不耐涝，在雨水过多的月份苗木发黄落叶，如遇连续梅雨阴天，苗会严重死亡。对土壤要求不严，除盐碱、低洼地以外，一般都能生长；但为获得高产，应选择疏松肥沃、有机质含量较高，排水良好的土壤；适宜的土壤pH为4.5～8.7。5～7月为迷迭香第1个生长高峰，7～8月上旬为浅休眠期，8月中旬至10月初为第2个生长高峰，11月到次年3月下旬为半休眠期（指保护地），9月露出花蕾，如无高温可开花结实。

第三节 · 迷迭香的野生资源

一、世界迷迭香植物野生资源

迷迭香在原产地地中海沿岸有大量的野生分布，主要分布国是法国、西班牙、塞尔维亚、黑山、斯洛文尼亚、北马其顿、克罗地亚、波斯尼亚-黑塞哥维那、突尼斯、摩洛哥、土耳其和意大利等，是地中海式气候下发育的多年生灌木。所谓“地中海式气候”，即冬季温和湿润、夏季炎热干燥的亚热带气候。这种气候出现的地区，除地中海沿岸外，主要在各大陆的西部，即美国加利福尼亚沿岸及其一部分内陆地区、智利中部、非洲的西南角以及澳大利亚的西南和东南沿岸。在地中海区域内，以法国南部的蒙彼得利埃观察点为例，其四季平均温度为：冬季 6.7 ℃，春季 13.4 ℃，夏季 26 ℃，秋季 15.2 ℃；年温差在 15 ℃左右。8 月的最高气温可超过 30 ℃，而土表温度甚至可达 40 ℃。白昼的大气湿度降低至 20%，而在夜间可达 90%。蒸发量大，在晴天中午 1 m 高处通常超过 1 ml/h。由于处于气旋雨带的边缘，故这里的降水量并不十分稳定，一般在 500～750 mm 范围内。日照多，夏季尤甚，冬季虽雨量充沛，但晴天也很多。在西班牙等国，天然的常绿栎林大部分遭到破坏，其退化而成的灌木丛中一些芳香植物占优势，迷迭香属植物就是其中的代表之一。

野生迷迭香可以用来制作迷迭香精油，这种灌木非常具有观赏性，在南非的冬季和早春会开出一簇簇小白花，中心呈紫色。它有独特的、蓬松的白色种子头，类似棉花或雪。细而多毛的叶子像松针，颜色灰绿。

二、我国迷迭香植物野生资源

迷迭香在三国魏晋时期就已经引种到中国地区了，如今在中国南北方都有栽培种植，很多地方都可见到野生迷迭香，例如云南、重庆、广西、贵州、湖南、湖北等地。在中国迷迭香一般被称作“海洋之露”，因其开出来的花朵比较密集，且为深蓝色，当它开满花时就像海洋一样。野生迷迭香植物的生长速度是比较缓慢的，富含砂质、排水良好的土壤较有利于其生长发育。在每年的 11 月份的时候，野生迷迭香会开出蓝色的花朵，令人赏心悦目，颇有观赏价值。野生迷迭香用途广泛，是一种名贵的天然香料植物，生长季节会散发一种清香气味，有清心提神的功效，一般用于调配空气清洁剂、香水、香皂等化妆品原料，具有很高的经济价值。

第四节 · 迷迭香的起源和引种栽培

一、迷迭香的起源

迷迭香（*Rosmarinus officinalis* L.）别名艾菊，又名情人草、海之露，有“玛利亚玫瑰”“海水之珠”之称。“rosemary”是迷迭香的英文名称，但这个名称和英文的“rose”（玫瑰）及“Mary”（玛莉）并没有关系，而是由迷迭香的拉丁名称“Rosmarinus”转化而来，由“露水”（ros）和“海”（marinus）两个字根组成，意指“来自海洋的露水”，意谓“海之朝露”，是指迷迭香叶片有相当强的亲水性。

迷迭香是一种浑身散发着香气的植物，叶片常绿，因此被当作是永恒的象征，并且被认为可占卜未来。《圣经》曾记载，耶稣逃难时，随手将袍子丢在田园里，后来被圣袍覆盖的地方长出了迷迭香。

古代希腊人和罗马人把迷迭香视为再生的象征和神圣的植物，认为它可使人平和、安定。罗马人尊称它为“神圣之草”，认为它可带来幸福。

迷迭香原本是用来怀念死者的花，因为它的香气在摘下后仍能维持很久，可拿来当作标本保存。另外也因为它是常青树，能永保青翠和香气，因此有了“回忆”“无法忘怀”的花语，在丧礼上更是不可缺少。从16世纪开始，欧美人常在已逝者的坟上植下一棵迷迭香，代表永恒的生命、爱与美好的追思回忆。《哈姆雷特》里有这样经典句子：“迷迭香，是为了帮助回想；亲爱的，请你牢记在心。”

迷迭香也有象征忠诚的意思，因此在欧洲的婚礼中也常见新娘以迷迭香作为配饰，向世人昭告她对爱情的忠贞不渝。在捷克婚礼中，女傧相会把迷迭香的小树枝扣在宾客的衣服上，以象征生活美满及坚贞不变。

摩尔人认为迷迭香能赶走害虫，因此会在果园大量栽种迷迭香。早期，法国的医院常利用迷迭香抗菌的特性，在流行病爆发时，焚烧迷迭香以净化空气，杜绝病菌污染。迷迭香在1328年传到了英国，那时正是黑死病流行的高峰。爱德华三世的妃子菲力伯的母亲，为预防女儿染上黑死病，便将迷迭香送给她。在那之后，在医院燃烧迷迭香便成为一种习俗。

另外，常绿的迷迭香有“常保年轻”的传说。据说土耳其的伊丽莎白女王就是靠迷迭香做成的香水而长保年轻。传说匈牙利王妃伊丽莎白女王将迷迭香精油制成化妆水，每天用它来洗脸，所以即使年事已高，看起来仍然像年轻女子一样美丽，使得许多欧洲贵族以为看到了她，就回到了自己的年轻时代。时至今日，迷迭香精油仍然是有名的欧洲香水的主要成分。

迷迭香为地中海式气候下发育的多年生灌木，自然分布较为狭窄。在欧洲南部主要作为经济作物栽培，为地中海一带的重要景观植物，现在世界各国广泛栽培，主要栽植于法国、意大利、西班牙、塞尔维亚、斯洛文尼亚、北马其顿、突尼斯、阿尔及利亚、利比亚、葡萄牙、希腊、阿尔巴尼亚、波斯尼亚-黑塞哥维那、克罗地亚、黑山、摩洛哥、利比亚、埃及、塞浦路斯、土耳其、保加利亚、佛得角、百慕大群岛、美国得克萨斯州、墨西哥中部等地区。迷迭香是传统的香料作物，过去广泛用于食品调味和提取精油，20世纪60年代研究发现，迷迭香中提取的抗氧化剂可以应用于食品、油脂等领域，以替代对人体有一定毒副作用的化学合成抗氧化剂，许多国家投入大量资金进行研究与产品开发。迷迭香现广泛引种于美洲各国，法国、英国、荷兰和葡萄牙等国家已将迷迭香繁殖与栽培技术应用于园林绿化与大田种植生产中。在两千多年前，一些欧洲国家就将迷迭香用于增强记忆力、治疗语言障碍、调理月经、生发、助消化和保肝。

二、我国迷迭香的引种栽培

我国早在1700多年前的三国魏晋时期就自西域引进迷迭香植物，《本草纲目》中也有论述。《本草拾遗》中记载迷迭香“辛温，无毒，主恶气”；《海药本草》记载其性“平”，可“健胃、发汗，治头痛”；《国药的药理学》记载其“芳香健胃，亢进消化机能”；《中药植物图鉴》记载：“强壮、发汗、健胃、安神，能治各种头痛。”现我国园圃中偶有引种栽培，为芳香观赏植物。迷迭香被认为是上天赐给人类的神草，早期仅被用于宗教仪式上。我国古代对迷迭香有记载是“强壮、发汗、健胃、安神，能治各种头痛，和硼砂混合作成浸剂，能防止早期秃头”。

南京中山植物园于1976年从加拿大引种迷

迭香，1981 年由中国科学院植物研究所从美国引进并栽培成功后，在江苏赣榆和广西作香料试种，但由于迷迭香是典型的地中海气候类型代表种，而我国大部分地区属大陆性气候，气候类型相差甚远，引种成功率较低。1988 年 4 月，云南省香料研究开发中心从北京植物园引进迷迭香至昆明栽种。1994 年初，江苏省大中农场香料研究所从南京中山植物园引入小苗试种。1996 年，在中国科学院扶贫工作组的推荐下，贵州独山从北京植物园引进第 1 批种苗进行试种。我国很多地方都有庭院零星种植迷迭香，但是大规模工业化种植区域主要集中在云南和贵州，海南、广西、新疆、湖南等地也有种植，全国各地也多有引种。

迷迭香性喜温暖气候，但在中国台湾平地高温期生长缓慢，冬季没有寒流的气温较适合它的生长。水分供应方面由于迷迭香叶片本身就属于革质，较能耐旱，因此栽种的土壤以富含砂质、排水良好为宜，较有利于其生长发育。值得注意的是迷迭香生长缓慢，因此再生能力不强，采收时必须要特别小心，尤其是老枝木质化的速度很快，过度的强剪常导致植株无法再发芽，比较安全的做法是剪不超过枝条长度的一半。在南京，迷迭香 3 月下旬萌芽，4 月上旬抽梢，4 月下旬至 5 月上旬开花，6 月上旬种子成熟，8 月中旬第 2 次开花，11 月新梢停止生长，新梢年生长量 20～40 cm。迷迭香发枝性强，一年生扦插苗春季移栽后，当年能抽新生梢 20～40 枝。第 2 年树冠扩大，有一定的枝叶产量。第 3 年多数植株开花。种子空瘪粒很多，有胚率 20%左右，千粒重 0.7 g。第 2 次开花结的种子不发育。经过几年的努力，迷迭香在黔南试种成功并有一定规模的种植，建成了目前全国最大的迷迭香栽培基地，极大地扩展了迷迭香在国内的种植区域。

三、云南省迷迭香的引种栽培

云南地处低纬高原，由于大气环流的影响，冬季受干燥的大陆季风控制，夏季盛行湿润的海洋季风，属低纬山原季风气候。全省气候类型丰富多样，有北热带、南亚热带、中亚热带、北亚热带、南温带、中温带、高原气候共 7 个气候类型。云南气候兼具低纬气候、季风气候、高原气候的特点。其主要表现为：气候的区域差异和垂直变化十分明显，年温差小，日温差大，降水充沛，干湿分明且分布不均。由于水平方向上纬度的增加与垂直方向上海拔的增高相吻合，造成云南 8 个纬度间的温度差别。同时，在高山峡谷中，从谷底到山顶，都存在着因高度上升而产生的气候类型差异。一般来说，云南南部低纬度、低海拔边境一线的边缘地带，由于太阳辐射光热较多，又不易从半封闭的河谷盆地内散去，因此全年都热，雨季长，冬季的半年虽然是干季，但雾多，仍保持一定湿度，形成长年如夏、一雨成秋的北热带类型气候，景观特色与南部中南半岛的热带季风区类似。在北纬 26～27°以北的昭通、丽江、迪庆等地，因纬度高、地势高（海拔高），形成了低温、较寒冷的温带和寒温带气候；介于北纬 23～26°之间的广大中部地区，属于过渡型的亚热带气候。地处海拔 1 300～2 300 m 的高海拔地带，形成冬暖夏凉、年温差小、日温差大的高原亚热带气候类型；海拔 1 300 m 以下一些地区形成亚热带气候，气温较高，降水稍多，具有向北热带过渡的特色；海拔 1 500 m 左右的地区，形成中亚热带、北亚热带气候，具有冬无严寒、夏无酷暑、四季如春、一雨成冬的特点，以昆明为典型。同时，由于云南的地形复杂奇特，即使在高纬度地区也会出现近似北热带的气候，如元谋虽属高纬地区，但因地处金沙江谷地，气候呈现干燥少雨、气温高等近似北热带气候的特点。

云南是植物王国，特别是一些独特或稀有的植物，在云南生长得非常好。迷迭香不是中国的本土植物，因其经济价值较高而从西方引进。迷迭香最喜欢的生长环境是夏天不热、冬天冷但是没有严寒、昼夜温差大、日照充足、干湿季分明，但是湿季种植迷迭香的土地不能积水。这种干湿季分明的气候，世界上主要是地中海式气候，夏天干燥,冬天湿润。云南地区的低纬高原式气候,夏天雨季,冬天干季,中部无寒暑,独特的红壤土质既适合栽种烟叶,更适合栽种迷迭香。中国科学院在全国的试种中发现,云南滇中地区种植的迷迭香长势和提取物质量甚至都比原产地好。在这个地区,迷迭香四季均能扦插繁殖,种子出芽率也比较高,有些园林可见种子撒播的迷迭香,长势良好。

迷迭香是一种多用途的经济作物,其提取物具有高效、无毒的抗氧化效果,可广泛应用于食品、功能性食品、香料及调味品和日用化工等行业中。2018年驻村扶贫工作队将迷迭香种植项目引进云南怒江傈僳族自治州泸水市古登乡干本村,目前在云南玉溪、曲靖、怒江、红河、会泽、禄劝、景洪、大理等地都有种植。

因此,国内最适合种植迷迭香的地域就是云南中部的低纬高原,这是当前的一个研究热点。有研究认为,这种地质气候条件下生长的药用植物的功效都有保障,迷迭香在云南长得好也就很正常了。

第五节 · 迷迭香的栽培及生产研究

一、欧洲迷迭香栽培及生产研究

迷迭香在欧洲南部主要作为经济作物栽培,欧洲具有完备的迷迭香基因库和种质库,最具代表性的机构包括:德国植物遗传与栽培作物研究所(Leibniz Institute of Plant Genetics and Crop Plant Research, IPK)和英国国家草本中心(The National Herb Centre)等,其中英国国家药草中心储备有30种以上的迷迭香优质种源。欧洲迷迭香的研究范围包括:选种、分析、栽培、杂草控制和提取加工等方面。

1. *种源筛选* · 迷迭香植物的种源筛选主要依据以下几个因素,分别为:①外观考察。作为园林花卉观赏植物主要是根据花的颜色(如蓝色、粉红色和白色)或根据生长习性(如直立型和匍匐型)来筛选。②生物量考察。根据叶片与木质的比率来筛选。③精油考察。根据樟脑与蒎烯的含量来筛选。④抗氧化剂考察。根据鼠尾草酸和迷迭香酸的含量来筛选。

2. *杂草控制方法* · 迷迭香种植的杂草控制方法包括:①施用除草剂。目前还缺乏专用许可的除草剂产品,可以使用有机除草剂。②使用机械除草方法。使用刷锄、行间耕作机和喷火器等机械工具。③加覆盖物。通过薄膜覆盖来隔离和阻止杂草生长。

3. *主要化学成分* · 迷迭香精油化学成分可分为5类,分别为:樟脑/蒎烯、乙酸龙脑酯、1,8-桉树脑、马鞭草烯醇和月桂烯。一般认为,迷迭香精油成分和含量与迷迭香种源、产地、采收期及精油加工方法等都有一定关系。迷迭香植物根据精油组成的不同,可以分为两大主要类型,分别为:①低1,8-桉树脑/蒎烯与高樟脑型。亦称突尼斯/摩洛哥型,此类型迷迭香主要产自法国、希腊、突尼斯和摩洛哥等国。②高1,8-桉树脑/蒎烯与低樟脑型。亦称西班牙型,此类型迷迭香主要产自西班牙、葡萄牙、塞尔维亚和意大利等国。将人工栽种的迷迭香与野生收获的迷迭香进行对比,发现前者具有种源独特、杂草可控制、可灌溉等优势,其不足之处是费用大;后者具有费用少等优势,不足之处是不可持续利用和种源混杂等。

4. *提取方法* · 目前,欧洲常规使用的迷迭香抗氧化剂的提取方法主要为:①溶剂提取法。通常采用乙醇-水混合液提取迷迭香抗氧化剂,也是为了提取高含量迷迭香酸和高纯度鼠尾草酸。②超临界 CO_2 提取法。精油为二级产物,无溶剂残留(可使用乙醇作夹带剂),环境友好，为药品和食品企业的首选方法，但加工费用高。

英国有大田种植和盆栽的迷迭香，此外还包括当今流行的水培，主要使用营养液膜技术(NFT)和床媒介(bed medium)技术进行栽培。对迷迭香的研究主要包括：植物种源筛选、分析、加工(如水蒸气蒸馏和干燥)等一系列过程。研究过程特别强调可溯源性，例如：使用田地卡片记录迷迭香的生长位置，采用标准操作程序控制全过程(如播种、栽培、收获、干燥、加工等)，对全过程进行详细记录(包括处理方法、产物和产量记录、校准计算等)。对迷迭香的质量控制包括：植物学鉴定(如肉眼观察和显微镜观察)、生长历史(如杀虫剂、肥料和收获等)、加工(如干燥和提取等)、分析和标准化等。

德国是欧洲在芳香及药用植物进出口量上排首位的国家，也是在芳香及药用植物种植和深加工方面开展研究较多的国家。迷迭香加工主要采用溶剂提取法和水液提取法，也具备超临界 CO_2 提取的能力。迷迭香深加工的主要产品包括：迷迭香精油、迷迭香酸含量超过7.5%的水溶性提取物、鼠尾草酸含量达40%的油溶性提取物，以及来自迷迭香的熊果酸和齐墩果酸混合提取物等。

西班牙的大部分芳香及药用植物为野生，迷迭香资源也非常丰富，主要集中在西班牙的西北部。迷迭香研究方面包括：干旱胁迫对迷迭香植物生长的影响、迷迭香的超临界 CO_2 提取和过热水提取等。

在过去的几年里，意大利种植的迷迭香规模有显著的增长，主要种植目的是作为烹饪用香草佐料和提取精油。

1990年瑞士的芳香及药用植物的种植面积仅为42 hm^2，2001年增长到214 hm^2。其主要目的是生产迷迭香提取物及其他天然抗氧化剂。

罗马尼亚和葡萄牙在迷迭香的种植、加工和利用研究方面也有比较多的成果。

二、我国迷迭香规范化种植技术研究

我国曾在魏晋时期引种迷迭香，现在南方大部分地区与山东地区栽种。当前国内迷迭香加工企业由于资源数量和质量的制约，开始重视原料基地的建设，进行规范化种植技术的探索性研究，初步提出了规范化种植技术方案。迷迭香规范化种植技术主要包括种植地的选择与规划、定植的时间与方法、田间管理的技术与方法、采收时间与方法等。

1. *繁殖方法*　迷迭香的常规繁殖方法有种子繁殖、压条繁殖、短枝扦插繁殖、组织繁殖等4种。种子繁殖发芽率低，成苗时间晚，不利于移栽，目前除引进新品种、杂交育种等采用该法外，生产上一般采用扦插进行繁殖育苗。压条繁殖成功率高，苗的质量好，移栽成活率高，但繁殖数量有限，不能满足大规模原料生产基地建设需要。短枝扦插繁殖系数大，种性稳定，能满足大规模基地开发对种苗的需求。

(1) 种子繁殖：迷迭香种子为小坚果，外表包裹黏液，两室子房中只有一室可育。萌发率极低，一般只有10%～20%，因此生产上很少用种子繁殖。对不同种源迷迭香发芽率的研究发现，在15℃和光照条件下，迷迭香种子发芽率最高，也有报道称低温(4℃)处理有助于提高迷迭香的发芽率。迷迭香播种法繁殖周期长，幼苗生长缓慢，苗期分化明显，夏季抗虫性较差，一般只在品种驯化和品种选育时使用。在第1年，迷迭香的生长极为缓慢，即使到了秋季，植株大小比刚定植时大不了很多，形成大批产量要在2～3年以后，速度很慢。所以，生产上一般采用无性繁殖方式。但由种子栽培的植株，气味较芬芳，故采用何种繁殖方式，要视需要而定。

迷迭香种子繁殖一般于3～4月或9月播种。种子发芽困难，发芽率低，播前应用30℃温水浸种8～12 h，并搓去表面黏膜。播种后10～15天出苗，出苗后及时揭膜，采取遮阴保湿措施，待苗长至10 cm左右时移栽。土法育苗、穴盘育苗均可。土法育苗需先整理好苗床，苗床可平畦或小高畦，床土应整碎耙平，施足发酵底肥，浇足底水。撒播或条播均可，但种子尽量稀播，或与细干土拌匀，播于苗床上，浇小水，使种子与土壤充分接触。种子具好光性，将种子直接播在介质上，不需覆盖，在畦面上搭小拱棚，既保证地温，又使土壤表层不易板结。种子靠苗床底水发育，但要一直保持土壤表层湿润。待芽顶出土再浇水，以小水勤灌为原则。种子发芽适温为15～20℃。2～3周发芽。当苗长到10 cm左右，大约70天，即可定植。穴盘育苗的，将草炭、蛭石按3∶1的比例混匀，即可播种。上覆一薄层蛭石，浇一次透水。上搭小拱棚，其后管理同土法育苗。不同的是，待迷迭香出苗后，要时常移动穴盘，以免根沿着穴盘下方的孔扎入地下，导致定植时伤根。种子繁育出的种苗品质差，夏季易受病虫害。

(2) 扦插繁殖：迷迭香的顶芽、年生枝条都可以作为扦插繁殖材料，扦插成活率在90%以上，即使在气候炎热的夏季，成活率也可达到50%。截取10～15 cm的健康枝条，除去下端的叶片，切口剪为倾斜的，斜插入富含有机质的土壤中，保持土壤湿润但是不能积水，静置于通风处，避免阳光直射和冷风吹袭。最适合扦插的季节是春秋两季，温度25℃左右，扦插时间为3～4月或10月。若要加速发根可在扦插前将基部沾些生根粉，插前先以竹筷插一小洞再扦插以免生根粉被培养土擦掉。扦插时选取新鲜健康、尚未完全木质化的茎作为插穗，剪取5～6节，将下部2节的叶去掉，从顶端算起10～15 cm处剪下，去除枝条下方约1/3的叶子，做入土部分，剪口要求平滑。剪取的枝条浸泡在水中，补足水分。插穗当天剪取，当天扦插完。插穗入土2～3 cm，扦插完毕浇水或淋水，扦插行距3～7 cm。苗床应首选沙床，透水透气，升温快，保水适度，利于扎根。用生根剂处理插穗可提高成活率15%～20%。插完后把苗放在荫凉的地方，白天温度控制在18～25℃，夜间在8～15℃，湿度在75%以上，土壤持水量为60%左右，经过3～4周可逐渐生根，约7周后即可定植。前15天苗床以湿润为主，后15天苗床要见干见湿，夜间温度不能过高，湿度不能过大，要注意通风、透气。插穗生根前每7天喷1次1 500倍的百菌清或雷多米尔，加0.2%的磷酸二氢钾，可增强插穗。插穗长出2～3对叶时开始抗病性苗以备定植直接插在介质中，介质保持湿润，扦插最低夜温为13℃。

(3) 压条繁殖：利用迷迭香茎上能产生不定根的特性，将接近地面的枝条常用压条方式实现压条繁殖，把植株接近地面的枝条压弯覆土，留顶部于空气中，待长出新根，从母体剪下，形成新的个体，定植到露地。

(4) 组织繁殖：目前可用于组织培养的迷迭香外植体有一年生嫩枝上的叶片、茎尖、茎段等。不同的外植体其处理方法不同。①叶片。洗衣粉溶液浸泡1 h，流水冲洗1 h，75%乙醇浸泡30 s，饱和漂白精溶液浸泡17 min，无菌水冲洗3～4次。②茎尖。取温室盆栽迷迭香的顶芽，放在自来水中冲洗30 min，后用75%乙醇浸泡10 s，用无菌水冲洗3遍后，加入0.1% $HgCl_2$ 溶液浸泡5 min(每升溶液加吐温2滴)，再用无菌水冲洗5～6遍(整个过程需要不断搅拌)。最后将灭菌后的材料在无菌的情况下放入无菌烧杯中备用。③茎段。选取生长健壮的枝条，去除叶片，投入洗衣粉溶液中清洗2遍，无菌水冲洗数次，然后在20 ml/L多菌灵溶液中浸泡10 min，接着在超净工作台上进行以下无菌操作：第1次消毒用1 g/L的 $HgCl_2$ 溶液浸3 min，用无菌水洗2次；第2次消毒用1 g/L的 $HgCl_2$ 溶液浸2 min，再用无菌水洗5次；将消毒好的材料切成2～3 cm长的小段(带2～3芽)。以上处理方法均能起到对外植体的消毒灭菌作用。迷迭香组织培养系统的建立可以实现迷迭香工厂化育苗，能取得良好的经济效益，更为其优良材料的扩繁、遗传改良和实现遗传增益的最大化奠定基础。

2. **组培苗管理**·移植应选择在春季和冬季

进行。将根长 5～6 cm 有 3～4 片叶的试管苗移至炼苗棚 7～10 天。将苗倒在盛有自来水的大盆里，轻轻洗去基部附着的培养基，注意不要损伤根系和茎叶，否则易引起试管苗腐烂死亡。将洗净的小苗直接移植于红壤土＋砂土(2∶1)的混合基质中，浇透定根水，并喷洒百菌清进行基质消毒。移栽 6～10 天内，应适当遮阴，避免阳光直射，并注意少量通风，温度保持在 25～28℃，相对湿度 80％，一般成活率可达 85％以上。

3. 田间管理·

(1) 选地及移栽：选择土层深厚、肥沃、地势平坦、有机质含量高、pH 在 6.5～7.5 的土壤。种植地需光照充足、排水良好、有水源、土地平整，使迷迭香种植地能排、能灌。迷迭香移栽之前先将平整好的土地按株行距打塘，施少量底肥，然后在底肥上覆盖薄土，就可以移栽了。通常大田移栽苗是扦插枝生根成活的母苗，移栽株行距为 40 cm×40 cm，每亩种植数量为 4 000～4 300 株。在云南中部、南部一年四季均可移栽，春秋季最佳。

(2) 定植：苗长至 6～8 片真叶时即可进行定植，选用植株健壮、根系发育良好、无病无损伤的苗木。定植株行距为 40 cm×50 cm。栽植迷迭香最好选择阴天、雨天和早晚阳光不强的时候。缓苗后主茎高 15 cm 时摘心，促发侧枝。第 1 年由于生长量较小，株行距过宽会浪费地力，可与大豆、花生等豆科作物套种。移栽后要浇足定根水，浇水时不可使苗倾倒，如有倒伏要及时扶正固稳。在云南中部、南部一年四季均可定植，春秋季最佳。栽后 5 天(视土壤干湿情况)浇第 2 次水。待苗成活后，可减少浇水。发现死苗要及时补栽，栽植时要使塘距中间点保持直线，以利通风。

(3) 灌溉排水：迷迭香抗旱能力强，但怕涝。生长季节根据土壤墒情一般每 7～10 天浇水 1 次，中后期结合气候条件和土壤墒情适时灌溉，严禁漫灌和田间积水。

(4) 修枝整形：迷迭香种植成活后 3 个月就可修枝。过分的强剪常导致植株无法再发芽，每次修剪时不要超过枝条长度的 1/2，以免影响植株的再生能力。迷迭香植株每个叶腋都有小芽，随着枝条的伸长，这些腋芽也会发育成枝条，长大以后整个植株因枝条横生，不但显得杂乱，而且因通风不良也容易遭受病虫危害，因此定期整枝修剪十分重要。直立的品种容易长得很高，为方便管理及增加收获量，在种植后开始生长时要剪去顶端，侧芽萌发后再剪 2～3 次，这样植株才会低矮整齐。迷迭香在种植数年后，植株的株形会变得偏斜，应在 10～11 月或 2～3 月时从根茎部进行更新修剪。

(5) 施肥：迷迭香较耐瘠薄，不喜欢高肥，在幼苗期可根据土壤条件在中耕除草后施点复合肥，施肥后要将肥料用土壤覆盖。1 个月喷施 1 次专用肥，专用肥主要指生物肥，每次收割后追施 1 次速效肥，以氮肥、磷肥为主，追肥采用少量多次的原则。

4. 病虫害防治·迷迭香抗病虫害能力强，一般不感病。偶发病害主要有灰霉病和白粉病，偶发虫害有蚜虫和白粉虱，其防治方法类同苗期病虫害。

参考文献

[1] HOLMES P. Rosemary oil The wisdom of the heart [J]. International Journal of Aromatherapy, 1999,9(2): 62-66.
[2] ŠIŠIĆ G. *Rosmarinus officinalis* L.[J]. Lovaki Vjesnik, 2009,113(2): 49.
[3] FERRER-GALLEGO PP, FERRER-GALLEGO R, ROSELL R, et al. A new subspecies of *Rosmarinus officinalis* (Lamiaceae) from the eastern sector of the Iberian Peninsula [J]. Phytotaxa, 2014,172(2): 61-70.
[4] SEGARRA-MORAGUES JG, GLEISER G. Isolation and characterisation of di and tri nucleotide microsatellite loci in *Rosmarinus officinalis*(Lamiaceae), using enriched genomic libraries [J]. Conservation Genetics, 2009,10(3): 571-575.

[5] 屠鹏飞,徐占辉.新型资源植物迷迭香的化学成分及其应用[J].天然产物研究与开发,1998,10(3):62-68.
[6] AL-ANAZI MS, VIRK P, ELOBEID M, et al. Ameliorative effects of *Rosmarinus officinalis* leaf extract and vitamin C on cadmium-induced oxidative stress in Nile tilapia *Oreochromis niloticus* [J]. J Environ Biol, 2015,36(6): 1401-1408.
[7] 王文江.新型香科迷迭香栽培技术[J].新疆农垦科技,2008,31(2):26-27.
[8] PAMUKOVIĆ F. *Rosmarinus officinalis* L.[J]. Lovaki Vjesnik, 2017,113(2): 49.
[9] L·布雷顿,M·保尔.至少一种迷迭香属的植物的至少一种提取物和至少一种类胡萝卜素的联合形式的用途: CN01821298.0 [P]. 2004-03-17.
[10] ALMELA L, SANCHEZ-MUNOZ B, FERNANDEZ-LOPEZ J A, et al. Liquid chromatographic-mass spectrometric analysis of phenolics and free radical scavenging activity of rosemary extract from different raw material [J]. J Chromatogr A, 2006,1120(1-2): 221-229.
[11] AHMADI M, ABD-ALLA AMM, MOHARRAMIPOUR S. Combination of gamma radiation and essential oils from medicinal plants in managing *Tribolium castaneum* contamination of stored products [J]. Appl Radiat Isot, 2013(78): 16-20.
[12] AL-SEREITI MR, ABU-AMER KM, SEN P. Pharmacology of rosemary (*Rosmarinus officinalis* Linn.) and its therapeutic potentials [J]. Indian J Expo Biol, 1999,37(2): 124.
[13] 周正友.新型香料植物——迷迭香[J].特种经济动植物,1998(6):3-5.
[14] SCHWARZ K, TERNES W. Antioxidative constituents of *Rosmarinus officinalis* and *Salvia officinalis*. I. Determination of phenolic diterpenes with antioxidative activity amongst tocochromanols using HPLC [J]. Zeitschrift für Lebensmittel-Untersuchung und Forschung, 1992,195(2): 95-98.
[15] 曹树稳,余燕影.迷迭香提取物的抗乳腺癌活性研究[J].营养学报,2001,23(3):225-229.
[16] 毕良武,李大伟,赵振东,等.迷迭香资源的综合开发利用综述[J].生物质化学工程,2011(3):58-61.
[17] AL-SEREITI MR, ABU-AMER KM, SEN P. Pharmacology of rosemary (*Rosmarinus officinalis* L.) and its therapeutic potentials [J]. Indian J Exp Biol, 1999,37(2): 124-130.
[18] 侯敏,马秀敏,丁剑冰.唇形科植物抗炎、抗过敏和抗氧化活性研究进展[J].科技导报,2009,27(4):98-101.
[19] ARMISEN M, RODRIGUEZ V, VIDAL C. Photoaggravated allergic contact dermatitis due to *Rosmarinus officinalis* cross-reactive with Thymus vulgaris [J]. Contact Dermatitis, 2003,48(1): 52-53.
[20] ARONNE G, MICCO VD, SCALA M. Effects of relative humidity and temperature conditions on pollen fluorochromatic reaction of *Rosmarinus officinalis* L.(Lamiaceae)[J]. Protoplasma, 2006,228(1-3): 127-130.
[21] BABUSKIN S, RADHAKRISHNAN K, AZHAGU SBP, et al. Effects of Rosemary extracts on oxidative stability of chikkis fortified with microalgae biomass [J]. J Food Sci Technol, 2015,52(6): 3784-3793.
[22] AFONSO MS, SILVA AMDO, CARVALHO EB, et al. Phenolic compounds from Rosemary (*Rosmarinus officinalis* L.) attenuate oxidative stress and reduce blood cholesterol concentrations in diet-induced hypercholesterolemic rats [J]. Nutr Metab (Lond),2013,10(1): 19.
[23] ALIKHANI-KOUPAEI M, MAZLUMZADEH M, ADIBIAN M, et al. Enhancing stability of essential oils by microencapsulation for preservation of button mushroom during postharvest [J]. Food Sci Nutr, 2014,2(5): 526-533.
[24] ANGELINI LG, CARPANESE G, CIONI PL, et al. Essential oils from Mediterranean lamiaceae as weed germination inhibitors [J]. J Agric Food Chem, 2003,51(21): 6158-6164.
[25] AOUADI D, NASRI S, ABIDI S, et al. The antioxidant status and oxidative stability of muscle from lambs receiving oral administration of *Artemisia herba* alba and *Rosmarinus officinalis* essential oils [J]. Meat Sci, 2014,97(2): 237-243.
[26] AZEREDO CMO, SANTOS TG, MAIA BHLDNS, et al. In vitro biological evaluation of eight different essential oils against *Trypanosoma cruzi*, with emphasis on *Cinnamomum verum* essential oil [J]. BMC Complement Altern Med, 2014 (14): 309.
[27] BADREDDINE BS, OLFA E, SAMIR D, et al. Chemical composition of *Rosmarinus* and *Lavandula* essential oils and their insecticidal effects on *Orgyia trigotephras* (Lepidoptera, Lymantriidae)[J]. Asian Pac J Trop Med, 2015,8(2): 98-103.
[28] BALDERAS C, VILLASENOR A, GARCIA A, et al. Metabolomic approach to the nutraceutical effect of rosemary extract plus Ω-3 PUFAs in diabetic children with capillary electrophoresis [J]. J Pharm Biomed Anal, 2010,53(5): 1298-1304.
[29] BERETTA G, ARTALI R, FACINO RM, et al. An analytical and theoretical approach for the profiling of the antioxidant activity of essential oils: the case of *Rosmarinus officinalis* L [J]. J Pharm Biomed Anal, 2011,55(5): 1255-1264.
[30] 翁夕婷.迷迭香酸的研究进展[J].化工中间体,2017(4):17-18.
[31] FILLY A, FERNANDEZ X, MINUTI M, et al. Solvent-free microwave extraction of essential oil from aromatic herbs: from laboratory to pilot and industrial scale [J]. Food Chem, 2014(150): 193-198.
[32] GIACHETTI D, TADDEI E, TADDEI I. Pharmacological activity of *Mentha piperita*, *Salvia officinalis* and *Rosmarinus officinalis* essences on Oddi's sphincter [J]. Planta Med, 1986(6): 543.
[33] GUERRA-BOONE L, ALVAREZ-ROMAN R, ALVAREZ-ROMAN R, et al. Antimicrobial and antioxidant activities and chemical characterization of essential oils of *Thymus vulgaris*, *Rosmarinus officinalis*, and *Origanum majorana* from northeastern Mexico [J]. Pak J Pharm Sci, 2015,28(1): 363.
[34] Cole R,毕良武,赵振东.欧洲迷迭香的研究状况[J].生物质化学工程,2006(2):41-44.
[35] 李小川,王振师,李兴伟,等.迷迭香引种栽培研究[J].林业与环境科学,2009,25(5):54-58.
[36] IRSHAID FI, TARAWNEH KA, JACOB J H, et al. Phenol content, antioxidant capacity and antibacterial activity of

methanolic extracts derived from four Jordanian medicinal plants [J]. Pak J Biol Sci, 2014,17(3): 372.
[37] JUNG K-J, MIN K-J, KWON TK, et al. Carnosic acid sensitized TRAIL-mediated apoptosis through down-regulation of c-FLIP and Bcl-2 expression at the post translational levels and CHOP-dependent up-regulation of DR5, Bim, and PUMA expression in human carcinoma caki cells [J]. Oncotarget, 2015,6(3): 1556-1568.
[38] 高洁,邓莉兰,张燕平.世界迷迭香种植技术研究进展[J].热带农业科学,2011,31(1): 80-85.
[39] 殷国栋,高政,张燕平.迷迭香引种栽培与开发利用研究进展[J].西南林业大学学报(自然科学),2010,30(4): 82-88.
[40] 仲艳丽,白志川.迷迭香扦插育苗试验初报[J]. 2007(5): 285-289.
[41] KHOSRAVI AR, SHOKRI H, FAHIMIRAD S. Efficacy of medicinal essential oils against pathogenic *Malassezia* sp. isolates [J]. J Mycol Med, 2016,26(1): 28-34.
[42] LOPEZ P, SANCHEZ C, BATLLE R, et al. Solid-and vapor-phase antimicrobial activities of six essential oils: susceptibility of selected foodborne bacterial and fungal strains [J]. J Agric Food Chem, 2005,53(17): 6939-6946.
[43] MIRODDI M, CALAPAI G, ISOLA S, et al. *Rosmarinus officinalis* L. as cause of contact dermatitis [J]. Allergol Immunopathol (Madr),2014,42(6): 616.
[44] MUNNE-BOSCH S, SCHWARZ K, ALEGRE L. Response of abietane diterpenes to stress in *Rosmarinus officinalis* L.: new insights into the function of diterpenes in plants [J]. Free Radic Res, 1999,31(S107): 12.
[45] 龚萍.五种香草植物在海南地区的生态适应性研究[D].海口: 海南大学,2011.
[46] NOLKEMPER S, REICHLING J, STINTZING FC, et al. Antiviral effect of aqueous extracts from species of the Lamiaceae family against herpes simplex virus type 1 and type 2 in vitro [J]. Planta Med, 2006,72(15): 1378-1382.
[47] OFFORD EA, MACE K, RUFFIEUX C, et al. Rosemary components inhibit benzo [a] pyrene-induced genotoxicity in human bronchial cells [J]. Carcinogenesis, 1995,16(9): 2057-2062.
[48] PINTORE G, MARCHETTI M, CHESSA M, et al. *Rosmarinus officinalis* L.: chemical modifications of the essential oil and evaluation of antioxidant and antimicrobial activity [J]. Nat Prod Commun, 2009,4(12): 1685-1690.
[49] TORRE J, LORENZO MP, MARTINEZ-ALCAZAR MP, et al. Simple high-performance liquid chromatography method for α-tocopherol measurement in *Rosmarinus officinalis* leaves. New data on α-tocopherol content [J]. J Chromatogr A, 2001,919(2): 305-311.
[50] UYSAL H, KARA AA, ALGUR OF, et al. Recovering effects of aqueous extracts of some selected medical plants on the teratogenic effects during the development of *D. melanogaster* [J]. Pak J Biol Sci, 2007,10(10): 1708-1712.
[51] WANG XG, LEVY K, MILLS NJ, et al. Light brown apple moth in California: a diversity of host plants and indigenous parasitoids [J]. Environ Entomol, 2012,41(1): 81-90.
[52] VIUDA-MARTOS M, GENDY AENGSEL, SENDRA E, et al. Chemical composition and antioxidant and anti-*Listeria* activities of essential oils obtained from some Egyptian plants [J]. J Agric Food Chem, 2010,58(16): 9063-9070.
[53] WEERAKKODY NS, CAFFIN N, LAMBERT LK, et al. Synergistic antimicrobial activity of galangal (*Alpinia galanga*), rosemary (*Rosmarinus officinalis*) and lemon iron bark (*Eucalyptus staigerana*) extracts [J]. J Sci Food Agric, 2011,91(3): 461-468.
[54] ZHANG Y, ADELAKUN TA, QU L, et al. New terpenoid glycosides obtained from *Rosmarinus officinalis* L. aerial parts [J]. Fitoterapia, 2014(99): 78-85.
[55] ZILBERG D, TAL A, FROYMAN N, et al. Dried leaves of *Rosmarinus officinalis* as a treatment for streptococcosis in tilapia [J]. J Fish Dis, 2010,33(4): 361-369.
[56] TU Z, MOSS-PIERCE T, FORD P, et al. Rosemary (*Rosmarinus officinalis* L.) extract regulates glucose and lipid metabolism by activating AMPK and PPAR pathways in $HepG_2$ cells [J]. J Agric Food Chem, 2013,61(11): 2803-2810.
[57] 王跃兵,刁德方.香料保健植物迷迭香在北方的栽培及应用[J].中国林副特产,2009(4): 46-48.
[58] THORSEN MA, HILDEBRANDT KS. Quantitative determination of phenolic diterpenes in rosemary extracts. Aspects of accurate quantification [J]. J Chromatogr A, 2003,995(1-2): 119-125.
[59] YU J, LIU XY, YANG B, et al. Larvicidal activity of essential extract of *Rosmarinus officinalis* against *Culex quinquefasciatus* [J]. J Am Mosq Control Assoc, 2013,29(1): 44-48.
[60] YU MH, CHOI JH, CHAE IG, et al. Suppression of LPS-induced inflammatory activities by *Rosmarinus officinalis* L. [J]. Food Chem, 2013,136(2): 1047-1054.
[61] ZHENG Z, SHETTY K. Azo dye-mediated regulation of total phenolics and peroxidase activity in thyme (*Thymus vulgaris* L.) and rosemary (*Rosmarinus officinalis* L.) clonal lines [J]. J Agric Food Chem, 2000,48(3): 932-937.
[62] TAKAKI I, BERSANI-AMADO LE, VENDRUSCOLO A, et al. Anti-inflammatory and antinociceptive effects of *Rosmarinus officinalis* L. essential oil in experimental animal models [J]. J Med Food, 2008,11(4): 741.
[63] STASHENKO EE, PUERTAS MA, MARTINEZ JR. SPME determination of volatile aldehydes for evaluation of in-vitro antioxidant activity [J]. Anal Bioanal Chem, 2002,373(1-2): 70.
[64] 赛春梅,梁晓原.迷迭香的生药学研究[J].云南中医中药杂志,2012(11): 65-66.
[65] SIROCCHI V, CAPRIOLI G, CECCHINI C, et al. Biogenic amines as freshness index of meat wrapped in a new active packaging system formulated with essential oils of *Rosmarinus officinalis* [J]. Int J Food Sci Nutr, 2013,64(8): 921-928.
[66] SCHEEPMAKER MM, GOWER NT. The quality of selected South African and international homoeopathic mother tinctures [J]. Afr J Tradit Complement Altern Med, 2011,8(5): 46-52.
[67] 余天虹.贵州喀斯特适生经济植物迷迭香的耐旱性研究[D].贵阳: 贵州师范大学,2002.

[68] SMETI S, HAJJI H, BOUZID K, et al. Effects of *Rosmarinus officinalis* L. as essential oils or in form of leaves supplementation on goat's production and metabolic statute [J]. Trop Anim Health Prod, 2015,47(2): 451-457.
[69] TAGUCHI Y, TAKIZAWA T, ISHIBASHI H, et al. Therapeutic effects on murine oral candidiasis by oral administration of cassia (*Cinnamomum cassia*) preparation [J]. Nihon Ishinkin Gakkai Zasshi, 2010,51(1): 13-21.
[70] 严东伟,张正居.云南不同株龄和采收状态迷迭香精油的主要化学成份[J].香料香精化妆品,1991(4): 7-9.
[71] 邹淑珍.值得南昌地区推广栽培的芳香植物——迷迭香[J].江西林业科技,2005(4): 22-23.
[72] TOGNOLINI M, BAROCELLI E, BALLABENI V, et al. Comparative screening of plant essential oils: phenylpropanoid moiety as basic core for antiplatelet activity [J]. Life Sci, 2006,78(13): 1419-1432.
[73] SGORBINI B, CAGLIERO C, CORDERO C, et al. Herbs and spices: characterization and quantitation of biologically-active markers for routine quality control by multiple headspace solid-phase microextraction combined with separative or non-separative analysis [J]. J Chromatogr A, 2015(1376): 9-17.
[74] 张灿芳.一种家庭种植迷迭香技术: CN201710378326.1[P]. 2017-08-18.
[75] SANDASI M, LEONARD CM, VILJOEN AM. The in vitro antibiofilm activity of selected culinary herbs and medicinal plants against *Listeria monocytogenes* [J]. Lett Appl Microbiol, 2010,50(1): 30.
[76] RASHEED MU, THAJUDDIN N. Effect of medicinal plants on *Moraxella cattarhalis* [J]. Asian Pac J Trop Med, 2011, 4(2): 133.
[77] PARK S-E, KIM S, SAPKOTA K, et al. Neuroprotective effect of *Rosmarinus officinalis* extract on human dopaminergic cell line, SH-SY5Y [J]. Cell Mol Neurobiol, 2010,30(5): 759-767.
[78] HARACH T, APRIKIAN O, MONNARD I, et al. Rosemary (*Rosmarinus officinalis* L.) leaf extract limits weight gain and liver steatosis in mice fed a high-fat diet [J]. Planta Med, 2010,76(6): 566-571.
[79] HANSON JR. Rosemary, the beneficial chemistry of a garden herb [J]. Sci Prog, 2016,99(1): 83-91.
[80] GOMES NNJ, LUZ IS, HONORIO WG, et al. *Rosmarinus officinalis* L. essential oil and the related compound 1,8-cineole do not induce direct or cross-protection in *Listeria monocytogenes* ATCC7644 cultivated in meat broth [J]. Can J Microbiol, 2012,58(8): 973-981.
[81] GOMES NNJ, LUZ IDS, TAVARES AG, et al. *Rosmarinus officinalis* L. essential oil and its majority compound 1,8-cineole at sublethal amounts induce no direct and cross protection in *Staphylococcus aureus* ATCC 6538[J]. Foodborne Pathog Dis, 2012,9(12): 1071.
[82] FERLEMI A-V, KATSIKOUDI A, KONTOGIANNI VG, et al. Rosemary tea consumption results to anxiolytic-and anti-depressant-like behavior of adult male mice and inhibits all cerebral area and liver cholinesterase activity; phytochemical investigation and in silico studies [J]. Chem Biol Interact, 2015(237): 47-57.
[83] COLE R,毕良武,赵振东.欧洲迷迭香的研究状况[J].生物质化学工程,2006,40(2): 41-44.
[84] ENGLBERGER W, HADDING U, ETSCHENBERG E, et al. Rosmarinic acid: a new inhibitor of complement C3-convertase with anti-inflammatory activity [J]. Int J Immunopharmacol, 1988,10(6): 729-737.
[85] 王忠平,姜华,杨仕国.一种迷迭香的育苗方法及栽培方法: CN201710345630.6[P]. 2017-05-16.
[86] CHENG A-C, LEE M-F, TSAI M-L, et al. Rosmanol potently induces apoptosis through both the mitochondrial apoptotic pathway and death receptor pathway in human colon adenocarcinoma COLO205 cells [J]. Food Chem Toxicol, 2011,49(2): 485-493.
[87] CANNAS S, USAI D, PINNA A, et al. Essential oils in ocular pathology: an experimental study [J]. J Infect Dev Ctries, 2015,9(6): 650.
[88] 田亚维.迷迭香的药物应用[J].医学信息(上旬刊),2002,15(9): 封底.
[89] 陆翠华.迷迭香的引种栽培和抗氧化试验[J].中国野生植物,1992(1): 17-21.
[90] 葛云荣.迷迭香育苗栽培及田间管理[J].云南农业,2001(8): 12.
[91] 马艳粉,杨新周,田素梅.迷迭香的应用现状和将来的研究方向[J].南方园艺,2019(4): 56-59.
[92] 代兰英,葛云荣,景会."迷迭香"优质丰产栽培技术[J].云南农业科技,2006(4): 29-30.
[93] 杜刚,杨建国,安正云.迷迭香的栽培及开发利用[J].特种经济动植物,2002(10): 29-30.
[94] 章黎黎.迷迭香的栽培技术与利用[J].蔬菜,2015(7): 73-74.
[95] 殷国栋.不同种源迷迭香种子萌发与幼苗生长特性研究[D].北京: 中国林业科学研究院,2011.
[96] 孙尚贤.芳香植物——迷迭香[J].中国花卉园艺,2002(21): 17.
[97] 孟林,王有江,田小霞.流行香料植物栽培管理技术之四——迷迭香栽培管理[J].中国花卉园艺,2014(12): 34-35.
[98] 胡素蓉,常金宝.迷迭香种植技术研究进展[J].农技服务,2016,33(7): 153.
[99] 储菊劲.迷迭香栽培技术[J].上海蔬菜,1994(4): 21.
[100] TAK J-H, JOVEL E, ISMAN MB. Comparative and synergistic activity of *Rosmarinus officinalis* L. essential oil constituents against the larvae and an ovarian cell line of the cabbage looper, *Trichoplusia ni* (Lep., Noctuidae)[J]. Pest Manag Sci, 2016,72(3): 474-480.
[101] 黄愉婷.迷迭香栽培技术及其应用[J].湖北林业科技,2015(3): 88-90.
[102] 周永生.迷迭香大棚高产栽培技术[J].现代园艺,2018(4): 36.
[103] SINGLETARY KW, NELSHOPPEN JM. Inhibition of 7,12-dimethylbenz [a] anthracene (DMBA)-induced mammary tumorigenesis and of in vivo formation of mammary DMBA-DNA adducts by rosemary extract [J]. Cancer Lett, 1991,60(2): 169-175.

[104] 朱汝幸,饶红宇.迷迭香细胞悬浮培养及挥发油的产生[J].植物生理学报,1996,32(1):9-12.
[105] SANTOYO S, CAVERO S, JAIME L, et al. Chemical composition and antimicrobial activity of *Rosmarinus officinalis* L. essential oil obtained via supercritical fluid extraction [J]. J Food Prot, 2005,68(4):790-795.
[106] PENG Y, YUAN J, LIU F, et al. Determination of active components in rosemary by capillary electrophoresis with electrochemical detection [J]. J Pharm Biomed Anal, 2005,39(3-4):431-437.
[107] 谢阳姣,时显芸,何志鹏.迷迭香研究进展[J].安徽农业科学,2010(6):2951-2952.
[108] NOGUES S, MUNNE-BOSCH S, CASADESUS J, et al. Daily time course of whole-shoot gas exchange rates in two drought-exposed Mediterranean shrubs [J]. Tree Physiol, 2001,21(1):51-58.
[109] 陈德茂,康兴屏.迷迭香在黔南的生态适应性及繁殖技术[J].贵州农业科学,2009,37(5):25-27.
[110] 邓明华,文锦芬,赵凯.迷迭香茎尖培养[J].北方园艺,2008(10):158-160.
[111] MIRESMAILLI S, ISMAN MB. Efficacy and persistence of rosemary oil as an acaricide against twospotted spider mite (Acari: Tetranychidae) on greenhouse tomato [J]. J Econ Entomol, 2006,99(6):2015-2023.
[112] MACHADO DG, BETTIO LEB, CUNHA MP, et al. Antidepressant-like effect of the extract of *Rosmarinus officinalis* in mice: involvement of the monoaminergic system [J]. Prog Neuropsychopharmacol Biol Psychiatry, 2009,33(4):642-650.
[113] 李小川,张华通,周丽华,等.迷迭香带芽茎段的组织培养技术[J].经济林研究,2006(3):15-20.
[114] 刘明家.迷迭香组织培养及体内迷迭香酸和鼠尾草酸含量测定[D].哈尔滨:东北林业大学,2012.
[115] 张树河,翁锦周,林江波,等.迷迭香组培快繁技术研究[J].南方农业学报,2006,37(2):111-112.
[116] MURASHIGE T. A revised medium for rapid growth and bioassays with tobacco tissue culture [J]. Physiol Plant, 1962(15):473
[117] 潘俊松,黄均英,何欢乐,等.迷迭香的离体培养(摘编)[J].植物生理学报,2003,39(6):643.
[118] AFFHOLDER M-C, PRUDENT P, MASOTTI V, et al. Transfer of metals and metalloids from soil to shoots in wild rosemary (*Rosmarinus officinalis* L.) growing on a former lead smelter site: human exposure risk [J]. Sci Total Environ, 2013(454-455):219-229.
[119] AGHELAN Z, SHARIAT SZS. Partial purification and biochemical characterization of peroxidase from rosemary (*Rosmarinus officinalis* L.) leaves [J]. Adv Biomed Res, 2015(4):159.
[120] JOYEUX M, ROLLAND A, FLEURENTIN J, et al. Tert-Butyl hydroperoxide-induced injury in isolated rat hepatocytes: a model for studying anti-hepatotoxic crude drugs [J]. Planta Med, 1990,56(2):171-174.
[121] 周洲.迷迭香愈伤组织诱导、悬浮细胞培养及理化指标测定研究[D].南京:南京师范大学,2015.
[122] LARRONDO JV, AGUT M, CALVO-TORRAS MA. Antimicrobial activity of essences from labiates [J]. Microbios, 1995,82(332):171.
[123] 邹淑珍,胡小红.迷迭香引种栽培与园林应用研究进展[J].江西林业科技,2009(5):63-64.
[124] 程伟贤,陈鸿雁,张义平,等.迷迭香化学成分研究[J].中草药,2005,36(11):1622-1624.

第二章 迷迭香生物学特性

第一节 · 迷迭香形态结构特征

迷迭香(rosemary),拉丁学名 *Rosmarinus officinalis*,是双子叶植物纲、唇形科、迷迭香属植物。灌木,性喜温暖气候,原产欧洲地区和非洲北部地中海沿岸。远在三国魏晋时期就曾被引种到中国,在园林中偶有应用。从迷迭香的花和叶中能提取优良的抗氧化剂和迷迭香精油。迷迭香抗氧化剂被广泛用于医药、油炸食品、富油食品及各类油脂的保鲜保质;而迷迭香精油则被用于香料、空气清新剂、驱蚊剂以及杀菌剂、杀虫剂等日用化工业。

迷迭香是多年生常绿灌木,植株有特殊的芳香气味,其生长密集,分支繁多,株高 1～2 m,株宽 1～2 m,叶片狭窄呈针叶形,两瓣淡蓝色的花朵散布在叶腋上,具有很高的辨识度(图 2-1)。

图 2-1 迷迭香

一、繁殖器官

1. 花序、花柄 · 迷迭香的花序为总状花序,沿着叶腋对生,花柄为短柄或无花柄,一般开 5～10 朵长 0.5～2.5 cm 的花,少数花会终止于短的侧枝顶端,花梗长 2～5 mm。

2. 花萼 · 花萼呈钟形,二唇形,由表面覆盖着浓密绒毛、内面无毛、长 5～6 mm 的两瓣构成,上唇较小,分为 3 个有锯齿状边缘的裂片,下唇 2 裂,喉部内面无绒毛。

3. 花冠 · 花冠呈管状,多为蓝色或淡蓝色(少见紫色、粉色、白色),冠筒伸出萼外并在喉部扩大，内面无绒毛。冠檐为二唇形，由两瓣组成，长10～13 mm，上唇为直立状或向后弯曲，前端微凹或分为卵圆形长约4 mm的两裂；下唇宽大分为3裂，长约7 mm，中裂片最大且内凹，微向下倾，边缘多为齿状，两侧裂片为卵圆形。

4. 花蕊、子房 · 2个完整的长7～8 mm的雄蕊由上唇的根部发出并靠着上唇伸出，花丝与药隔相连，花药被药隔分为两等分并与药室平行，但是仅有1室发育，呈线形，背部附着在药隔顶端，后部有2个缩小到几乎不可见的退化雄蕊。雌蕊与深4裂的子房相连，花柱弯曲，长约1.5 cm，远远超过了雄蕊的长度，末端终止于2条具有柱头的不等长的裂片，裂片为钻形且后裂片稍短。花盘为平顶，具有与子房数量相等的裂片，子房裂片与花盘裂片互生。自然花期一般在每年11月到次年的4月。

5. 果实 · 果实由约2 mm长、光滑无绒毛的4个近球形小坚果组成，颜色为红褐色，但是多数种子不发育，表现为结实率较低。多年平均结实率仅11.1%，种子千粒重约0.6 g。

二、营养器官

1. 茎 · 迷迭香的老枝一般为圆柱形，表层为暗灰色并伴有不规则的纵裂、块状剥落，幼枝为四棱形伴有灰色的细短柔软的绒毛，茎粗0.5～1 cm。

2. 叶 · 叶片在枝条上呈对生状排布，有短叶柄或无叶柄。叶片形状为披针形或线形，长1～4 cm，宽2～4 mm，叶缘完整连续但是向背面弯曲；叶片远端圆钝，越靠近基底部越薄越狭窄；叶片上面为深绿色，有颗粒感、光泽感，背面有细密的绒毛，中脉明显；叶片压碎后有独特的芳香。

3. 根 · 迷迭香植株为直根系，扦插苗可有多条主根，入土可达20～30 cm，多雨、水渍易造成根系腐烂。当根受损时，根颈处常产生很多细根群，若主根死亡，细根群可成为主要的功能根，维持植株的正常生长。

第二节 · 迷迭香生态和生理学特征

迷迭香是一种原产地中海地区的多年生灌木，似木质，芬芳、常绿，有针状树叶和白色、粉色、紫色或蓝色花朵，作为地中海一带的重要景观植物主要栽植于法国、塞尔维亚、西班牙、突尼斯、摩洛哥，现广泛引进种植于世界各地。从生态学角度来看，地中海地区仅海拔0～800 m和海拔1 500 m的地区有迷迭香。中国在三国魏晋时期引种迷迭香，现在南方大部分地区和山东地区大量栽种。

一、最适生态环境

迷迭香性喜温带和暖温带气候，喜日照充足、温暖干燥的环境，生长最适温度为9～30 ℃，适宜在富含砂质的排水良好的土壤基质中生长。

二、对土壤环境的适应与净化加固

迷迭香最适宜在石灰石基质中生长，但是也可以适应其他不同类型的基质，喜欢温带和暖温带气候，但是对其他气候环境也有一定的适应力。有学者研究沙质黏土和沙壤土每周灌溉1次或2次对迷迭香生长情况及精油产出的影响，结果发现沙壤土上种植的迷迭香较沙质黏土的生长情况及精油产出更好。一般来说植物生长的促进作用与叶面积和叶绿素含量的增加成正比，而类胡萝卜素含量与土壤水分呈负相关。迷迭香喜欢充足的日照，耐旱，有一定的耐盐碱能力，但是不耐涝，不耐低温，抗寒性差，一般在干燥、排水良好、光照充足的地方生长良好。生长最适温度为 9～30 ℃,5 ℃开始萌动,10 ℃缓慢生长,20 ℃左右生长旺盛,30 ℃进入半休眠期。

有研究通过对迷迭香多年的种植观察,发现迷迭香植株尤其是年轻植株的根系发达,抗断根能力强,不需要高投入去维护,对于水土流失、土壤侵蚀有很好的对抗作用,可以改善地区土地问题。另一项在土耳其地区进行的高速公路旁迷迭香叶片和茎中重金属积累情况的研究,采用多光子发射光谱法(MPAES)对样品中的重金属进行测定,结果表明迷迭香对于 Al、Cd、Cr、Cu、Fe、Mg、Pb、Zn 等金属的富集能力较强,对于环境的监测、净化有一定的作用。

三、耐盐性

一项对迷迭香耐盐性机制的研究发现,梯度设置盐度种植迷迭香来观察其水分及盐分摄取情况,迷迭香可以通过保持适当的 Na^+/K^+ 比来对盐分起到耐受作用,但是如果盐分浓度过高,Na^+ 向叶运输可能会影响渗透压,过度的 Na^+ 向叶的运输会产生离子胁迫,从而导致植株生长减少,这可能是迷迭香耐盐的机制。有研究者对迷迭香植物的叶片进行了光谱辐射计测量,以监测由于盐胁迫引起的光谱特征的变化,同时对植株叶片进行分光光度计和叶绿素仪测量,来研究植株对不同的盐胁迫处理时间的反应。研究发现叶片的叶绿素、亮度值和颜色值对盐胁迫的响应有显著差异,随着盐胁迫时间的增长植物的反射值也有差异,不同盐浓度植物间反射率值差异最大的区域为近红外区,适当的盐会使植株颜色变深,但随着胁迫时间和施盐量的增加,植株颜色变化不大。

此外,盐处理还提高了植物的归一化差异植被指数(NDVI)。丛枝菌根真菌(AMF)对于植物土壤的优化作用会提高植物生长的潜力,研究在不同浓度盐胁迫下接种真菌对迷迭香形态、生理和植物化学特性的影响,结果表明,随着盐度的提升,植株先是芽数量增多,叶增宽;盐度中等时植株叶片数量增多,茎增粗;高浓度盐度下,植株根增重,且丛枝菌根真菌对盐度造成植株的损害有明显的改善作用。因此,盐环境下接种菌根真菌可改善迷迭香的植物化学和形态生理特性。

为了解紫外线-B(UV-B)辐射和盐分胁迫对迷迭香形态生长的影响,有研究者通过设置不同梯度的 UV-B 照射强度,以及不同强度的盐度模式,来研究 UV-B、盐分,以及其相互作用对植株生长的影响。结果表明,随着 UV-B 辐射的增强,迷迭香的生长指数、枝叶数量、茎/根比、植物生物量、叶片干重、叶面积指数、比叶面积、叶片厚度都增加了,但是对根的生长没有明显影响;而且 UV-B 辐射的增强对枝条高度、腋生枝条长度、节间长度、叶面积、叶长和叶绿素 b 浓度有负面影响。另一方面,高浓度的盐度(150 mmol/L)导致植物生物量、根长、枝高、枝根比、腋生枝长、节间长度、叶面积指数、叶长和叶宽、叶片鲜重和干重、比叶面积和光合色素的浓度显著下降;但是,在盐处理下,叶片数和叶片厚度显著增加,而在 100 mmol/L 盐度几乎没有改变。UV-B 辐射与盐度之间的相互作用表明,当盐度和 UV-B 辐射一起应用时,迷迭香植株可以从双重耐性中受益。在不同水平的 UV-B 辐射和盐胁迫条件下对 1 年生迷迭香插条进行了生长试验。结果表明,UV-B 处理显著提高了植株生物量,然而当盐度增加到 150 mmol/L 时,植物生物量显著下降。无论 UV-B 处理如何,生长在 100 mmol/L 盐分胁迫下的植株产生的总酚类化合物(TPC)有明显的提高,并且具有更高的抗氧化活性。两种处理方式均显著增加了脯氨酸、过氧化氢(H_2O_2)和丙二醛(MDA)的浓度,在可溶性总糖与离子含量的关系上,UV-B 辐射增强降低了可溶性总糖浓度和叶片 Na^+ 含量,盐胁迫增加了可溶性总糖浓度、叶片和根中 Na^+ 含量。生长在 150 mmol/L 盐度下的植株叶片和根部 Na^+ 积累量分别是对照组的 5.32 倍和 2.83 倍。此外,盐分增加还显著降低了叶片和根系的相对含水量(RWC)、光合色素和 K^+ 含量。UV-B 辐射与盐度的交互作用表明,UV-B 辐射提高了迷迭香叶片 K^+ 含量、相对含水量和膜稳定性，从而提高了迷迭香的耐盐性。用UV-B辐射进行预处理可减轻NaCl的有害作用，并改善迷迭香植物的生长情况。

还有研究表明用水杨酸喷洒迷迭香叶片可以增加叶片的总酚、叶绿素、碳水化合物和脯氨酸的含量，减少氯化物和钠盐，减轻盐分胁迫的影响。叶片中酚类成分和精油成分含量的增加导致叶片提取物和精油的抗氧化活性发生重大变化。水杨酸可通过刺激抗氧化酶的活性以及增加非酶抗氧化剂(例如去垢剂和脯氨酸)来刺激盐碱化植物的抗氧化机制。在盐碱地种植培育迷迭香，可以用UV-B辐射或用水杨酸进行预处理，来增强植物的适应性，提高其存活率，使其更好的适应当地的生长条件。

四、耐旱性

研究表明，迷迭香具有一定的耐干旱胁迫的能力，其适应干旱的主要方式和途径是降低耗水和减少蒸腾失水，因此能在贵州喀斯特石灰土环境中很好的生长。迷迭香具有发达的根系、较小的叶面积、叶片下表面密被绒毛、气孔密度大且开度小、厚的角质层、发育良好的木质部和栅栏组织等典型的旱生结构。在生理上，迷迭香的蒸腾速率日进程为单峰曲线，与喀斯特生境中的大多数树种相一致，比喀斯特低峰形、低耗水型植物的峰值还低。蒸腾速率日进程与光照强度为显著正相关，且不同土壤含水量下迷迭香的光合水分利用效率(WUE)不同，受到干旱处理的植株光合水分利用效率低。

干旱条件下氮代谢的表现是植物对干旱响应的一个重要方面，干旱胁迫可以诱导蛋白质的水解和氨基酸的积累，刺激谷氨酸合成脯氨酸及其他化合物。植物细胞中的脯氨酸具有解毒、调节细胞渗透、保持膜结构和完整性等生理功能，与植物的抗逆性有关。植物在土壤轻微干旱时就表现出脯氨酸的积累，在干旱胁迫条件下，植物体的脯氨酸含量会发生较大的变化。有研究表明脯氨酸是迷迭香体内的一种渗透性调节物质，累积脯氨酸是迷迭香适应干旱环境的一种方式。

还有学者研究干旱胁迫对迷迭香叶片细胞膜透性、可溶性糖、可溶性蛋白质和丙二醛含量以及脂氧合酶和抗氧化保护酶活性的影响，采用热脱附-气相色谱-质谱联用技术对不同干旱胁迫下迷迭香释放的挥发性有机化合物成分进行了分析，发现干旱会使迷迭香叶片中的可溶性糖和可溶性蛋白质含量明显增加；超氧化物歧化酶、过氧化物酶和过氧化氢酶对干旱胁迫的响应存在一定差异，表现为相互协调作用。随着干旱胁迫时间的延长，迷迭香体内丙二醛含量明显增加，细胞膜损伤率显著增加。迷迭香释放的挥发性有机化合物主要是萜烯类，随着干旱胁迫的增强，迷迭香释放的挥发性有机化合物总量减少、种类增多(诱导绿叶挥发物和醛类化合物的释放，诱导产生2-已烯醛、叶醇、山梨醛和癸醛)。因此，在干旱胁迫下，迷迭香能够通过调节保护酶活性、渗透调节物质含量和释放挥发性有机化合物来提高抗旱性。但是在海南的夏天雨季时迷迭香长势较差，有研究者对迷迭香的耐热性、抗旱性和耐涝性进行研究，发现迷迭香有良好的耐热性、抗旱性，抗逆性较强。在持续的高温、干旱、水涝处理下，随着胁迫程度的增加，其生理指标也发生了变化：叶片相对含水量、叶绿素含量和比例下降幅度小，膜相对透性、丙二醛上升趋势小，脯氨酸、可溶性糖上升趋势大。结合海南的环境来看，迷迭香在海南生长的限制因素主要是水涝的影响。在南昌进行的多年盆栽和地栽试种研究表明，迷迭香在南昌地区的酸性土壤环境下可以良好的生长，可被用于绿化美化，为城市增添一片翠绿和清香。

五、培育施肥

迷迭香是最重要的药用植物之一，化肥的施用会造成环境污染和生态破坏，研究不同来源的肥料(化肥，有机肥料)对迷迭香生长状况及药理特性的影响，发现经有机肥料处理的植株的叶重、叶绿素 a、叶绿素 b、总叶绿素、类胡萝卜素、总酚、总类黄酮、氮、钾、磷及抗氧化活性都增加。有机肥料尤其是与植物根际促生菌（PGPR）、堆肥或生物炭共同施用时，可增加养分吸收、保护叶绿素免于降解并提高叶片中的叶绿素含量，对迷迭香的干物质、光合色素、碳水化合物、类黄酮和精油含量有显著提高，对迷迭香商业生产具有积极影响。但是有机肥的使用可导致植株中脯氨酸含量下降，意味着其抗旱性、可逆性降低，如作为绿化、改善土壤环境等用途不可采用。

六、繁殖方法

迷迭香目前的繁殖方法主要有种子繁殖、扦插繁殖、压条繁殖。迷迭香的种子发芽缓慢而且发芽时间不一，由于发芽率的限制，商业化生产中很少使用种子来培育幼苗，目前迷迭香除引进新品种、杂交育种外多为扦插繁殖。有研究者分析了冷分层后恒定温度和交替温度、硫酸化学划痕以及种子批次对迷迭香种子发芽情况的影响，希望提高迷迭香种子的发芽率，开发一种新的商业繁殖模式。结果发现迷迭香种皮的抑制类化学物质不太可能造成迷迭香的发芽异常，种子的饱满程度和胚芽长度、温度差异等多种机制可能是造成迷迭香种子生理休眠和不规则发芽的原因。目前的研究还未发现有提高迷迭香种子发芽率的有效方法。

为了探讨影响迷迭香异花授粉、自花受精概率的因素及其对种子发芽率和异交结实率的影响，有研究者对生长在海拔极低的野生种群中个体的生活史和开花性状对种子萌发及其后代异交率的影响进行了研究，通过观察植株大小、群体密度、花季持续时间、开放花数、群体内个体间开花同步性和雄性不育花比例，发现自花授粉试验获得的种子大多表面上看起来是健康的，但实际上是空的，充实率的存在导致了自花授粉试验和异花授粉试验之间发芽率的差异，野生居群的植株始终表现出低发芽率和高异花授粉率。发芽率与花季长短、开花同步性和雄性不育花率呈正相关，而异花结实率仅与雄性不育花率呈正相关。种子发芽率和由此产生的异花授粉是空间和时间上不同的复杂因素组合的函数。花的雄性不育性、花期的长短和群体内个体的开花同步性都有利于异花授粉率的提高，从而提高萌发率和异交率。且这些开花性状是高度可塑性的，并对当地和季节性的环境条件相适应，迷迭香植株通过败育种子来清除了大部分由其授粉系统引起的近亲繁殖。

综上所述，迷迭香喜阳光充足和温暖干燥的环境，怕积水，适宜在排水良好、含有石灰质的沙质土壤中生长，对于我国绝大部分地区可以采用人工方式营造其适宜的生长环境，建造大规模的基地进行商业化种植，创造经济价值。又由于其抗旱、对土壤环境要求不高，甚至可以对土壤侵蚀有改善作用，耐热、有一定的耐寒性、株高株宽适宜、四季常绿、适于修剪造景，不用投入过多的人力经济去维护其生长，以及其植株有独特的芳香气味，对于我国大部分不存在极寒、雨水过剩的城市，可以引进作为园林绿化、景观植物，为城市增添一抹绿色及芳香。

第三节・迷迭香分子生物学特征

植物的形态描述往往可以快速地、初步地在植物种内或种间进行区分。然而，植物形态往往由多基因构成且对环境因素敏感，仅仅靠形态学不能对相似的植物进行区分，而植物的花蕊、子房等繁殖器官也往往选择有限的差异进化，等位基因可以反映出植物繁殖交配、地理分布相关的种群内和种群间的多样性分布水平，但是由于等位基因可检测的位点有限，仅能表明蛋白质编码片段的变异，随着分子生物学的发展，目前大多数系统发育和遗传学研究都得到了分子标记（即RFLP、AFLP、RAPDs、ISSRs、ITS序列）的支持，这些标记揭示了核酸编码位点以外的DNA序列，并提供了对种群遗传结构和物种间关系的更深入的了解。

一、迷迭香属的起源

根据形态学的传统分类认为迷迭香是属于唇形科迷迭香属植物，先前有研究者利用叶绿体限制性位点数据，证明了迷迭香和丹参之间的密切关系。后有学者利用 *rbcL* 和 *trnL-F* 基因区域，揭示了丹参属的非单系性。他们认为矛叶苏属（*Dorystaechas*）、分药花属（*Perovskia*）和迷迭香属（*Rosmarinus*），以及薄荷属（*Mentha*）、牛至属（*Origanum*）和百里香属（*Thymus*）都属于丹参属。传统限定的丹参属近1 000种，分布于世界各地。有研究证明丹参属的起源与杜鹃花属（*Dorystaechas*）、樟味苏属（*Meriandra*）、分药花属（*Perovskia*）、迷迭香属（*Rosmarinus*）和竹梅属（*Zhumeria*）密切的亲缘关系。这5个属总共由15个种组成，主要分布于地中海地区和邻近的西南部和中亚。根据形态学，在后期的和全面的丹参科概论中，这5个属被视为丹参亚族的一部分。有研究者利用叶绿体DNA（CpDNA）和核糖体DNA（NrDNA）标记获得了所有种的系统发育关系树，提供了当地丹参内的系统发育关系及其与丹参内其他分支的关系的详细且可视化的关系图（图2-2），CpDNA树虽然在许多方面与nrDNA

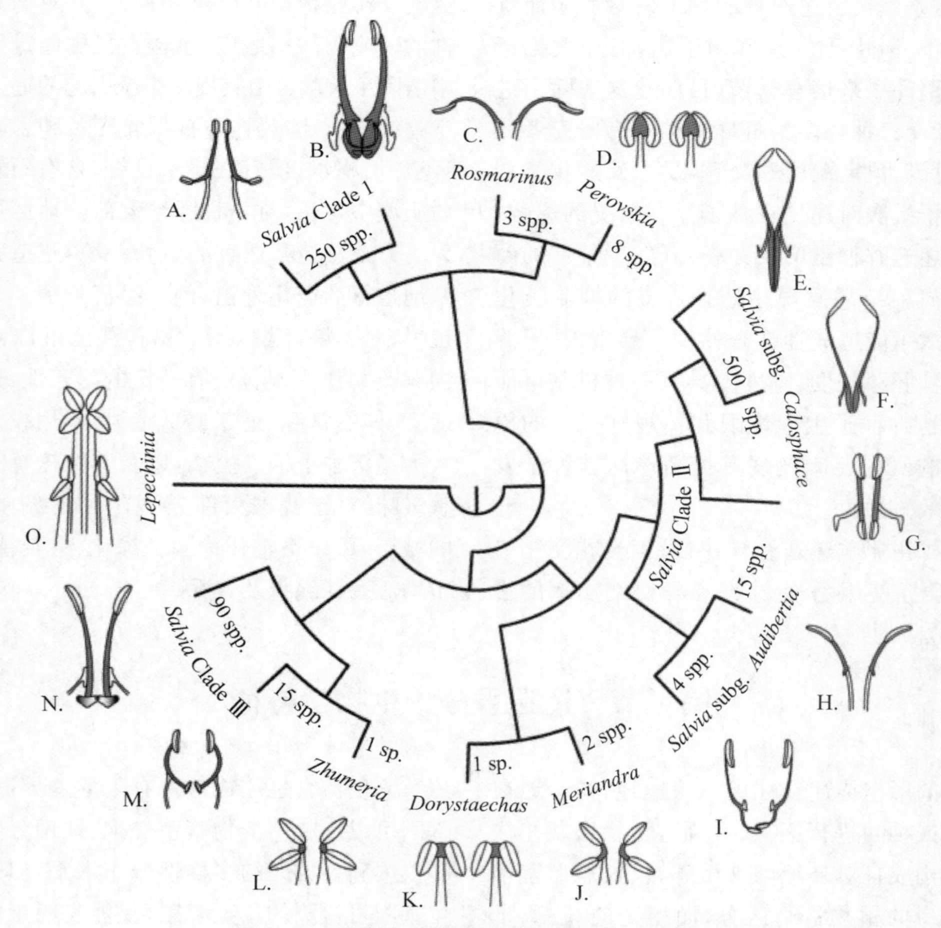

图2-2 唇形科、薄荷族、丹参亚族雄蕊进化风格

树相似，但显示了叶绿体捕获或基因渗入的清晰历史，关于物种关系、分类学考虑、生物地理学和特征进化的大部分讨论将主要基于 nrDNA 系统发育树，但在可能的情况下也需要 CpDNA 系统发育树的支持。

根据这些结果、先前的系统发育发现、形态相似性以及实际和更广泛的影响因素。研究结果表明矛叶苏属（*Dorystaechas*）、樟味苏属（*Meriandra*）、分药花属（*Perovskia*）、迷迭香属（*Rosmarinus*）和竹梅属（*Zhumeria*）是属于丹参亚族的分支，证实了先前使用叶绿体和核糖体 DNA 的研究结果。有研究者根据前人的研究以及从 NCBI GenBank 中检索了更多的中国物种标记序列，重建了系统发育关系，基于 GTR+I+G 型的极大似然法进行进化历史推断如图 2-3 所示。

二、基因组群及遗传变异性

从分子生物学角度来看，严格意义上迷迭香是一种地中海物种，起源于第四纪，其多样化中心被认为位于地中海盆地西部。随着迷迭香在世界范围内种植越来越广泛，在烹饪、食品、医药、日用化工等各个领域应用的越来越多，对于原产地迷迭香的基因组学的研究显得尤为重要。有研究者为了对地中海盆地迷迭香野生种群的遗传变异有更深入的了解，研究了地中海盆地及以前从未研究过的意大利南部迷迭香的基因型，并且将基因组特征与先前使用的细胞质特征结合以供科学界使用。收集的目的不是为了保护没有灭绝危险的物种，而是为了保护和研究物种本身的遗传生物多样性，确定了保守的基因型的优先级，并进行更深入和更广泛的代谢分析的基因型子集的研究。对于遗传生物多样性的研究还有研究者利用质体微卫星[质体简单序列重复(CpSSR)]标记，研究了迷迭香在整个物种范围内的遗传变异性分布。筛选的 17 对引物中有 7 对是多态性的，具有多达 4 个等位基因，总共产生了 17 个大小变异体，组合成 10 个单倍型。但是对地理结构进行的排列检验表明，总气孔阻力和单气孔阻力之间没有显著差异，表明迷迭香缺乏地理结构。Mantel 检验表明遗传距离与地理距离之间的相关性较低。进一步对迷迭香的多态性进行研究，采用 11 个 10 聚体随机引物对迷迭香的基因组 DNA 进行扩增，有 7 个扩增出多态性产物，共获得 42 个扩增产物，其中 25 个扩增产物具有多态性，表明研究者所取不同地区的样本之间存在很高的种群间变异性。研究佛罗里达州 50 年间被火灾改变了生态环境的地区的物种的改变，发现迷迭香的遗传变异水平很低，也表明了迷迭香的遗传相对稳定。对于迷迭香叶绿体进行的全基因组研究发现，其叶绿体基因组是一个双链环状 DNA 分子，大小为 152 462 bp。它包括一对反向重复（IR）区域，每个区域为 25 569 bp，由一个较大的单拷贝（LSC）区域和一个较小的单拷贝（SSC）区域分隔，分别为 83 355 bp 和 17 969 bp。总 GC 含量为 38%，但 GC 含量在整个 cp 基因组中分布不均。其中，IR 区域最高（43.0%），LSC 区域中位数（36.2%），SSC 区域最低（31.9%），与大多数其他维管植物的叶绿体基因组相似。随着科技的进步、人类的发展，尽管迷迭香在自然界中适应性很强，但是由于人类活动（旅游业的发展、城市的发展、污染、高速公路等基础设施的建设）破坏了迷迭香的栖息地，导致其密度和地理分布急速下降，此外由于迷迭香自然界主要靠昆虫授粉进行有性繁殖，但是其开花率低、种子产量低、饱满率低、发芽率低且慢，这些因素都导致了野生的迷迭香数量在不断减少。因此有研究者通过随机扩增多态性 DNA（RAPD）的方法对当地的迷迭香物种的遗传多样性和种群结构进行了研究，希望对当地的迷迭香进行有效的保护。结果发现用于研究 5 个群体的 8 条引物扩展出了 126 条带，其中 109 条（86%）为多态性带。利用聚类分析、Shannons 多样性测度和分子变异分析-amova 等不同方法对 RAPD 标记进行分析，发现有绒毛的

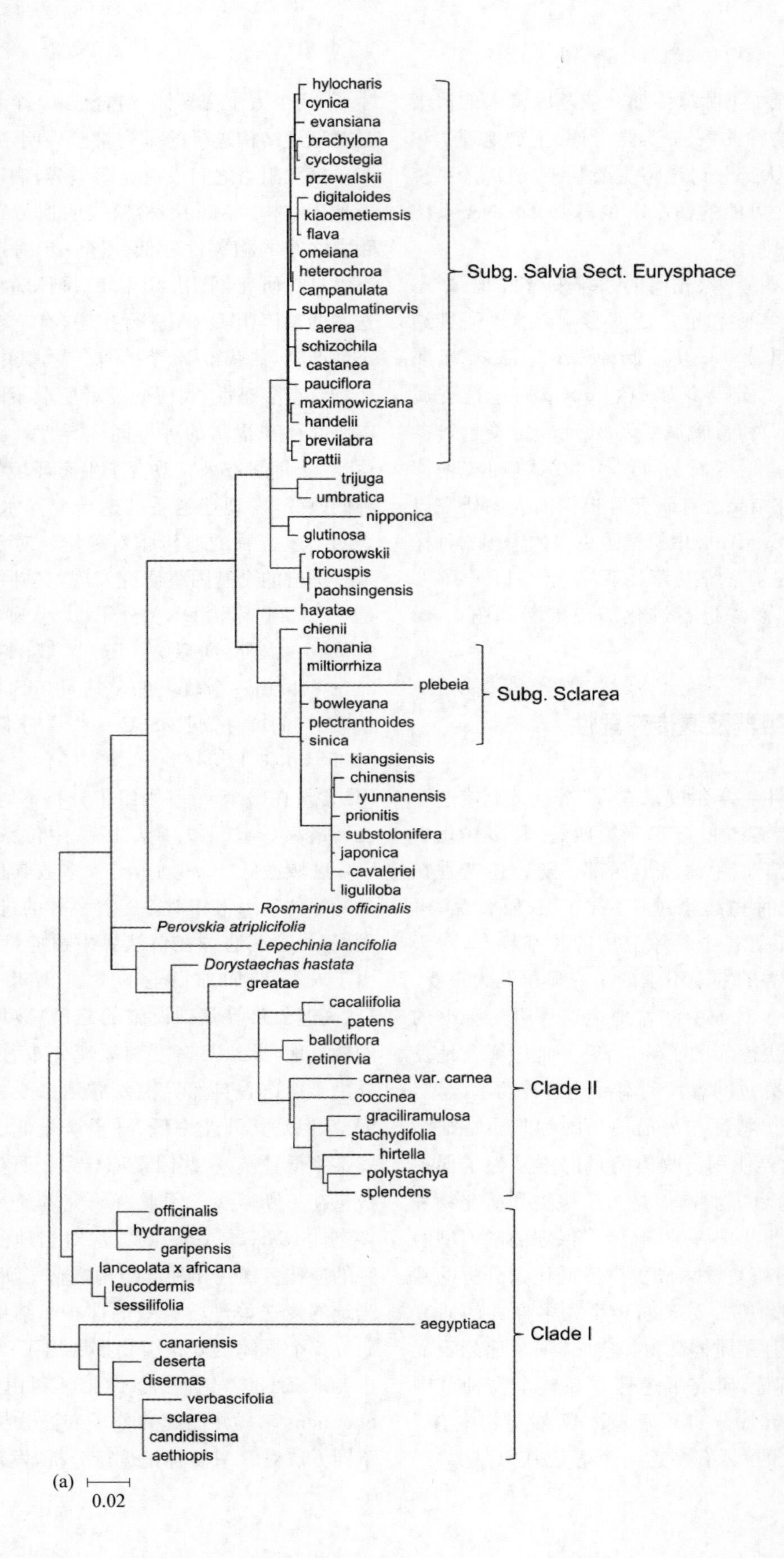
hylocharis
cynica
evansiana
brachyloma
cyclostegia
przewalskii
digitaloides
kiaoemetiemsis
flava
omeiana
heterochroa
campanulata
subpalmatinervis
aerea
schizochila
castanea
pauciflora
maximowicziana
handelii
brevilabra
prattii
Subg. Salvia Sect. Eurysphace
trijuga
umbratica
nipponica
glutinosa
roborowskii
tricuspis
paohsingensis
hayatae
chienii
honania
miltiorrhiza
plebeia
bowleyana
plectranthoides
sinica
Subg. Sclarea
kiangsiensis
chinensis
yunnanensis
prionitis
substolonifera
japonica
cavaleriei
liguliloba
Rosmarinus officinalis
Perovskia atriplicifolia
Lepechinia lancifolia
Dorystaechas hastata
greatae
cacaliifolia
patens
ballotiflora
retinervia
carnea var. carnea
coccinea
graciliramulosa
stachydifolia
hirtella
polystachya
splendens
Clade II
officinalis
hydrangea
garipensis
lanceolata x africana
leucodermis
sessilifolia
aegyptiaca
Clade I
canariensis
deserta
disermas
verbascifolia
sclarea
candidissima
aethiopis
(a)
0.02

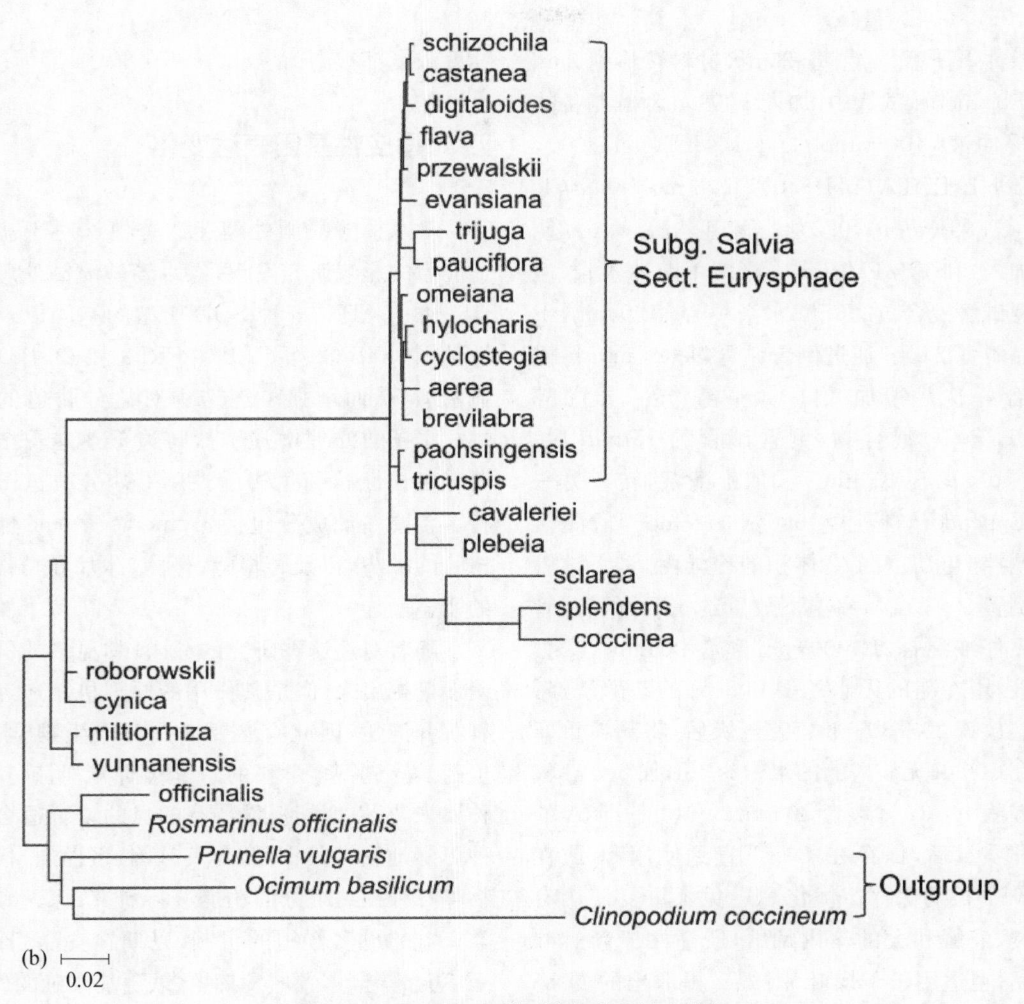

图 2-3 GTR+I+G 模型的极大似然法推断

群体的遗传结构具有相似的结果。通过UPGMA分析，明确了三个研究区及其相关群体。AMOVA分析表明，18.0%的遗传变异是由区间差异引起的。在不考虑群体地域性分布的情况下对总方差进行分区时，34.1%归因于群体之间的差异，65.9%归因于群体内个体之间的差异。利用Shannon信息测度也得到了相似的结果。在任何两个种群之间都有显著的遗传距离。研究者认为这种在区域、种群和亚种群之间的强遗传分化可能是由地理距离和有限的基因流动造成的。有研究者发现不同生态型的迷迭香其精油产量存在不同，所以根据分子生物学为迷迭香不同种群分类，为培育开发高产量的，高经济价值的作物有重要意义。也有研究者研究了25个迷迭香品种的形态变异，来选出适合用于装饰性用途，盆栽、插花、花园景观、园林绿化等，但是仅仅根据形态学去培育适合此用途的品种有一定局限性，通过分子生物学手段从基因层面去更精准地了解迷迭香，也有助于此类品种的培育。

三、DNA 提取方法

由于迷迭香中次生代谢物含量较高，为了更好地研究迷迭香的分子生物学特征，有研究者通过优化前人提取迷迭香的DNA方法：①将−80℃冷冻叶片10 mg用预冷研磨成细粉（不用冰冷条件下研磨)。②将粉末状材料转移到 2 ml 无菌 Eppendorf 试管中,加入 1 000 μl 新鲜制备的萃取缓冲液[100 mmol/L Tris-HCl(pH 8.0),25 mmol/L EDTA(pH 8.0),1.5 mol/L NaCl,2.5% CTAB(*w/v*),0.2%β-巯基乙醇(*v/v*)(使用前加入)和1% PVP(*w/v*)(使用前加入)],慢慢倒置试管混合。③65 ℃水浴中孵育 90 min(干燥样品孵育 2 h)。通过倒置试管,每 20 min 将样品混合一次。④加入 1 000 μl 氯仿:异戊醇(24:1,*v/v*)混合物,倒置试管约 15 min 后,10 000 rpm 离心 10 min。⑤取上清液,转入另一无菌 Eppendorf 管,加入 500 μl 的 5 mol/L NaCl,轻轻搅拌。⑥加入 1/2 体积的冷异丙醇,将试管缓慢倒置 5~10 次,室温下放置约 1 h,倒置试管将样品仔细混合,10 000 rpm 离心 30 min。⑦去上清液,用冷冻的无水乙醇和 80%的乙醇洗涤,在室温放置 20~30 min。⑧干燥后,将颗粒重新悬浮在 100 μl 无核酸酶的水中约 1 h,加入 5 μl 核糖核酸酶 A,37 ℃孵育 30 min。⑨检查 DNA 的浓度和质量后,保存在 4 ℃下直到使用和/或在 −20 ℃下长期保存。优化后避免了重复使用有毒酚类、液氮和大的聚丙烯管,既适用于新鲜叶片样品,也适用于干燥叶片样品,提取出的 DNA 纯度浓度都很高。

四、 适应性基因表达变化

对水杨酸喷洒处理迷迭香植株对于盐度的适应力的影响研究发现,经水杨酸喷洒处理后的迷迭香中 APX、3 种 SOD 亚型的基因以及耐盐性基因(bZIP62、DREB2、ERF3 和 OLPb)都明显增加,从而增强了迷迭香对盐分胁迫的耐受性。水杨酸处理增强了盐胁迫下迷迭香植物的营养生长性状和生物活性。受盐分胁迫影响的特定主要精油成分包括 α-pine 烯、β-pine 烯和桉树脑的减少,以及芳樟醇、樟脑、冰片和马鞭草酮的明显增加。

随着对迷迭香研究的深入,其更多的价值被慢慢挖掘出来,但是其作用的原理机制还远远没有解释清楚,因此有必要使用分子生物学,分子生药学等进行多学科的跨学科研究,明确其分类种属来源,以期能根据特有的目的培育适合新品种更好地发挥其作用,对其基因、蛋白质、代谢产物等各种提纯组分的功能进行研究,探讨其对人类有益的更多作用的机制,以期在食品、日用化工、药品等诸多领域发挥更多、更加明确的作用。

[1] Padua LSD, Bunyaprafatsara N, Lemmens RHMJ. Plant resources of South-East Asia [M]. Leiden: Backhuis Publishers, 1999.

[2] 孟林,王有江,田小霞.迷迭香栽培管理[J].中国花卉园艺,2014(12): 34-35.

[3] 陈德茂,康兴屏.迷迭香在黔南的生态适应性及繁殖技术[J].贵州农业科学,2009,37(5): 25-27.

[4] 赛春梅,梁晓原.迷迭香的生药学研究[J].云南中医中药杂志,2012(11): 65-66.

[5] 邹淑珍.值得南昌地区推广栽培的芳香植物——迷迭香[J].南方林业科学,2005,4(12): 22-23.

[6] CALVO R. Biotechnical characteristics of root systems in erect and prostrate habit *Rosmarinus officinalis* L. Accessions grown in a mediterranean climate [J]. Chemical Engineering Transactions, 2017(58): 769-774.

[7] Hendawy SF, Hussein MS, Amer H, et al. Effect of soil type on growth, productivity, and essential oil constituents of rosemary, *Rosmarinus officinalis* [J]. Asian J Agri & Biol., 2017, 5(4): 303-311.

[8] 王文江.新型香科迷迭香栽培技术[J].新疆农垦科技,2008,31(2): 26-27.

[9] BOZDOGAN SE, TÜRKMEN M, ÇETIN M. Heavy metal accumulation in rosemary leaves and stems exposed to traffic-related pollution near Adana-İskenderun Highway (Hatay, Turkey)[J]. Environmental Monitoring and Assessment, 2019, 191(9): 553.

[10] MERCADO GUIDO MDC, TANAKA H, MASUNAGA T, et al. Salinity tolerance mechanism and its difference among varieties in rosemary (*Rosmarinus officinalis* L.) -Nutritional status of eight rosemary varieties under salt conditions [J]. SAND DUNE RESEARCH, 2020, 66(2): 47-56.

[11] ATUN R, UAR E, GRSOY N. Investigation of Salt Stress in Rosemary (*Rosmarinus officinalis* L.) with the Remote Sensing Technique [J]. Türkiye Tarımsal Araştırmalar Dergisi, 2020,7(2): 120 - 127.
[12] BAHONAR A, MEHRAFARIN A, ABDOUSI V, et al. Quantitative and qualitative changes of rosemary (*Rosmarinus officinalis* L.) in response to mycorrhizal fungi (*Glomus intraradices*) inoculation under saline environments [J]. Journal of Medicinal Plants, 2016,15(57): 25 - 37.
[13] MOGHADDAM AH, AROUIEE H, MOSHTAGHI N, et al. Visual quality and morphological responses of rosemary plants to uv-b radiation and salinity stress [J]. Journal of Ecological Engineering, 2019,20(2): 34 - 43.
[14] MOGHADDAM AH, AROUIEE H, MOSHTAGHI N, et al. Physiological and biochemical changes induced by UV-B radiation in rosemary plants grown under salinity stress [J]. Journal of Ecological Engineering, 2019,20(5): 217 - 228.
[15] EL-ESAWI MA, ELANSARY HO, EL-SHANHOREY N A, et al. Salicylic acid-regulated antioxidant mechanisms and gene expression enhance rosemary performance under saline conditions [J]. Frontiers in physiology, 2017(8): 716.
[16] 余天虹.贵州喀斯特适生经济植物迷迭香的耐旱性研究[D].贵阳：贵州师范大学,2002.
[17] FALLON KM, PHILLIPS R. Responses to water stress in adapted and unadapted carrot cell suspension cultures [J]. Journal of Experimental Botany, 1989,40(6): 681 - 687.
[18] 吴晓红,唐中华,祖元刚.水分胁迫对迷迭香中游离氨基酸的影响[J].东北林业大学学报,2006,34(3): 57 - 58.
[19] 刘芳,左照江,许改平,等.迷迭香对干旱胁迫的生理响应及其诱导挥发性有机化合物的释放[J].植物生态学报,2013(5): 454 - 463.
[20] 龚萍.五种香草植物在海南地区的生态适应性研究[D].海口：海南大学,2011.
[21] SADEGH M, ZAEFARIAN F, AKBARPOUR V, et al. Effect of fertilizer sources on physiological and biochemical traits of rosemary (*Rosmarinus officinalis* L.) in competition with weeds [J]. Journal of Plant Production Researc, 2019,25(4): 67 - 84.
[22] KASMAEI LS, YASREBI J, ZAREI M, et al. Impacts of PGPR, compost and biochar of azolla on dry matter yield, nutrient uptake, physiological parameters and essential oil of *Rosmarinus officinalis* L. [J]. Journal Fur Kulturpflanzen, 2019,71(1): 3 - 13.
[23] ANGELAM M, THOMASH B, WESLEYR A. Stratification, gibberellic acid, scarification, and seed lot influence on rosemary seed germination [J]. Seed Technology, 2009,31(1): 55 - 65.
[24] GARCIA-FAYOS P, CASTELLANOS MC, SEGARRA-MORAGUES JG. Seed germination and seedling allogamy in *Rosmarinus officinalis*: the costs of inbreeding [J]. Plant Biology, 2018,20(3): 627 - 635.
[25] LAMBORN E, CRESSWELL JE, MACNAIR MR. The potential for adaptive evolution of pollen grain size in mimulus guttatus [J]. New Phytologist, 2005,167(1): 289 - 296.
[26] HAMRICK JL, GODT MJ. Alozyme diversity in plant species [J]. Plant Population Genetics Breeding & Genetic Resources, 1989(3): 43 - 63.
[27] CAROVIĆ-STANKO K, LIBER Z, BESENDORFER V, et al. Genetic relations among basil taxa (*Ocimum* L.) based on molecular markers, nuclear DNA content, and chromosome number [J]. Plant Systematics and Evolution, 2010,285(1 - 2): 13 - 22.
[28] MASI LD, SIVIERO P, ESPOSITO C, et al. Assessment of agronomic, chemical and genetic variability in common basil (*Ocimum basilicum* L.)[J]. Eur Food Res Technol, 2006,223(2): 273 - 281.
[29] STINCHCOMBE JR, HOEKSTRA HE. Combining population genomics and quantitative genetics: finding the genes underlying ecologically important traits [J]. Heredity, 2008,100(2): 158 - 170.
[30] WAGSTAFF SJ, Olmstead RG, Cantino PD, et al. Parsimony analysis of cpDNA restriction site variation in subfamily Nepetoideae (Labiatae)[J]. American Journal of Botany, 1995(82): 886 - 892.
[31] WALKER JB, SYTSMA KJ, TREUTLEIN J, et al. *Salvia* (Lamiaceae) is not monophyletic: implications for the systematics, radiation, and ecological specializations of *Salvia* and tribe Mentheae [J]. American Journal of Botany, 2004, 91(7): 1115 - 1125.
[32] CANDOLLE APD. Prodromus Systematis Naturalis Regni Vegetabilis [M]. Readex Microprint, 1968.
[33] WALKER JB, SYTSMA KJ. Staminal Evolution in the genus *Salvia* (Lamiaceae): molecular phylogenetic evidence for multiple origins of the staminal lever [J]. Annals of Botany, 2007,100(2): 375 - 391.
[34] WALKER JB, DREW BT, KENNETH SJ. Unravelling species relationships and diversification within the iconic California floristic province sages [J]. Systematic Botany, 2015,40(3): 826 - 844.
[35] DREW BT, GONZÁLEZ-GALLEGOS JG, XIANG CL, et al. Salvia united: the greatest good for the greatest number [J]. TAXON, 2017,66(1): 133 - 145.
[36] DREW BT, SYTSMA KJ. Testing the monophyly and placement of *Lepechinia* in the tribe Mentheae (Lamiaceae)[J]. Systematic Botany, 2011,36(4): 1038 - 1049.
[37] HAO DC, GU XJ, XIAO PG. Phytochemical and biological research of Salvia medicinal resources [J]//Medicinal Plants, 2015(5): 587 - 639.
[38] NUNZIATA A, DE BENEDETTI L, MARCHIONI I, et al. High throughput measure of diversity in cytoplasmic and nuclear traits for unravelling geographic distribution of rosemary [J]. Ecology and evolution, 2019,9(7): 3728 - 3739.
[39] MATEU-ANDRéS I, AGUILELLA A, BOISSET F, et al. Geographical patterns of genetic variation in rosemary (*Rosmarinus officinalis*) in the Mediterranean basin [J]. Botanical Journal of the Linnean Society, 2013,171(4): 700 -

712.
[40] ANGIONI A, BARRA A, CERETI E, et al. Chemical composition, plant genetic differences, antimicrobial and antifungal activity investigation of the essential oil of *Rosmarinus officinalis* L. [J]. Journal of agricultural and food chemistry, 2004, 52(11): 3530 - 3535.
[41] DOLAN RW, YAHR R, HALFHILL MMD. Conservation implications of genetic variation in three rare species endemic to Florida rosemary scrub [J]. American Journal of Botany, 1999, 86(11): 1556 - 1562.
[42] CHEN C, HUA W. The complete chloroplast genome of Rosemary (*Rosmarinus officinalis*)[J]. Mitochondrial DNA Part B, 2019, 4(1): 147 - 148.
[43] MARTíN JP, HERNáNDEZ BJE. Genetic variation in the endemic and endangered *Rosmarinus* tomentosus Huber-Morath & Maire (Labiatae) using RAPD markers [J]. Heredity, 2000, 85(5): 434 - 443.
[44] FLAMINI G, CIONI PL, MORELLI I, et al. Main agronomic-productive characteristics of two ecotypes of *Rosmarinus officinalis* L. and chemical composition of their essential oils [J]. Journal of agricultural and food chemistry, 2002, 50(12): 3512 - 3517.
[45] CERVELLI C. Characterization of rosemary cultivars for ornamental purposes [J]. Acta horticulturae, 2013(1000): 107.
[46] ZIGENE ZD, ASFAW BT, BITIMA TD. Optimizing DNA isolation protocol for rosemary (*Rosmarinus officinalis* L.) accessions [J]. African Journal of Biotechnology, 2019(18): 895 - 900.

第三章　迷迭香的采收、加工、贮藏

第一节　迷迭香的采收

一、采收标准

迷迭香采收的部位为从顶端向下茎秆上出现一个由绿白色变为黑色的变色点，此点刚好是木质部、韧皮部开始木质化的分界线，从顶端至变色点部分（20 cm 左右）即为最好的嫩枝叶加工原料。采收时以新鲜嫩枝叶为原则。采剪后的枝叶宜在 2 天内进行加工。一般 3～11 月上旬均可采收，11 月中旬到次年 2 月不宜采剪，冬季应以保苗及加强肥水管理为主。迷迭香的主茎长到 40～50 cm 后即可采收。因其栽植 1 次可连续多年采收，所以南方一年四季均可采收。北方利用保护地栽种亦可做到周年供应，但一年中以 4～8 月的产量最高，品质最好。一般季节可 1 月左右采收 1 次，冬季则需较长时间。迷迭香的枝叶虽可根据需要随时采收，但以在新梢停止生长时收割为宜。

二、采收技巧

迷迭香一次栽植，可多年采收。视其生长情况，每年可采收 3～4 次，每亩每次采收鲜枝叶量 250～350 kg。如果采剪量过小，费工费时，效益低，采收量过大，则植株木质化程度高，有效成分降低，影响提取精油及抗氧化剂产量、质量，应按照丰产优质的采收标准进行采收。采收时须注意伤口流出的汁液，变成黏胶难以去除。迷迭香采收后，如不立即使用鲜品，应迅速干燥，以免香气散失。

采收时要根据不同用途决定采收时间和方法，用于制作茶叶的采收时间为迷迭香开花时间，采收部位为花和茎尖带嫩叶的部位，采收后可晾干直接使用或进行适当加工。用于提取精油的迷迭香在采收后尽快送入工厂加工，茎叶越新鲜，精油含量越高。可根据工厂加工的能力，错开时间进行采收，以免加工不及时降低产品质量。

采剪后要加强肥水管理，结合人工除杂草及时浇水施肥，补施普钙或复合肥，为下一次剪收奠定基础。同时，为了有利植株通风、透光，提高光合作用，采收后可对植株进行再次修剪，将株型修剪为圆锥形。每次采收后需追施氮肥。及时进行中耕除草、去劣、疏拔、摘心等工作。5～6 月和 9 月应追施复合肥 1 次。每年春季还需将枝头剪去，使整体植株生长繁茂。

第二节 · 迷迭香的加工

一、迷迭香叶

迷迭香加工时将采收的叶片和嫩枝置于通风处晾干或用烘干机低温(50 ℃以下)烘干，除去杂质。

二、迷迭香精油

迷迭香地上部分可用水蒸气蒸馏法提取精油，以叶含精油最多，得率为 0.4%～1.0%。

三、迷迭香茶

迷迭香花、嫩叶等可加工成茶叶，加工步骤为：一次洗淘、二次洗淘、三次洗淘、自然干燥、酵置、一次杀青、二次杀青、慢火炒制、手工揉制、烘干、手工分拣、包装。

(1) 一次洗淘：选取迷迭香顶尖 3 片嫩叶，用强压水冲洗 1 min。

(2) 二次洗淘：将经一次洗淘的迷迭香嫩叶用水浸泡 10 min。

(3) 三次洗淘：将经二次洗淘的迷迭香嫩叶用超纯水冲洗 2 min，使其无污渍、无泥土。

(4) 自然干燥：将经三次洗淘的迷迭香叶放置在竹席上 2～3 天，所述迷迭香叶自然阴干。

(5) 酵置：将经自然干燥后的迷迭香叶置于直径 10 cm 以上的敞口陶器中，控制温度 18～25 ℃、湿度 45%～65%，自然发酵 3～4 天，迷迭香叶呈果绿色，取出备用。

(6) 一次杀青：取少许碱土置于温度 80～120 ℃的炒锅内，将碱土炒热后取出，再将经酵置过的迷迭香叶放入炒锅内，保持锅内温度 80～120 ℃，手工翻炒 2 min，对迷迭香叶进行杀青，取出迷迭香叶并自然冷却。

(7) 二次杀青：将经一次杀青后的迷迭香叶置于温度 80～120 ℃的炒锅内，手工翻炒杀青 2 min，然后取出。

(8) 慢火炒制：将经二次杀青处理后的迷迭香叶置于温度 100～150 ℃的炒锅内，加入经干燥后的迷迭香花蕊，慢火炒制 10～15 min 后，取出，自然冷却。

(9) 手工揉制：将经慢火炒制过的迷迭香叶用双手交错揉搓，再双手单方向快速揉搓，直至没有结块为止。

(10) 烘干：将经手工揉搓处理后的迷迭香叶在 40～60 ℃温度下烘干 4～6 h，得到迷迭香茶叶。

(11) 手工分拣：将经烘干后的迷迭香茶叶根据叶片大小进行手工分拣。

(12) 包装：对经分拣后的迷迭香茶叶进行包装。

四、迷迭香酒

一把新鲜迷迭香、2 根肉桂枝、5 粒丁香、1 匙姜末、肉豆蔻适量、1 瓶红酒。把迷迭香，肉桂枝和丁香放在一个容器里绞碎，让他们的芳香油挥发出来。加入肉豆蔻和姜末；加入酒，封瓶，放在一个阴凉的地方 10 天；过滤入一个消毒过的瓶子，然后密封起来。

迷迭香可以被做成鸡尾酒，一般来说，白酒适合搭配薰衣草、柠檬草，而红酒宜选用迷迭香等。可以直接将迷迭香浸泡在酒里密封一段时间，等迷迭香的药性充分溢出之后，就可以饮用酒了。迷迭香浸在酒中不仅容易保存，并且它的药效更加显著。

五、 迷迭香调料粉

由迷迭香粉、花椒粉、大料粉、香叶粉、肉桂粉、砂仁粉、丁香粉、茴香粉、桂皮粉、木香粉、高良姜粉、草果粉、白芷粉、甘草粉、葱片粉、干姜粉、蒜粉组成。这些材料经挑选、清洗、烘干、粉碎、磨粉,高温消毒后,混合均匀包装。

第三节 · 迷迭香的贮藏

1. 迷迭香叶 · 置阴凉干燥处。

2. 迷迭香精油 · 避光保存。提取精油后的部分冷冻保存,用于抗氧化剂的提取。

3. 迷迭香茶 ·

(1) 生石灰贮存法：选用干燥、封闭的陶瓷坛,放置在干燥、阴凉处,将茶叶用薄牛皮纸包好,扎紧,分层环排于坛的四周,再把灰袋放于茶包中间,装满后密封坛口,灰袋最好每隔1～2个月换一次,这样可使茶叶久存而不变质。

(2) 木炭贮存法：取木炭1 kg装入小布袋内,放入瓦坛或小口铁箱的底部,然后将包装好的茶叶分层排列其上,直至装满,再密封坛口,装木炭的布袋一般每月应换装一次。

(3) 暖水瓶贮存法：将茶叶装进新买回的暖水瓶中,然后用白蜡封口并裹以胶布,此法最适用于家庭保管茶叶。

(4) 化学贮存法：用较厚的塑料袋,将除氧剂固定在一个角上,然后封好茶叶袋,除氧剂在1～2天内能将茶叶的氧气吸收掉,实现除氧封存,效果很好。

(5) 冷藏贮存法：将含水量在6%以下的新茶装进铁或木制的茶罐,罐口用胶布密封好,把它放在电冰箱内,长期冷藏,温度保持在5 ℃,效果较好。

4. 迷迭香酒 · 密封贮存。

5. 迷迭香调料 · 无菌环境下密封包装,10～18 ℃的避光环境中保存,有效期可达3年。

参考文献

[1] CENTENO S, CALVO MA, ADELANTADO C, et al. Antifungal activity of extracts of *Rosmarinus officinalis* and *Thymus vulgaris* against *Aspergillus flavus* and *A. ochraceus* [J]. Pak J Biol Sci, 2010,13(9): 452-455.
[2] CERVELLATI R, RENZULLI C, GUERRA MC, et al. Evaluation of antioxidant activity of some natural polyphenolic compounds using the Briggs-Rauscher reaction method [J]. J Agric Food Chem, 2002,50(26): 7504-7509.
[3] CHANG C-H, CHYAU C-C, HSIEH C-L, et al. Relevance of phenolic diterpene constituents to antioxidant activity of supercritical CO(2) extract from the leaves of rosemary [J]. Nat Prod Res, 2008,22(1): 76-90.
[4] 于二汝,王少铭,罗莉斯,等.天然香料植物迷迭香研究进展[J].热带农业科学,2016,36(7): 29-36.
[5] SEGARRA-MORAGUES JG, GLEISER G. Isolation and characterisation of di and tri nucleotide microsatellite loci in *Rosmarinus officinalis* (Lamiaceae), using enriched genomic libraries [J]. Conservation Genetics, 2009,10(3): 571-575.
[6] FERRER-GALLEGO PP, FERRER-GALLEGO R, ROSELL R, et al. A new subspecies of *Rosmarinus officinalis* (Lamiaceae) from the eastern sector of the Iberian Peninsula [J]. Phytotaxa, 2014,172(2): 61-70.
[7] 殷国栋,吴疆翀,高政,等.不同种源迷迭香(*Rosmarinus officinalis*)种子萌发特性比较研究[J].云南农业大学学报(自然科学版),2013,28(4): 523-529.
[8] HERNANDEZ A, GARCIA GB, CABALLERO MJ, et al. Preliminary insights into the incorporation of rosemary extract (*Rosmarinus officinalis* L.) in fish feed: influence on performance and physiology of gilthead seabream (*Sparus aurata*) [J]. Fish Physiol Biochem, 2015,41(4): 1065-1074.
[9] ZENG HH, TU PF, ZHOU K, et al. Antioxidant properties of phenolic diterpenes from *Rosmarinus officinalis* [J]. Acta Pharmacol Sin, 2001,22(12): 1094-1098.
[10] 张泽生,郭擎,高山,等.不同提取方法对迷迭香提取及抗氧化效果的影响[J].食品研究与开发,2017,38(3): 55-60.

[11] ZAOUALI Y, BOUZAINE T, BOUSSAID M. Essential oils composition in two *Rosmarinus officinalis* L. varieties and incidence for antimicrobial and antioxidant activities [J]. Food Chem Toxicol, 2010,48(11): 3144 - 3152.
[12] QABAHA KI. Antimicrobial and free radical scavenging activities of five Palestinian medicinal plants [J]. Afr J Tradit Complement Altern Med, 2013,10(4): 101 - 108.
[13] ZILBERG D, TAL A, FROYMAN N, et al. Dried leaves of *Rosmarinus officinalis* as a treatment for streptococcosis in tilapia [J]. J Fish Dis, 2010,33(4): 361 - 369.
[14] TRONCOSO N, SIERRA H, CARVAJAL L, et al. Fast high performance liquid chromatography and ultraviolet-visible quantification of principal phenolic antioxidants in fresh rosemary [J]. J Chromatogr A, 2005,1100(1): 20 - 25.
[15] 杜刚,杨建国,安正云.迷迭香的栽培及开发利用[J].特种经济动植物,2002(10): 29 - 30.
[16] MARGOT L, ANJA K-L, LJUBICA S, et al. Carnosic acid and carnosol, two major antioxidants of rosemary, act through different mechanisms [J]. Plant Physiology, 2017,175(3): 1381 - 1394.
[17] 刘先章,赵振东,毕良武,等.天然迷迭香抗氧化剂的研究进展[J].林产化学与工业,2004,24(s1): 132 - 138.
[18] 刘善智,范小静,闫合,等.迷迭香精油壳聚糖纳米粒的制备及其对冷藏草鱼保鲜效果研究[J].西北农业学报,2019,28(2): 132 - 140.
[19] 陈辉,李光,刘振林.迷迭香对猪油抗氧化实验[J].中国卫生检验杂志,2007,17(5): 952 - 953.
[20] DOOLAEGE EHA, VOSSEN E, RAES K, et al. Effect of rosemary extract dose on lipid oxidation, colour stability and antioxidant concentrations, in reduced nitrite liver ptés [J]. Meat Ence, 2012,90(4): 925 - 931.
[21] 王红,陈纯,王轶菲,等.迷迭香提取物对高脂膳食雌性果蝇致氧化应激的调控作用及机制[J].天津科技大学学报,2016,31(2): 31 - 35.
[22] 王虹.迷迭香提取物延缓衰老、抗急性肝损伤的动物实验研究[D].济南: 山东农业大学,2008.
[23] 常静,肖绪玲.我国引种的迷迭香抗氧化成份的分离和抗氧化性能研究[J].化学通报,1992(3): 30 - 33.
[24] 马艳粉,杨新周,田素梅.迷迭香的应用现状和将来的研究方向[J].南方园艺,2019(4): 56 - 59.
[25] MOSS M, COOK J, WESNES K, et al. Aromas of rosemary and lavender essential oils differentially affect cognition and mood in healthy adults [J]. International Journal of Neuroence, 2003,113(1): 15 - 38.
[26] AGHELAN Z, SHARIAT SZS. Partial purification and biochemical characterization of peroxidase from rosemary (*Rosmarinus officinalis* L.) leaves [J]. Adv Biomed Res, 2015(4): 159.
[27] 赵杰,倪秀红.迷迭香精油对几种植物病原菌的抑菌活性研究[J].北方园艺,2009(9): 33 - 35.
[28] BOMFIM NDS, NAKASSUGI LP, OLIVEIRA JFP, et al. Antifungal activity and inhibition of fumonisin production by *Rosmarinus officinalis* L. essential oil in *Fusarium verticillioides* (Sacc.) Nirenberg [J]. Food Chemistry, 2015(166): 330 - 336.
[29] PARIS A, STRUKELJ B, RENKO M, et al. Inhibitory effect of carnosic acid on HIV-1 protease in cell-free assays [corrected][J]. Journal of Natural Products, 1993,56(8): 1426 - 1430.
[30] AL-ATTAR AM. Hepatoprotective influence of vitamin C on thioacetamide-induced liver cirrhosis in wistar male rats [J]. Journal of Pharmacology & Toxicology, 2000,6(3): 218 - 233.
[31] PAPACHRISTOS DP, STAMOPOULOS DC. Repellent, toxic and reproduction inhibitory effects of essential oil vapours on *Acanthoscelides obtectus* (Say) (Coleoptera: Bruchidae)[J]. Journal of Stored Products Research, 2002,38(2): 117 - 128.

第四章　迷迭香的鉴别

迷迭香鉴别的研究主要包括传统的四大鉴别方法：性状鉴别、显微鉴别、理化鉴别和基原鉴别(对迷迭香基原的考证参见第一章)。近年来，有学者利用分子生药学方法，对迷迭香的分子水平特征进行鉴别研究。

一、性状鉴别

迷迭香全株具香气。茎及老枝圆柱形，皮层暗灰色，不规则纵裂，块状剥落；幼枝四棱形，密被白色星状细绒毛。叶常在枝上丛生，具极短的柄或无柄；叶片线形，长1～2.5 cm，宽1～2 mm，先端钝，基部渐狭，全缘，向背面卷曲；革质，上面稍具光泽，近无毛；下面密被白色的星状绒毛，主脉明显。花近无柄，对生，少数聚集在短枝的顶端组成总状花序；花萼卵状钟形，长约4 mm，外面密被白色星状绒毛及腺体，内面无毛，11脉，二唇形，上唇圆形，全缘或具很短的3齿，下唇2齿，喉部内面无毛；花冠淡蓝色或近白色，冠筒伸出萼外，内面无毛，喉部扩大，冠檐二唇形，上唇直伸，先端微凹或浅2裂，下唇宽大，开展，3裂，中裂片最大，内凹，下倾，边缘常为齿状，侧裂片长圆形；雄蕊2枚，仅前对完全发育，靠着上唇上升，花丝与药隔接连，在中部以下有个下弯的小齿，花药被药隔分开为2等分，药室平行，仅1室发育，线形，背部着生在药隔顶端，后对退化雄蕊不存在；花柱远超过雄蕊，先端不相等2浅裂，裂片钻形，后裂片短；花盘平顶，具浅裂片。小坚果卵状近球形，平滑。

二、显微鉴别

1. 叶横切面·①上表皮细胞1列，扁方形，切向延长，排列整齐，外被厚的角质层，可见到腺毛，下有2～3列栅栏组织细胞，栅栏细胞内有油滴；下表皮细胞扁方形，被薄的角质层，有众多非腺毛，形状多样，有分枝状、星状、单枝，大多弯曲；上下表皮均可见气孔。②海绵组织细胞排列疏松，有大的细胞间隙。③主脉的下表皮内方有3～4层厚角组织细胞，叶肉组织内可见方晶，其上表皮内有1～2层厚角组织细胞；主脉维管束发达，外韧型；韧皮部狭窄，外侧有2列纤维；木质部导管通常4～7个成束排列(图4-1)。

2. 茎横切面·①表皮外被有厚的角质层，腺毛多聚集在角隅处，还有众多非腺毛；非腺毛有分枝状、星状、单枝状，多细胞或单细胞；腺毛有多细胞头单细胞柄、单细胞头单细胞柄两种。②表皮内有厚角组织，角隅处增厚最多，其他处一般3层厚角组织。③皮层宽广，细胞壁稍增厚，皮层内有纤维和石细胞群且混合存在。④韧皮部一般10～12层细胞，且细胞壁稍增厚，韧皮部内有菊糖。⑤木质部束由导管、木纤维、木射线组成。⑥髓部较大，薄壁细胞形状多样，外层

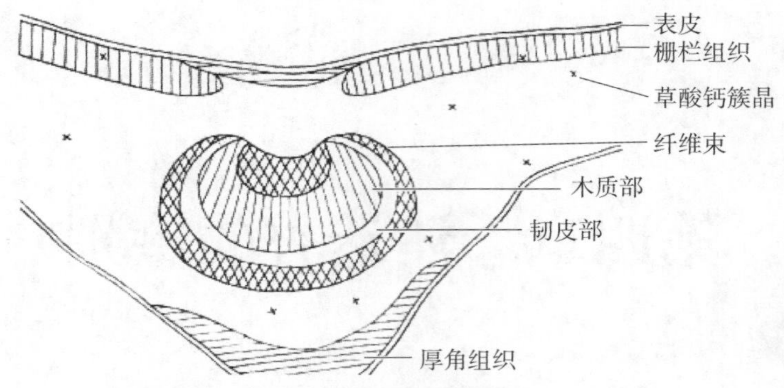

图4-1 迷迭香叶横切面

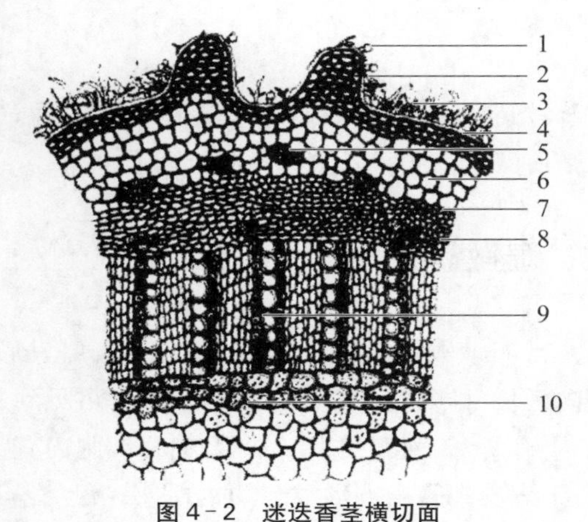

图4-2 迷迭香茎横切面

1. 腺毛；2. 厚角组织；3. 非腺毛；4. 表皮；5. 纤维、石细胞群；6. 皮层；7. 韧皮部；8. 菊糖；9. 木质部；10. 髓部

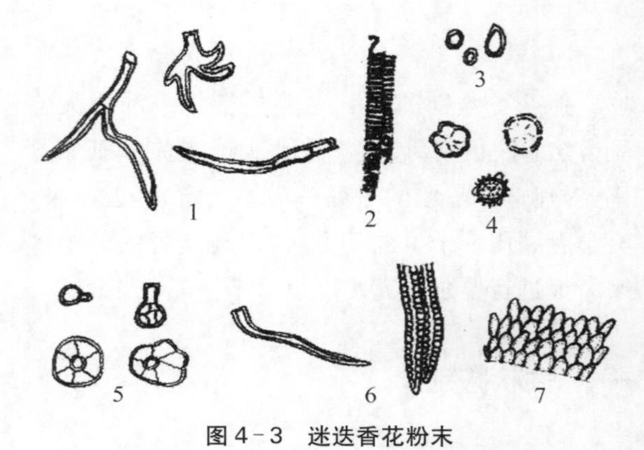

图4-3 迷迭香花粉末

1. 非腺毛；2. 导管；3. 油细胞；4. 花粉粒；5. 腺毛、腺鳞；6. 纤维；7. 柱头顶端表皮细胞

薄壁细胞增厚明显，壁孔较多，且大多为斜壁孔，只有少数为圆形，中央薄壁细胞壁增厚不明显，且细胞较大，壁孔较少(图4-2)。

3. 药材粉末

（1）花粉末：颜色为暗红棕色。①非腺毛较多，多细胞，有分枝状、星状、单枝状3种。②螺纹导管，直径8～13 μm。③油细胞圆形或类圆形，直径5～10 μm。④花粉粒多为类圆球形，直径20～24 μm，少数外壁具有细刺状凸起，萌发孔3个。⑤小腺毛少见，单细胞柄单细胞头或单细胞柄多细胞头；腺鳞类圆形，由6～8个分泌细胞成辐射状排列，直径约72 μm。⑥木纤维长梭形，直径11～14 μm，长50～70 μm，壁稍增厚；韧皮纤维长梭形，壁增厚，孔沟明显。⑦柱头顶端表皮细胞呈乳头状。(图4-3)

（2）茎粉末：颜色为黄棕色。①非腺毛众多，大多为多细胞，由2～4个细胞组成，形状有分枝状和单枝状。②纤维长梭形，壁增厚，有圆纹孔或斜纹孔，直径10～15 μm，长45～65 μm。髓部厚壁细胞壁连珠状增厚，多为斜壁孔，少数为圆形、三角形壁孔。③石细胞形状多种，有类长方形、类圆形，长40～50 μm，宽15～20 μm，壁增厚，胞腔大多较小，少数胞腔大，可见壁孔，少数石细胞有层纹。④导管有螺纹导管、孔纹导管，孔纹导管有单纹孔和具缘纹孔2种，直径11～30 μm。⑤腺毛有单细胞头单细胞柄、多细胞头单细胞柄两种。⑥菊糖呈扇形或类圆形。(图4-4)

（3）叶粉末：颜色为绿色。①非腺毛众多，形状有星状、分枝状和单枝状的，单细胞或2～4

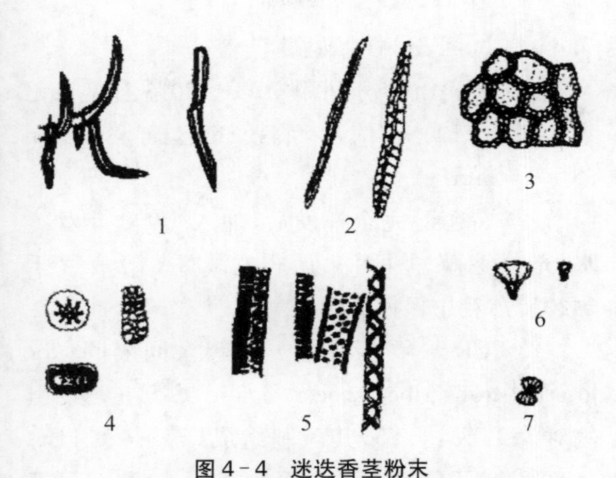

图4-4　迷迭香茎粉末

1. 非腺毛；2. 纤维；3. 薄壁细胞；4. 石细胞；5. 导管；6. 腺毛；7. 菊糖

个细胞组成，壁增厚，基部稍弯曲。②薄壁细胞连珠状增厚。③纤维长梭形，壁增厚，直径约13 μm。④导管为螺纹导管，大多为双螺纹，直径6～9 μm。⑤上下表皮均有气孔，多为平轴式，少数为直轴式，副卫细胞2个。⑥腺鳞的腺头成类圆球形，由6～8个分泌细胞排列成辐射状，直径约70 μm。⑦可见方晶，长约10 μm。⑧小腺毛有2种，一种为单细胞柄单细胞头，另一种为单细胞柄多细胞头。(图4-5)

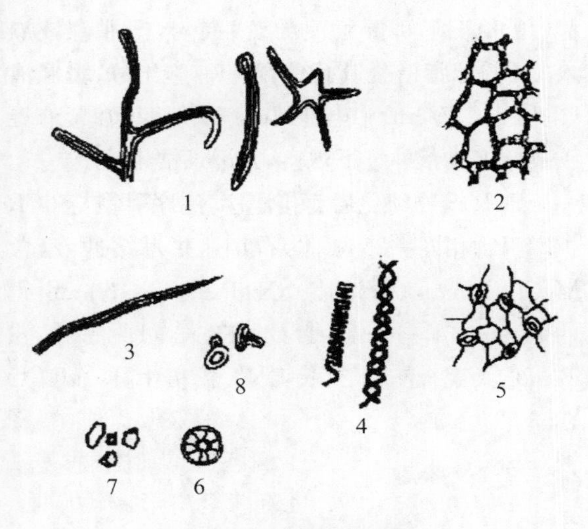

图4-5　迷迭香叶粉末

1. 非腺毛；2. 薄壁细胞；3. 纤维；4. 导管；5. 表皮细胞；6. 腺鳞；7. 方晶；8. 腺毛

三、理化鉴别

迷迭香常见理化鉴别方法为化学定性分析及色谱法。

1. 化学定性分析・包括呈色反应、沉淀反应、荧光反应等，属功能团的鉴别反应，凡有相同功能团的成分均可能呈阳性反应，因此专属性不强，一般情况下，不宜作为质量标准中最终鉴别项目。

2. 色谱法・色谱鉴别是利用薄层色谱(TLC)、气相色谱(GC)或高效液相色谱(HPLC)等对生药进行真伪鉴定。色谱鉴别应设对照品或对照药材对照。

(1) 薄层色谱(TLC)：TLC法可以在一块层析板上容纳多个样品及出现多个信息(斑点、色泽、Rf值等)，只要一些特征斑点(甚至是未知成分)具再现性，就可以作为确认依据。同时因TLC不需特殊的仪器，操作简便，加之近年来高效吸附剂、商品化的预制板、摄像装置的应用，极大地提高了分离效果、检出灵敏度、准确性和重现性，使TLC法已成为目前应用最多的生药理化鉴别方法。

取本品粉末0.5 g，加乙酸乙酯10 ml，超声处理20 min，滤过，滤液作为供试品溶液。另取熊果酸对照品，加乙酸乙酯制成每1 ml含1 mg的溶液，作为对照品溶液。照薄层色谱法(2015版《中国药典》一部附录)试验，吸取上述两种溶液各5 μl，分别点于同一硅胶G薄层板上，以石油醚(60～90 ℃)-丙酮(5∶2)为展开剂，展开，取出，晾干，喷以10%硫酸乙醇溶液，在105 ℃加热至斑点显色清晰。供试品色谱中，在与对照品色谱相应的位置上，显相同颜色的斑点。

(2) 高效液相色谱法：HPLC法较少用于鉴别，若含量测定采用了HPLC法或其他方法无法鉴别时，可同时用于鉴别。

(3) 气相色谱法(GC)：GC法适用于含挥发性成分药材的鉴别。一般结合含量测定进行。CRONIN H采用固相微萃取(SPME)方法收集迷迭香的挥发性成分，运用GC/MS技术，结合计算机检索对其具体化学成分进行分析和鉴定，为迷迭香的进一步利用提供参考。

四、分子生药学鉴别

生药鉴定是生药学的重要组成部分，生药鉴定的主要任务是研究生药的来源、品种鉴定、质量评价等。我国生药的品种繁多、来源复杂，在一定程度上制约了中药的安全应用。迷迭香是我国常用中药材，具有来源复杂、品种丰富等特点，利用传统的理化鉴别和性状鉴别不能准确鉴别迷迭香的来源和种属，因此，可利用分子标记技术来鉴别迷迭香的种属。

1. DNA的提取·总DNA的提取采用可CTAB法。取药材样品少量，切碎。具体步骤如下。

(1) 先将切碎的药材装入2 ml标记的圆底离心管中，加入二氧化硅、PVP、小玻璃珠各小一匙、大玻璃珠1粒，高速组织粉碎仪中研磨5 min(干磨)。

(2) 取出后加入300 μl 4×CTAB提取液(65 ℃水浴预热)，高速组织粉碎仪中研磨5 min(湿磨)。

(3) 加入400 μl已预热的4×CTAB提取液，于63 ℃水浴锅中温浴1.5 h。

(4) 取出加400 μl双蒸水，冷却至室温。

(5) 加入500～800 μl氯仿-异戊醇混合液(24∶1)，充分倒置振摇100次，离心5 min(9 000 r/min)，取上清液转移至新离心管中。

(6) 如(5)使用氯仿-异戊醇混合液，共萃取3次。

(7) 第3次的上清液转移至1.5 ml尖管离心管，加入异丙醇(1∶1, v/v)，轻轻混匀，离心10 min(9 000 r/min)，弃去上清液。

(8) 所得沉淀分别用70%～80%乙醇和无水乙醇各100 μl依次漂洗3次，离心1 min(9 000 r/min)。

(9) 待乙醇完全挥发后，加入1 000 μl双蒸水，充分溶解总DNA，所得总DNA溶液置于−20 ℃冰箱中保存待用。

2. PCR扩增与测序·内转录间隔间(the internal transcribed spacer region, ITS)扩增的引物对为ITS4∶ITS5，其碱基组成(5′→3′)，ITS4(TCCTCCGCTTATTGATATGC)和ITS5(GGAAGTAAAAGTCGTAACAAGG)。

PCR扩增反应体系选用25 μl反应体系，其中包括10×扩增缓冲液(含$MgCl_2$)2.5 μl，(原浓度)dNTP 0.5 μl，5 μmol/L的引物各1 μl，TaqDNA聚合酶0.2 μl(2.5 U/μl)，DNA模板0.2 μl，用ddH_2O定容至25 μl。

ITS片段PCR扩增反应程序的热循环参数：94 ℃变性5 min，然后进入连续35个循环：94 ℃变性40 s，52～54 ℃退火40 s，72 ℃延伸1 min，循环结束后于72 ℃延伸5 min，扩增产物于4 ℃保存。

取2～4 μl扩增产物点于塑料薄膜上与溴酚蓝(40%蔗糖，0.25%溴酚蓝)混匀，把混合液加入1%的琼脂糖凝胶孔中，于1.0×TAE缓冲液(电压为5 V/cm)中电泳，10～20 min后在紫外凝胶成像仪或紫外灯下观察，并记录结果。

PCR产物纯化后直接测序，测序引物与PCR扩增引物相同。25 μl体系，10×扩增缓冲液(含$MgCl_2$)2.5 μl，(原浓度)dNTP 0.5 μl，5 μmol/L的ITS4 1 μl，5 μmol/L的ITS5 1 μl，2.5 U/μl TaqDNA聚合酶0.2 μl，DNA模板1 μl，ddH_2O 18.8 μl。

参考文献

[1] MUNNE-BOSCH S, ALEGRE L. Subcellular compartmentation of the diterpene carnosic acid and its derivatives in the

leaves of rosemary [J]. Plant Physiol, 2001,125(2): 1094 - 1102.
[2] MUNNE-BOSCH S, SCHWARZ K, ALEGRE L. Response of abietane diterpenes to stress in *Rosmarinus officinalis* L.: new insights into the function of diterpenes in plants [J]. Free Radic Res, 1999,31(S1): 7 - 12.
[3] MOTLAGH MK, SHARAFI M, ZHANDI M, et al. Antioxidant effect of rosemary (*Rosmarinus officinalis* L.) extract in soybean lecithin-based semen extender following freeze-thawing process of ram sperm [J]. Cryobiology, 2014,69(2): 217 - 222.
[4] KIM D-H, PARK K-W, CHAE IG, et al. Carnosic acid inhibits STAT3 signaling and induces apoptosis through generation of ROS in human colon cancer HCT116 cells [J]. Mol Carcinog, 2016,55(6): 1096 - 1110.
[5] HARACH T, APRIKIAN O, MONNARD I, et al. Rosemary (*Rosmarinus officinalis* L.) leaf extract limits weight gain and liver steatosis in mice fed a high-fat diet [J]. Planta Med, 2010,76(6): 566 - 571.
[6] SASAKI K, OMRI AEL, KONDO S, et al. *Rosmarinus officinalis* polyphenols produce anti-depressant like effect through monoaminergic and cholinergic functions modulation [J]. Behav Brain Res, 2013(238): 86 - 94.
[7] HANSON JR. Rosemary, the beneficial chemistry of a garden herb [J]. Sci Prog, 2016,99(1): 83 - 91.
[8] OMRI AEL, HAN J, YAMADA P, et al. *Rosmarinus officinalis* polyphenols activate cholinergic activities in PC12 cells through phosphorylation of ERK1/2[J]. J Ethnopharmacol, 2010,131(2): 451 - 458.
[9] COBELLIS G, YU Z, FORTE C, et al. Dietary supplementation of *Rosmarinus officinalis* L. leaves in sheep affects the abundance of rumen methanogens and other microbial populations [J]. J Anim Sci Biotechnol, 2016(7): 27.
[10] BARBOSA LN, PROBST ID S, ANDRADE BFMT, et al. In vitro antibacterial and chemical properties of essential oils including native plants from Brazil against pathogenic and resistant bacteria [J]. J Oleo Sci, 2015,64(3): 289 - 298.
[11] TSAI TH, CHUANG LT, LIEN TJ, et al. *Rosmarinus officinalis* extract suppresses Propionibacterium acnes-induced inflammatory responses [J]. J Med Food, 2013,16(4): 324 - 333.
[12] TUTTOLOMONDO T, DUGO G, RUBERTO G, et al. Study of quantitative and qualitative variations in essential oils of Sicilian *Rosmarinus officinalis* L. [J]. Nat Prod Res, 2015,29(20): 1928 - 1934.
[13] 程伟贤,陈鸿雁,张义平,等.迷迭香化学成分研究[J].中草药,2005,36(11): 1622 - 1624.
[14] 殷国栋.不同种源迷迭香种子萌发与幼苗生长特性研究[D].北京: 中国林业科学研究院,2011.
[15] FARAHANI M S, BAHRAMSOLTANI R, FARZAEI M H, et al. Plant-derived natural medicines for the management of depression: an overview of mechanisms of action [J]. Rev Neurosci, 2015,26(3): 305 - 321.
[16] 赛春梅,梁晓原.迷迭香的生药学研究[J].云南中医中药杂志,2012(11): 65 - 66.
[17] AKTARUZZAMAN M, KIM J-Y, AFROZ T, et al. First report of web blight of rosemary (*Rosmarinus officinalis*) caused by *Rhizoctonia solani* AG-1-IB in Korea [J]. Mycobiology, 2015,43(2): 170 - 173.
[18] ASSAF AM, AMRO BI, MASHALLAH S, et al. Antimicrobial and anti-inflammatory potential therapy for opportunistic microorganisms [J]. J Infect Dev Ctries, 2016,10(5): 494 - 505.
[19] BACKLEH M, LEUPOLD G, PARLAR H. Rapid quantitative enrichment of carnosic acid from rosemary (*Rosmarinus officinalis* L.) by isoelectric focused adsorptive bubble chromatography [J]. J Agric Food Chem, 2003, 51(5): 1297 - 1231.
[20] 刘长明,张磊,杨爽,等.马尾连药材的薄层色谱检测方法研究[J].世界最新医学信息文摘,2016(72): 268 - 269.
[21] AKBARI J, SAEEDI M, FARZIN D, et al. Transdermal absorption enhancing effect of the essential oil of *Rosmarinus officinalis* on percutaneous absorption of Na diclofenac from topical gel [J]. Pharm Biol, 2015,53(10): 1442 - 1447.
[22] RUSSO A, LOMBARDO L, TRONCOSO N, et al. *Rosmarinus officinalis* extract inhibits human melanoma cell growth [J]. Nat Prod Commun, 2009,4(12): 1707 - 1710.
[23] VIJAYAN P, RAGHU C, ASHOK G, et al. Antiviral activity of medicinal plants of Nilgiris [J]. Indian J Med Res, 2004, 120(1): 24 - 29.
[24] GONZALEZ-VALLINAS M, RAMIREZ DMA, REGLERO G. Rosemary (*Rosmarinus officinalis* L.) extract as a potential complementary agent in anticancer therapy [J]. Nutr Cancer, 2015,67(8): 1221 - 1229.
[25] CRONIN H, DRAELOS ZD. Top 10 botanical ingredients in 2010 anti-aging creams [J]. J Cosmet Dermatol, 2010,9(3): 218 - 225.
[26] LAI CS, LEE JH, HO CT, et al. Rosmanol potently inhibits lipopolysaccharide-induced iNOS and COX-2 expression through downregulating MAPK, NF-κB, STAT3 and C/EBP signaling pathways [J]. J Agric Food Chem, 2009, 57(22): 10990 - 10998.
[27] MACHADO DG, NEIS VB, BALEN GO, et al. Antidepressant-like effect of ursolic acid isolated from *Rosmarinus officinalis* L. in mice: evidence for the involvement of the dopaminergic system [J]. Pharmacol Biochem Behav, 2012,103(2): 204 - 211.
[28] ORHAN I, ASLAN S, KARTAL M, et al. Inhibitory effect of Turkish *Rosmarinus officinalis* L. on acetylcholinesterase and butyrylcholinesterase enzymes [J]. Food Chem, 2008,108(2): 663 - 668.
[29] WANG YJ, ZHOU KY. Authentication of animal medicinal materials by DNA molecular markers [M]. Singapore: World Scientific Publishing, 2015.
[30] CHEN SY, WU YN, XU L, et al. DNA barcoding of Mongolian Oxytropis medicinal materials [J]. Journal of Chinese Medicinal Materials, 2016,39(2): 284 - 288.

第五章 迷迭香检查方法及含量测定方法

一、检查方法

(一) 常规检查

1. 水分·水分的测定，是为了保证生物不因所含水分超过限度而发霉变质。水分测定的方法常用的有烘干法和甲苯法。供测定用的迷迭香样品，一般先破碎成直径不超过 3 mm 的颗粒或碎片，直径和长度在 3 mm 以下的花类、种子类、果实类药材，可不破碎。

因为迷迭香中含有挥发性成分，因此采用《中国药典》三部(2015 版)—通则—0832 水分测定法—第四法甲苯法检测迷迭香中的水分。必要时甲苯可先加少量蒸馏水，充分振摇后放置，将水层分离弃去，经蒸馏后使用。仪器装置有：500 ml 的短颈圆底烧瓶、水分测定管、直形冷凝管(外管长 40 cm)。使用前，应清洁全部仪器，并置烘箱中烘干。测定时取样品适量(相当于含水量 1～4 ml)，精密称定，置短颈圆底烧瓶中，加甲苯约 200 ml，必要时加入玻璃珠数粒。将仪器各部分连接，自冷凝管顶端加入甲苯，至充水分测定管的狭细部分，将短颈圆底烧瓶置电热套中或用其他适宜方法缓缓加热，待甲苯开始沸腾时，调节温度，使每秒钟馏出 2 滴。待水分完全馏出，即测定管刻度部分的水量不再增加时，将冷凝管内部先用甲苯冲洗，再用饱蘸甲苯的长刷或其他适宜方法，将管壁上附着的甲苯推下，继续蒸馏 5 min，放冷至室温，拆卸装置，如有水黏附在直形冷凝管的管壁上，可用蘸甲苯的铜丝推下，放置，使水分与甲苯完全分离(可加亚甲蓝粉末少许，使水染成蓝色，以便分离观察)。检读水量，改算成供试品中含有水分的百分数。迷迭香的质量检查规定其水分不宜超过 11.0%。

2. 二氧化硫残留量·可采用离子色谱法检测迷迭香二氧化硫残留量。

仪器：Thermo Scientific™ Dionex™ ICS-5000 离子色谱系统，Thermo Scientific™ Dionex™ AS-AP 自动进样器，Thermo Scientific™ Dionex™ Chromeleon™ 色谱工作站。耗材：Thermo Scientific™ Target2™ Nylon Syring Filters(0.45 μm，30 mm，P/N F2500-1)，一次性使用无菌注射器。试剂与标准品：去离子水(18.2 MΩ-cm，Thermo Scientific™ GenPure Pro™ UVTOC，P/N 50131948)，硫酸根标准溶液(1 000 μg/ml)。

对照品溶液的制备：取硫酸根标准溶液，加水制成分别含硫酸根 1 μg/ml、5 μg/ml、20 μg/ml、50 μg/ml、100 μg/ml、200 μg/ml 的溶液。

供试品溶液的制备：精密称取迷迭香 5 g，置三颈烧瓶中，加水 50 ml，振摇，使分散均匀，接通水蒸气蒸馏瓶。吸收瓶(100 ml 量瓶)中加入 3% 过氧化氢溶液 20 ml 作为吸收液，吸收管下端插入吸收液液面以下。加热C瓶，当其中水沸腾稳定后，沿三颈烧瓶瓶瓶壁加入5 ml盐酸，迅速密塞，开始蒸馏，保持圆底烧瓶沸腾并调整蒸馏火力，使吸收管端的馏出液的流出速率约为2 ml/min。蒸馏至瓶B中溶液总体积约为95 ml，用水洗涤尾接管并将其转移至吸收瓶中，并稀释至刻度，摇匀，放置1 h后，以微孔滤膜滤过，即得。

分析柱：Thermo Scientific Dionex AS11-HC，4×250 mm(P/N 082313)。保护柱：Thermo Scientific Dionex AG11-HC，4×250 mm(P/N 078034)。柱温：30 ℃。检测器：抑制型电导检测。检测池温度：35 ℃。抑制器：AERS500，4 mm(P/N 085029)。运行时间：10 min。

迷迭香质量检查规定其中二氧化硫残留量不得超过150 mg/kg。

3. *灰分*・迷迭香中灰分的来源，包括其药材本身经过灰化后遗留的不挥发性无机盐，以及药材表面附着的不挥发性无机盐类，即总灰分。同一种生药，在无外来掺杂物时，一般都有一定的总灰分含量范围。规定生药的总灰分限度，对于保证生药的品质和纯净程度，有一定的意义。如果总灰分超过一定限度，表明掺有泥土、砂石等无机物质。有些生药本身含有的无机物差异较大，尤其是含多量草酸钙结晶的生药，测定总灰分有时不足以说明外来无机物的存在，还需要测定酸不溶性灰分，即不溶于10%盐酸中的灰分。因生药所含的无机盐类(包括钙盐)大多可溶于稀盐酸中而除去，而来自泥沙等的硅酸盐类则不溶解而残留，故测定酸不溶性灰分能较准确地表明生药中是否有泥沙等掺杂及其含量。

(1) 总灰分测定法：供测定样品须粉碎，使能通过二号筛，混合均匀后，称取样品2～3 g(如需测定酸不溶性灰分，可取3～5 g)，置烧灼至恒重的坩埚中，称定重量(准确至0.01 g)，缓缓炽热，注意避免燃烧，至完全碳化时，逐渐升高温度至500～600 ℃，使完全灰化并至恒重。根据残渣重量，计算供试品中含总灰分的百分数。如样品不易灰化，可将坩埚放冷，加热蒸馏水或10%硝酸铵溶液2 ml，使残渣湿润，然后置水浴上蒸干，残渣照前法灼炽，至坩埚内容物完全灰化。

(2) 酸不溶性灰分测定法：取上项所得的灰分，在坩埚中加入稀盐酸10 ml，用表面皿覆盖坩埚，置水浴上加热10 min，表面皿用热蒸馏水5 ml冲洗，洗液并入坩埚中，用无灰滤纸滤过，坩埚内的残渣用蒸馏水洗于滤纸上，并洗涤至洗液不显氯化物反应为止，滤渣连同滤纸移至同一坩埚中，干燥，烧灼至恒重。根据残渣重量，计算供试品中含酸不溶性灰分的百分数。

4. *浸出物*・对于有效成分尚不明确或尚无精确定量方法的生药，一般可根据已知成分的溶解性质，选用水或其他适当溶剂为溶媒，测定一药中可溶性物质的含量，以示生药的品质。通常选用水，一定浓度的乙醇(或甲醇)、乙醚作浸出物测定。供测定的生药样品须粉碎，使能通过二号筛，并混合均匀。

迷迭香采用药典四部-通则-2201热浸法检查其浸出物。取样品2～4 g，称定重量(准确至0.01 g)，置250～300 ml的锥形瓶中，精密加入水50～100 ml，塞紧，称定重量，静置1 h后，连接回流冷凝管，加热至沸腾，并保持微沸1 h。放冷后，取下锥形瓶，塞紧，称定重量，用水补足减失的重量，摇匀，用干燥滤器滤过。精密量取滤液25 ml，置已干燥至恒重的蒸发皿中，在水浴上蒸干后，于105 ℃干燥3 h，移置干燥器中，冷却30 min，迅速精密称定重量，以干燥品计算供试品中含水溶性浸出物的百分数。迷迭香中浸出物不得少于12.0%。

5. 杂质・迷迭香中混杂的杂质，系指来源与规定相同，但其性状或部位与规定不符；来源与规定不同的物质；无机杂质如砂石、泥块、尘土等。检查方法可取规定量的样品，摊开，用肉眼或扩大镜(5～10倍)观察，将杂质拣出，如其中有可以筛分的杂质，则通过适当的筛，将杂质分出。然后将各类杂质分别称重，计算其在样品中的百分数。如生药中混存的杂质与正品相似，难以从外观鉴别时，可进行显微、理化鉴别试验，证明其为杂质后，计入杂质重量中。对个体大的药材，必要时可破开，检查有无虫蛀、霉烂或变质情况，杂质检查所用的样品量，一般按生药取样法称取。

（二） 限量检查

1. 砷盐·砷盐是有毒的物质，多由药物生产过程所使用的无机试剂引入。砷盐和重金属一样，在多种药物中要求检查。中国药典采用古蔡法和二乙基二硫代氨基甲酸银（简称 Ag-DDC 法）法检查药物中微量的砷盐。

（1）古蔡法：本法的原理为金属锌与酸作用产生新生态的氢，新生态的氢与药物中微量砷盐反应，生成具挥发性的砷化氢气体，遇溴化汞试纸产生黄色至棕色的砷斑，与一定量标准砷溶液在同样条件下生成的砷斑比较，来判定药物中砷盐的含量。

（2）氨基甲酸银法：本法的原理为砷化氢气体与二乙基二硫代氨基甲酸银的氯仿溶液在有机碱性试剂二二乙胺存在下，反应生成红色的胶体状态的金属银。规定迷迭香中砷盐的浓度一般不超过百万分之十。

2. 其他重金属·重金属是指在规定实验条件下能与显色剂作用显色的金属杂质。《中国药典》（2005 年版）二部附录Ⅷ H 采用硫代乙酰胺试液或硫化钠试液作显色剂，以铅（Pb）的限量表示。

由于实验条件不同，分为 4 种检查方法：①供试品不经有机破坏，在酸性溶液中进行显色的重金属限度检查。②供试品需灼烧破坏，取炽灼残渣项下遗留的残渣，经处理后在酸性溶液中进行显色的重金属限度检查。③检查能溶于碱而不溶于稀酸（或在稀酸中即生成沉淀）的药品中的重金属。④用微孔滤膜过滤，使重金属硫化物沉淀富集成色斑，用于有色溶液或重金属限度较低的品种。检查时，应根据药典品种项下规定的方法选用。4 种方法显示的结果均为微量重金属的硫化物微粒均匀混悬在溶液中所呈现的颜色，采用滤膜法可获得“色斑”，如果重金属离子浓度大，加入显色剂后放置时间长，就会有硫化物聚集下沉。

重金属硫化物生成的最佳 pH 为 3.0～3.5，选用醋酸盐缓冲液（pH 3.5）2.0 ml 调节 pH 较好，显色剂硫代乙酰胺试液用量经实验也以 2.0 ml 为佳，显色时间一般为 2 min。以 10～20 μg 的 Pb 与显色剂所产生的颜色为最佳目视比色范围。在规定实验条件下，与硫代乙酰胺试液在弱酸条件下产生的硫化氢呈色的金属离子有银、铅、汞、铜、镉、铋、锑、锡、砷、锌、钴与镍等。规定迷迭香中的铅、汞浓度一般不超过百万分之二十。

二、 含量测定方法

（一） 定性分析

通常情况下，可使用 GC、HPLC、IR、MS、^{1}H NMR 来判断迷迭香提取物的种类。

ZHANG Y 等使用的质谱条件为：质谱源的温度为 60 ℃，电离室的温度为 225 ℃，当锥电压为 25 V 时，失去甲基，当锥电压为 60 V 时，失去乙基。根据分子离子峰（碎片离子峰）的数据以及结合其他的相关检测数据，判断得知质荷比为 330 的是鼠尾草酚，质荷比为 346 的为鼠尾草酸甲酯。

通过 IR、^{1}H NMR、^{13}C NMR 以及质谱法共同确定迷迭香提取物的成分，将迷迭香提取物先经过硅胶柱层析，然后加入到体积分数为 85% 的甲醇溶液中进行检测，结果确定迷迭香提取物成分包括鼠尾草酸、鼠尾草酚、7-甲氧基迷迭香酚和齐墩果酸。

Radaelli 等采用填充柱制备色谱柱进行气相色谱分析，Varian3700 玻璃柱（3 m×4 mm），程序升温，从 80 ℃（先保持 2 min）以 5 ℃/min 的速度升到 200 ℃，载气为氮气，流量为 30 ml/min；之后采用毛细管气相色谱分析，Supelcowax10 熔融石英柱(30 m×0.25 mm×0.15 μm),程序升温与前述相同。

Luo等采用GC-MS进行分析,石英毛细管柱柱子(30 m×0.25 mm×0.25 μm),电子碰撞电压70 eV,质量范围为40～550,载气为氦气,样本分流比为1∶30,进样温度为240 ℃,检测器的温度为230 ℃,采用程序升温,从50 ℃(保持5 min)以3 ℃/min的速度升到180 ℃,再以15 ℃/min的速度升到280 ℃,280 ℃保持20 min,进样量为1 μl,得到的保留值,分子离子峰(碎片离子峰)等数据与标准的物质质谱图进行比较,分析结果显示迷迭香提取物中含有α-蒎烯、1,8-桉树脑、樟脑、马鞭烯醇、α-松油醇和β-松油醇等9种物质。

Pintore等对迷迭香提取物先通过反复层析后,采用GC-MS,GC-IR的方法进行分析检测。条件为石英玻璃毛细管柱(30 m×0.53 mm×0.2 μm)连接在离子源质谱仪上,进样品的温度为200 ℃,检测器的温度为300 ℃,HP工作站,柱温度为从80 ℃(开始先保持3 min)以5 ℃/min增加到300 ℃,采用氦气作为载气,载气流量为1 ml/min,所有的光谱均记录在傅立叶红外光谱仪上,然后采用^{13}C NMR对得到的光谱进行分析,^{13}C NMR的条件是采用200Fourier转换色谱器,采用50.323 MHz,再配备10 mm的探针,以TMS为内标物质,脉冲宽度(PW)为5 μs,翻转角为45°,累计扫描范围是2 000～10 000个样品,CPD型解耦器,数字分辨率为0.763 Hz/pt。通过对以上数据所得到的结果的综合分析之后,得出迷迭香精油中存在的化合物包括α-蒎烯、乙酸龙脑酯、1,8-桉树脑、樟脑、柠檬烯等。

Ravid等采用HRGC-MS和手性分析相结合分析的方法。HRGC-MS分析的条件是采用HP-1型柱(25 m×0.2 mm×0.3 mm),程序升温,从100 ℃(保持2 min)以6 ℃/min的速度升到210 ℃,以氦气为载气,流量为0.5 ml/min,采用Hewlett-Packard5989A型质谱仪,电子碰撞的电压为70 eV;手性分析的条件为Varian3300型手性柱(25 m×0.25 mm×0.3 mm),以氢气为载气,采用氢火焰离子化检测器,流速为40 cm/s,程序升温,从50 ℃(保持2 min)以4 ℃/min的速度升到200 ℃。

Backleh等采用等电聚焦吸附色谱、HPLC-DAD、HPLC-MS、HPLC-ELSD相结合的方法分析迷迭香提取物。等电聚焦吸附色谱采用玻璃柱(130 cm×18.5 mm×16 μm),并且在实际分析过程中,必须使柱子非常干净,以氮气为载气,流速为12～30 ml/min; HPLC-MS-MS的分析参数包括,流动相A(4 mmol/L的甲酸),流动相B为乙腈,柱温为30 ℃,进样量为5 μl,流速0.25 ml/min。梯度程序为:10%B保持1 min,以2.75%/min的速度使B增大到90%,90% B保持5 min。质谱条件是:气化室温度为400 ℃,毛细管温度为200 ℃,离子源采用APCI,5 μA,保护气为氮气,压力为413.7 kPa,辅助气为氮气,压力为34.5 kPa,质荷比的检测范围为150～500,扫描时间为0.5 s。

Ibanez等使用CE-MS、HPLC-DAD和HPLC-MS相结合的方法对迷迭香提取物进行分析。CE的高效分离与MS的高鉴定能力结合,成为微量样品检测的有力工具,可提供相对分子质量及结构信息,适于目标化合物分析或窄质量范围内扫描分析,同时可以提供高效率的短期迁移,大大弥补了HPLC的一些弱点。高压液相色谱电喷雾质谱(HPLC-ESI-MS)的分析条件是采用C_{18}柱(150 mm×4.6 mm×3.5 μm),自动进样器,进样量为25 μl,柱温度为30 ℃,流动相的流速为0.6 ml/min,检测波长为230 nm,实验过程中采用梯度洗脱的方法,50%乙腈溶液作为流动相A,10 mmol/L乙酸水溶液作为流动相B。梯度的过程为:保持50% B为5 min,然后在5 min内使B线性变化到30%,30 min内使B从30%线性降低到0。ESI的参数包括:毛细管电压为4 000 V,气体温度为335 ℃,雾化器的压力为344.8 kPa,干燥气体流速为10.0 ml/min。CE的条件是采用DAD检测器,毛细管柱有效长度

(20 mm×4.6 mm×50 μm)，所有的测量都是在25 ℃，检测分离的电压为8～15 kV，检测波长为230 nm。经检测分析得到的化合物包括鼠尾草酚、迷迭香酚、鼠尾草酸、鼠尾草酸甲酯。

此外，Ibanez等还进行了GC/MS分析，熔融石英毛细管柱(30 m×0.25 mm×0.25 μm)，氦气作载气，压力为69.0 kPa，进样量为3 μl，进样温度为200 ℃，柱子的温度为40 ℃，程序升温，从40 ℃(保持10 min)，以5 ℃/min的速度升到240 ℃，再以20 ℃/min的速度升到280 ℃，280 ℃保持5 min。质谱的条件为电子碰撞的电压为70 eV，质荷比的范围为45～650。

(二) 定量分析

Pistelli等用^{1}H NMR(AC-200200 MHz)布鲁克光谱仪、ASPECT-3000工作站、DISR/90-NMR分析软件进行鼠尾草酸的含量测试，记录下鼠尾草酸的核磁共振波谱并与已有的NMR数据进行比较。

潘利明通过实验，探索了迷迭香超临界CO_2提取物的含量测定方法，分别采用紫外分光光度计法、薄层色谱法进行分析测定。由于紫外分光光度法是测定样品中的总成分，受其他成分的干扰较大，故测得含量较高；而薄层扫描法测定单一成分含量，故测得含量较低，并且薄层扫描法属于半定量方法，在含量测定过程中对其结果影响最大的是显色剂的使用。紫外分光光度法用于测定迷迭香中二萜酚类成分的含量，在生产实际中可以作为二萜酚类成分质量的粗控。结果显示，紫外分光光度法得到的平均回收率为99.70%、*RSD*为1.952%，重现性好，结果准确；而薄层扫描法平均回收率为103.11%、*RSD*为2.568%；两种方法均可以达到检测要求。

(三) 分析结果的评价参数

高效液相色谱法主要是应用于迷迭香提取物的定量(外标法)分析，测评参数包括重现性、回收率、稳定性以及精密度的相对标准误差(*RSD*)，以此来确定分析结果的重现性、可靠性、稳定性和精密度，以及评价外标法标准曲线的线性相关系数(*r*)是否在合理的区间内。根据已有的研究报道，通常认为当所测定实验结果的重现性的*RSD*<1%时，表明重现性良好；回收率的*RSD*<2%时，较为可靠；当所测定的峰面积的*RSD*<3%时，表明稳定性良好；测定精密度的*RSD*<3.5%时，表明精密度良好。而外标法的标准曲线的范围则是以实际要检测的迷迭香提取物的含量范围为标准，然后通过考察线性相关度等来确定标准曲线的准确性。如使用的外标法的线性范围是100～1 000 μg/ml，而鼠尾草酸的标准曲线的相对误差<0.1%，表明实验可行，数据可靠。Wang等采用外标法进行检测，标准曲线线性相关系数(*r*)为0.999 95，表明该方法可以有效进行测量，其所得数据是可靠的。

参考文献

[1] PAPAGEORGIOU V, MALLOUCHOS A, KOMAITIS M. Investigation of the antioxidant behavior of air- and freeze-dried aromatic plant materials in relation to their phenolic content and vegetative cycle [J]. J Agric Food Chem, 2008,56(14): 5743-5752.

[2] PETIWALA SM, PUTHENVEETIL AG, JOHNSON JJ. Polyphenols from the Mediterranean herb rosemary (*Rosmarinus officinalis*) for prostate cancer [J]. Front Pharmacol, 2013(4): 29.

[3] KATERINOPOULOS HE, PAGONA G, AFRATIS A, et al. Composition and insect attracting activity of the essential oil of *Rosmarinus officinalis* [J]. J Chem Ecol, 2005,31(1): 111-122.

[4] 孙磊,岳志华,陈佳,等.离子色谱法测定中药材中总二氧化硫残留[J].中国药事,2011(4): 18-26.

[5] MIRESMAILLI S, BRADBURY R, ISMAN MB. Comparative toxicity of *Rosmarinus officinalis* L. essential oil and blends of its major constituents against *Tetranychus urticae* Koch (Acari: Tetranychidae) on two different host plants [J]. Pest Manag Sci, 2006,62(4): 366-371.

[6] VARELA-CERVERO S, LOPEZ-GARCIA A, BAREA JM, et al. Differences in the composition of arbuscular mycorrhizal fungal communities promoted by different propagule forms from a Mediterranean shrubland [J]. Mycorrhiza, 2016,26(5): 489-496.
[7] 毕琳琳,缪珊,王剑波,等.生药学教学改革初探[J].现代医药卫生,2013,29(3): 461-463.
[8] YANG G, WANG N, ZHAN ZL, et al. Study on status of criteria for formulating specification and grade of Chinese medicinal materials based on filed survey in medicine market [J]. China Journal of Chinese Materia Medica, 2016,41(5): 761-763.
[9] 胡峻,詹志来,袁媛,等.基于熔解曲线分析技术的木通类药材的分子鉴别[J].中国中药杂志,2015,40(12): 2304-2308.
[10] TOGNOLINI M, BAROCELLI E, BALLABENI V, et al. Comparative screening of plant essential oils: phenylpropanoid moiety as basic core for antiplatelet activity [J]. Life Sci, 2006,78(13): 1419-1432.
[11] 肖建平,陈体强,吴锦忠.灵芝(孢子粉)生药质量检测[J].海峡药学,2004,16(2): 71-73.
[12] 于娟,高飞,陈啓兰,等.片仔癀原药材及片仔癀的质量检测方法: CN201110220913.0[P]. 2014-07-30.
[13] 王萍,王超,吕修玉,等.浅析药材质量管理对药品检测指标的影响[J].中国药品标准,2005,6(1): 39-40.
[14] JAVID TI, NIAZI AM. Collection, Identification and cultivation of Fars medicinal plants and study of their effection medicinal materials [J]. Food and Agriculture Organization of the United Nations, 2000, https://agris.fao.org/agris-search/search.do?recordID=IR2011069010.
[15] 陈华国,周欣,周婵媛,等.吉祥草药材的质量检测方法: CN200910302866.7[P]. 2009-10-07.
[16] 罗霞,余梦瑶,许晓燕,等.含中药材非药用部位的菌类植物培养基及在黄背木耳栽培中的应用: CN201010121322.3[P]. 2011-09-21.
[17] 潘莉.药物质量检查[M].重庆: 重庆大学出版社,2014.
[18] ZHANG Y, CHEN X, YANG L, et al. Effects of rosmarinic acid on liver and kidney antioxidant enzymes, lipid peroxidation and tissue ultrastructure in aging mice [J]. Food Funct, 2015,6(3): 927-931.
[19] DURAES N, BOBOS I, FERREIRA DSE, et al. Copper, zinc and lead biogeochemistry in aquatic and land plants from the Iberian Pyrite Belt (Portugal) and north of Morocco mining areas [J]. Environ Sci Pollut Res Int, 2015,22(3): 2087-2105.
[20] RADAELLI M, SILVA BPD, WEIDLICH L, et al. Antimicrobial activities of six essential oils commonly used as condiments in Brazil against *Clostridium perfringens* [J]. Braz J Microbiol, 2016,47(2): 424-430.
[21] LUO Y, PAN J, PAN Y, et al. Evaluation of the protective effects of Chinese herbs against biomolecule damage induced by peroxynitrite [J]. Biosci Biotechnol Biochem, 2010,74(7): 1350-1354.
[22] 张冲,李嘉诚,周雪晴,等.超临界 CO_2 萃取迷迭香精油及其化学成分分析[J].精细化工,2008(1): 62-64,67.
[23] AMARAL GP, CARVALHO NRD, BARCELOS RP, et al. Protective action of ethanolic extract of *Rosmarinus officinalis* L. in gastric ulcer prevention induced by ethanol in rats [J]. Food Chem Toxicol, 2013(55): 48-55.
[24] MANOHARAN S, BALAKRISHNAN S, VINOTHKUMAR V, et al. Anti-clastogenic potential of carnosic acid against 7, 12-dimethylbenz(a)anthracene (DMBA)-induced clastogenesis [J]. Pharmacol Rep, 2010,62(6): 1170-1177.
[25] 李大伟,毕良武,赵振东,等.迷迭香提取物检测方法研究进展[J].林产化学与工业,2011(2): 119-126.
[26] ZHENG Q, LI W, LV Z, et al. Study on extraction method of rosemary antioxidant [J]. Iop Conference, 2019(300): 52.
[27] PISTELLI L, NOCCIOLI C, D'ANGIOLILLO F, et al. Composition of volatile in micropropagated and field grown aromatic plants from Tuscany Islands [J]. Acta Biochim Pol, 2013,60(1): 43-50.
[28] IBáñEZ E, OCA A, MURGA GD, et al. Supercritical fluid extraction and fractionation of different preprocessed rosemary plants [J]. Journal of Agricultural & Food Chemistry, 1999,47(4): 1400-1404.
[29] 吴蒙,徐晓军.迷迭香化学成分及药理作用最新研究进展[J].生物质化学工程,2016,50(3): 51-57.
[30] MALEKY-DOOZZADEH M, KHADIV-PARSI P, REZAZADEH S, et al. Study of the process of essential oil extraction from rosemary plant by using steam distillation method [J]. Journal of Medicinal Plants, 2007,6(24): 101-110.
[31] RASHEED MU, THAJUDDIN N. Effect of medicinal plants on *Moraxella cattarhalis* [J]. Asian Pac J Trop Med, 2011,4(2): 133-136.
[32] RAMADAN KS, KHALIL OA, DANIAL EN, et al. Hypoglycemic and hepatoprotective activity of *Rosmarinus officinalis* extract in diabetic rats [J]. J Physiol Biochem, 2013,69(4): 779-783.
[33] 旷勇,曹庸,杨永,等.一种迷迭香茶的制作方法: CN201510265483.2[P]. 2017-01-04.
[34] SEOL GH, SHIM HS, KIM P-J, et al. Antidepressant-like effect of *Salvia* sclarea is explained by modulation of dopamine activities in rats [J]. J Ethnopharmacol, 2010,130(1): 187-190.
[35] SCHEMETH D, NOEL J-C, HUCK CW, et al. Poly(*N*-vinylimidazole/ethylene glycol dimethacrylate) for the purification and isolation of phenolic acids [J]. Anal Chim Acta, 2015(885): 199-206.
[36] PUANGSOMBAT K, JIRAPAKKUL W, SMITH JS. Inhibitory activity of Asian spices on heterocyclic amines formation in cooked beef patties [J]. J Food Sci, 2011,76(8): 174-180.
[37] 徐连生,贾培琳,张升,等.一种烹调迷迭香料酒: CN201210338152.3[P]. 2013-01-30.
[38] 任伦.一种迷迭香红酒的加工方法: CN201610695133.4[P]. 2016-11-09.
[39] 解克伟,张明礼,范媛媛.一种用迷迭香提取物制作的治疗酒精肝、脂肪肝的产品及工艺: CN201010132408.6[P]. 2011-09-28.

[40] 祖歌.迷迭香主要活性成分的绿色分离技术及其应用研究[D].哈尔滨：东北林业大学,2012.
[41] RAZAVI-AZARKHIAVI K, BEHRAVAN J, MOSAFFA F, et al. Protective effects of aqueous and ethanol extracts of rosemary on H_2O_2-induced oxidative DNA damage in human lymphocytes by comet assay [J]. J Complement Integr Med, 2014,11(1)：27－33.
[42] AIT-OUAZZOU A, LORAN S, BAKKALI M, et al. Chemical composition and antimicrobial activity of essential oils of Thymus algeriensis, *Eucalyptus globulus* and *Rosmarinus officinalis* from Morocco [J]. J Sci Food Agric, 2011,91(14)：2643－2651.
[43] SANTOYO S, CAVERO S, JAIME L, et al. Chemical composition and antimicrobial activity of *Rosmarinus officinalis* L. essential oil obtained via supercritical fluid extraction [J]. J Food Prot, 2005,68(4)：790－795.
[44] 孙长福.迷迭香调料粉及制备方法：CN201510140980.X [P]. 2015－08－19.
[45] RAHIMIFARD M, SIAHPOOSH Z, PHARM D, et al. Improvement in The function of isolated rat pancreatic islets through reduction of oxidative stress using traditional Iranian medicine [J]. Cell J, 2014,16(2)：147－163.

第六章　迷迭香化学成分

迷迭香资源丰富、用途广泛，吸引着人们不断地对其物质基础进行研究。迷迭香的化学成分可以分为挥发性和非挥发性两类。挥发性成分即俗称的迷迭香精油，主要由单萜和倍半萜构成，通常可通过GC-MS进行结构鉴定。因株龄、产地、采收期和采收部位的不同，迷迭香挥发油的含量不一，其主要成分的含量也不尽相同。迷迭香非挥发性成分主要为二萜、三萜、黄酮和苯丙素类成分，主要在迷迭香提取精油后分离获得。迷迭香中挥发油和二萜类成分具有抗氧化作用，被广泛应用于食品和医药行业，目前对这两类成分的研究较多；苯丙素类成分以迷迭香酸为代表，在迷迭香中含量较高，具有广泛的生物活性，也有较多的研究报道；迷迭香中其他类型成分研究报道较少。

第一节　挥发油类

迷迭香全草含精油，精油含量因提取部位的不同表现出显著差异，同时随采收季节、株龄和栽培地区的不同而变化。一般而言，叶片是次生代谢产物合成的主要场所，合成和贮存的次生代谢产物较多，而茎的木质化程度高，疏导组织多，主要起到运输传递的作用，这导致迷迭香叶子的精油提取率明显高于茎。因此，工业生产上在提取迷迭香精油之前，一般要除去枝干仅留下叶片。迷迭香精油的提取率还随采收季节的不同而变化，我国大部分地区属于温带季风气候，夏季高温多雨，冬季寒冷干燥，迷迭香精油的提取率以夏天最高，冬季最低；迷迭香的原产地地中海沿岸地区属于地中海式气候，夏季炎热干燥，冬季温暖湿润，迷迭香精油提取率的变化与当地的降水量及平均气温密切相关，表现为精油提取率随降水量增多和气温上升而增加；由此可知，迷迭香精油的提取率与气温和降水量呈正相关。不同栽培年限的迷迭香其精油的提取率存在细微差异，研究结果表明：栽培4年的成年植株叶片中的精油提取率最低，而茎中则最高；栽培2年的幼龄植株和栽培10年的老龄植株的精油提取率没有显著差异。由此可见，迷迭香栽培10年后，精油提取率并没有发生明显退化，具有可持续利用的价值。此外，不同栽培地区的迷迭香精油提取率不一样，如栽培在贵州地区的迷迭香比栽培于北京地区的迷迭香精油含量高；欧洲地中海沿岸地区作为迷迭香的原产地，其精油产量和质量也较其他地区为高，这其实和不同地区的气候条件息息相关。

迷迭香精油的主要成分为1,8-桉树脑(1,8-cineole)、α-蒎烯(α-pinene)、β-蒎烯(β-pinene)、莰烯(camphene)、樟脑(camphor)和龙脑(borneol)等,主要成分不同,迷迭香精油的化学型也不一致。如前所述,提取部位、栽培地区、采收季节和株龄都影响迷迭香精油的化学型,即精油的主要化学成分种类差别不大,但是相对含量差异明显。根据ISO标准,迷迭香精油的化学型主要有突尼斯-摩洛哥型(Tunisian-Moroccan type)和西班牙型(Spanish type)两种,前者以1,8-桉树脑为主要成分,后者以α-蒎烯、1,8-桉树脑和樟脑为主要成分,且三者含量相仿。我国所产的迷迭香精油化学型以西班牙型为主,有文献报道北京、贵州、云南、广西、福建和新疆等地栽培的迷迭香,其精油含量以α-蒎烯、1,8-桉树脑和樟脑3种成分为主。表6-1归纳总结了目前为止有报道的迷迭香精油主要成分的化学结构、分子式和分子量。

表6-1 迷迭香精油主要成分的化学结构、分子式和分子量

中文名	英文名	分子式	分子量 (m/z)	结构式	CAS号
1,8-桉树脑	1,8-eucalyptol	$C_{10}H_{18}O$	154	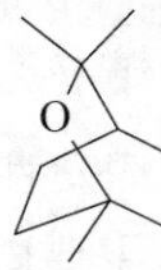	207-431-5
α-蒎烯	α-pinene	$C_{10}H_{16}$	136	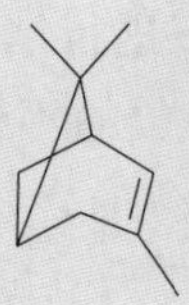	2437-95-8
β-蒎烯	β-pinene	$C_{10}H_{16}$	136	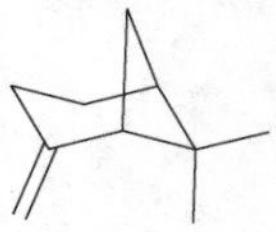	127-91-3
莰烯	camphene	$C_{10}H_{16}$	136		79-92-5 (565-00-4)
三环烯	tricyclene	$C_{10}H_{16}$	136	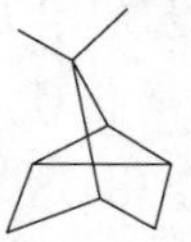	508-32-7
罗勒烯	ocimene	$C_{10}H_{16}$	136	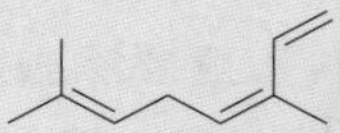	3338-55-4
4-蒈烯	4-carene	$C_{10}H_{16}$	136	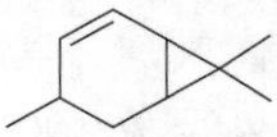	29050-33-7
β-月桂烯	β-myrcene	$C_{10}H_{16}$	136	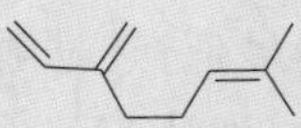	123-35-3

(续表)

中文名	英文名	分子式	分子量 (m/z)	结构式	CAS 号
γ-松油烯	γ-terpinolene	$C_{10}H_{16}$	136	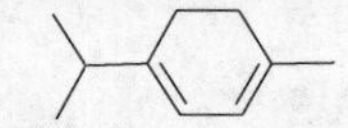	99-86-5
α-水芹烯	α-phellandren	$C_{10}H_{16}$	136	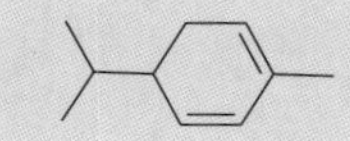	4221-98-1
芳樟醇	linalool	$C_{10}H_{18}O$	154	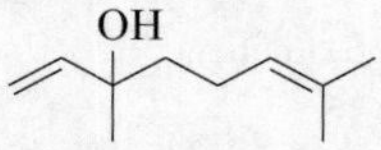 OH	78-70-6
樟脑	camphor	$C_{10}H_{16}O$	152	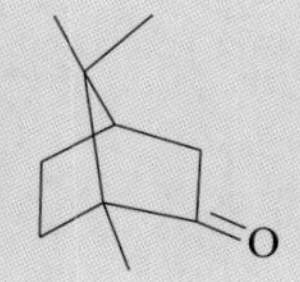 O	76-22-2
龙脑	borneol	$C_{10}H_{18}O$	154	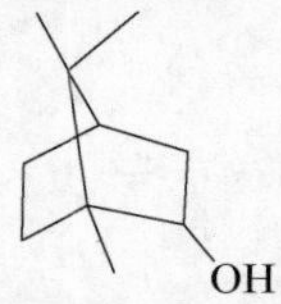 OH	507-70-0
α-松油醇	α-terpineol	$C_{10}H_{18}O$	154	 OH	8000-41-7
菊酮	chrysanthenone	$C_{10}H_{14}O$	150	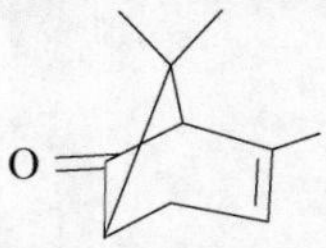 O	38301-80-3
柠檬醛	citral	$C_{10}H_{16}O$	152	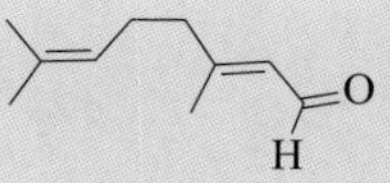 O H	5392-40-5
侧柏醇	thujyl alcohol	$C_{10}H_{18}O$	154	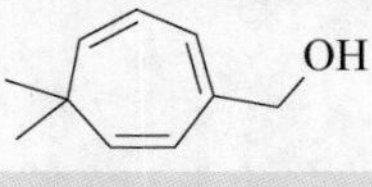 OH	513-23-5
桧烯	sabinen	$C_{10}H_{16}$	136	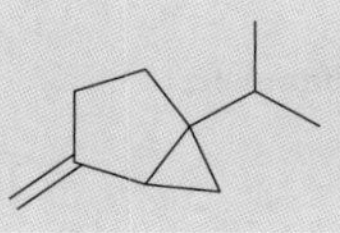	3387-41-5
2-甲基-5-(1-甲基乙基)-双环[3.1.0]-2-己烯	origanene	$C_{10}H_{16}$	136	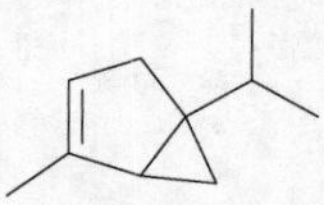	2867-05-2
1,3-二甲基苯乙烯	2-ethenyl-1,3-dimethyl-benzene	$C_{10}H_{12}$	132	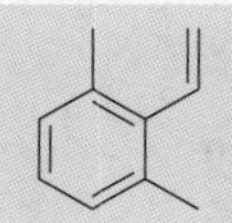	2039-90-9
松香芹醇	pinocarveol	$C_{10}H_{16}O$	152	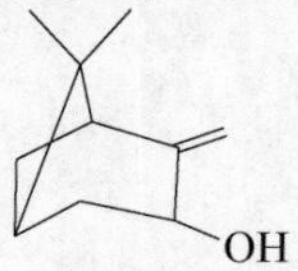 OH	5947-36-4

（续表）

中文名	英文名	分子式	分子量（m/z）	结构式	CAS号
异蒲勒醇	isopulegol	$C_{10}H_{18}O$	154	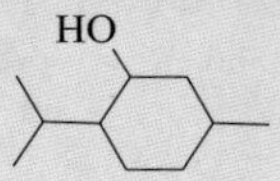 HO	89-79-2
松莰酮	pinocamphone	$C_{10}H_{16}O$	152	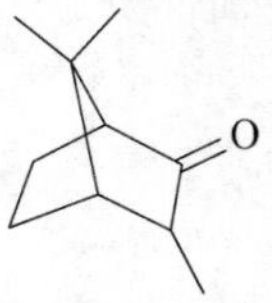 O	547-60-4
马鞭草烯酮	verbenone	$C_{10}H_{14}O$	150	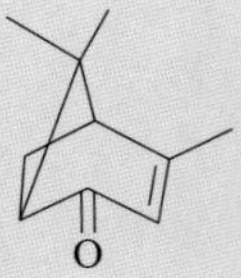 O	1196-01-6
3,7-二甲氧基-6-辛烯-1-醇 香茅醇	3,7-dimethyl-6-octen-1-ol	$C_{10}H_{20}O$	156	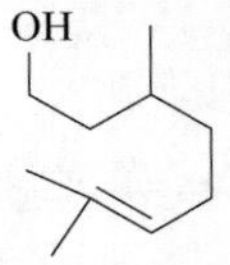 OH	106-22-9 (26489-01-0)
长叶薄荷酮	pulegone	$C_{10}H_{16}O$	152	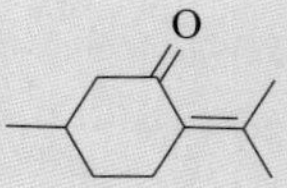 O	89-82-7
麝香草酚	thymol	$C_{10}H_{14}O$	150	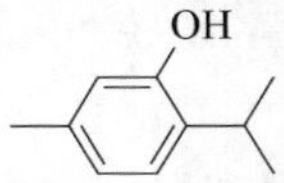 OH	89-83-8
乙酸龙脑酯	bornyl acetate	$C_{12}H_{20}O_2$	196	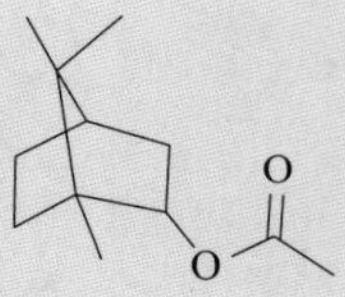 O O	76-49-3
α-啤酒花烯	α-humulene	$C_{15}H_{24}$	204	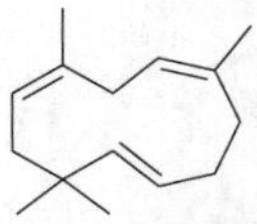	6753-98-6
蒽	anthracene	$C_{14}H_{10}$	178	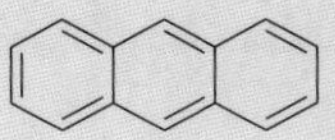	120-12-7
石竹烯	caryophyllene	$C_{15}H_{24}$	204	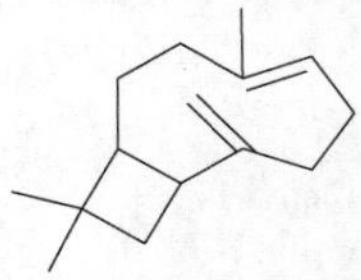	87-44-5
氧化石竹烯	caryophyllene oxide	$C_{15}H_{24}O$	220	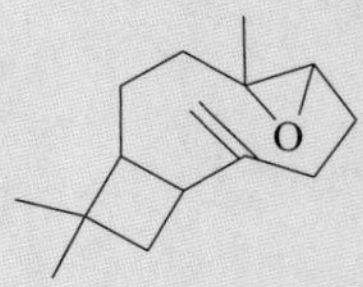 O	1139-30-6

（续表）

中文名	英文名	分子式	分子量（m/z）	结构式	CAS号
檀香醇	santalol	$C_{15}H_{24}O$	220	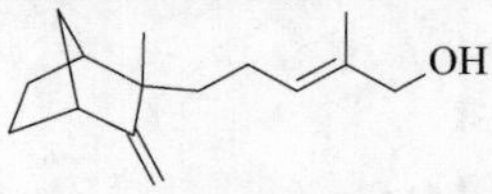 OH	11031-45-1
红没药醇	bisabolol	$C_{15}H_{26}O$	222	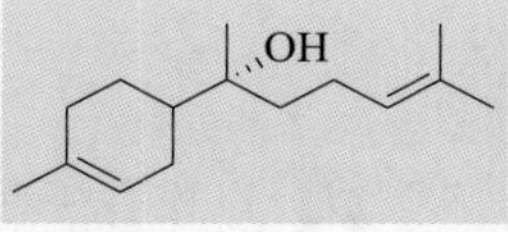 OH	515-69-5
巴伦西亚橘烯	valencen	$C_{15}H_{24}$	204	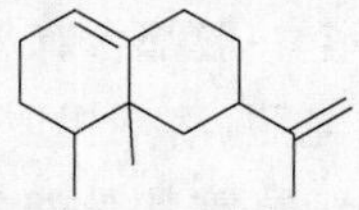	4630-07-3
佛术烯	eremophilene	$C_{15}H_{24}$	204	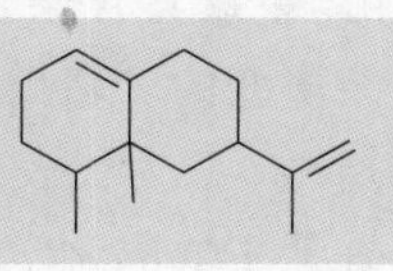	10219-75-7
环己烯	cyclohexene	C_6H_{10}	82	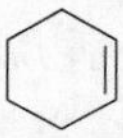	10-83-8
2-环己烯醇	2-cyclohexen-1-ol	$C_6H_{10}O$	98	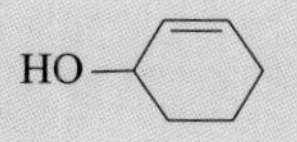 HO	822-67-3
3-环己烯醇	3-cyclohexen-1-ol	$C_6H_{10}O$	98	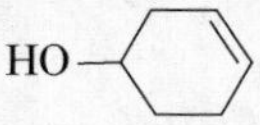 HO	822-66-2
3-辛酮	3-octanone	$C_8H_{16}O$	128	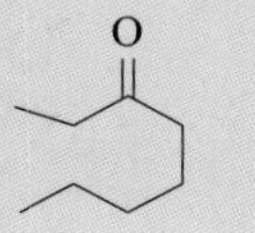 O	106-68-3
1-辛烯-3-醇	1-octen-3-ol	$C_8H_{16}O$	128	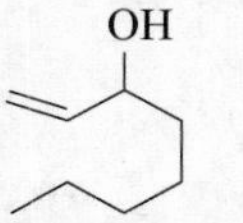 OH	3391-86-4
二苯并呋喃	dibenzofuran	$C_{12}H_8O$	168	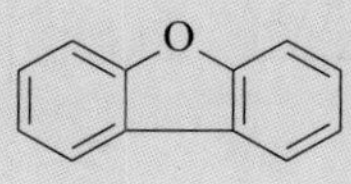 O	132-64-9
芴	fluorine	$C_{13}H_{10}$	166	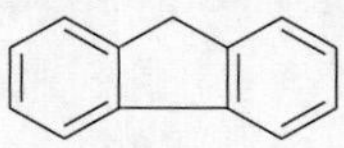	86-73-7
正十六烷酸	palmitic acid	$C_{16}H_{32}O_2$	256	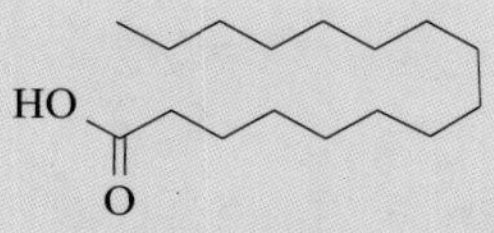 HO O	57-10-3

第二节 · 二萜、三萜及甾体

一、二萜

迷迭香的二萜类成分以松香烷型二萜为主，该类型二萜在C环上一般都含有邻二酚羟基，结构不稳定，在加热、光照、溶剂提取或暴露在空气中都容易发生变化，导致其骨架发生断裂或重排，形成一系列复杂多变的二萜类化合物。其中以鼠尾草酸（carnosic acid）为代表的松香烷型二萜类成分，是迷迭香最主要的化学成分。有文献报道了迷迭香中主要松香烷型二萜类成分的转化途径：鼠尾草酸暴露在空气中容易被氧化为鼠尾草酸醌，经进一步加热或者光照，鼠尾草酸醌继续变为一系列结构多样的二萜酚类化合物，如鼠尾草酚（carnosol）、迷迭香酚（rosmanol）和表迷迭香酚（isorosmanol）等。具体转化途径如下所示。

目前为止有报道的从迷迭香中分离的二萜类成分约有 42 个。它们分别为鼠尾草酸（carnosic acid，**1**）、12-甲氧基-反-鼠尾草酸（12-methoxy-*trans*-carnosic acid，**2**）、12-甲氧基-顺-鼠尾草酸（12-methoxy-*cis*-carnosic acid，**3**）、鼠尾草醛（carnosaldehyde，**4**）、rosmarinusin A（**5**）、11，12，20-trihydroxy-abieta-8，11，13-triene（**6**），

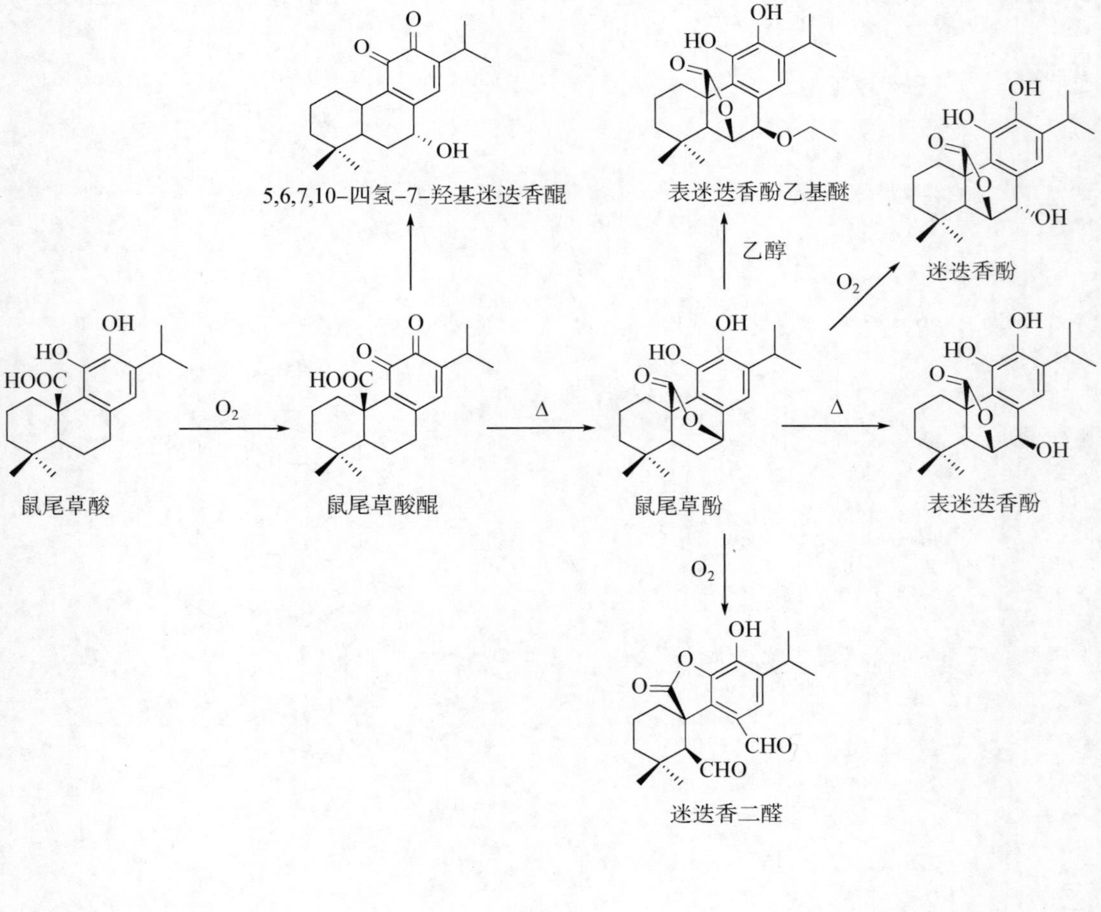

5,6,7,10-四氢-7-羟基迷迭香醌

表迷迭香酚乙基醚

乙醇

O_2

迷迭香酚

鼠尾草酸 → O_2 → 鼠尾草酸醌 → Δ → 鼠尾草酚 → Δ → 表迷迭香酚

O_2

迷迭香二醛

rosmarinusin E(**7**)、rosmarinusin D(**8**)、6,7-dehydroferrginol(**9**)、rosmarinusin B(**10**)、rosmarinusin C(**11**)、鼠尾草酚(carnosol，**12**)、异鼠尾草酚(*iso*-carnosol，**13**)，royleanonic acid(**14**)、迷迭香二醛(rosmadial，**15**)、迷迭香酚(rosmanol，**16**)、表迷迭香酚(epirosmanol，**17**)、7-甲氧基-迷迭香酚(7-methoxyl-rosmanol，**18**)、7-甲氧基-表迷迭香酚(7-methoxyl-epirosmanol，**19**)、7-乙氧基-迷迭香酚(7-ethoxyl-rosmanol，**20**)、7-乙氧基-表迷迭香酚(7-ethoxyl-epirosmanol，**21**)、表迷迭香-7-异丙基醚(7-*O*-isopropyl-epirosmanol，**22**)、7β-hydroxy-20-deoxo-rosmaquinone(**23**)、rosmaquinone A(**24**)、rosmaquinone B(**25**)、7-异丙氧基-迷迭香醌(7-*O*-isopropyl-rosmaquinone，**26**)、7β-甲氧基-20-去氧-迷迭香酚(7β-methoxy-20-deoxo-rosmanol，**27**)、20-去氧-鼠尾草酚(20-deoxocarnosol，**28**)、salvirecognine(**29**)、rosmarinusin F(**30**)、rosmarinusin G(**31**)、ferrginol(**32**)、1，10-hydogensalvirecognine(**33**)、rosmarinusin H(**34**)、11,12-dihydroxy-20-nor-5(10),8,11,13-abietatetraen-l-one(**35**)、rosmarinusin I(**36**)、rosmaridiphenol(**37**)、demethylsalvicanol(**38**)、demethylsalvicanol quinone(**39**)、seco-hinokiol(**40**)、officinoterpenosides A1(**41**)、officinoterpenosides A2(**42**)。42个迷迭香中二萜类化合物的结构如下所示。

	R_1	R_2	R_3
1	β-COOH	OH	H
2	β-COOH	OMe	H
3	α-COOH	OMe	H
4	CHO	OH	H
5	CHO	OH	α-OMe
6	CH_2O	OH	H

	R_1	R_2	R_3
7	CHO	OAc	OAc
8	H	OAc	OAc
9	CH_3	H	OH

	R_1	R_2
10	OH	H
11	H	OH

12　**13**　**14**　**15**

	R
16	α-OH
17	β-OH
18	α-OMe
19	β-OMe
20	α-OEt
21	β-OEt
22	β-iso-OPr

	R_1	R_2
23	H	β-OH
24	=O	α-OMe
25	=O	β-OMe
26	=O	β-iso-OPr

27　**28**

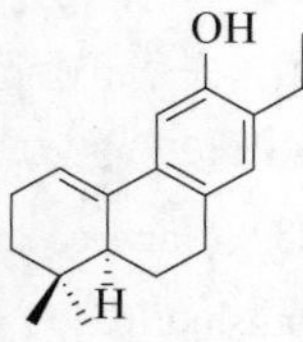

29

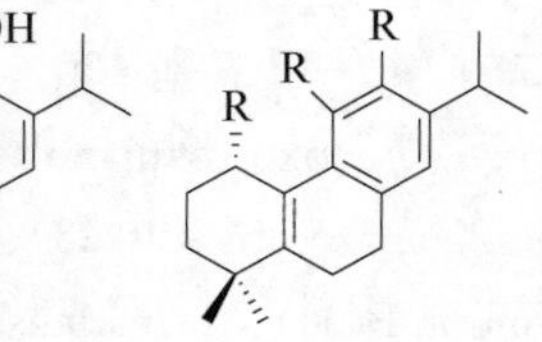

R
30 OH
31 OAc

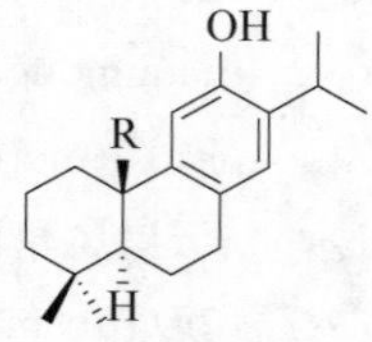

R
32 CH_3
33 H

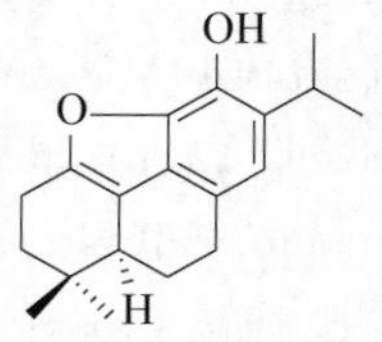

34

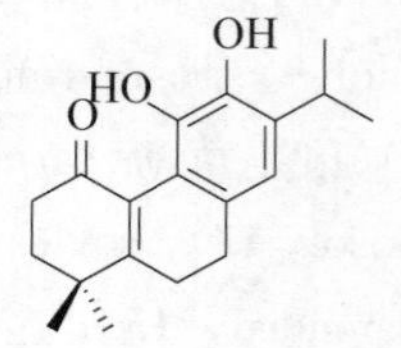

35

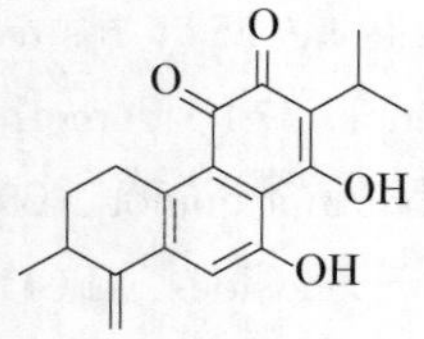

36

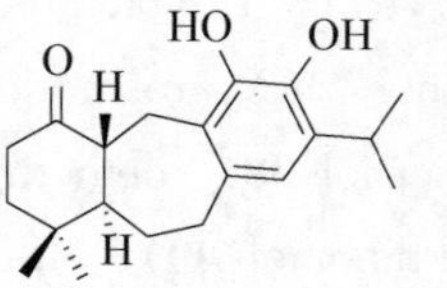

37

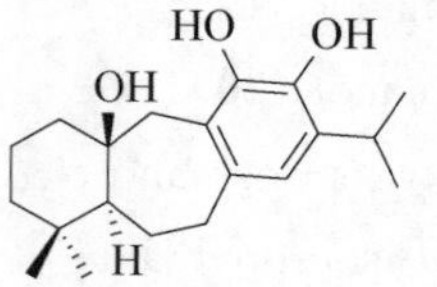

38

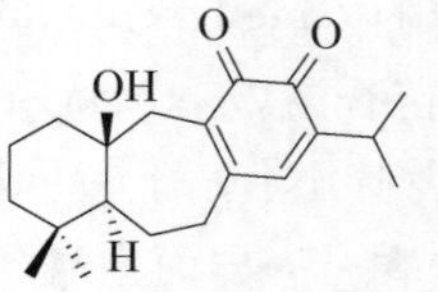

39

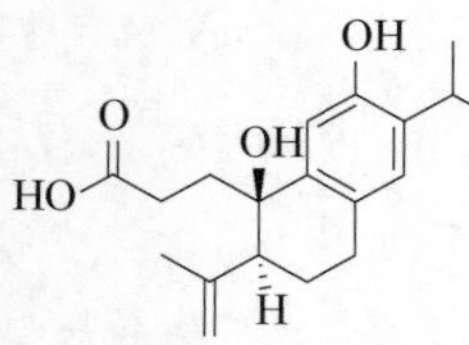

40

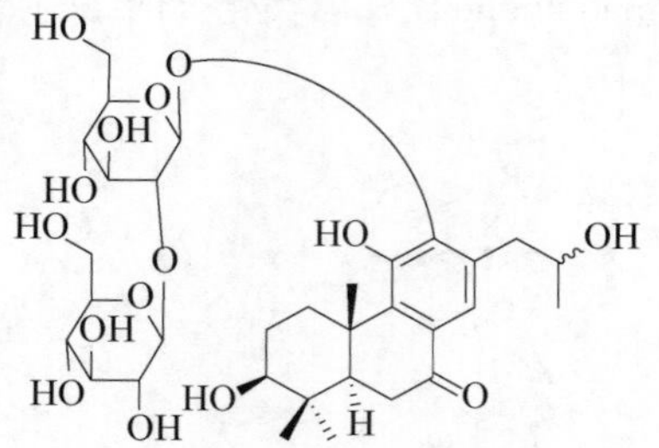

41

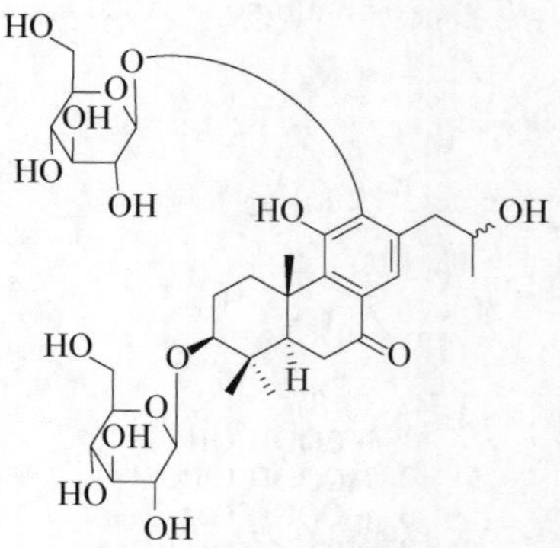

42

化合物 **2～8** 及 **12～28** 多为分离过程中产生的鼠尾草酸的衍生物，结构不稳定，容易变化、降解。化合物 **10** 和 **11** 为含有剔各酰基（tigyl）的松香烷型二萜，不含有邻二酚羟基，结构稳定。化合物 **29～36** 大部分为 C(20)-甲基降解的松香烷型二萜，最早从松科植物中分离获得；值得一提的是化合物 **36** 在 C(20)-甲基降解的同时，C(18)-甲基还发生了迁移，形成一个结构新颖的二萜。化合物 **37～39** 是松香烷型二萜的 C(20)-甲基迁移产物，因为邻二酚羟基的存在，结构也较不稳定。化合物 **40** 的 A 环开裂，形成了结构新颖的裂环松香烷型二萜。化合物 **41** 和 **42** 为 C(16)-甲基迁移的罕见松香烷型二萜糖苷。将这些二萜类化合物的波谱数据进行一一归属，具体如下所示。

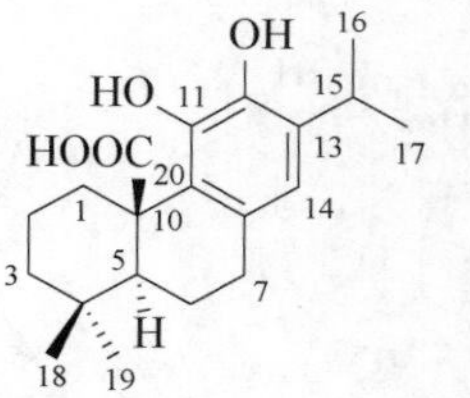

鼠尾草酸（carnosic acid，**1**），无色针状晶体。mp 230.2～232 ℃。IR(KBr)v_{max}：3 280，2 960，1 710，1 450，1 350，1 320，1 243 cm^{-1}。^1H NMR ($CDCl_3$ 300 MHz)δ_H：6.62(1H，s，H-14)，3.45 (1H，d，H-1b)，3.16(1H，sept，H-15)，2.85 (2H，dd，H-6b/7b)，2.42(1H，m，H-6a)，2.17 (1H，m，H-2b)，1.82(1H，d，H-5)，1.49～1.73(3H，m，H-2a/3b/7b) 1.37(1H，m，H-3a)，1.19(6H，dd，H-16/17)，1.05(1H，dd，H-1a)，0.88(3H，s，H-18)，0.84(3H，s，H-

19)。^{13}C NMR(CDCl$_3$, 75 MHz)δ_C: 29.3(C-1, t), 23.0(C-2, t), 41.4(C-3, t), 34.9(C-4, s), 45.8(C-5, d), 19.2(C-6, t), 30.1(C-7, t), 132.3(C-8, s), 122.4(C-9, s), 48.8(C-10, s), 142.8(C-11, s), 142.0(C-12, s), 133.9(C-13, s), 112.6(C-14, d), 27.5(C-15, d), 18.6(C-16, q), 18.6(C-17, q), 32.1(C-18, q), 20.1(C-19, q), 177.0(C-20, q)。MS(m/z): 332(M^+), 287, 286, 243, 230, 217, 215, 204。

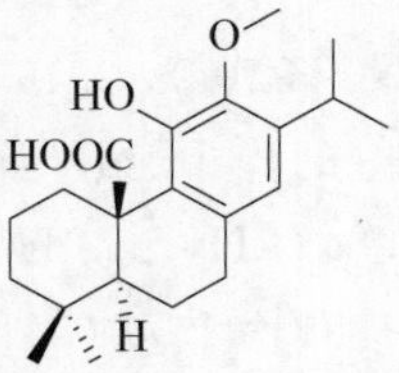

12-甲氧基-反-鼠尾草酸(12-methoxy-*trans*-carnosic acid, **2**), 无色晶体。$[\alpha]_D^{21}=+250$(c 0.04)。UV(CH_3OH)λ_{max}($\log\varepsilon$): 226(3.39), 276(1.71)nm。IR v_{max}(thin film): 2 959, 2 360, 2 342, 1 734, 1 457, 1 364, 1 229, 668 cm^{-1}。^{1}H NMR(500 MHz, CD$_3$OD)δ_H: 6.42(1H, s, H-14), 3.65(3H, s, 12-OMe), 3.56(2H, dd, $J=$ 13/3 Hz, H-1), 3.15(1H, sept., H-15), 2.75 (2H, br. s, H-7), 2.57(1H, m, H-6a), 1.88 (1H, d, $J=2$ Hz, H-6b), 1.51(2H, m, H-2), 1.47(1H, m, H-3a), 1.41(1H, m, H-5), 1.31 (1H, m, H-3b), 1.16(3H, dd, $J=8/0.5$ Hz, H-16), 1.16(3H, dd, $J=8/0.5$ Hz, H-17), 0.96 (3H, s, H-18), 0.92(3H, s, H-18)。^{13}C NMR (500 MHz, CD$_3$OD)δ_C: 36.7(C-1, t), 22.1(C-2, t), 43.6(C-3, t), 35.6(C-4, s), 56.4(C-5, d), 20.5(C-6, t), 33.9(C-7, t), 135.7(C-8, s), 129.5(C-9, s), 35.6(C-10, s), 151.5(C-11, s), 145.2(C-12, s), 140.9(C-13, s), 118.9(C-14, d), 28.1(C-15, d), 24.4(C-16, q), 24.7(C-17, q), 33.9(C-18, q), 180.7(C-20, s)22.3(C-19, q), 61.9(C-OMe, q)。ESI-MS(m/z): 347.2[M+H]$^+$(calc. for $C_{21}H_{30}O_4$, 347.2)。

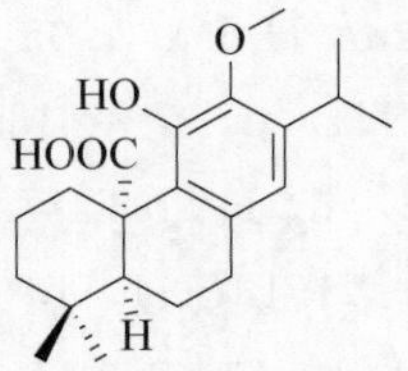

12-甲氧基-顺-鼠尾草酸(12-methoxy-*cis*-carnosic acid, **3**), 无色晶体。$C_{21}H_{30}O_4$, (+)-ESI-MS(m/z): 347.2 [M + H]$^+$ (calc. for 347.2)。$[\alpha]_D^{21}=+50$(c 0.04)。UV(MeOH)λ_{max} ($\log\varepsilon$): 224(3.30), 277(0.8)nm。IR v_{max}(thin film): 2 959, 2 360, 2 342, 1 734, 1 559, 1 457, 1 367, 1 221, 668 cm^{-1}。^{1}H NMR(500 MHz, CD$_3$OD)δ_H: 6.56(1H, s, H-14), 3.59 dd(2H, dd, $J=13/3$ Hz, H-1)1.49(2H, m, H-2), 1.38 (1H, m, H-3a), 1.44(1H, m, H-3b), 1.44 (1H, m, H-5), 1.88(1H, br. m, H-6a)1.41 (1H, br. m, H-6b), 2.88(2H, br. s, H-7), 3.18(1H, sept., H-15), 1.24(3H, dd, $J=8/0.5$ Hz, H-16), 1.24(3H, d, $J=6.5$ Hz, H-17), 1.01(3H, s, H-18), 0.98(3H, s, H-18), 3.83(3H, s, 12-OMe)。^{13}C NMR(500 MHz, CD$_3$OD)δ_C: 36.9(C-1, t), 22.1(C-2, t), 43.7 (C-3, t), 35.2(C-4, s), 56.1(C-5, d), 20.4(C-6, t), 33.7(C-7, t), 135.2(C-8, s), 129.0(C-9, s), 35.2(C-10, s), 154.5(C-11, s), 145.3 (C-12, s), 140.4(C-13, s), 118.5(C-14, d), 27.7(C-15, d), 23.9(C-16, q), 24.1(C-17, q), 33.7(C-18, q), 182.6(C-20, s), 23.2(C-19, q), 61.2(C-OMe, q)。

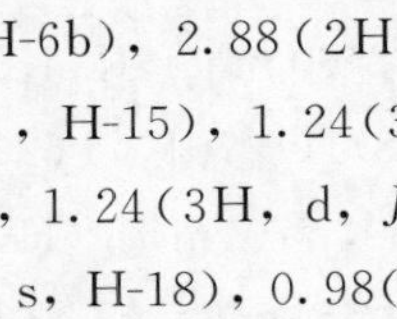

鼠尾草醛(carnosaldehyde, **4**)。^{1}H NMR(400 MHz, CDCl$_3$)δ_H: 9.97(1H, s, H-20), 6.52 (1H, s, H-14), 3.57 d(1H, $J=13.4$ Hz, H-1a), 3.19(1H, m, H-15), 2.85(2H, m, H-6b/

7a), 2. 29(1H, m, H-6a), 1. 95～2. 05(1H, m, H-2a), 1. 80 (1H, d, J = 13. 4 Hz, H-5), 1. 45～1. 65(3H, m, H-2b/3a/7a), 1. 22～1. 45 (1H, m, H-3b), 1. 18(1H, d, J=6. 8 Hz, H-17), 1. 17(1H, d, J = 7. 0 Hz, H-16), 1. 11 (1H, m, H-1b), 1. 02(3H, s, H-18), 0. 85 (3H, s, H-19)。

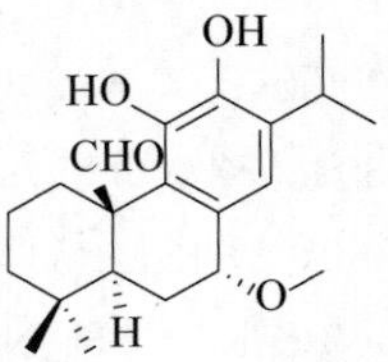

rosmarinusin A(**5**)，白色晶体。$C_{21}H_{30}O_4$，(－)-HR-ESI-MS(m/z)：345. 205 0[M－H]$^-$ (calcd. for 345. 207 1)。$[\alpha]_D^{19.5}$ = ＋255. 35 (c 0. 08, MeOH)。UV (MeOH) λ_{max} (log ε)：202 (4. 62), 289 (3. 46) nm。IR (KBr) v_{max}：3 531, 2 964, 2 939, 2 871, 1 701, 1 620, 1 521, 1 366, 1 214, 1 075, 950, 770 cm^{-1}。^{1}H NMR(600 MHz, $CDCl_3$)δ_H：9. 85(1H, br. s, H-20), 6. 82(1H, s, H-14), 4. 26(H, t, J=0. 8 Hz, H-7), 3. 47 (3H, s, 7-OMe), 3. 22(1H, m, H-2a), 3. 22 (1H, m, H-15), 2. 32(1H, d, J=14. 3 Hz, H-6a), 2. 20(1H, d, J = 13. 3 Hz, H-5), 1. 89 (1H, td, J =14. 0/2. 7 Hz, H-6b), 1. 54(1H, m, H-2b), 1. 54(2H, m, H-3), 1. 16(2H, m, H-1), 1. 22(3H, br. s, H-16), 1. 24(3H, br. s, H-17), 1. 06 (3H, br. s, H-19), 0. 91 (3H, br. s, H-18)。^{13}C NMR (150 MHz, $CDCl_3$) δ_C：30. 0(C-1, t), 19. 7(C-2, t), 41. 1(C-3, t), 33. 7(C-4, s), 44. 8(C-5, d), 21. 9(C-6, t), 77. 0(C-7, d), 129. 0(C-8, s), 117. 0(C-9, s), 54. 1(C-10, s), 142. 8(C-11, s), 144. 2(C-12, s), 134. 7(C-13, s), 122. 2(C-14, d), 27. 3(C-15, d), 21. 9(C-16, q), 22. 3(C-17, q), 31. 6(C-18, q), 21. 8(C-19, q), 203. 4(C-20, d), 56. 5 (7-OMe, q)。

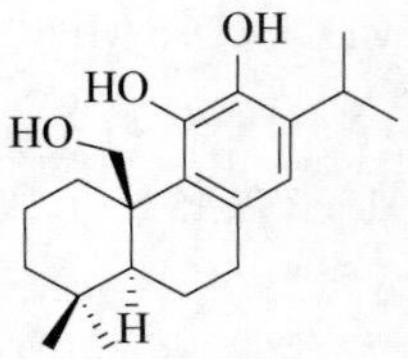

11, 12, 20-trihydroxy-abieta-8, 11, 13-triene (**6**)。$C_{20}H_{30}O_3$，(－)-HR-ESI-MS (m/z)：317. 212 2[M－H]$^-$ (calcd. for 317. 212 2)。^{1}H-NMR(400 MHz, $CDCl_3$)δ_H：8. 80/5. 97(1H, s, 11/12-OH), 6. 52 (1H, s, H-14), 4. 40 (1H, br. d, J=9. 6 Hz, H-20a), 3. 16～3. 21(2H, m, H-1a/15), 3. 84 (1H, br. d, J = 9. 6 Hz, H-20b), 2. 82～2. 84(2H, m, H-7), 2. 63(1H, br. s, H-1b), 1. 51～1. 77(4H, m, H-2/3), 1. 38～1. 41(2H, m, H-5/6a), 1. 24～1. 29(1H, m, H-6b), 1. 22(3H, d, J=6. 5 Hz, H-16), 1. 20(3H, d, J=6. 5 Hz, H-17), 0. 96(3H, s, H-18), 0. 86(3H, s, H-19)。^{13}C-NMR(100 MHz, $CDCl_3$)δ_C：31. 3(C-1, t), 18. 9(C-2, t), 41. 1 (C-3, t), 33. 6(C-4, s), 52. 7(C-5, d), 19. 0(C-6, t), 32. 0(C-7, d), 130. 2(C-8, s), 127. 7(C-9, s), 43. 9(C-10, s), 142. 0(C-11, s), 142. 1 (C-12, s), 132. 5(C-13, s), 118. 9(C-14, d), 27. 1(C-15, d), 22. 8(C-16, q), 22. 6(C-17, q), 33. 9(C-18, q), 22. 3(C-19, q), 67. 2(C-20, t)。

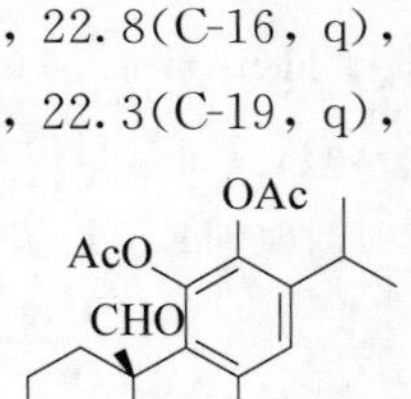

rosmarinusin E (**7**)，浅黄色胶状固体。$C_{24}H_{30}O_5$，(＋)-HR-ESI-MS(m/z)：399. 214 8 [M＋H]$^+$ (calcd. for 399. 216 6)。$[\alpha]_D^{19.7}$ = ＋234. 70(c 0. 08, MeOH)。UV(MeOH)λ_{max} (logε)：196(4. 30), 227(4. 38), 274(3. 98)nm。IR(KBr)v_{max}：3 429, 2 961, 2 936, 1 770, 1 718, 1 370, 1 196, 1 170 cm^{-1}。^{1}H NMR(600 MHz, $CDCl_3$)δ_H：9. 72(1H, s, H-20), 6. 95(1H, s,

H-14), 6.09(1H, dd, J = 9.7/2.7 Hz, H-6), 6.50(1H, dd, J=9.7/3.2 Hz, H-7), 3.40(1H, m, H-15), 3.08(d, J =12.8 Hz, H-1a), 2.75(1H, t, J = 2.9 Hz, H-5), 2.27(3H, s, 11-$OCOCH_3$), 2.29(3H, s, 11-$OCOCH_3$), 1.59(1H, m, H-2a), 1.45(1H, m, H-2b), 1.43(1H, d, J =12.8 Hz, H-1b), 1.26(2H, m, H-3), 1.17(3H, d, J =6.9 Hz, H-16), 1.20(3H, d, J = 6.9 Hz, H-17), 1.03(3H, s, H-18), 0.87(3H, s, H-19)。^{13}C NMR(150 MHz, $CDCl_3$)δ_C: 28.7(C-1, t), 19.7(C-2, t), 40.1(C-3, t), 33.8(C-4, s), 50.1(C-5, d), 128.8(C-6, d), 128.2(C-7, d), 135.1(C-8, s), 125.5(C-9, s), 53.6(C-10, s), 142.5(C-11, s), 140.8(C-12, s), 142.2(C-13, s), 122.9(C-14, s), 27.7(C-15, d), 22.8(C-16, q), 23.1(C-17, q), 31.3(C-18, q), 21.8(C-19, q), 199.9(C-20, d), 20.6(11-$OCOCH_3$, q), 168.5(11-$OCOCH_3$, s), 21.8(12-$OCOCH_3$, q), 168.5(12-$OCOCH_3$, s)。

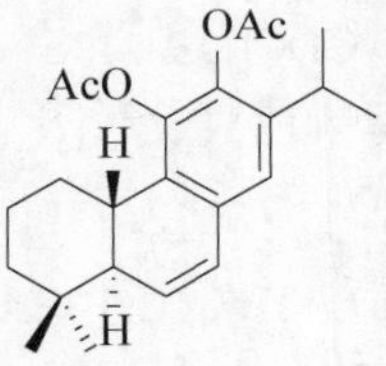

rosmarinusin D (**8**),白色胶状固体。$C_{23}H_{30}O_4$,(+)-HR-ESI-MS(m/z): 371.221 8 [M + H]$^+$ (calcd. for 371.221 7)。$[\alpha]_D^{19.7}$ = −66.42(c 0.09, MeOH)。UV(MeOH)λ_{max}($\log\varepsilon$): 220(3.36), 263(2.65)nm。IR(KBr)v_{max}: 3 435, 2 960, 2 928, 1 396, 1 204, 1 184 1 024 cm^{-1}。^{1}H NMR(600 MHz, $CDCl_3$)δ_H: 6.86(1H, s, H-14), 6.41(1H, dd, J =9.8/2.9 Hz, H-7), 6.00(1H, dd, J =9.8/1.7 Hz, H-6), 2.89(1H, m, H-15), 2.86(1H, m, H-10), 2.29(3H, s, 12-$OCOCH_3$), 2.27(3H, s, 11-$OCOCH_3$), 2.01(1H, dt, J =14.8/2.5 Hz, H-5), 1.58(2H, m, H-2), 1.52(1H, m, H-1a), 1.40(1H, d, J = 13.3 Hz, H-3a), 1.25(1H, br. s, H-3b), 1.22(1H, m, H-1b), 1.19(3H, br. s, H-17), 1.17(3H, br. s, H-16), 1.02(3H, s, H-18), 0.90(3H, s, H-19)。^{13}C NMR(150 MHz, $CDCl_3$)δ_C: 29.5(C-1, t), 22.4(C-2, t), 40.5(C-3, t), 33.2(C-4, s), 47.7(C-5, d), 131.5(C-6, d), 128.0(C-7, d), 134.7(C-8, s), 128.9(C-9, s), 37.7(C-10, d), 141.2(C-11, s), 139.5(C-12, s), 139.5(C-13, s), 122.1(C-14, d), 27.5(C-15, d), 23.0(C-16, q), 23.2(C-17, q), 30.5(C-18, q), 20.6(C-19, q), 21.1(11-$OCOCH_3$, q), 169.0(11-$OCOCH_3$, s), 21.4(12-$OCOCH_3$, q), 169.3(12-$OCOCH_3$, s)。

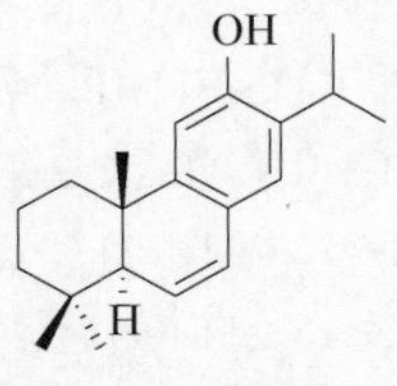

6,7-dehydroferrginol(**9**)。$C_{20}H_{28}O$,(−)-HR-ESI-MS(m/z): 283.204 4 [M − H]$^-$ (calcd. for 283.206 7)。^{1}H-NMR(600 MHz, $CDCl_3$)δ_H: 6.89(1H, s, H-14), 6.58(1H, s, H-11), 6.50(1H, dd, H-7, J =9.6/2.6 Hz, H-7), 5.87(1H, dd, H-7, J =9.6/2.6 Hz, H-6), 4.83(1H, s, 12-OH), 3.11~3.15(1H, m, H-15), 2.07(2H, o, H-5/1a), 1.71~1.76(1H, m, H-2a), 1.62~1.67(2H, m, H-1b/2b), 1.52~1.58(2H, m, H-3), 1.26(3H, d, J = 6.9 Hz, H-16), 1.22(3H, d, J = 6.9 Hz, H-17), 1.03(3H, s, H-19), 1.01(3H, s, H-20), 0.96(3H, s, H-18)。^{13}C-NMR(150 MHz, $CDCl_3$)δ_C: 36.0(C-1, t), 19.0(C-2, t), 41.1(C-3, t), 32.9(C-4, s), 51.0(C-5, d), 124.6(C-6, d), 127.2(C-7, d), 143.6(C-8, 8), 147.4(C-9, s), 37.7(C-10, s), 109.5(C-11, d), 152.2(C-12, s), 130.8(C-13, s), 127.5(C-14, d), 26.7(C-15, d), 22.5(C-16, q), 22.5(C-17, q), 32.6(C-18, q), 22.8(C-19, q), 20.2(C-20, q)。

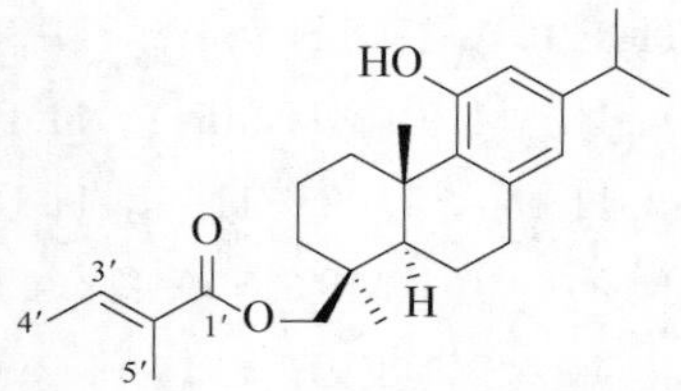

rosmarinusin B（**10**），白色胶状固体。$C_{25}H_{36}O_3$，（－）-HR-ESI-MS（m/z）：383.256 4 [M－H]⁻（calcd. for 383.259 2）。$[\alpha]_D^{19.5}=+49.09$（c 0.11，MeOH）。UV（MeOH）λ_{max}（$\log\varepsilon$）：198（4.61），283（3.44）nm。IR（KBr）v_{max}：3 428，2 961，2 927，1 709，1 689，1 509，1 417，1 269，1 181，1 079，735 cm^{-1}。^1H NMR（400 MHz，$CDCl_3$）δ_H：6.88（1H，m，H-3′），6.82（1H，s，H-14），6.63（1H，s，H-12），4.39（1H，d，$J=11.1$ Hz，H-18a），4.03（1H，d，$J=11.1$ Hz，H-18b），3.13（1H，m，H-15），2.79（2H，m，H-7），2.19（1H，d，$J=12.7$ Hz，H-1a），1.98（1H，m，H-6a），1.85（1H，m，H-3a），1.85（3H，s，H-5′），1.80（3H，d，$J=7.2$ Hz，H-4′），1.70（2H，m，H-2a/6b），1.58（1H，m，H-2b），1.49（1H，d，$J=12.2$ Hz，H-5），1.41（1H，m，H-1b），1.22（3H，br. s，H-16），1.21（3H，br. s，H-17），1.19（3H，s，H-20），1.10（1H，m，H-3b），1.06（3H，s，H-19）。^{13}C NMR（100 MHz，$CDCl_3$）δ_C：36.5（C-1，t），19.3（C-2，t），36.6（C-3，t），37.9（C-4，s），54.1（C-5，d），19.8（C-6，t），33.6（C-7，t），138.3（C-8，s），132.6（C-9，s），39.1（C-10，s），154.3（C-11，s），112.5（C-12，d），147.1（C-13，s），120.2（C-14，d），33.3（C-15，d），24.0（C-16，q），24.0（C-17，q），68.0（C-18，t），28.2（C-19，q），20.7（C-20，q），168.7（C-1′，s），129.1（C-2′，s），137.2（C-3′，d），14.6（C-4′，q），12.3（C-5′，q）。

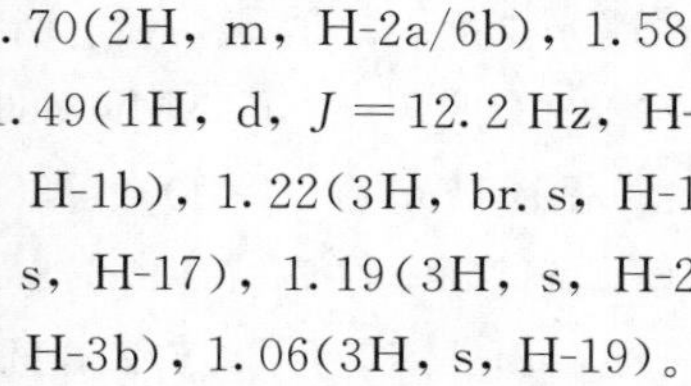

rosmarinusin C（**11**），白色胶状固体。$C_{25}H_{36}O_3$，（－）-HR-ESI-MS（m/z）：383.256 7 [M－H]⁻（calcd. for 383.259 2）。$[\alpha]_D^{19.0}=+64.36$（c 0.10，MeOH）。UV（MeOH）λ_{max}（$\log\varepsilon$）：202（4.66），280（3.30）nm。IR（KBr）v_{max}：3 428，2 959，2 926，2 868，1 707，1 648，1 615，1 446，1 267，1 143，1 079，1 044 cm^{-1}。^1H NMR（600 MHz，$CDCl_3$）δ_H：6.86（1H，m，H-3′），6.50（1H，br. s，H-14），6.32（1H，d，$J=1.4$ Hz，H-12），4.35（1H，d，$J=11.2$ Hz，H-18a），4.08（1H，d，$J=11.2$，H-18b），3.14（1H，td，$J=13.2/3.1$ Hz，H-1a），2.82（2H，m，H-7），2.73（1H，m，H-15），1.95（1H，m，H-6a），1.85（3H，t，$J=1.0$ Hz，H-5′），1.80（3H，dd，$J=7.0/1.0$ Hz，H-4′），1.77（1H，m，H-1b），1.73（1H，m，H-2a），1.62（1H，m，H-6b），1.52（1H，m，H-2b），1.48（1H，d，$J=12.1$ Hz，H-5），1.35（3H，s，H-20），1.29（1H，m，H-3a），1.19（3H，br. s，H-17），1.18（3H，br. s，H-16），1.14（1H，m，H-3b），1.08（3H，s，H-19）。^{13}C NMR（150 MHz，$CDCl_3$）δ_C：38.8（C-1，t），19.0（C-2，t），36.2（C-3，t），37.4（C-4，s），51.3（C-5，d），19.6（C-6，t），30.3（C-7，t），126.6（C-8，s），147.9（C-9，s），37.3（C-10，s），111.1（C-11，d），151.1（C-12，s），131.9（C-13，s），126.6（C-14，d），26.8（C-15，d），22.6（C-16，q），22.8（C-17，q），67.1（C-18，t），27.5（C-19，q），25.6（C-20，q），168.7（C-1′，s），128.8（C-2′，s），137.3（C-3′，d），14.4（C-4′，q），12.2（C-5′，q）。

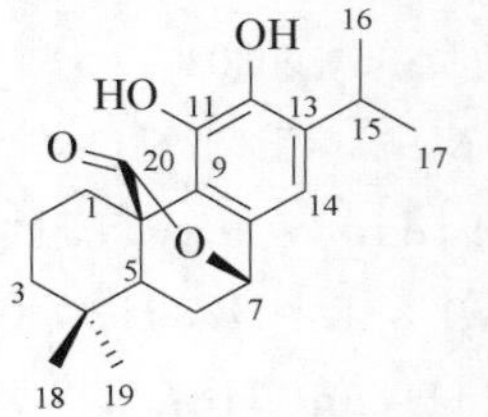

鼠尾草酚（carnosol，**12**），白色块状晶体（甲醇）。$C_{20}H_{26}O_4$，（－）-HR-ESI-MS（m/z）：329.172 1 [M－H]⁻（calcd. for 329.175 8）。^1H

NMR(400 MHz，$CDCl_3$)δ_H：6.64(1H，s，H-14)，5.37(1H，dd，J = 3.8/1.3 Hz，H-7)，3.04～3.09(1H，m，H-15)，2.90(1H，d，J = 12.7 Hz，H-1a)，2.39(1H，td，J = 13.1/4.2 Hz，H-1b)，2.18～2.22(1H，m，H-6a)，1.97～2.20(1H，m，H-6a)，1.85～1.89(1H，m，H-2b)，1.71～1.74(1H，m，H-2b)，1.66～1.68(1H，m，H-5)，1.53～1.56(2H，m，H-3)，1.23(3H，d，J = 2.0 Hz，H-16)，1.22(3H，d，J = 2.0 Hz，H-17)，0.90(3H，s，H-19)，0.86(3H，s，H-18)。^{13}C NMR(100 MHz，pyridine-d_6)δ_C：32.0(C-1，t)，21.5(C-2，t)，43.3(C-3，t)，36.6(C-4，s)，47.8(C-5，d)，32.2(C-6，t)，80.2(C-7，d)，134.6(C-8，s)，125.4(C-9，s)，51.1(C-10，s)，147.3(C-11，s)，147.1(C-12，s)，137.4(C-13，s)，113.9(C-14，d)，29.5(C-15，d)，25.2(C-16，q)，25.1(C-17，q)，33.7(C-18，q)，21.9(C-19，q)，178.6(C-20，s)。

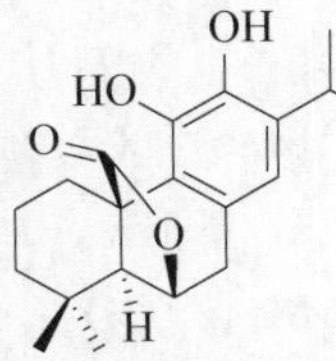

异鼠尾草酚(*iso*-carnosol，**13**)，白色块状晶体(甲醇)。$C_{20}H_{26}O_4$，(－)-HR-ESI-MS(m/z)：329.175 6[M－H]$^-$ (calcd. for 329.175 8)。^{1}H NMR(400 MHz，$CDCl_3$)δ_H：6.64(1H，s，H-14)，5.37(1H，dd，J = 3.8/1.3 Hz，H-7)，3.04～3.09(1H，m，H-15)，2.90(1H，d，J = 12.7 Hz，H-1a)，2.39(1H，td，J = 13.1/4.2 Hz，H-1b)，2.18～2.22(1H，m，H-6a)，1.97～2.20(1H，m，H-6a)，1.85～1.89(1H，m，H-2b)，1.71～1.74(1H，m，H-2b)，1.66～1.68(1H，m，H-5)，1.53～1.56(2H，m，H-3)，1.23(3H，d，J = 2.0 Hz，H-16)，1.22(3H，d，J = 2.0 Hz，H-17)，0.90(3H，s，H-19)，0.86(3H，s，H-18)。

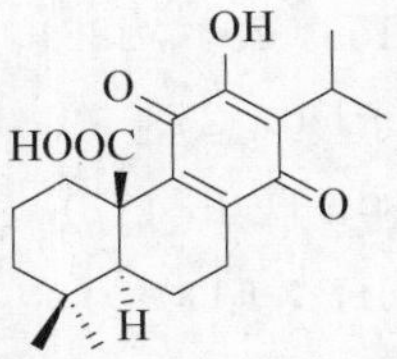

royleanonic acid(**14**)。$C_{20}H_{26}O_5$，EI-MS(m/z)：346。$[\alpha]_D^{18.0}$ = +75.3(c 0.08，acetone)。mp 232～234 ℃。UV(MeOH)λ_{max}：277 nm。IR (film)υ_{max}($CHCl_3$)：2 927，1 780，1 670，1 660，1 508，1 459，1 395，1 254，1 172，1 091，1 034，996 cm^{-1}。^{1}H NMR(300 MHz，acotone-d_6)δ_H：7.37(1H，s，H-COOH)，3.19(1H，m，H-15)，3.05(1H，dd，J = 13.0/12.5/2.0 Hz，H-7a)，2.80(1H，ddd，J = 18.0/12.5/6.7 Hz，H-1a)，2.71(1H，ddd，J = 18.0/6.1/1.0 Hz，H-1b)，2.36(1H，m，H-6a)，2.06(1H，m，H-2a)，1.88(1H，m，H-2b)，1.54(1H，dd，J = 6.9/0.5 Hz，H-3a)，1.43(1H，dd，J = 12.5/1.0 Hz，H-5)，1.29(1H，dd，J = 12.5/9.7 Hz，H-3b)，1.52(1H，m，H-6b)，1.22(3H，br. s，H-16)，1.18(3H，br. s，H-17)，1.10(1H，ddd，J = 13.0/12.5/0.3 Hz，H-7b)，0.96(3H，s，H-18)，0.87(3H，s，H-19)。^{13}C NMR(74 MHz，acotone-d_6)δ_C：27.0(C-1，t)，18.0(C-2，t)，41.9(C-3，t)，34.5(C-4，s)，53.4(C-5，d)，20.8(C-6，t)，35.1(C-7，t)，147.5(C-8，s)，143.8(C-9，s)，47.5(C-10，s)，176.0(C-11，s)，153.2(C-12，s)，125.3(C-13，s)，184.1(C-14，s)，25.1(C-15，d)，20.6(C-16，q)，20.5(C-17，q)，33.1(C-18，q)，20.2(C-19，q)，188.4(C-20，s)。

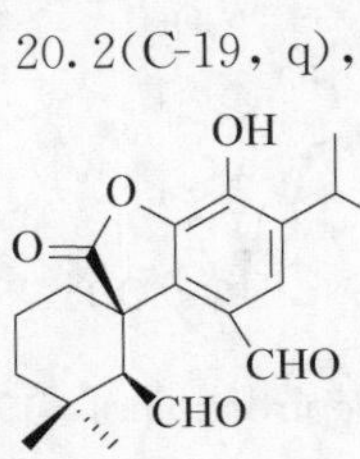

迷迭香二醛(rosmadial，**15**)。$C_{20}H_{24}O_5$，(+)-HR-EIMS(m/z)：344.160 2M$^+$ (calcd. for 344.162 2)。mp 225.0 ℃。$[\alpha]_D^{18.0}$ = －216.8(c 0.54，EtOH)。UV(EtOH) λ_{max} ($\log\varepsilon$)：203

(3.96)，234(4.15)，290(3.88)，356(3.83)nm。IR v_{max}(Nujol)：3140，2730，1803，1786，1713，1655，1615，1580，1240，1170，1132，1020 cm^{-1}。^{1}H NMR(400 MHz，$CDCl_3$)δ_H：9.77(1H，s，H-7)，9.66(1H，d，J=0.82 Hz，H-6)，7.40(1H，s，H-14)，4.11(1H，s，H-5)，3.35(1H，sept，J=7 Hz，H-15)，2.27(1H，m，H-lb)，2.10(1H，m，H-2b)，1.90(1H，m，H-3b)，1.70(1H，m，H-la)，1.60(1H，m，H-3a)，1.55(1H，m，H-2a)，1.50(3H，s，H-18)，1.28(3H，s，H-19)，1.28(3H，d，J=7 Hz，H-16)，1.27(3H，d，J=7 Hz，H-17)。

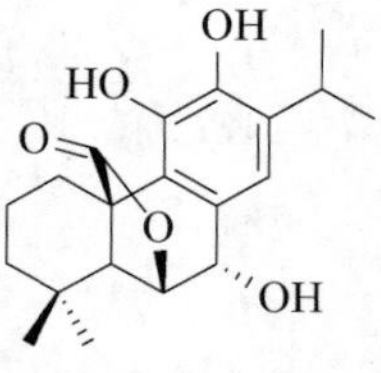

迷迭香酚(rosmanol，**16**)。$C_{20}H_{26}O_5$，HR-ESI-MS(m/z)：345.1709[M－H]$^-$(calcd. for 345.1707)。^{1}H NMR(400 MHz，$CDCl_3$)δ_H：6.88(1H，s，H-14)，4.75(1H，d，J=3.1 Hz，H-6)，4.57(1H，d，J=3.1 Hz，H-7)，3.15(1H，br. d，J=13.8 Hz，H-1a)，3.04～3.10(1H，m，H-15)，2.22(1H，s，H-5)，2.17(1H，s，H-1b)，2.12(1H，d，J=5.8 Hz，H-2a)，1.99～2.07(1H，m，H-2b)，1.60(2H，o，H-3)，1.24(3H，s，H-16)，1.24(3H，s，H-17)，1.03(3H，s，H-19)，0.93(3H，s，H-18)。

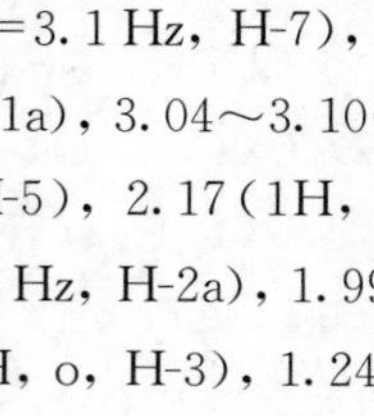

表迷迭香酚(epirosmanol，**17**)，白色块状晶体(甲醇)。$C_{20}H_{26}O_5$，HR-ESI-MS(m/z)：345.1665[M－H]$^-$(calcd. for 345.1707)。^{1}H NMR(400 MHz，$CDCl_3$)δ_H：7.04(1H，s，H-14)，4.77(1H，d，J=2.6 Hz，H-6)，4.73(1H，br. s，H-7)，3.19(1H，br. d，J=14.2 Hz，H-1a)，3.03～3.08(1H，m，H-15)，1.97(1H，s，H-5)，1.60(5H，o，H-1b/2/3)，1.24(3H，s，H-16)，1.23(3H，s，H-17)，1.01(3H，s，H-19)，0.95(3H，s，H-18)。

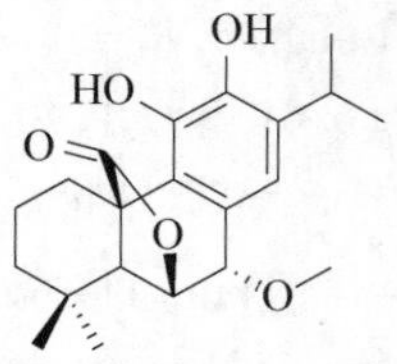

7-甲氧基-迷迭香酚(7-methoxyl-rosmanol，**18**)。$C_{21}H_{28}O_5$，(－)-HR-ESI-MS(m/z)：359.1852[M－H]$^-$(calcd. for 359.1864)。^{1}H NMR(400 MHz，$CDCl_3$)δ_H：6.78(1H，s，H-14)，4.70(1H，d，J=2.7 Hz，H-6)，4.26(1H，d，J=2.7 Hz，H-7)，3.66(3H，s，OMe)，3.16(1H，d，J=13.6 Hz，H-1a)，3.02～3.08(1H，m，H-15)，2.24(1H，s，H-5)，1.94～2.02(1H，m，H-1b)，1.53～1.67(2H，m，H-2)，1.43～1.46(1H，m，H-3a)，1.21(3H，br. s，H-16)，1.20(3H，br. s，H-17)，1.12(1H，o，H-3b)，1.01(3H，s，H-19)，0.93(3H，s，H-18)。^{13}C NMR(100 MHz，$CDCl_3$)δ_C：27.2(C-1，t)，19.0(C-2，t)，38.0(C-3，t)，31.4(C-4，s)，50.8(C-5，d)，74.7(C-6，d)，77.4(C-7，d)，126.6(C-8，s)，124.1(C-9，s)，47.2(C-10，s)，142.1(C-11，s)，141.9(C-12，s)，134.7(C-13，s)，120.6(C-14，d)，27.3(C-15，d)，22.2(C-16，q)，22.5(C-17，q)，31.5(C-18，q)，22.0(C-19，q)，178.9(C-20，s)，58.3(OMe，q)。

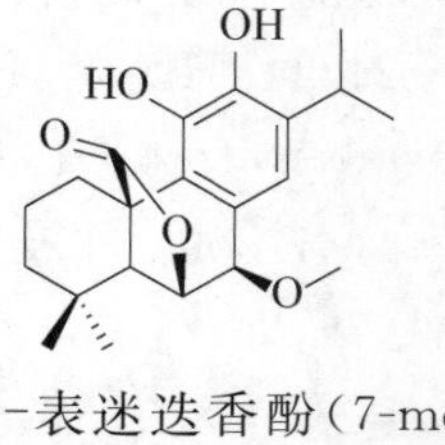

7-甲氧基-表迷迭香酚(7-methoxyl-epirosmanol，**19**)，白色块状晶体(甲醇)。$C_{21}H_{28}O_5$，HR-ESI-MS(m/z)：359.1852[M－H]$^-$(calcd. for

359.186 4)。^{1}H NMR(400 MHz, $CDCl_3$)δ_H: 6.78(1H, s, H-14), 4.70(1H, d, J=2.7 Hz, H-6), 4.26(1H, d, J=2.7 Hz, H-7), 3.66(3H, s, OMe), 3.16(1H, d, J=13.6 Hz, H-1a), 3.02～3.08(1H, m, H-15), 2.24(1H, s, H-5), 1.94～2.02(1H, m, H-1b), 1.53～1.67(2H, m, H-2), 1.43～1.46(1H, m, H-3a), 1.21(3H, br. s, H-16), 1.20(3H, br. s, H-17), 1.12(1H, o, H-3b), 1.01(3H, s, H-19), 0.93(3H, s, H-18)。^{13}C NMR(100 MHz, $CDCl_3$)δ_C: 27.2(C-1, t), 19.0(C-2, t), 38.0(C-3, t), 31.4(C-4, s), 50.8(C-5, d), 74.7(C-6, d), 77.4(C-7, d), 126.6(C-8, s), 124.1(C-9, s), 47.2(C-10, s), 142.1(C-11, s), 141.9(C-12, s), 134.7(C-13, s), 120.6(C-14, d), 27.3(C-15, d), 22.2(C-16, q), 22.5(C-17, q), 31.5(C-18, q), 22.0(C-19, q), 178.9(C-20, s), 58.3(OMe, q)。

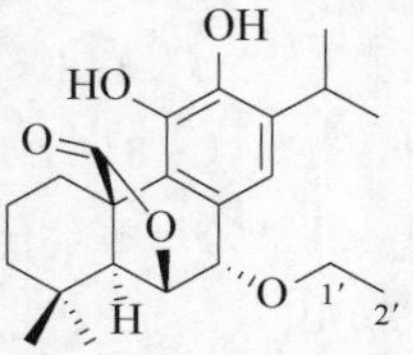

7-乙氧基-迷迭香酚(7-ethoxyl-rosmanol, **20**)。核磁数据暂缺,可类比 7-甲氧基-迷迭香酚(7-methoxyl-rosmanol, **18**),该化合物可能为研究过程中的人工产物。

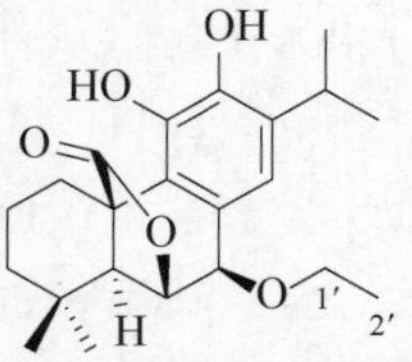

7-乙氧基-表迷迭香酚(7-ethoxyl-epirosmanol, **21**)。核磁数据暂缺,可类比 7-甲氧基-表迷迭香酚(7-methoxyl-epirosmanol, **19**),该化合物可能为研究过程中的人工产物。

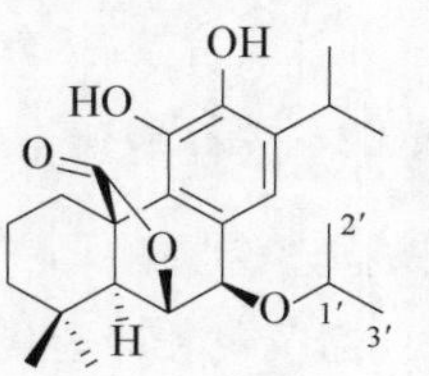

表迷迭香酚 7-异丙基醚(7-*O*-isopropyl-epirosmanol, **22**),黄色粉末。(+)-ESI-MS(m/z): 411.412 1[M+Na]$^+$(calcd. for 411.412 7, $C_{23}H_{32}O_5$)。$[\alpha]_D^{20.0}$=−31.6(c 0.20, MeOH)。IR(KBr)υ_{max}: 3 469, 3 268, 1 743, 1 622, 1 445, 1 376, 1 011, 1 068 cm^{-1}。UV(MeOH)λ_{max}(log ε): 227.5(4.26), 290.0(3.63)nm。^{1}H NMR(400 MHz, $CDCl_3$)δ_H: 6.73(1H, s, H-14), 4.56(1H, d, J=3.2 Hz, H-6), 4.39(1H, d, J=3.2 Hz, H-7), 3.19(d, J=14.1 Hz, H-1b), 3.98(1H, m, H-1′), 3.04(1H, m, H-15), 2.27(1H, s), 1.95(1H, dd, J=14.1/5.5 Hz, H-1a), 1.62(1H, m, H-2a), 1.51(1H, d, J=13.4 Hz, H-2a), 1.45(1H, m, H-3b), 1.37(3H, d, J=6.0 Hz, H-3′), 1.27(3H, d, J=6.0 Hz, H-2′), 1.20(1H, d, J=3.4 Hz, H-3a), 1.20(1H, d, J=3.4 Hz, H-16), 1.16(1H, m, H-17), 1.01(3H, s, H-18)。^{13}C NMR(100 MHz, $CDCl_3$)δ_C: 27.2(C-1, t), 19.4(C-2, t)38.1(C-3, t), 31.4(C-4, s), 50.9(C-5, d), 76.1(C-6, d), 73.5(C-7, d), 127.1(C-8, s), 124.1(C-9, s), 47.0(C-10, s), 142.3(C-11, s), 141.8(C-12, s), 135.2(C-13, s), 120.1(C-14, d), 27.2(C-15, d), 122.4(C-16, q), 22.3(C-17, q)31.4(C-18, q), 22.1(C-19, q), 179.4(C-20, s), 71.8(C-1′, d)23.6(C-2′, q)22.3(C-3′, q)。

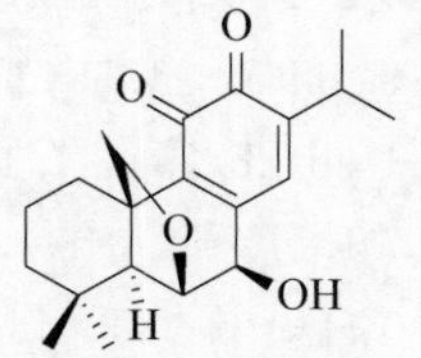

7*β*-hydroxy-20-deoxo-rosmaquinone(**23**)。^{1}H NMR(400 MHz, CD_3OD)δ_H: 6.76(1H, s, H-14), 4.44(1H, d, J=3.2 Hz, H-6), 3.94(1H, d, J=7.6 Hz, H-20a), 3.73(1H, d, J=3.2 Hz, H-7), 3.47(1H, d, J=7.6 Hz, H-20b), 2.86(1H, t, H-15), 2.75(1H, dt, H-1a), 1.80(dm, H-1b), 1.64(dm, H-2a), 1.60(1H, s,

H-5)，1.48(1H，dm，H-3a)，1.19(1H，dm，H-3b)，1.15(dm，H-2b)，1.13(3H，s，H-16)，1.11(3H，s，H-17)，1.02(3H，s，H-19)，0.96(3H，s，H-18)。^{13}C NMR(100 MHz，CD_3OD) δ_C：27.1(C-1，t)，19.5(C-2，t)，40.4(C-3，t)，32.1(C-4，s)，52.3(C-5，d)，76.2(C-6，d)，81.5(C-7，d)，146.3(C-8，s)，146.6(C-9，s)，47.3(C-10，s)，182.6(C-11，s)，182.3(C-12，s)，148.7(C-13，s)，137.2(C-14，s)，28.7(C-15，d)，21.9(C-16，q)，21.8(C-17，q)，34.0(C-18，q)，22.7(C-19，q)，75.1(C-20，t)。

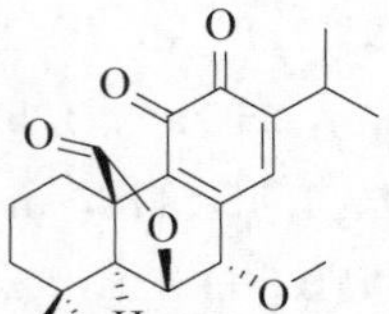

rosmaquinone B(**24**)，深黄色油状物。$C_{21}H_{26}O_5$，HR-EI-MS(m/z)：358.4362，(calcd. for 358.4334)。$[\alpha]_D^{25.0}=+3.2$(c 0.08，MeOH)。UV(MeOH) λ_{max} (logε) 402，275，225 nm。IR (film) v_{max}($CHCl_3$)：2927，1780，1670，1660，1508，1459，1395，1254，1172，1091，1034，996 cm^{-1}。^{1}H NMR(400 MHz，$CDCl_3$) δ_H：6.62(1H，d，J=1.2 Hz，H-14)，4.64(1H，d，J=3.0 Hz，H-6)，3.68(3H，s，7-OMe)，3.87(1H，d，J=3.0 Hz，H-7)，3.21(1H，br. d，J=9.5 Hz，H-1a)，2.92(1H，d. sept，J=7.0/1.2 Hz，H-15)，2.00(1H，s，H-5)，1.59(1H，m，H-2a)，1.44(3H，m，H-1b/2b/3a)，1.13(1H，m，H-3b)，1.12(1H，d，J=7.0 Hz，H-17)，1.10(1H，d，J=7.0 Hz，H-16)，1.01(3H，s，H-18)，0.90(3H，s，H-19)。^{13}C NMR(100 MHz，$CDCl_3$) δ_C：25.1(C-1，t)，18.3(C-2，t)，38.0(t，C-3)，31.1(C-4，s)，550.2(C-5，d)，72.4(C-6，d)，77.6(C-7，d)，145.6(C-8，s)，138.2(C-9，s)，45.8(C-10，s)，179.5(C-11，s)，180.0(C-12，s)，150.1(C-13，s)，133.5(C-14，d)，27.5(C-15，d)，21.3(C-16，q)，(21.2 C-17，q)，31.4(C-18，q)，21.9(C-19，q)，175.5(C-20，s)，59.5(7-OMe，q)。

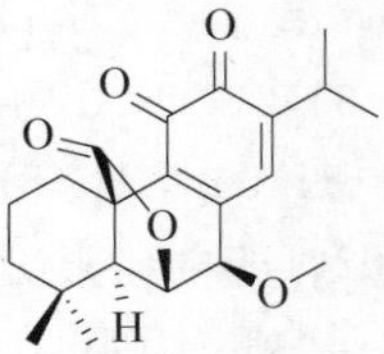

rosmaquinone A(**25**)，深黄色油状物。$C_{21}H_{26}O_5$，HR-EIMS(m/z)：358.4300，(calcd. for 358.4334)。$[\alpha]_D^{25.0}=+6.1$(c 0.05，MeOH)。UV(MeOH) λ_{max}：404，275，225 nm。IR(film) v_{max}($CHCl_3$)：2927，1785，1670，1662，1508，1459，1395，1255，1172，1091，1034，991 cm^{-1}。^{1}H NMR(400 MHz，$CDCl_3$) δ_H：6.80(1H，d，J=1.1 Hz，H-14)，4.88(1H，d，J=2.6 Hz，H-6)，4.09(1H，d，J=2.6 Hz，H-7)，3.25(1H，br. d，J=12.0 Hz，H-1a)，2.92(1H，d. sept.，J=7.0，1.1 Hz，H-15)，1.89(1H，s，H-5)，1.52(1H，m，H-2a)，1.43(3H，m，H-1b/2b/3a)，1.12(1H，m，H-3b)，1.12(3H，d，J=7.0 Hz，H-16)，1.11(3H，d，J=7.0 Hz，H-17)，1.00(3H，s，H-18)，0.93(3H，s，H-19)，3.62(3H，s，7-OMe)。^{13}C NMR(100 MHz，$CDCl_3$) δ_C：25.1(C-1，t)，18.2(C-2，t)，37.8(C-3，t)，31.8(C-4，s)，55.3(C-5，d)，72.7(C-6，d)，78.1(C-7，d)，146.6(C-8，s)，137.9(C-9，s)，46.6(C-10，s)，179.5(C-11，s)，180.2(C-12，s)，149.7(C-13，s)，132.7(C-14，d)，27.5(C-15，d)21.6(C-16，q)，21.9(C-17，q)，31.6(C-18，q)，21.3(C-19，q)，175.0(C-20，s)，57.1(7-OMe，q)。

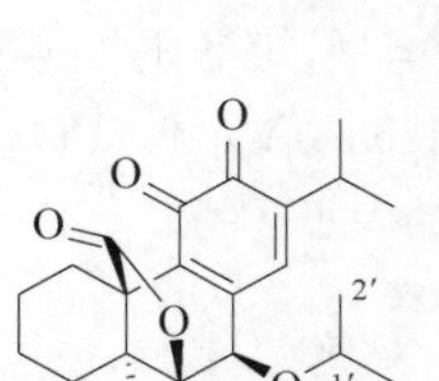

7-异丙氧基-迷迭香醌(7-*O*-isopropyl-rosmaquinone，**26**)，棕黄色粉末。$C_{23}H_{30}O_5$，(+)-

HR-ESI-MS (m/z)：409.198 6 [M + Na]$^+$ (calcd. for 409.199 1)。$[\alpha]_D^{20.0}=-172.7$(c 0.04, MeOH)。UV(MeOH)λ_{max}(logε)：209.0(4.10)，404.0(3.31) nm。IR v_{max} (KBr)：1 780，1 670，1 515，1 386 cm^{-1}。^{1}H NMR(400 MHz, $CDCl_3$) δ_H：6.61(1H, d, J=1.0 Hz, H-14)，4.51(1H, d, J = 3.0 Hz, H-6)，4.03(d, J = 3.0 Hz)，3.98(1H, m, H-1′)，3.20(1H, m, H-1b)，2.91(1H, m, H-15)，2.04(1H, s)，1.58(1H, m)，1.45(3H, m, H-1a/2a/3b)，1.35(d, J= 6.1 Hz, H-3′)，1.30(d, J = 6.1 Hz, H-3′)，1.15(1H, m, H-3a)，1.10(6H, d, J=6.9 Hz, H-16/17)，1.01(3H, s, H-18)，0.90(3H, s, H-19)，0.88(3H, s, H-19)。^{13}C NMR(100 MHz, $CDCl_3$)δ_C：25.2(C-1, t)，18.4(C-1, t)，38.0(C-3, t)，31.3(C-4, s)，50.2(C-5, d)，73.9(C-6, d)，73.4(C-7, d)，146.2(C-8, s)，138.2(C-9, s)，45.7(C-10, s)，180.0(C-11, s)，179.6(C-12, s)，149.9(C-13, s)，27.4(C-15, d)，21.9(C-16, q)，21.3(C-17, q)，31.2(C-18, q)，21.1(C-19, q)，175.8(C-20, s)，73.5(C-1′, d)，23.5(C-2′, q)，22.1(C-3′, q)。

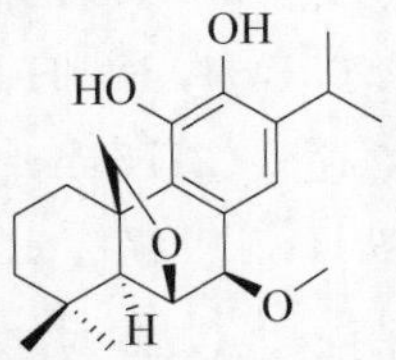

7β-甲氧基-20-去氧-迷迭香酚(7β-methoxy-20-deoxo-rosmanol, **27**)。^{1}H NMR(400 MHz, CD_3OD) δ_H：6.73(1H, s, H-14)，4.46(1H, d, J=3.0 Hz, H-6)，4.05(1H, d, J = 3.0 Hz, H-7)，4.01(1H, d, J=7.2 Hz, H-20a)，3.60(3H, s, H-OMe)，3.50(1H, d, J=7.2 Hz, H-20b)，3.20(1H, t, H-15)，2.95(1H, dt, H-1a)，1.94(dm, H-1b)，1.74(1H, s, H-5)，1.68(dm, H-2a)，1.52(dm, H-2b)，1.48(1H, dm, H-3a)，1.20(3H, d, J = 7.0 Hz, H-16)，1.19(1H, dm, H-3b)，1.18(3H, d, J=7.0, H-17)，1.04(3H, s, H-19)，0.96(3H, s, H-18)。^{13}C NMR (100 MHz, CD_3OD)δ_C：29.8(C-1, t)，20.1(C-2, t)，40.74(C-3, t)，32.0(C-4, s)，53.6(C-5, d)，77.8(C-6, d)，83.2(C-7, d)，128.2(C-8, s)，134.0(C-9, s)，48.6(C-10, s)，143.2(C-11, s)，143.7(C-12, s)，135.4(C-13, s)，120.9(C-14, s)，28.1(C-15, d)，23.2(C-16, q)，23.2(C-17, q)，34.2(C-18, q)，23.4(C-19, q)，76.8(C-20, t)，58.3(7-OMe, q)。

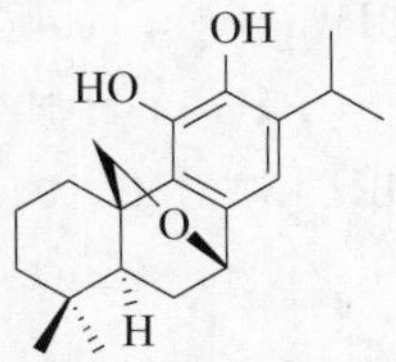

20-去氧-鼠尾草酚(20-deoxocarnosol, **28**)，$C_{20}H_{28}O_3$。HR-ESI-MS(m/z)：315.196 2[M−H]$^-$ (calcd. for 315.196 6)。^{1}H NMR(400 MHz, $CDCl_3$)δ_H：6.49(1H, s, H-14)，4.71(1H, d, J=1.6 Hz, H-7)，4.31(1H, d, J=8.5 Hz, H-20a)，3.11(1H, m, H-15)，3.08(1H, d, J = 7.3 Hz, H-20b)，2.60(1H, m, H-1a)，2.00～2.11(2H, m, H-1b/2a)，1.57(4H, m, H-2b/3/5)，1.42～1.47(1H, m, H-6a)，1.27(1H, o, H-6b)，1.22(3H, d, J=2.9 Hz, H-16)，1.21(3H, d, J=2.9 Hz, H-17)，1.12(3H, s, H-18)，0.84(3H, s, H-19)。^{13}C NMR(100 MHz, $CDCl_3$)δ_C：30.1(C-1, t)，19.1(C-2, t)，41.3(C-3, t)，33.9(C-4, s)，43.1(C-5, d)，30.9(C-6, t)，71.2(C-7, d)，133.0(C-8, s)，127.6(C-9, s)，40.0(C-10, s)，141.1(C-11, s)，139.2(C-12, s)，132.0(C-13, s)，112.4(C-14, d)，27.2(C-15, d)，22.7(C-16, q)，22.8(C-17, q)，33.0(C-18, q)，21.3(C-19, q)，68.6(C-20, t)。

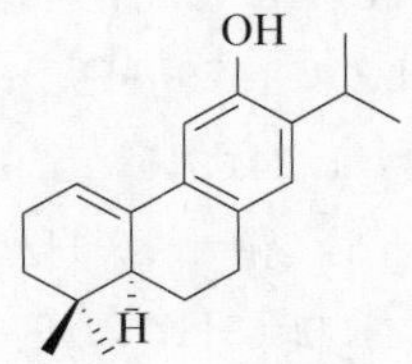

salvirecognine（**29**）。$C_{19}H_{26}O$，HR-ESI-MS（m/z）：269.1882[M－H]⁻（calcd. for 269.1911）。^{1}H NMR（600 MHz，$CDCl_3$）δ_H：7.01（1H，s，H-14），6.67（1H，s，H-11），6.26（1H，br. s，H-1），3.12～3.17（1H，m，H-15），2.69～2.77（1H，m，H-7a），2.58～2.63（1H，m，H-5），2.21～2.30（2H，m，H-2a/6a），2.13～2.17（1H，m，H-7b），1.99～2.05（1H，m，H-2b），1.42～1.44（2H，m，H-3a/6b），1.25（1H，o，H-3b），1.25（3H，br. s，H-16），1.24（3H，br. s，H-17），1.04（3H，s，H-19），0.80（3H，s，H-18）。^{13}C NMR（150 MHz，$CDCl_3$）δ_C：126.9（C-1，d），23.4（C-2，t），37.0（C-3，t），40.8（C-4，s），45.9（C-5，d），24.3（C-6，t），30.2（C-7，t），129.2（C-8，s），133.9（C-9，s），133.5（C-10，s），109.4（C-11，d），150.9（C-12，s），129.4（C-13，s），118.8（C-14，d），26.9（C-15，d），23.4（C-16，q），22.7（C-17，q），29.6（C-18，q），20.0（C-19，q）。

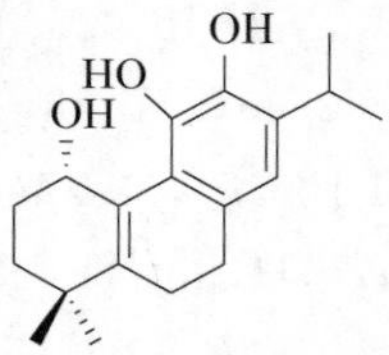

OH
HO
OH

rosmarinusin F（**30**），浅黄色胶状固体。$C_{19}H_{26}O_3$，(－)-HR-ESI-MS（m/z）：301.1777[M－H]⁻（calcd. for 301.1809）。$[\alpha]_D^{19.7}=-7.47$（c 0.09，MeOH）。UV（MeOH）λ_{max}（$\log\varepsilon$）：227（3.29），271（3.05）nm。IR（KBr）v_{max}：3433，2959，2869，1626，1439，1284，875 cm^{-1}。^{1}H NMR（600 MHz，$CDCl_3$）δ_H：6.53（1H，s，H-14），4.53（1H，s，H-1），3.27（1H，m，H-15），2.58（1H，m，H-7a），2.44（1H，m，H-7b），2.25（1H，m，H-6a），2.01（1H，m，H-6b），1.96（2H，m，H-2），1.76（1H，m，H-3a），1.57（1H，m，H-3b），1.24（3H，d，J＝6.9 Hz，H-16），1.22（3H，d，J＝6.9 Hz，H-16），1.13（3H，s，H-18），1.09（3H，s，H-19）。^{13}C NMR（150 MHz，$CDCl_3$）δ_C：66.7（C-1，d），27.7（C-2，t），32.3（C-3，t），35.4（C-4，s），147.2（C-5，s），24.6（C-6，t），29.5（C-7，t），128.2（C-8，s），118.9（C-9，s），125.6（C-10，s），140.0（C-11，s），141.8（C-12，s），131.8（C-13，s），115.4（C-14，d），27.0（C-15，d），22.4（C-16，q），22.6（C-17，q），26.5（C-18，q），27.5（C-19，q）。

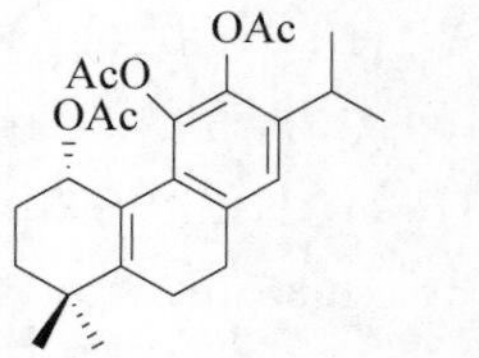

OAc
AcO
OAc

rosmarinusin G（**31**），白色胶状固体。$C_{25}H_{32}O_6$，(－)-HR-ESI-MS（m/z）：427.2105[M－H]⁻（calcd. for 427.2126）。$[\alpha]_D^{19.2}=+50.89$（c 0.07，MeOH）。UV（MeOH）λ_{max}（$\log\varepsilon$）：196（4.43），260（4.05）nm。IR（KBr）v_{max}：3434，2962，1777，1729，1371，1244，1206，1041 cm^{-1}。^{1}H NMR（600 MHz，$CDCl_3$）δ_H：6.98（1H，s，H-14），5.59（1H，br. s，H-1），2.93（1H，m，H-15），2.67（1H，m，H-7a），2.55（1H，m，H-7b），2.26（1H，m，H-6a），2.26（3H，s，12-$OCOCH_3$）2.23（1H，m，H-2a），2.23（3H，s，11-$OCOCH_3$），2.05（1H，m，H-6b），1.97（3H，s，1-$OCOCH_3$），1.62（2H，m，H-2b/3），1.21（3H，d，J＝6.9 Hz，H-17），1.20（3H，s，H-18），1.16（3H，d，J＝6.9 Hz，H-16），1.01（3H，s，H-19）。^{13}C NMR（150 MHz，$CDCl_3$）δ_C：70.7（C-1，d），25.7（C-2，t），35.2（C-3，t），35.2（C-4，s），149.5（C-5，s），24.4（C-6，t），29.4（C-7，t），136.4（C-8，s），125.3（C-9，s），125.3（C-10，s），138.4（C-11，s），138.8（C-12，s），138.7（C-13，s），122.3（C-14，d），27.5（C-15，d），22.8（C-16，q），23.0（C-17，q），27.3（C-18，q），27.6（C-19，q），21.3（1-$OCOCH_3$，q），171.9（1-$OCOCH_3$，s），20.5（11-$OCOCH_3$，q），168.9（11-$OCOCH_3$，s），20.4（12-$OCOCH_3$，q），168.4（12-$OCOCH_3$，s）。

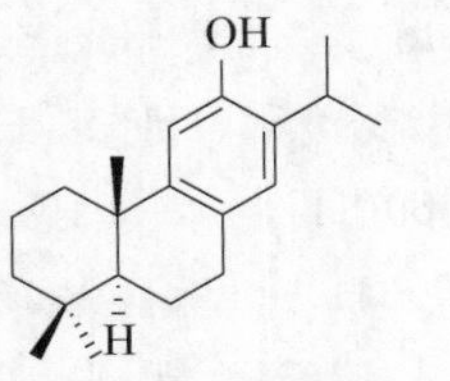

ferrginol(**32**)，白色固体。$C_{20}H_{30}O$，(－)-HR-ESI-MS (m/z)：285.219 6 [M － H]$^-$ (calcd. for 285.222 4)。^{1}H NMR (600 MHz, $CDCl_3$)δ_H：6.83(1H, s, H-14)，6.62(1H, s, H-11)，3.09～3.13(1H, m, H-15)，2.83～2.87(1H, m, H-7a)，2.74～2.80(1H, d, H-7b)，2.15(1H, d, J＝12.4 Hz, H-5)，1.83～1.87(1H, m, H-2a)，1.65～1.74(2H, m, H-2b/1a)，1.55～1.60(1H, m, H-1b)，1.45～1.47(1H, m, H-3a)，1.45～1.47(1H, m, H-6a)，1.36(1H, td, J＝13.1/3.6 Hz, H-3b)，1.31(1H, dd, J＝12.4/2.2 Hz, H-6b)，1.24(3H, d, J＝6.9 Hz, H-16)，1.22(3H, d, J＝6.9 Hz, H-17)，1.16(3H, s, H-19)，0.93(3H, s, H-20)，0.91(3H, s, H-18)。^{13}C NMR(150 MHz, $CDCl_3$)δ_C：38.8(C-1, t)，19.2(C-2, t)，41.7(C-3, t)，33.6(C-4, s)，50.4(C-5, d)，19.3(C-6, t)，29.8(C-7, t)，131.6(C-8, 8)，148.9(C-9, s)，33.7(C-10, s)，110.0(C-11, d)，150.9(C-12, s)，127.5(C-13, s)，126.6(C-14, d)，26.8(C-15, d)，22.6(C-16, q)，22.8(C-17, q)，33.3(C-18, q)，24.8(C-19, q)，21.7(C-20, q)。

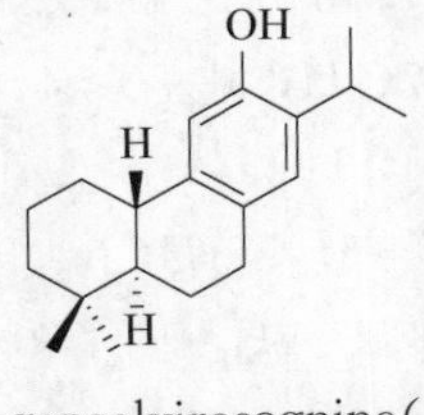

1,10-hydogensalvirecognine(**33**)，白色固体。$C_{19}H_{28}O$，(－)-HR-ESI-MS (m/z)：271.204 1 [M－H]$^-$ (calcd. for 271.206 7)。^{1}H NMR(600 MHz, $CDCl_3$)δ_H：6.87(1H, s, H-14)，6.70(1H, s, H-11)，4.56(1H, 12-OH)，3.11～3.16(1H, m, H-15)，2.69～2.79(1H, m, H-7)，2.50(1H, td, J＝11.6/3.1 Hz, H-10)，2.31(1H, dd, J＝12.7/3.2 Hz, H-1)，1.92～1.96(1H, m, H-6a)，1.65～1.74(2H, m, H-2)，1.44(1H, d, J＝13.1 Hz, H-3a)，1.29～1.33(1H, m, H-6b)，1.25(1H, o, H-3a)，1.24(3H, br. s, H-16)，1.23(3H, br. s, H-17)，1.11～1.15(3H, m, H-1/5)，0.97(3H, s, H-19)，0.86(3H, s, H-18)。^{13}C NMR(150 MHz, $CDCl_3$)δ_C：32.2(C-1, t)，22.5(C-2, t)，41.6(C-3, t)，33.5(C-4, s)，49.3(C-5, d)，23.8(C-6, t)，30.2(C-7, t)，131.8(C-8, 8)，139.9(C-9, s)，38.1(C-10, d)，113.2(C-11, d)，150.9(C-12, s)，129.4(C-13, s)，126.8(C-14, d)，26.8(C-15, d)，22.6(C-16, q)，22.8(C-17, q)，30.6(C-18, q)，19.5(C-19, q)。

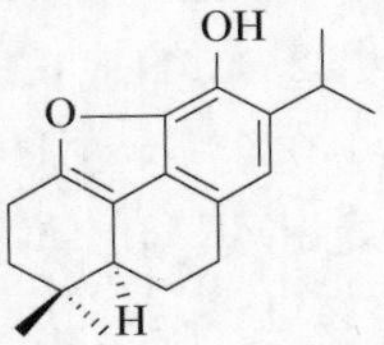

rosmarinusin H(**34**)，浅黄色胶状固体。$C_{19}H_{24}O_2$，(－)-HR-ESI-MS(m/z)：283.169 2 [M－H]$^-$ (calcd. for 283.170 4)。$[\alpha]_D^{19.5}$ ＝ ＋9.46(c 0.07, MeOH)。UV(MeOH)λ_{max}(logε)：202(4.3)，259(3.8) nm。IR(KBr)v_{max}：3 441，2 957，2 928，2 868，1 628，1 467，1 199 cm^{-1}。^{1}H NMR(600 MHz, $CDCl_3$)δ_H：6.82(1H, s, H-14)，3.39(1H, m, H-15)，2.84(1H, m, H-7a)，2.73(1H, m, H-2a)，2.65(1H, m, H-2b)，2.59(1H, m, H-5)，2.07(1H, m, H-6a)，1.88(1H, m, H-3a)，1.69(1H, m, H-3b)，1.35(1H, m, H-6b)，1.28(d, J＝2.1 Hz, H-17)，1.27(d, J＝2.1 Hz, H-16)，1.13(3H, s, H-18)，0.66(3H, s, H-19)。^{13}C NMR(150 MHz, $CDCl_3$)δ_C：150.5(C-1, s)，21.9(C-2, t)，39.6(C-3, t)，33.3(C-4, s)，40.0(C-5, d)，26.0(C-6, t)，27.3(C-7, t)，123.0(C-8, s)，127.7(C-9, s)，116.9(C-10, s)，142.0(C-11, s)，135.8(C-12, s)，130.5(C-13, s)，117.9(C-14, d)，27.2

(C-15, d), 24.1(C-16, q), 23.6(C-17, q), 28.6 (C-18, q), 19.0(C-19, q)。

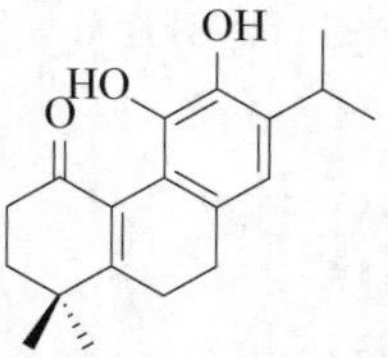

11,12-dihydroxy-20-nor-5(10), 8, 11, 13-abietatetraen-l-one(**35**)。$C_{19}H_{24}O_3$, HR-ESI-MS (m/z): 299.1664[M−H]$^-$ (calcd. for 299.1653)。^{1}H NMR(400 MHz, $CDCl_3$)δ_H: 9.64(1H, s, 11-OH), 6.65(1H, s, H-14), 6.36(1H, s, 12-OH), 3.38(1H, m, 15), 2.70(2H, t, J = 6.6 Hz, H-2), 2.56(2H, t, J=6.4 Hz, H-7), 2.39(2H, t, J = 6.4 Hz, H-6), 1.94(2H, t, J=6.6 Hz, H-3), 2.63(1H, br. s, H-1b), 1.33 (3H, s, H-16), 1.32(3H, s, H-17), 1.28(6H, s, H-18/19)。^{13}C NMR(100 MHz, $CDCl_3$)δ_C: 202.2(C-1, s), 35.1(C-2, t), 35.6(C-3, t), 37.2(C-4, s), 176.0(C-5, s), 27.4(C-6, t), 28.4(C-7, t), 130.2(C-8, s), 127.6(C-9, s), 116.6(C-10, s), 140.0(C-11, s), 143.3(C-12, s), 132.9(C-13, s), 116.5(C-14, d), 27.2(C-15, d), 22.5(C-16, q), 22.5(C-17, q), 26.1(C-18, q), 26.1(C-19, q)。

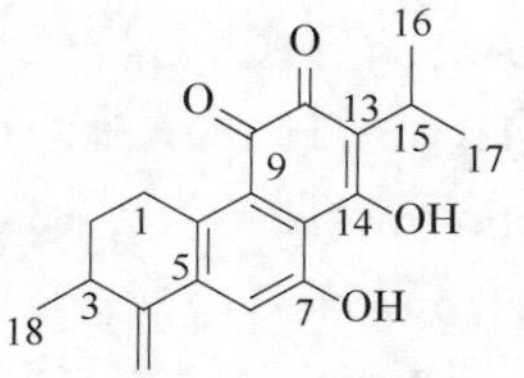

rosmarinusin I(**36**),红色晶体。$C_{19}H_{20}O_4$, (−)-HR-ESI-MS(m/z): 311.1267[M−H]$^-$ (calcd. for 311.1289)。$[\alpha]_D^{19.7}$=−78.77(c 0.13, MeOH)。UV(MeOH)λ_{max}(log ε): 234(3.31), 262(3.25), 311(2.54)nm。IR(KBr)υ_{max}: 3429, 2961, 2927, 1644, 1614, 1394, 1316, 1134, 918, 902 cm^{-1}。^{1}H NMR(400 MHz, $CDCl_3$)δ_H: 7.50(1H, s, H-6), 5.52(1H, s, H-19a), 5.14 (1H, s, H-19b), 3.33(1H, m, H-1a), 3.16 (1H, m, H-1b), 2.54(1H, s, H-3), 2.01(1H, m, H-2a), 2.89(1H, m, H-15), 1.60(1H, m, H-2b), 1.30(3H, br. s, H-16), 1.31(3H, br. s, H-17), 1.17(3H, d, J=6.8 Hz, H-18)。^{13}C NMR(100 MHz, $CDCl_3$)δ_C: 27.5(C-1, t), 31.0(C-2, t), 34.3(C-3, d), 148.3(C-4, s), 144.3(C-5, s), 122.6(C-6, d), 160.1(C-7, s), 114.9(C-8, s), 125.7(C-9, s), 135.3(C-10, s), 182.2(C-11, s), 190.6(C-12, s), 134.7(C-13, s), 153.6(C-14, s), 23.9(C-15, d), 19.7(C-16, q), 19.8(C-17, q), 18.6(C-18, q), 110.7(C-19, t)。

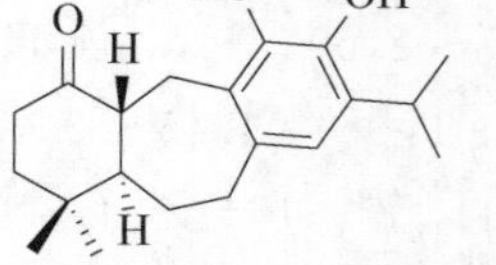

rosmaridiphenol(**37**)。核磁数据暂缺。

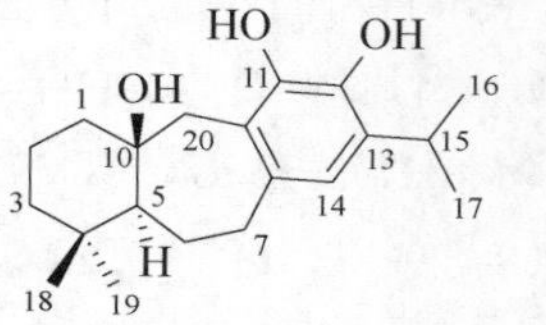

demethylsalvicanol(**38**),黄色油状物。$C_{20}H_{30}O_3$, HR-ESI-MS(m/z): 317.2055[M−H]$^-$ (calcd. for 317.2122)。^{1}H NMR(600 MHz, $CDCl_3$)δ_H: 6.56(1H, s, H-14), 3.16(1H, m, H-15), 3.03(1H, d, J = 14.5 Hz, H-20a), 2.72～2.76(1H, m, H-7a), 2.63～2.67(1H, m, H-7b), 2.57(1H, d, J=14.5 Hz, H-20b), 1.78～1.82(2H, H-1a/2a), 1.50～1.55(1H, m, H-1a), 1.40～1.45(1H, m, H-3a/2b), 1.33 (1H, o, H-5), 1.27(1H, o, H-3b), 1.24(3H, d, J=6.9 Hz, H-16), 1.21(3H, d, J=6.9 Hz, H-17), 1.09～1.18(2H, m, H-6), 0.92(3H, s, H-18), 0.85(3H, s, H-19)。^{13}C NMR(150 MHz, $CDCl_3$)δ_C: 41.6(C-1, t), 18.9(C-2, t), 42.5(C-3, t), 34.6(C-4, s), 58.3(C-5, d), 24.5(C-6, t), 36.3(C-7, t), 136.4(C-8, s), 121.1(C-9, s),

71.9(C-10, s), 142.8(C-11, s), 141.2(C-12, s), 132.9(C-13, s), 118.0(C-14, d), 27.4(C-15, d), 22.5(C-16, q), 23.1(C-17, q), 32.5(C-18, q), 21.7(C-19, q), 141.9(C-20, t)。

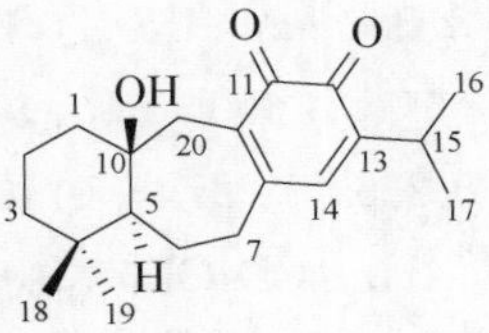

demethylsalvicanol quinone(**39**),棕色固体。$C_{20}H_{28}O_3$, (−)-HR-ESI-MS(m/z): 315.189 7 [M − H]$^-$ (calcd. for 315.196 6)。^{1}H NMR (600 MHz, $CDCl_3$) δ_H: 6.59(1H, s, H-14), 3.05(1H, d, J=14.7 Hz, H-20a), 2.92(1H, m, H-15), 2.60～2.65(1H, m, H-7a), 2.45～2.49(1H, m, H-7b), 2.17(1H, d, J=14.7 Hz, H-20b), 1.86～1.90(1H, m, H-6a), 1.79～1.85(1H, m, H-2a), 1.70～1.73(1H, m, H-1a), 1.53～1.57(1H, m, H-6b), 1.52～1.56 (1H, m, H-3a)1.42～1.46(1H, m, H-2b/3b), 1.25(1H, m, H-1b), 1.27(1H, o, H-5), 1.08 (3H, d, J=6.9 Hz, H-16), 121(3H, d, J=6.9 Hz, H-17), 0.92(3H, s, H-18), 0.92(3H, s, H-19)。^{13}C NMR(150 MHz, $CDCl_3$)δ_C: 42.7 (C-1, t), 18.5(C-2, t), 42.5(C-3, t), 34.6(C-4, s), 58.3(C-5, d), 21.1(C-6, t), 36.8(C-7, t), 134.6(C-8, s), 154.5(C-9, s), 70.8(C-10, s), 180.6(C-11, s), 180.6(C-12, s), 147.0(C-13, s), 118.0(C-14, d), 27.4(C-15, d), 217(C-16, q), 21.8(C-17, q), 32.3(C-18, q), 21.8(C-19, q), 40.2(C-20, t)。

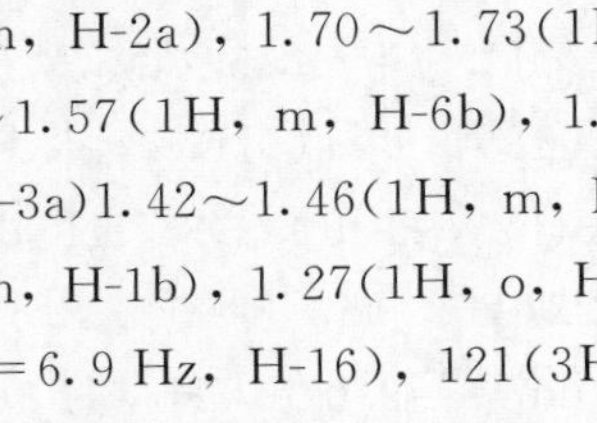

seco-hinokiol(**40**),无色粉末。$C_{20}H_{28}O_3$, (−)-HR-ESI-MS(m/z): 315.194 6[M − H]$^-$ (calcd for 315.196 6)。$[\alpha]^{D}_{25.0}$ = +77.2(c 0.86, MeOH)。IR (film, KBr) ν_{max}: 2 882, 1 707, 1 509, 1 417, 1 194, 1 013, 894 cm^{-1}。^{1}H NMR (acetone-d_6, 400 MHz)δ_H: 6.81(1H, s, H-14), 6.73(1H, s, H-11), 4.94(1H, br. s, H-18a), 4.74(1H, br. s, H-18b), 3.22(1H, sept., J=7.0 Hz, H-15), 2.71(1H, m, H-7a), 2.66(1H, m, H-7b), 2.46(1H, dd, J=11.6/2.6 Hz, H-5), 2.24(1H, ddd, J=15.4/12.2/4.7 Hz, H-2a), 2.01(1H, m, H-1a), 1.97(1H, m, H-1b), 1.89(1H, m, H-6a), 1.88(1H, m, H-6b), 1.82(1H, m, H-2b), 1.80(3H, s, H-19), 1.19(6H, d, J=7.0 Hz, H-16/17), 1.16(3H, s, H-20)。^{13}C NMR(acetone-d_6, 100 MHz)δ_C: 34.8(C-1, t), 28.6(C-2, t), 174.3(C-3, s), 147.2(C-4, s), 47.0(C-5, d), 25.1(C-6, t), 29.0(C-7, t), 127.7(C-8, s), 141.1(C-9, s), 40.4(C-10, s), 112.4(C-11, d), 152.8(C-12, s), 133.4(C-13, s), 126.5(C-14, d), 26.7(C-15, d), 22.0(C-16, q), 22.2(C-17, q), 113.7 (C-18, t), 22.4(C-19, q), 27.6(C-20, q)。

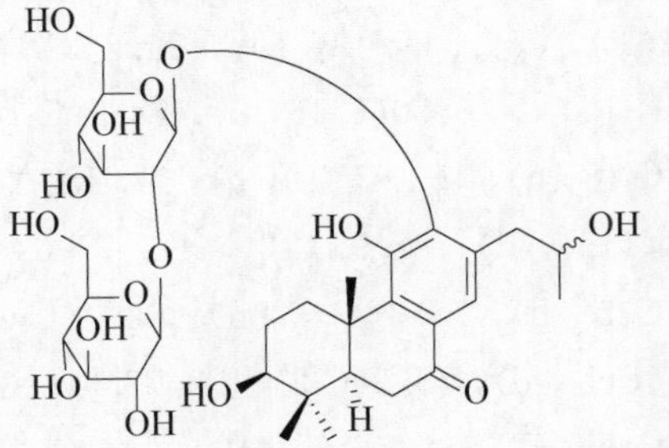

officinoterpenosides A1(**41**),白色粉末。$C_{32}H_{48}O_{15}$, (−)-HR-ESI-MS(m/z): 671.289 9 [M − H]$^-$ (calcd. for 671.292 0)。$[\alpha]^{25.0}_{D}$ = +17.5(c 0.89, MeOH)。UV(MeOH)λ_{max}(logε): 312(3.54), 265(3.97) nm。IR ν_{max}(KBr): 3 503, 2 931, 2 867, 1 674, 1 602, 1 560, 1 454, 1 422, 1 320, 1 251, 1069, 1023 cm^{-1}。^{1}H NMR(500 MHz, CD_3OD)δ_H: 7.46(1H, s, H-14), 4.16(1H, m, H-16), 3.31(1H, m, overlapped, H-1a), 3.18 (1H, dd, J=11.5/4.5 Hz, H-3), 2.63(2H, m，overlapped，H-15)，2.62(1H，dd，J=17.0/14.0 Hz，H-6a)，2.58(dd，J=17.0/3.0 Hz，H-6b)，1.76(1H，m，H-2a)，1.69(dd，J=14.0/3.0 Hz，H-5)，1.67(1H，m，H-2b)，1.40(3H，s，H-20)，1.27(1H，ddd，J=13.5/13.5/3.0 Hz)，1.18(3H，d，J=6.5 Hz，H-17)，1.02(3H，s，H-20)，0.92(3H，s，H-19)，4.74(1H，d，J=8.0 Hz，H-1′)，3.87(1H，dd，J=9.0/8.0 Hz，H-2′)，3.75(1H，dd，J=9.0/9.0 Hz，H-3′)，3.52(dd，J=9.0/9.0 Hz，H-4′)，3.30(1H，m，H-5′)，3.75(1H，dd，J=12.0/4.5 Hz，H-6′b)，3.83(br. d，J=12.0 Hz，H-6′a)，4.86(1H，d，J=8.0 Hz，H-1″)，3.43(2H，m，overlapped，H-2″/3″)，3.42(1H，dd，J=9.0/9.0 Hz，H-4″)，3.34(1H，m，H-5″)，3.68(1H，dd，J=12.0/5.0 Hz，H-6″b)，3.83(1H，br. d，J=12 Hz，H-6″a)。^{13}C NMR(125 MHz，CD_3OD)δ_C：35.8(C-1，t)，28.4(C-2，t)，78.4(C-3，d)，40.1(C-4，s)，51.3(C-5，d)，36.2(C-6，t)，200.9(C-7，s)，129.6(C-8，s)，140.8(C-9，s)，41.3(C-10，s)，148.8(C-11，s)，150.2(C-12，s)，132.5(C-13，s)，122.2(C-14，d)，41.0(C-15，t)，68.0(C-16，d)，22.6(C-17，q)，28.5(C-18，q)，16.0(C-19，q)，17.7(C-20，q)，105.3(C-1′，d)，82.9(C-2′，d)，77.6(C-3′)，70.6(C-4′，d)，78.3(C-5′，d)，62.0(C-6′，t)，105.4(C-1″，d)，75.6(C-2″，d)，77.5(C-3″，d)，71.1(C-4″，d)，78.4(C-5″，d)，62.4(C-6″，t)。

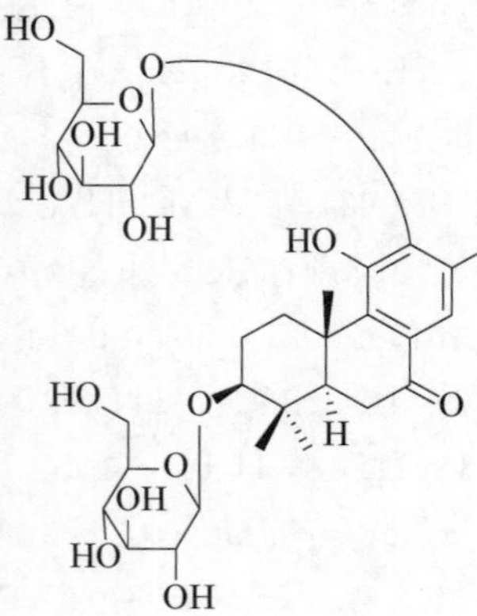

officinoterpenosides A2(**42**)，白色粉末。$C_{32}H_{48}O_{15}$，(−)-HR-ESI-MS(m/z)：671.289 7 [M−H]$^-$(calcd. for 671.292 0)。$[\alpha]_D^{25.0}$=−0.5(c 0.85，MeOH)。UV(MeOH)λ_{max}(log ε)：312(3.54)，262(3.88) nm。IRv_{max}(KBr)：3 367，2 926，2 851，1 671，1 600，1 560，1 456，1 420，1 364，1 327，1 255，1 221，1 071，1 016 cm^{-1}。^{1}H NMR(500 MHz，CD_3OD)δ_H：7.44(1H，s，H-14)，4.12(1H，m，H-16)，3.43(1H，ddd，J=14.0/4.0/4.0 Hz，H-1a)，3.31(1H，dd，J=11.5/4.5 Hz，H-3)，3.19(1H，dd，J=13.0/6.5 Hz，H-15a)，2.68(1H，dd，J=13.0/6.5 Hz，H-15b)，2.62(1H，dd，J=17.0/14.0 Hz，H-6a)，2.57(dd，J=17.0/3.0 Hz，H-6b)，2.11(1H，m，H-2a)，1.79(dd，J=14.0/3.0 Hz，H-5)，1.88(1H，m，H-2b)，1.42(1H，ddd，J=14.0/4.0/4.0 Hz，H-1a)，1.41(3H，s，H-20)，1.27(1H，ddd，J=13.5/13.5/3.0 Hz)，1.12(3H，s，H-18)，1.11(3H，d，J=6.5 Hz，H-17)，1.02(3H，s，H-19)，4.35(1H，d，J=8.5 Hz，H-1′)，3.22(1H，dd，J=9.0/8.5 Hz，H-2′)，3.34(1H，dd，J=9.0/9.0 Hz，H-3′)，3.32(dd，J=9.0/9.0，H-4′)，3.26(1H，m，H-5′)，3.67(1H，dd，J=12.0/5.0 Hz，H-6′b)，3.86(1H，dd，J=12.0/2.0 Hz，H-6′a)，4.56(1H，d，J=8.0 Hz，H-1″)，3.52(1H，dd，J=9.0/8.0 Hz，H-2″)，3.43(1H，dd，J=9.0/9.0 Hz，H-3″)，3.47(1H，dd，J=9.0/9.0 Hz，H-4″)，3.30(1H，m，H-5″)，3.76(1H，dd，J=12.0/4.5 Hz，H-6″b)，3.83(1H，dd，J=12.0/2.0 Hz，H-6″a)。^{13}C NMR(125 MHz，CD_3OD)δ_C：35.8(C-1，t)，27.7(C-2，t)，89.6(C-3，d)，40.4(C-4，s)，51.6(C-5，d)，36.0(C-6，t)，201.2(C-7，s)，129.7(C-8，s)，140.9(C-9，s)，41.2(C-10，s)，149.3(C-11，s)，150.6(C-12，s)，132.6(C-13，s)，121.7(C-14，d)，41.9(C-15，t)，68.3(C-16，d)，22.9(C-17，q)，28.3(C-18，q)，16.6(C-19，q)，17.6(C-20，q)，106.7(C-1′，d)，

75.3(C-2′, d), 77.9(C-3′), 71.6(C-4′, d), 77.7(C-5′, d), 62.8(C-6′, t), 107.6(C-1″, d), 75.6(C-2″, d), 77.5(C-3″, d), 70.8(C-4″, d), 78.6(C-5″, d), 62.1(C-6″, t)。

二、三萜及甾体

迷迭香三萜类成分不具有代表性，通常含有植物中常见的三萜类成分及其糖苷，乌苏烷型、齐墩果烷型和羽扇豆烷型均有。三萜主要有：熊果酸(ursolic acid，**43**)、3-乙酰基熊果酸(3-acetyl-ursolic acid，**44**)、齐墩果酸(oleanolic acid，**45**)、3-乙酰基齐墩果酸(3-acetyl-oleanolic acid，**46**)、蒲公英赛醇(taraxerol，**47**)、micromeric acid(**48**)、micromeric acid methyl ester(**49**)、桦木醇(betulinol，**50**)、羽扇豆醇(lupeol，**51**)、桦木酸(betulinic acid，**52**)、officinoterpenoside B(**53**)、officinoterpenoside C(**54**)、niga-ichigoside F1(**55**)、glucosyl tormentate(**56**)、asteryunnanoside B(**57**)。这些三萜在植物中属于常见成分，本节就不再详细罗列其波谱数据。此外，迷迭香还含有一些甾体类成分，如蒲公英甾醇、日耳曼醇、胆甾醇、菜油甾醇和谷甾醇等，均是常见化学成分，不再赘述。三萜类化合物的结构如下所示。

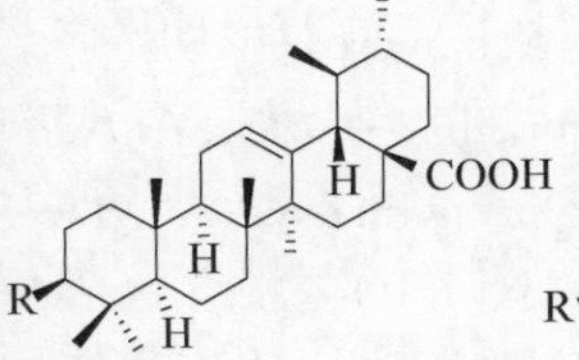

R
43 OH
44 OAc

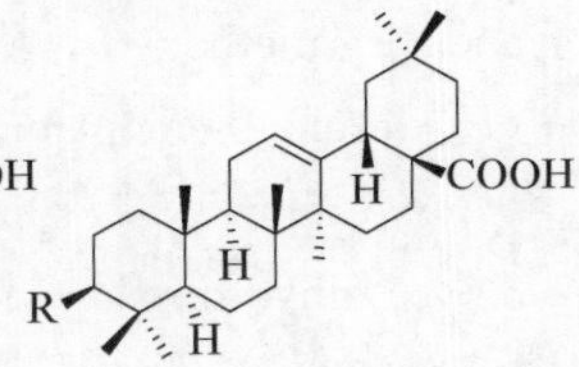

R
45 OH
46 OAc

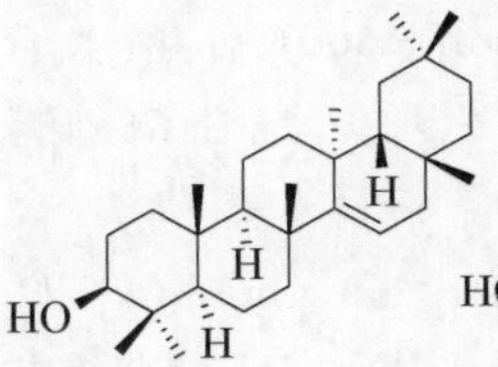

47

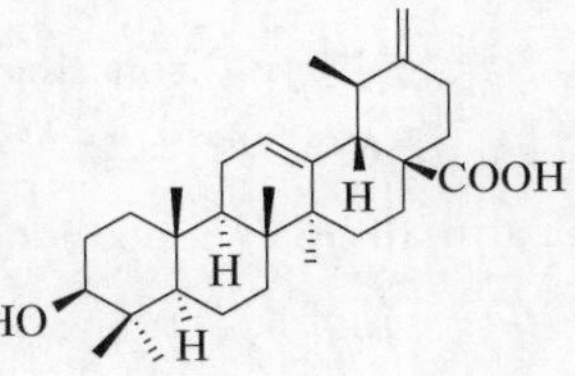

48

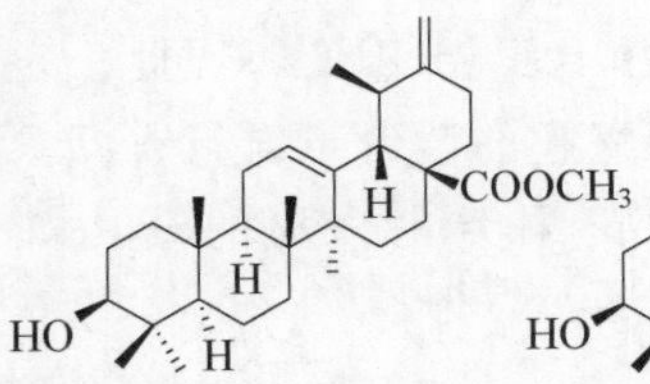

49

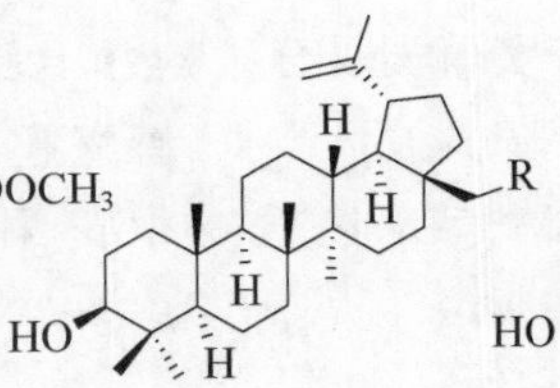

R
50 OH
51 H

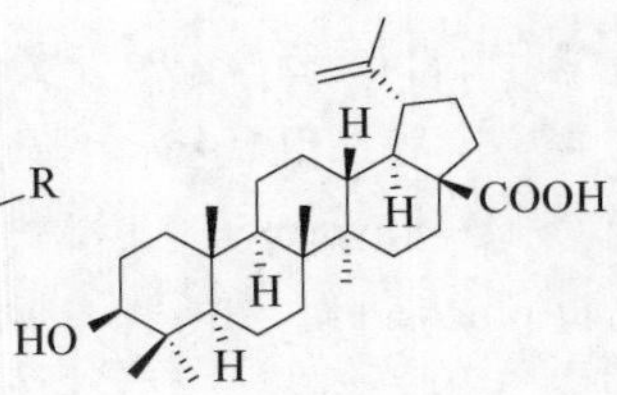

52

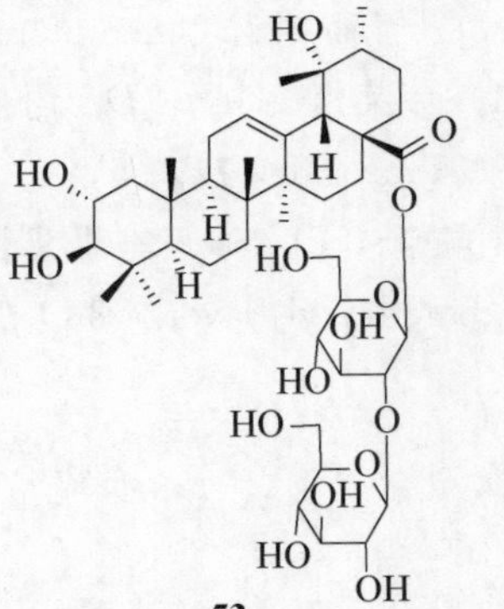

53

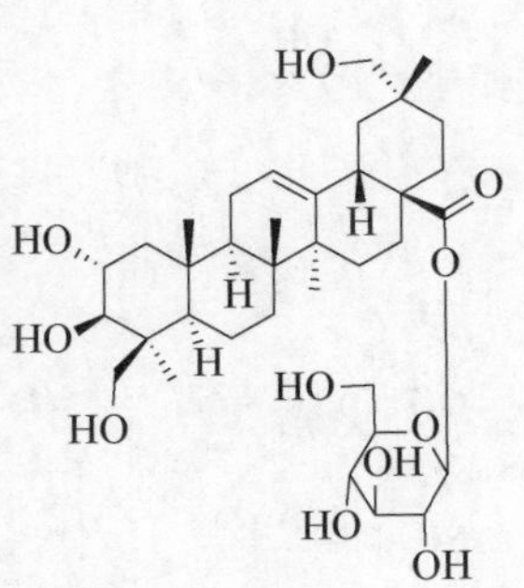

54

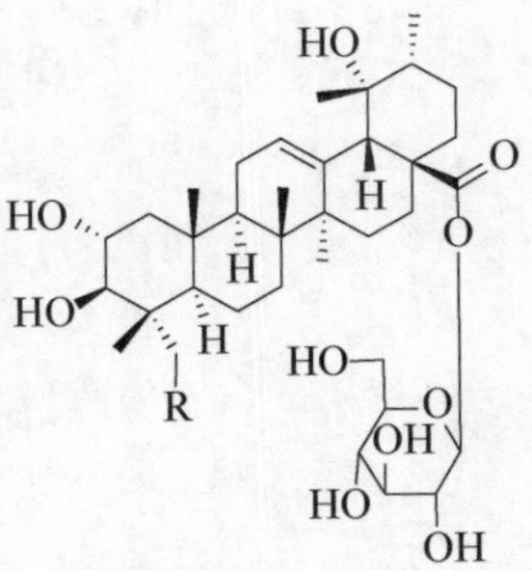

R
55 OH
56 H

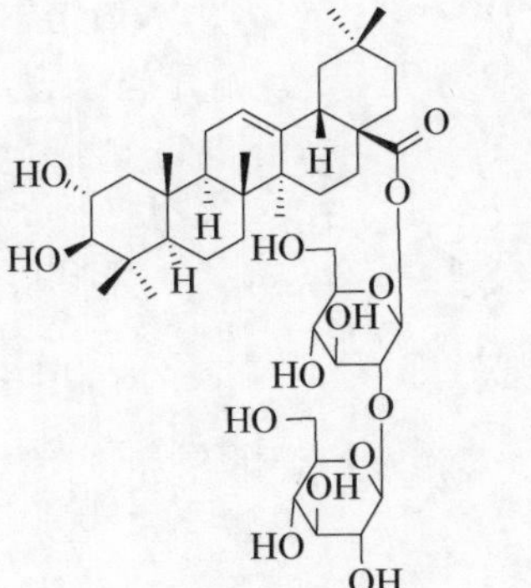

57

第三节 · 黄酮类

迷迭香和多数植物一样，含有丰富的黄酮及其苷类成分，这些黄酮类成分具有较强的抗氧化作用，是迷迭香中较早被报道的一类成分。迷迭的主要黄酮类成分有：芫花素（genkwanin，**58**）、蓟黄素（cirsimaritin，**59**）、木樨草素（luteolin，**60**）、槲皮素（quercetin，**61**）、香叶木素（diosmetin，**62**）、6－甲氧基－木樨草素（6-methoxyl-luteolin，**63**）、5－羟基－7，4′－二甲氧基黄酮（5-hydroxyl-7，4′-dimethoxyl-flavonoid，**64**）、橙皮苷（hesperidin，**65**）、异橙皮苷（isonaringin，**66**）、香叶木苷（diosmin，**67**）、泽兰素－3-*O*-*β*-*D*－葡萄糖苷（euparin-3-*O*-*β*-*D*-glucoside，**68**）、木樨草素－3-*O*-*β*-*D*－葡萄糖醛酸苷（luteolin-3-*O*-*β*-*D*-glucuronide，**69**）、木樨草素－7-*O*-*β*-*D*－葡萄糖苷（luteolin-7-*O*-*β*-*D*-glucoside，**70**）、山柰酚－3-*O*-*β*-*D*－葡萄糖苷（kaempferol-3-*O*-*β*-*D*-glucoside，**71**）、芹菜素－7-*O*-*β*-*D*－葡萄糖苷（apigenin-7-*O*-*β*-*D*-glucoside，**72**）、5，4′－二羟－6，7－二甲氧基－黄酮醇－3-*O*-*β*-*D*－葡萄糖苷（5，4′-dihydroxyl-6，7-dimethoxyl-flavonol-3-*O*-*β*-*D*-glucoside，**73**）、5，4′－二羟基－3′－甲氧基－黄酮－7-*O*-*β*-*D*－葡萄糖苷（5，4′-dihydroxyl-3′-methoxyl-flavonoid-7-*O*-*β*-*D*-glucoside，**74**）、木樨草素－3′－*O*－葡萄糖醛酸苷（luteolin-3′－*O*-*β*-*D*-glucuronide，**75**）、木樨草素－3′-*O*-（3″－乙酰基）－*β*-*D*－葡萄糖醛酸苷［luteolin 3′-*O*-（3″-acetyl）-*β*-*D*-glucuronide，**76**］、木樨草素－3′-*O*－（4″－乙酰基）－*β*-*D*－葡萄糖醛酸［luteolin 3′-*O*-（4″-acetyl）-*β*-*D*-dglucuronide，**77**］、7-*O*-（6″-*O*-*trans*-feruloyl）-*β*-*D*-glucopyranosyl-6-methoxy-5，4′-dihydroxyflavone［6″-*O*-（*E*）-feruloylhomoplantaginin］（**78**）、7-*O*-（6″-*O*-*trans*-feruloyl）-*β*-*D*-glucopyranosyl-6-methoxy-5，3′，4′-trihydroxyflavone［6″-*O*-（*E*）-feruloylnepitrin］（**79**）、7-*O*-（6″-*O*-*trans*-p-coumaroyl）-*β*-*D*-glucopyranosyl-6-methoxy-5，3′，4′-trihydroxyflavone［6″-*O*-（*E*）-*p*-coumaroylnepitrin］（**80**）。这些黄酮类成分结构并不复杂，因此不在此一一赘述其波谱数据，感兴趣的读者可自行查阅参考文献。迷迭香中黄酮类化合物的结构如下所示。

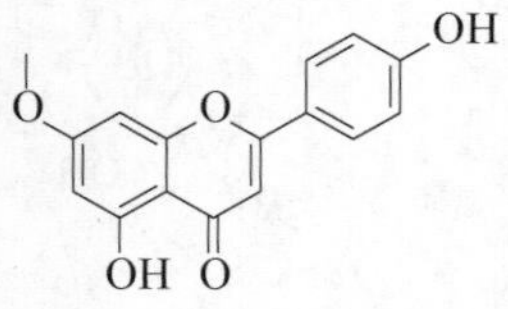

58 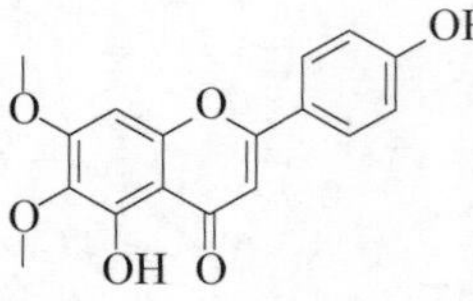 **59** 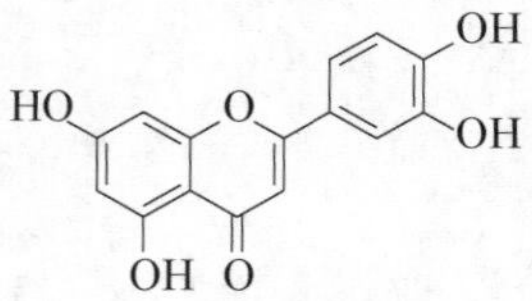 **60** 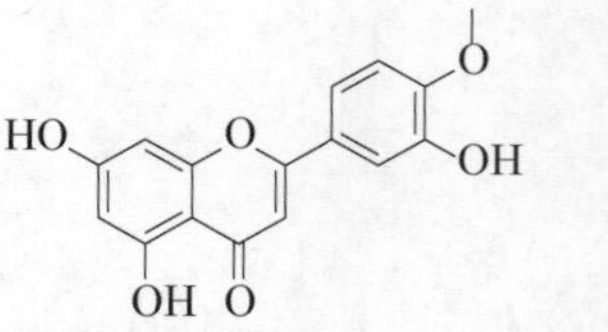 **61**

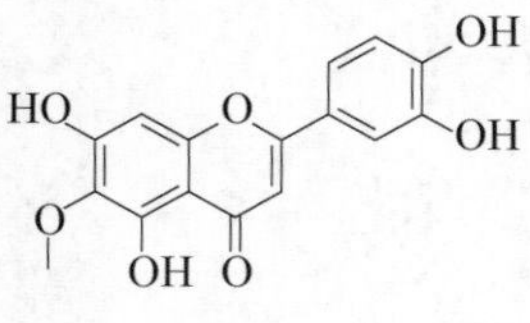

62 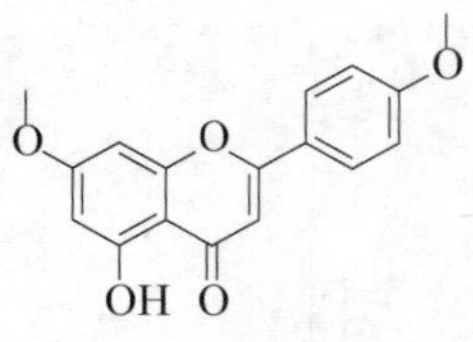 **63** 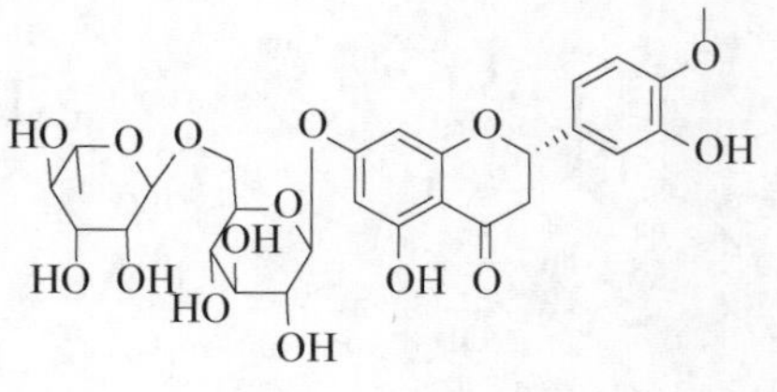 **64**

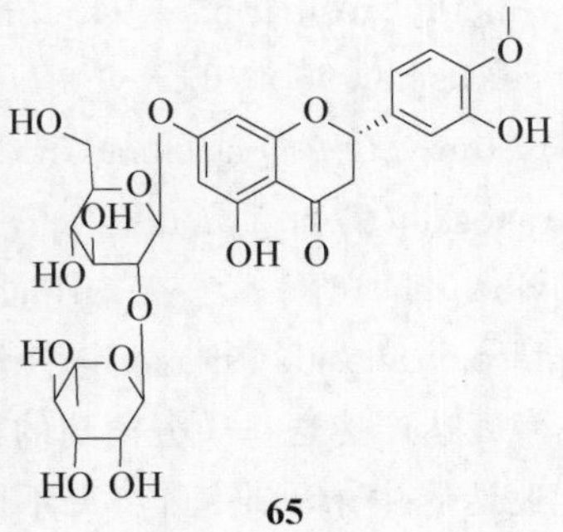

65 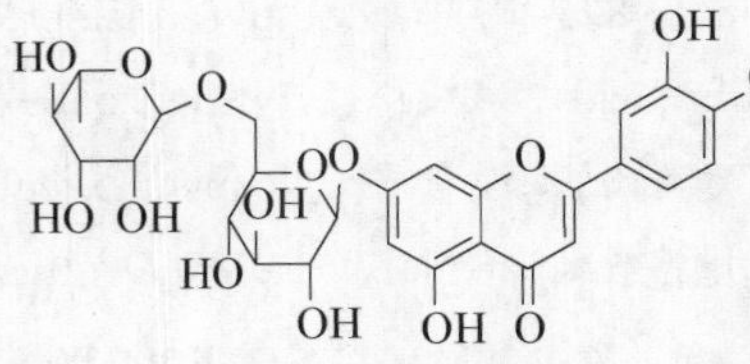　66 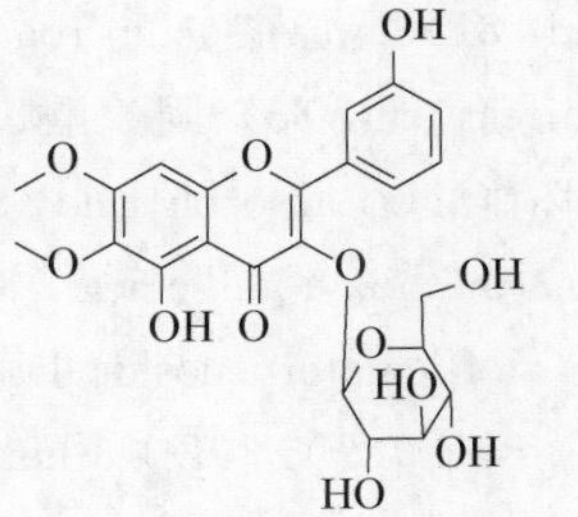　67

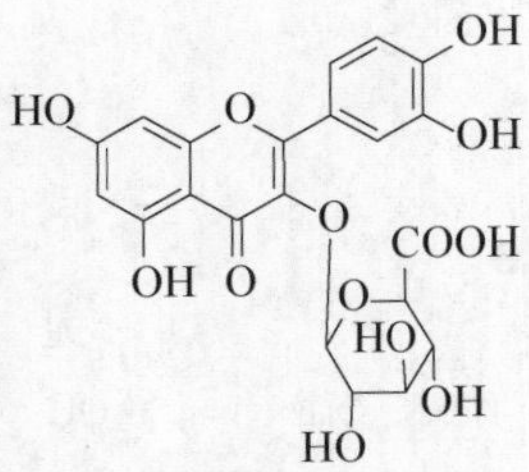

68 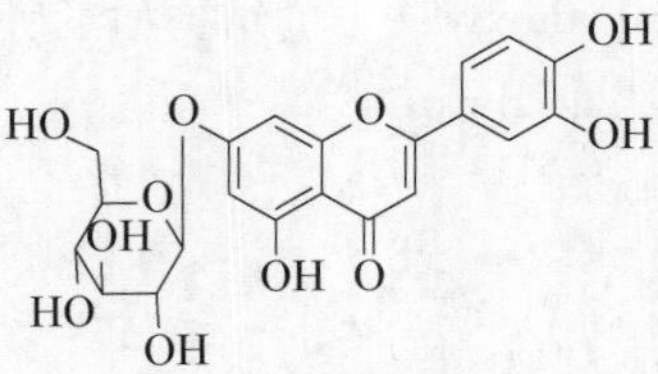　69 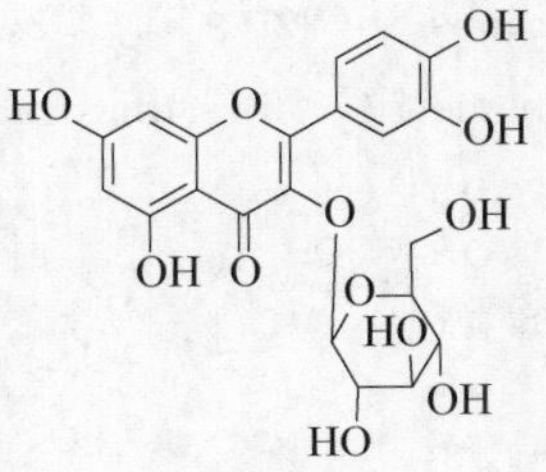　70

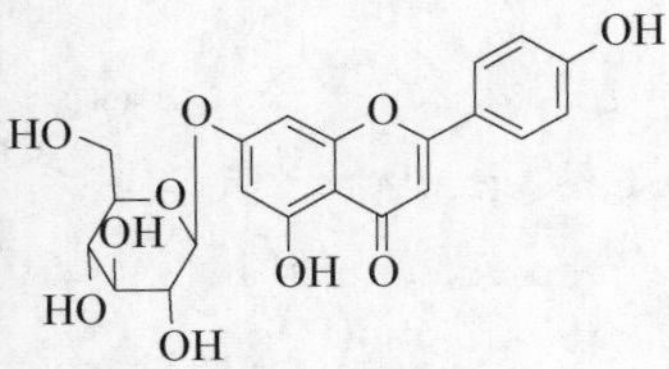

71 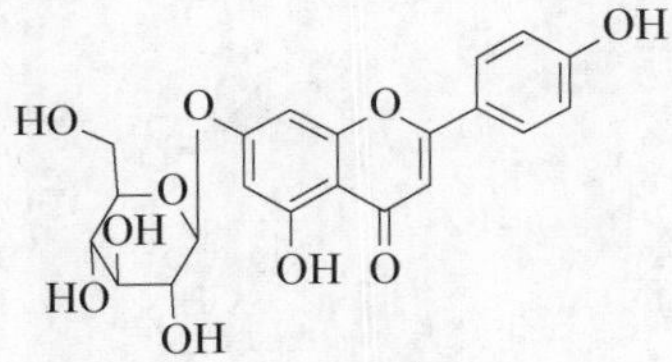　72 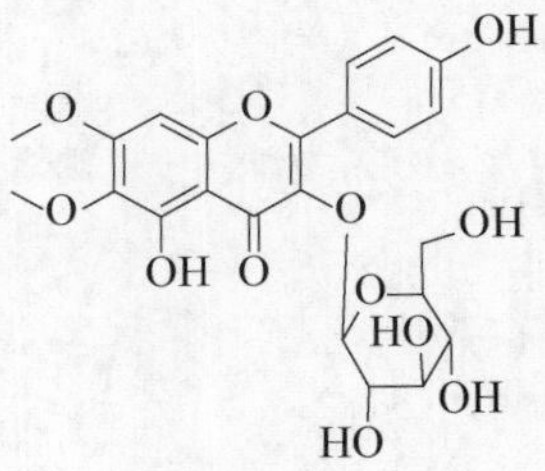　73

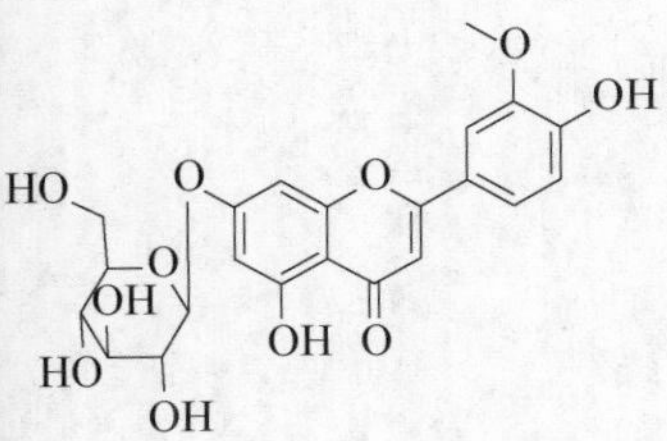

74

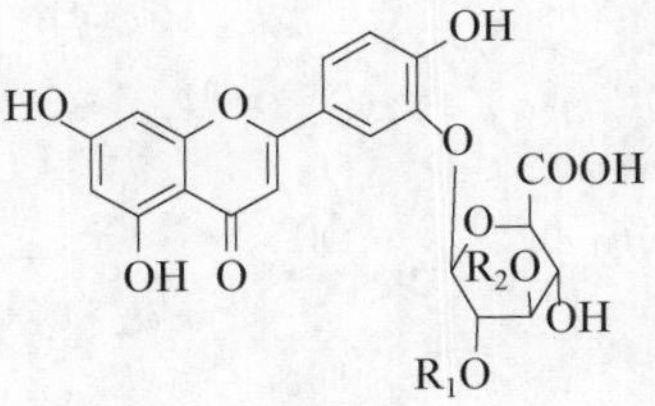

	R_1	R_2
75	H	H
76	Ac	H
77	H	Ac

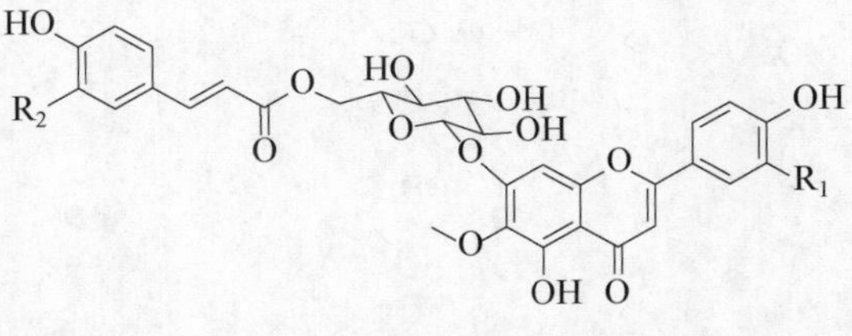

	R_1	R_2
78	H	OMe
79	OH	OMe
80	OH	H

第四节　苯丙素类

迷迭香中的苯丙素类成分以迷迭香酸（rosmarinic acid）为代表，该类成分水溶性较好，是迷迭香中较早被研究的天然抗氧化剂成分。迷迭香中苯丙素类成分主要有：迷迭香酸（rosmarinic acid，**81**）、绿原酸（chlo rogenicacid，**82**）、咖啡酸（caffeic acid，**83**）、阿魏酸（ferrulic acid，**84**）、*L*-抗坏血酸（*L*-acsorbic acid，**85**）、对甲氧基没食子酸（3-methoxyl-gallic acid，**86**）、丹皮酚（paeonol，**87**），officinoterpenoside D（**88**）、（*Z*）-3-hexenyl glucoside（**89**）、（*Z*）-3-hexenyl-*O*-*β*-*D*-glucopyranosyl-(1″→6′)-*β*-*D*-glucopyranoside（**90**）、erythritol-1-*O*-(6-*O*-*trans*-caffeoyl)-*β*-*D*-glucopyranoside（**91**）、2，3，4，5-tetrahydroxyhexyl-6-*O*-*trans*-caffeoyl-*β*-glucopyranoside（**92**）、1，2，3，4-tetrahydroxy-2-methylbutane-4-*O*-(6-*O*-trans-caffeoyl)-*β*-*D*-glucopyranoside（**93**），methyl rosmarinate（**94**）、methyl-benzoate-4-*β*-glucoside（**95**）、benzyl-*β*-*D*-glucopyranoside（**96**）、benzyl-*O*-*β*-*D*-apiofuranosyl-(1→2)-*β*-*D*-glucopyranoside（**97**），1，2-di-*O*-*β*-*D*-glucopranosyl-4-allylbenzene（**98**）、（+）-syringaresinol-4′-*O*-*β*-*D*-glucopyranoside（**99**）。其中化合物**89～99**为在卢旺达产迷迭香中分离到的糖苷类成分，在国产迷迭香中未见报道，可见不同产地迷迭香化学成分存在一定差异。上述化合物的结构如下所示。

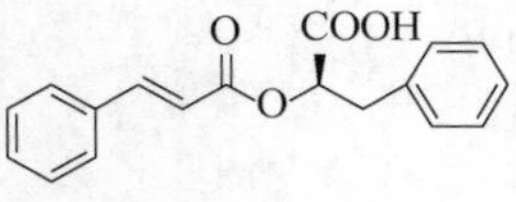

81 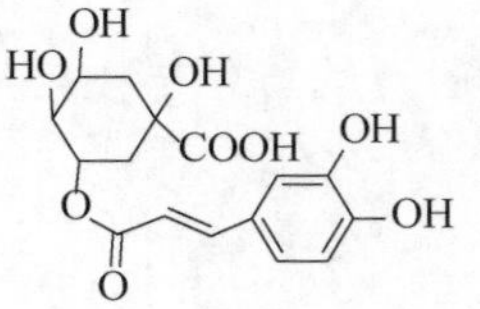 **82** **83** R = OH **84** R = OMe **85** 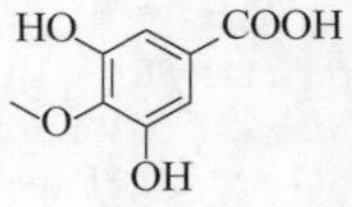 **86** 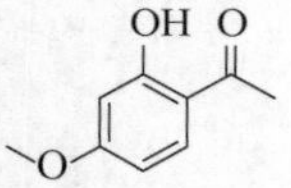 **87** 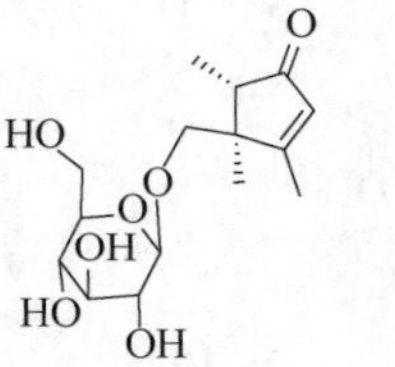 **88** 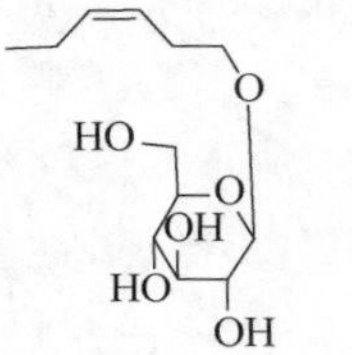 **89** 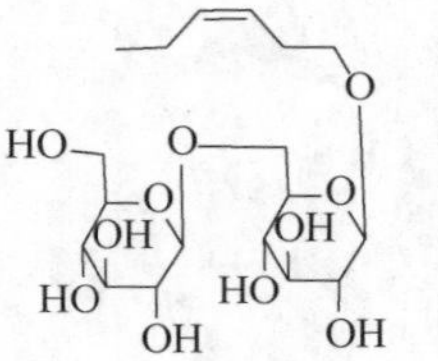 **90** 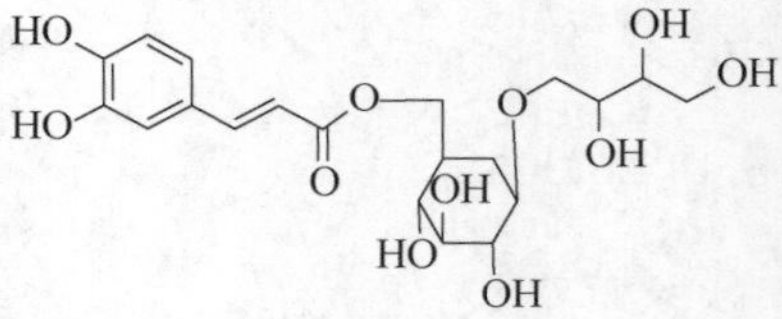 **91** 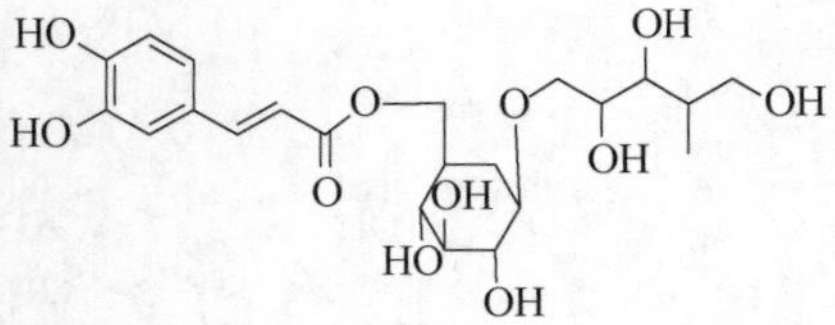 **92** 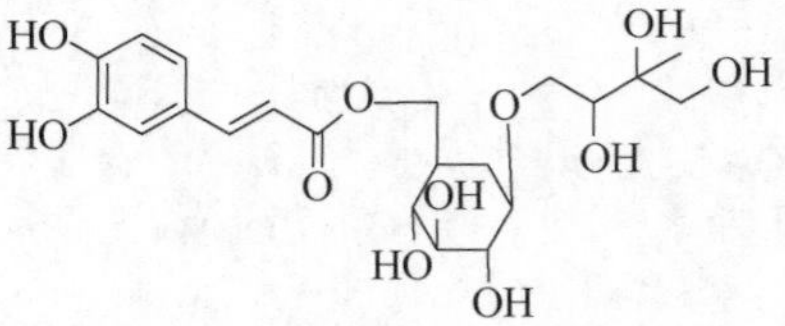 **93** 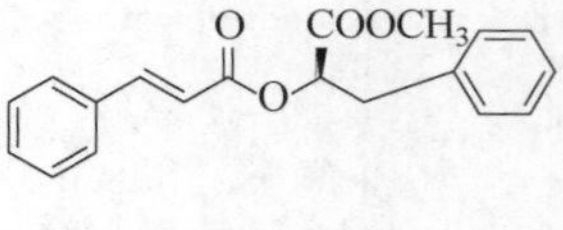 **94** 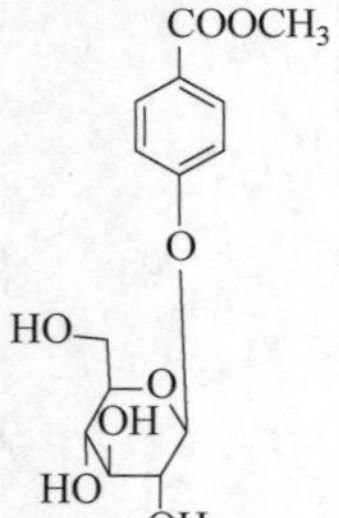 **95** 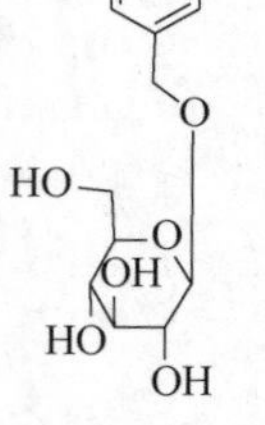 **96** 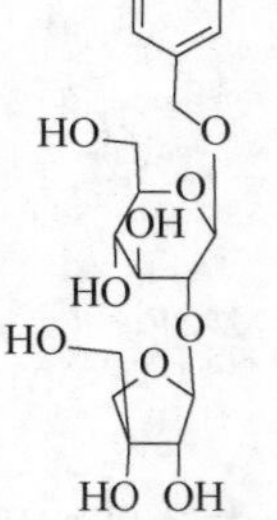 **97** 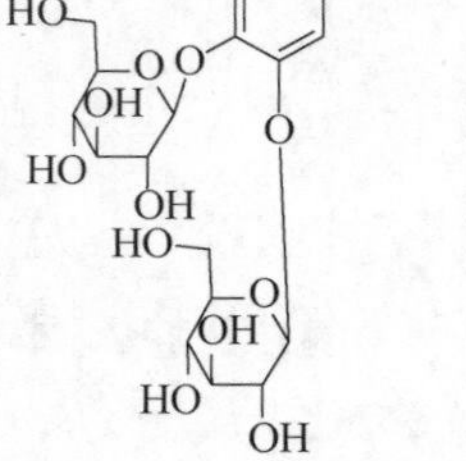 **98** 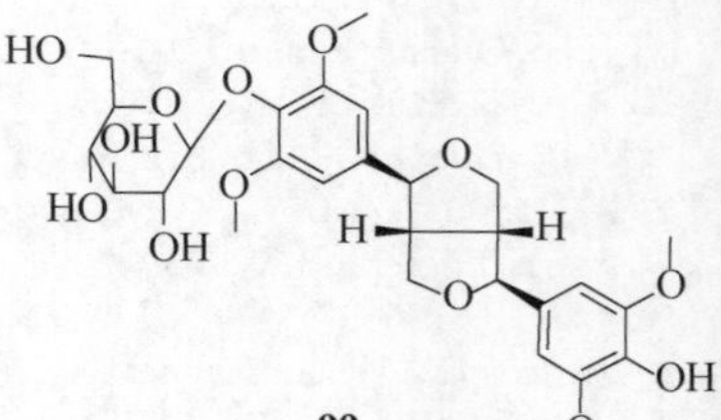 **99**

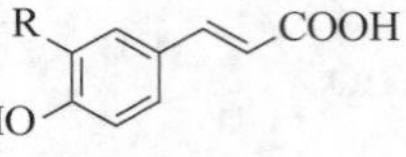

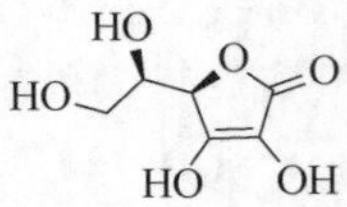

[1] 齐锐,董岩.迷迭香的化学成分与药理作用研究进展[J].广州化工,2012(40):43-45.
[2] 吴蒙,徐晓军.迷迭香化学成分及药理作用最新研究进展[J].生物质化学工程,2016(50):51-57.
[3] 潘岩,白红彤,李慧,等.栽培地区、采收季节和株龄对迷迭香精油成分和抑菌活性的影响[J].植物学报,2013(47):625-636.
[4] 董岩,祁伟,周连文.山东迷迭香挥发油化学成分及抑菌活性研究[J].化学研究与应用,2015(27):1805-1810.
[5] BENSOUICI C, BOUDIAR T, KASHI I, et al. Chemical characterization, antioxidant, anticholinesterase and α-glucosidase potentials of essential oil of *Rosmarinus* tournefortii de noé [J]. Journal of Food Measurement and Characterization, 2019(14): 632-639.
[6] NIE JY, LI RJ, IANG ZT, et al. Antioxidant activity screening and chemical constituents of the essential oil from rosemary by ultra-fast GC electronic nose coupled with chemical methodology [J]. Journal of the Science of Food and Agriculture, 2020(100): 3481-3487.
[7] OUTALEB T, YEKKOUR A, HAZZIT M, et al. Phytochemical profiling, antioxidant and antimicrobial effectiveness of *Rosmarinus* tournefortii De Noe extracts issued from different regions of Algeria [J]. Journal of Essential Oil Research, 2020(32): 247-259.
[8] 古昆,程伟贤,李云川,等.云南玉溪产迷迭香挥发油成分分析[J].云南大学学报(自然科学版),2003(25):258-260.
[9] 刘兴宽,郁建平,连宾,等.贵州引种的迷迭香(*Rosmarinus officinalis* L.)中挥发油化学成分分析[J].贵州大学学报(农业与生物科学版),2002(21):186-190.
[10] 许鹏翔,贾卫民,毕良武,等.不同产地的迷迭香精油成分分析及品质研究[J].分析科学学报,2003(4):361-363.
[11] BIRTIC S, DUSSORT P, PIERRE FX, et al. Carnosic acid [J]. Phytochemistry, 2015(115): 9-19.
[12] ZHANG Y, SMUTS JP, DODBIBA E, et al. Degradation study of carnosic acid, carnosol, rosmarinic acid, and rosemary extract (*Rosmarinus officinalis* L.) assessed using HPLC [J]. Journal of Agriculture and Food Chemistry, 2012(60): 9305-9314.
[13] 程伟贤,陈鸿雁,张义平,等.迷迭香化学成分研究[J].中草药,2005(36):1622-1624.
[14] OLUWATUYI M, KAATZ G, GIBBONS S. Antibacterial and resistance modifying activity of *Rosmarinus officinalis* [J]. Phytochemistry, 2004(65): 3249-3254.
[15] PUKALSKAS A, BEEK TAV, WAARD PD. Development of a triple hyphenated HPLC-radical scavenging detection-DAD-SPE-NMR system for the rapid identification of antioxidants in complex plant extracts [J]. Journal of Chromatography A, 2005(1074): 81-88.
[16] CHEN XL, LUO QY, HU WY, et al. Abietane diterpenoids with antioxidative damage activity from *Rosmarinus officinalis* [J]. Journal of Agricultural and Food Chemistry, 2020(68): 5631-5640.
[17] YE Y, WANG YP, YAO S, et al. Abeitane diterpenoids with lowering blood lipid activity [P]. 2017-01-04.
[18] GU LW, WENG XC. Antioxidant activity and components of *Salvia plebeia* R. Br. -a Chines herb [J]. Food Chemistry, 2001(73): 299-305.
[19] NAKATANI N, IANTANI R. A new diterpene lactone, rosmadial, from rosemary (*Rosmarnus officinalis* L.) [J]. Agricuture and Biological Chemistry, 1983(47): 353-358.
[20] 朱路平,向诚,庄文平,等.甘西鼠尾草化学成分研究[J].天然产物研究与开发,2013(25):785-788.
[21] 袁瑞瑛,卓玛东智,韦玉璐,等.迷迭香中2个新松香烷型二萜化合物[J].中草药,2019(50):4853-4858.
[22] CUI L, KIM MO, SEO JH, et al. Abietane diterpenoids of *Rosmarinus officinalis* and their diacylglycerol acyltransferase-inhibitory activity [J]. Food Chemistry, 2012(132): 1775-1780.
[23] MAHMOUD AA, AL-SHIHRY SS, SON BW. Diterpenoid quinones from rosemary (*Rosmarinus officinalis* L.) [J]. Phytochemistry, 2005(66): 1685-1690.
[24] MUÑOZ MA, PEREZ-HERNANDEZ N, PERTINO MW, et al. Absolute configuration and 1H NMR characterization of rosmaridiphenol diacetate [J]. Journal of Natural Products, 2012(75): 779-783.
[25] MAJETICH G, ZOU G. Total synthesis of (-)-barbatusol, (+)-demethylsalvicanol, (-)-brussonol, and (+)-grandione [J]. Organic Letters, 2008(10): 81-83.
[26] CANTRELL CL, RICHHEIMER SL, NICHOLAS GM, et al. seco-Hinokiol, a new abietane Diterpenoid from *Rosmarinus officinalis* [J]. Journal of Natural Products, 2005(68): 98-100.
[27] ZHANG Y, ADELAKUN TA, QU L, et al. New terpenoid glycosides obtained from *Rosmarinus officinalis* L. [J]. aerial parts. Fitoterapia, 2014(99): 78-85.
[28] ALTINIER G, SOSA S, AQUINO RP, et al. Characterization of topical antiinflammatory compounds in *Rosmarinus officinalis* [J]. Journal of Agricultural and Food Chemistry, 2007(55): 1718-1723.
[29] OKAMURA N, HARAGUCHI H, HASHLMOTOT K, et al. Flavonoids in *Rosmarinus officinalis* leaves [J]. Phytwhmtiry, 1994(37): 1463-1466.
[30] BAI N, HE K, ROLLER M, et al. Flavonoids and phenolic compounds from *Rosmarinus officinalis* [J]. Journal of Agricultural and Food Chemistry, 2010(58): 5363-5367.
[31] 韩宏星,宋志宏,屠鹏飞.迷迭香水溶性成分研究[J].中草药,2001(32):877-878.
[32] Adelakun TA,李晓霞,瞿璐,等.卢旺达产迷迭香化学成分研究 I [J].热带亚热带植物学报,2015(23):310-316.

第七章　迷迭香药理学

迷迭香(*Rosmarinus officinalis* L.)是全球许多地方种植的常见家庭植物，广泛用于调味食品、饮料和化妆品。迷迭香也是一种药用植物，民间将迷迭香作为解痉、镇痛、抗风湿、利尿和抗癫痫药应用。迷迭香丰富的化学成分具有广泛的药理作用，主要含有酸酚类、黄酮类、萜类与精油类化合物等成分。其中鼠尾草酸表现出的神经保护、抗炎、抗肥胖、抗病毒、抗氧化、抑菌、抗肿瘤、抗抑郁等广泛的药理活性，对于药物的研发以及临床应用有良好的前景。迷迭香中最重要的成分是咖啡酸及其衍生物如迷迭香酸，在治疗或预防支气管哮喘、痉挛性疾病、消化性溃疡、炎症性疾病、肝毒性、动脉粥样硬化、缺血性心脏病、白内障、肿瘤和精子活性差等方面具有潜在的治疗价值。

第一节・调节机体代谢水平

代谢综合征(metabolic syndrome)是一种由肥胖引起的常见的代谢紊乱，具有多种机体代谢异常状态，如血脂异常、高血糖、高血压、胰岛素抵抗和内脏肥胖、炎症等。代谢综合征本身并不是一种疾病，而是一组风险因素，这些风险因素会增加罹患糖尿病、脑卒中和心血管疾病的风险。代谢综合征患者可通过改变生活方式预防，以减少肥胖和增加体育活动，以及使用辅助药物或其他手段进行治疗。近年来，人们越来越关注在疾病的预防和治疗中使用植物和天然化合物。迷迭香是一种富含酚类化学物质的植物，具有显著的抗氧化、抗炎、降血糖、降血脂、抗动脉粥样硬化、抗血栓形成、保护肝脏和降胆固醇作用。迷迭香及其活性化合物在体内外对代谢综合征有较好的作用，在有效调节机体的代谢水平，促进脂质代谢和提高耐缺氧能力方面的功效有很好的发展前景。

一、调节脂质代谢

脂质代谢异常是脂类物质在体内合成、分解、消化、吸收、转运发生异常，使各组织中脂质过多或过少，从而影响身体机能状况。血液中主要脂质包括胆固醇(cholesterol)、三酰甘油(triacylglycerol, TAG)、磷脂(phospholipid, PL)和游离脂肪酸(free fatty acid, FFA)。高血脂症，是因人体内脂质代谢或转运异常，导致血液中的胆固醇、三酰甘油或其他相关脂蛋白升高、高密度脂蛋白降低，是诱发脑卒中、冠心病和心肌梗死等多种心脑血管疾病发生的危险因素之一。迷迭香富含黄酮类、萜类（熊果酸和白桦酸）、酚酸类（迷迭香酸和鼠尾草酸）和精油类化合物，具有良好的降血脂作用。黄酮类化合物降脂的作用机制与清除自由基、抑制脂质过氧化有关；萜类可通过抑制胆固醇合成进行降脂。迷迭香其他的活性成分也可通过提高酶的活性、促进胆固醇向胆酸的转化，促进脂类排泄而起到降脂作用。

1. 迷迭香提取物・高胆固醇血症是一种以高密度脂蛋白胆固醇（high-density lipoprotein cholesterol，HDL-Ch）和低密度脂蛋白胆固醇（low-density lipoprotein cholesterol，LDL-Ch）水平为特征的代谢紊乱，是发生动脉粥样硬化及其并发症、急性心肌梗死、高血压等心血管疾病的危险因素。迷迭香提取物可显著降低高脂饮食（hight fat，HF）诱导的小鼠体重增加、脂肪百分比、血浆 ALT、AST、葡萄糖、胰岛素水平、肝脏重量、肝三酰甘油和游离脂肪酸水平。与 HF 组小鼠相比，迷迭香提取物还降低血浆和肝脏丙二醛，晚期糖基化终产物（advanced glycation end products，AGEs）以及 AGE 受体（RAGE）的肝表达水平，减少肝细胞脂质蓄积。此外，迷迭香提取物可抑制脂质吸收、增强粪便脂质排泄，并增加肝脏 GSH/GSSG 比，具有抗氧化活性，提示迷迭香是减少肥胖和代谢综合征风险的潜在饮食药物。

AMP 活化蛋白激酶（AMP-activated protein kinase，AMPK）在乳清酸（orotic acid，OA）诱导的脂质代谢紊乱中起交互作用，是能量状态的关键感受器，可作为治疗代谢综合征的靶向蛋白激酶。类固醇调节元件结合蛋白（SREBP-1c）是在脂质合成的关键膜结合转录因子。在肝脏中，SREBP-1c 蛋白从内质网转运到高尔基体，然后通过蛋白水解作用裂解并靶向于细胞核，在那里刺激脂质生物合成相关基因的转录。SREBP-1c 部分由 AMPK 调控，AMPK 的激活通过磷酸化 Ser372 位点，抑制 SREBP-1c 裂解和核易位，减少丙二酰辅酶 A、降低乙酰辅酶 A 羧化酶（Acetyl-CoA Carboxylase，ACC）的活性，增加脂肪酸的氧化、减少三酰甘油的合成。在乳清酸诱导的 NAFLD 模型大鼠中，迷迭香乙醇提取物、RA 和鼠尾草酸（carnosic acid，CA）可显著降低肝三酰甘油（TAG）、总胆固醇（total cholesterol，TC）和游离脂肪酸（free fatty acid，FFA）的含量，改善肝细胞肥大、空泡化和细胞坏死。RA 通过激活 AMPK 上游激酶 CaMKK 激活 AMPK 磷酸化，进而通过增强 Ser372 磷酸化抑制 SREBP-1c 裂解进入细胞核，从而减弱脂质生物合成。类似的，迷迭香石油醚提取物可降低高脂饮食诱导肥胖的小鼠肝细胞中总 SREBPs 的核丰度，而且抑制其活性，导致 SREBP-1c 和 SREBP-2 靶基因的表达均降低，从而降低肝细胞的总甘油三酸酯和胆固醇含量及棕色脂肪组织和白色脂肪组织中的脂质含量。迷迭香石油醚提取物还可降低血液中的 TAG、TC、ALT、葡萄糖和胰岛素，并改善葡萄糖耐量和胰岛素敏感性。迷迭香石油醚提取物具有通过抑制 SREBPs 活性改善脂质代谢的潜力。

口服迷迭香精油可显著降低高脂饲料诱导的大鼠肝内脂肪沉积、炎性浸润和单纯性脂肪变性，降低血液中 TAG、TC、LDL-Ch 和 HDL-Ch 水平。其他研究证明迷迭香精油降低脂质水平是由于减少对膳食脂肪的吸收并增加粪便脂肪的排泄。脂质谱的降低是由于迷迭香油中含有 α-蒎烯、樟脑、桉树脑、冰片。提示迷迭香精油在预防心血管疾病方面很有前景。

2. 鼠尾草酸・过量的能量供应会加速肝脏 TAG 的积累，这与肥胖引起的代谢紊乱（包括血脂异常和高胰岛素血症）密切相关。CA 和鼠尾草酚（carnosol salviol，CS）能抑制 3T3-L1 前脂肪细胞向脂肪细胞的分化，显著激活 ARE 并诱导与谷胱甘肽（glutathione，GSH）代谢有关的 2 相酶（Gsta2，Gclc，Abcc4 和 Abcc1），刺激 GSH 代谢可能是抑制 3T3-L1 脂肪前体细胞中脂肪细胞分化的关键步骤，CA和CS可能是对抗肥胖相关疾病的潜在药物。与正常饮食相比，0.02%（*w*/*w*）的CA饮食可有效降低体重、肝脏重量和血液TAG和CT水平，并改善葡萄糖耐量、减少肝TAG的积累和血清炎性介质。CA可降低动物肝脏脂肪相关基因（*L-FABP*，*SCD*1和*FAS*）表达、升高脂肪分解相关基因（*CPT*1）表达。这些结果表明，CA是一种有效的抗肥胖剂，可调节C57BL/6J-ob/ob小鼠的脂肪酸代谢。

以摄食量过多和极度肥胖（ob/ob）为特征的小鼠喂食含CA的饲料，能有效降低体重、肝脏重量、TAG和TC水平，明显降低肝脏TAG蓄积，并呈剂量依赖关系；CA还能有效抑制ob/ob小鼠血清炎性细胞因子和趋化因子水平，改善油酸和硬脂酸比例。CA降脂的机制涉及通过调节脂质合成和降解的相关基因（*L-FABP*、*SCD*1、*FAS*和*CPT*1）表达来发挥抗脂肪生成活性。此外，CA通过激活EGFR/MAPK级联反应，抑制肝细胞内脂质堆积，从而诱导肝过氧化物酶体增殖物激活受体γ（PPARγ）表达减少。

利用高脂高胆固醇膳食复制高血脂小鼠模型，在给予迷迭香提取物6周后，小鼠肝脏中的胆固醇含量显著降低。该作用与抑制肝脏中的胆固醇合成限速酶3-羟基-3-甲基戊二酸单酰辅酶A还原酶（HMG-CoA还原酶）mRNA的表达水平、升高胆汁酸合成限速酶7α羟化酶（CYP7A1）mRNA表达水平有关。提示迷迭香提取物降血脂是通过抑制胆固醇的内源性合成并且增强胆固醇向胆汁酸的转化而实现。

迷迭香的降血脂作用，使其可作为预防和治疗心脑血管疾病的候选物，如：高脂血症、冠心病、原发性高血压、心绞痛、动脉粥样硬化和缺血性脑卒中。

二、降血糖

高血糖是指因机体胰岛素分泌缺陷和/或生物作用受损引起的患者血糖值长期持续超出正常水平。长期高血糖可导致免疫力降低，对眼、肾、心脏和血管引起慢性损伤、功能障碍，慢性高血糖与糖尿病及其并发症的发生发展密切相关。糖尿病是因胰岛素绝对缺乏（1型糖尿病）、或胰岛素相对缺乏以及胰岛素抵抗（2型糖尿病）引起的血糖水平过高的代谢性疾病。糖尿病可引起多种并发症，影响患者的生活质量，如：视网膜病变、肾病、神经病变和心血管疾病。

1. 迷迭香酸·在糖尿病的早期治疗中，血糖水平的控制非常重要，尤其是餐后血糖，以减少慢性血管并发症。迷迭香酸是α-葡萄糖苷酶抑制剂，其性能可与阿卡波糖（一种抗糖尿病药物，抑制小肠管腔内胰酶-淀粉酶和小肠刷状边缘的胰酶-糖苷酶，延缓葡萄糖的吸收速度）媲美。迷迭香酸也是二肽基肽酶-4（DPP-4）的有效抑制剂，DPP-4是一种丝氨酸蛋白酶，可降解胰高血糖素样肽。单独使用或与其他抗糖尿病药物联合使用可抑制DPP-4，降低高血糖和血红蛋白A1C水平。

AMPK是一种丝氨酸/苏氨酸激酶，通过抑制肝脏糖异生作用促进肌肉葡萄糖摄取和代谢，某些化合物如二甲双胍、噻唑烷酮和多酚可激活AMPK，增加肌肉组织的葡萄糖摄取。因此，AMPK激活剂，特别是迷迭香酸已被确定为治疗2型糖尿病的一种有前景的化合物。迷迭香酸在动物模型中可以改善胰岛素敏感性和葡萄糖摄取。迷迭香酸可以改善糖尿病患者的肝脏和具有胰岛素抵抗特性的$HepG_2$细胞的胰岛素敏感性，并通过AMPK途径减少糖异生并调节葡萄糖摄取来预防肝脏损伤。通过激活AMPK，迷迭香酸可增加胰岛素抵抗大鼠骨骼肌和L6骨骼肌细胞中参与线粒体生物发生的关键基因PGC-1、SIRT-1和TFAM的表达。此外，RA可增加葡萄糖摄取，降低丝氨酸IRS-1的磷酸化，同时增加了GLUT-4的易位。提示迷迭香酸可以通过增强线粒体的生物生成，显著抑制骨骼肌细胞的胰岛素抵抗。迷迭香酸通过Glut2易位刺激葡萄糖摄取，降低胰岛素受体底物（IRS-1）的丝氨酸磷酸化，从而恢复肝细胞和 $HepG_2$ 细胞的功能；再通过对钠-葡萄糖协同转运蛋白转运至肠刷缘膜进行调节，从而降低血糖。

通过高脂高糖饲料诱导加链脲佐菌素（STZ）腹腔注射建立 2 型糖尿病小鼠模型，迷迭香提取物可改善小鼠体重减轻、精神萎靡、饮食、饮水量增多的症状，抑制肝肥大、减轻高血糖引起的肾萎缩；同时，迷迭香提取物还可改善小鼠糖耐量、降低糖尿病小鼠空腹血糖值及糖化血清蛋白 GSP 含量，提示迷迭香提取物具有一定的降血糖效果。与此同时，迷迭香提取物也可降低小鼠血清中丙氨酸氨基转移酶（ALT）及天门冬氨酸氨基转移酶（AST）的活力，并且降低肌酐（creatinine，Cr）及尿素氮（blood urea nitrogen，BUN）的含量，表明迷迭香提取物对糖尿病小鼠的肝肾均具有一定的保护作用，还能预防相关并发症的发生。

2. 鼠尾草酸・糖尿病肾病（Diabetic Nephropathy，DN）是糖尿病最严重的并发症之一，是终末期肾病发作和死亡的主要原因。鼠尾草酸（CA）在高糖条件下对小鼠肾小球系膜细胞（MGMCs）具有抗氧化作用；经过 14 周的 CA 治疗，小鼠的摄水量和尿量减少，糖尿病诱导的蛋白尿减轻，尿肌酐升高，同时改善了糖尿病小鼠（db/db 小鼠）的肾小球硬化和系膜扩张；此作用与高糖条件下，CA 激活 NRF2 抑制 NF-κB 通路、调控相关下游基因密切相关。同样，口服 20 周的 CA 改善了 STZ 诱导的 db/db 小鼠的肾脏损害，与 CA 抑制促纤维化因子 TGF-β1、纤维连接蛋白和 E-cadherin 的表达有关。CA 与厄贝沙坦相比，降糖效果更好，且在肾脏中，CA 还能降低血纤维蛋白（fibrin，FN）和 E-cadherin 的表达。

CA 给予 ob/ob 小鼠 4 周后进行糖耐量试验（IGTT）。CA 组动物注射葡萄糖后的平均血糖浓度、小鼠血糖曲线下面积（AUG）和小鼠血清胰岛素浓度均降低，这表明 CA 饮食改善了肥胖小鼠的糖耐量和高胰岛素血症，有效改善了糖脂代谢紊乱。

3. 其他成分・富含高酚化合物的迷迭香提取物（50 mg/kg）具有显著的抗糖尿病作用，并可降低糖化血红蛋白的百分比。Ullevig 等评估熊果酸（UA）在高脂饮食喂养的低密度脂蛋白受体缺乏小鼠（结合 STZ 诱导的动脉粥样硬化）中潜在的抗动脉粥样硬化作用，并在人单核巨噬细胞（THP-1）单核细胞体外模型中进行评估。结果表明，膳食中添加 UA 可以降低糖尿病小鼠的死亡率（90%）和血糖，抑制主动脉弓动脉粥样硬化病变的形成，减少促炎因子糖皮质激素受体（—1）的表达、对抑制 THP-1 植入到糖尿病小鼠中装载单核细胞趋化蛋白-1（Monocyte chemotactic protein-1，MCP-1）的基质凝胶塞中也有显著作用。氧化应激状态下的 THP-1 模拟了糖尿病小鼠血液单核细胞的行为，表现出对 MCP-1 的增强反应，但不改变 MCP-1 受体（CCR2）的表面表达。提示 UA 是单核细胞功能障碍的有效抑制剂，可降低血糖，是一种潜在的治疗糖尿病并发症的药物。

三、改善胰岛素抵抗

胰岛素抵抗（insulin resistance，IR）是一种影响许多器官和胰岛素调节途径的系统性疾病。该疾病的特征是胰岛素浓度增加（高胰岛素血症），但敏感性降低（即作用减弱）。胰岛素抵抗已被证实发生在典型的胰岛素反应器官（肝脏、骨骼肌和白色脂肪组织），特别是与肥胖、心血管功能障碍和代谢综合征有关，是大多数诱发代谢综合征的潜在机制。胰岛素对肾脏和血管的作用与传统的胰岛素靶器官的作用有所不同。胰岛素通过激活磷脂酰肌醇 3-激酶（PI3-K）途径增强内皮一氧化氮的生成，从而引起血管舒张。在胰岛素抵抗状态下，这一途径受损，丝裂原活化蛋白激酶（MAPK）途径刺激血管收缩；胰岛素受体在肾小管细胞和肾小囊脏层上皮细胞上表达，胰岛素信号在肾小囊脏层上皮细胞存活和肾小管功能中起重要作用。

迷迭香酸是蛋白酪氨酸磷酸酶1B(protein tyrosine phosphatase 1B, PTP1B)的有效抑制剂，PTP1B负责逆转胰岛素受体自磷酸化，减少PTP1B的活性有助于延长胰岛素信号级联，从而增加胰岛素敏感性。迷迭香酸(100 mg/kg体重)口服30天可恢复糖尿病大鼠血糖水平，调节循环脂肪因子，表明迷迭香酸具有提高胰岛素敏感性的作用。这是由于AMPK级联激活导致糖尿病大鼠肝脏和胰岛素抵抗的 $HepG_2$ 细胞中关键糖异生酶和脂质酶表达降低所致。

脂代谢紊乱如高三酰甘油和高游离脂肪酸血症等也与胰岛素抵抗密切相关，高三酰甘油血症和高游离脂肪酸血症会加重胰岛素抵抗，运用调脂药物改善脂代谢可以减轻胰岛素抵抗。迷迭香可通过抑制胆固醇内源合成或增强胆固醇向胆汁酸的转化而实现调节脂代谢的作用，达到降低血脂的目的，从而减轻胰岛素抵抗。

四、耐缺氧

缺氧是机体组织得不到充分氧或不能利用氧的病理状态。在瘤变起主导作用的微环境因素中，缺氧被认为是与肿瘤细胞的肿瘤反应最相关的微环境因素之一；低氧环境还可妨碍细胞介导的免疫和抑制免疫反应的效力。缺氧应激通过控制血管生成，促进免疫抑制和肿瘤抵抗，在肿瘤促进和免疫逃避中发挥着重要作用。

迷迭香提取物是一种公认的高效抗氧化剂，但对其耐缺氧研究却很少见。缺氧会导致机体氧自由基的堆积，造成强烈的脂质过氧化反应。通过小鼠常压耐缺氧实验、急性脑缺血缺氧存活时间实验和亚硝酸钠中毒存活时间等实验，发现迷迭香提取物能够明显提高小鼠的常压耐缺氧时间、延长小鼠急性脑缺血缺氧存活时间和亚硝酸钠中毒后存活时间，且能够显著降低运动后小鼠血清中的乳酸含量。提示迷迭香提取物具有提高耐缺氧能力的作用。

耐缺氧机制可能与迷迭香提取物中含有的抗氧化组分有关，如：迷迭香酚、迷迭香酸和鼠尾草酸等，这些活性成分能够增强小鼠的抗应激能力，并调节体内各种代谢酶的活性，降低耗氧量，清除自由基，增加抗氧化酶活性来实现其耐缺氧作用，但其具体作用机制和活性成分还有待研究。迷迭香的耐缺氧作用，在预防和治疗缺血性脑卒中、心肌梗死等方面具有很好的前景。

代谢综合征是增加心血管疾病(CVD)和2型糖尿病的风险。迷迭香分离的酚类化合物中，迷迭香酸和鼠尾草酸具有主要的药理作用，包括降血脂、降血糖、改善胰岛素抵抗和耐缺氧，与代谢综合征发病机制中涉及的多个分子靶点相互作用。其他的提取物(如：迷迭香酚、鼠尾草酚等)也可改善胰岛素分泌和反应，对糖尿病、肥胖、心血管疾病和代谢综合征整体发挥有益作用，还能抑制糖质新生、降低脂质合成、诱导脂解，以及抗高脂血症、低血压和抗动脉粥样硬化作用。

第二节 · 免疫调节及抗氧化、延缓衰老

一、增强免疫功能

免疫是指机体免疫系统识别自身与异己物质，并通过免疫应答排除抗原性异物，以维持机体生理平衡的功能，分为特异性免疫和非特异性免疫。免疫功能是机体的一种防御机制，是人体识别和消灭外来异物(细菌、病毒等)、处理衰老、损伤和死亡的自体细胞和体内突变细胞的能力。免疫系统也存在老化，称为免疫衰老，会引起感

染、自身免疫性疾病、肿瘤的发病率和死亡率增加，以及老年人免疫接种的低效性。免疫衰老的特征是细胞介导的免疫功能下降，以及由先天免疫系统引起的年龄相关变化和年龄依赖性T细胞和B细胞功能缺陷引起的体液免疫反应减少。增强免疫功能是指通过一定手段使自身免疫力加强。增强免疫的方法有很多，例如接种疫苗是抵御传染性疾病的一种积极措施，还有适当的接触传染原产生抗体、形成免疫记忆也是一种增强免疫的方法。通过饮食和药物来增强自身抵抗力，也可达到增强免疫的目的。现代研究发现，迷迭香对机体的免疫功能均具有调节作用。

Lck是一种蛋白酪氨酸激酶(protein tyrosine kinase, PTK)，主要存在于T细胞和NK细胞中，是细胞介导的T细胞激活、成熟和增殖信号的关键分子。Lck参与T细胞发育，Lck基因的破坏或显性阴性Lck转基因在小鼠中的过表达会导致CD4和CD8双阴性期胸腺细胞发育停滞。RA在细胞膜上T细胞受体附近的位点抑制相关细胞因子的激活，进一步抑制细胞信号传导和随后的T细胞增殖，该效应具有淋巴细胞特异性蛋白质络氨酸激酶(p56 Lck)依赖性。这些特征可用于开发治疗T细胞介导的免疫疾病的药物。

断奶期雄性SD大鼠饲喂含迷迭香提取物酪蛋白饲料8周后，采用脾脏细胞的有丝分裂反应评价免疫功能，结果提示，RA对脾单核细胞的促有丝分裂刺激没有影响，可能没有普遍的免疫增强作用，但可能在某些应激条件下有效，如蛋白质或抗氧化剂缺乏。

二、抗氧化、延缓衰老

氧化损伤是衰老过程的标志之一，与衰老相关的疾病(例如阿尔茨海默病)的神经元功能障碍很大程度上是由氧化应激所介导的。导致氧化应激的自由基是造成衰老的主要原因。衰老及其相关疾病是自由基对细胞分子造成损害以及内源性抗氧化剂无法抵消这些变化的结果。氧化应激导致线粒体，膜脂肪酸组成，蛋白质氧化和炎症的改变。生物体内活性氧(ROS)是细胞代谢的副产物，过量的ROS会对蛋白质、脂质和DNA造成随机损伤，最终导致肿瘤、衰老和许多慢性疾病。ROS对DNA、蛋白质和其他大分子的氧化损伤也会随着年龄的增长而积累，是导致衰老的主要的内源性损伤类型。与衰老相关的退行性疾病包括肿瘤、心血管疾病、免疫系统衰退、大脑功能障碍和白内障，衰老过程中体细胞的功能性退化，在很大程度上是导致这些疾病的原因。抗氧化剂能够减少、中和ROS，对减缓或预防与衰老自然相关的认知能力下降的自然干预措施至关重要。目前现迷迭香对ROS相关的氧化过程具有抑制作用，迷迭香提取物能有效延缓果蝇摄食高脂食物导致的氧化损伤。

1. 迷迭香酸·RA是一种良好的抗氧化剂，可通过增强细胞内抗氧化能力和改变应激基因的表达，对超热诱导的C2C12肌细胞凋亡和损伤具有保护作用。加速衰老的SAMP8小鼠模型给予迷迭香酸和鼠尾草酸90天后，可改善小鼠学习记忆能力，进一步分析发现大脑皮层中的4-羟基壬烯醛(HNE)降低、海马中的蛋白质羰基减少。结果表明，迷迭香提取物对SAMP8小鼠学习和记忆以及脑组织中随年龄增长的氧化过程具有有益作用。

RA因其抗氧化潜能可保护高脂饮食和链脲佐菌素诱导的糖尿病大鼠胰腺细胞凋亡和葡萄糖中毒介导的氧化应激。持续的高血糖状态会引起自由基生成的增加，导致蛋白糖基化和葡萄糖自身氧化；ROS还会导致脑部慢性并发症的发生。RA可通过防止脂质过氧化、增加STZ诱导的糖尿病大鼠脑内乙酰胆碱酯酶的活性，从而减轻糖尿病氧化性引起的脑损伤。RA显著的抗氧化作用，对糖尿病性肾小球恶化和肾病也具有保护作用。糖尿病肾病的发病机制包括蛋白激酶C的激活、细胞因子如胰岛素样生长因子-1(insulin-like growth factor, IGF-1)的增加、

TGF-β增加、肾素血管紧张素系统和氧化应激通路的激活等。抗氧化治疗是预防和控制糖尿病肾病进展的重要治疗手段。RA给予四氧嘧啶诱导的糖尿病大鼠8周后,与对照组相比,可显著抑制肾小球肥大和肾小球硬化,并维持肾小球数量。RA还通过抑制血清丙二醛、血清肌酐和血清尿素的升高而抑制脂质过氧化,发挥肾保护作用。

2. *鼠尾草酸* · 迷迭香含有两种酚类二萜,即CA和CS,它们通过清除ROS或抑制脂质氧化的机制,对氧化应激提供保护,具有抗氧化和抗炎活性。CA的抗氧化活性与邻苯二酚结构有关。CA可以防止人主动脉内皮细胞的低密度脂蛋白氧化和脂质氢过氧化物介导的caco-2细胞的氧化应激;抑制大鼠肝微粒体和OX83脑磷脂脂质体的脂质过氧化作用。CA还是一种ROS清除剂,可以清除氧化应激产生的ROS、单线态氧(一种被激发的氧)和自由基。

3. *鼠尾草酚* · CS具有抗炎、抗肿瘤、抗菌和抗氧化的作用。在抗氧化活性方面,CS比维生素C和维生素E具有更强的清除羟基自由基和保护DNA的作用。CS对脂质过氧化有抑制作用,对小鼠肝脏中的抗氧化酶有促进作用。

鼠尾草酚处理结肠癌细胞HCT116和SW480,发现鼠尾草酚可调节PERK并增加Nrf2核易位,上调Nrf2的下游效应分子sestrin-2。因此,鼠尾草酚可调节PERK和Nrf2途径,并增强应激诱导的抗氧化剂sestrin-2的表达。CS可以降低秀丽隐杆线虫在正常和氧化条件下的ROS积累。百草枯是一种氧化应激源,能够通过线粒体抑制诱导ROS生成。结果发现不管百草枯是否存在,用CS处理的线虫ROS积累减少。因此,在正常和氧化应激条件下,CS在体内均表现出强烈的ROS衰减效果。研究还发现,与对照组相比,CS处理的虫体不仅生存曲线有显著差异,也显示出平均寿命显著增加19%,最大寿命可增加26%。在氧化应激条件下,寿命显著增加21%。此外,添加热应力下,CS线虫的生存增加了9%。据此表明,CS在正常和应激条件下,均能显著提高存活率、延长寿命,同时,还可改善线虫的行动能力、提供神经保护、减少年龄色素积累。CS的抗氧化活性和抗应激能力主要是通过上调抗氧化酶基因(*SOD-3*、*SOD-5*)和抗应激(*HSF-1*)基因的表达来增强,同时激活下游*HSP-16.1*和*HSP-16.2*基因的表达,达到抗氧化、延长寿命的目的。

4. *迷迭香精油* · 肝脏在代谢、运输和清除外来生物药物方面起着核心作用,化学诱导的肝毒性病理生理机制尚不完全清楚,但主要与外源生物代谢转化为ROS有关,ROS可诱导氧化应激并损伤细胞大分子,氧化应激是内源性ROS产生和抗氧化系统活性之间的失衡的重要因素之一。

迷迭香强大的抗氧化特性主要归因于其二萜、RA、CA及迷迭香精油(rosemary essential oil, REO)成分。REO主要由1,8-桉油,樟脑和α-蒎烯等单萜类物质组成,具有抗氧化和抗菌活性。REO对预防CCl4诱导的大鼠肝毒性具有有益作用,DPPH测定显示REO具有清除自由基的活性,可通过限制脂质过氧化和细胞膜损伤、激活生理防御机制来介导其肝保护作用。从迷迭香中分离出来的精油除了具有抗氧化剂的作用外,还具有多种保健和治疗作用。REO可用于治疗消化不良和轻度胃肠痉挛紊乱,同时作为缓解轻度肌肉和关节疼痛以及轻度外周循环紊乱的辅助药物。

5. *其他成分* · LDL-Ch和HDL-Ch的糖基化和氧化在糖尿病动脉粥样硬化的病理生理中起重要作用。有研究结果表明,迷迭香水提物可抑制载脂蛋白A-I(HDL-Ch的主要蛋白质成分)的糖化和LDL-Ch氧化,具有抗氧化和良好的自由基清除活性。在生化实验中,富含酚类化合物(RA、迷迭香酚、CA)的迷迭香水溶液提取物和甲醇提取物具有较高的抗氧化、清除自由基和抗脂质过氧化作用。

迷迭香的抗氧化性能可被用于防止脂肪、富

含油脂的食物、乳制品、糖果和烘焙食品的氧化；作为民间药物，还可被用于治疗许多疾病，如头痛、风湿性疼痛和胃痛；迷迭香提取物或化合物在预防和治疗神经退行性疾病方面很有前景，还具有改善记忆的能力；也可制成精油或加入护肤品中，延缓皮肤衰老。

第三节·对中枢神经系统的影响

中枢神经系统是调节某一特定生理功能的神经元群，调控、支配身体各项活动，同时也是维持生命体征的重要脏器系统。常见的中枢神经系统疾病包括脑卒中、脑损伤等一系列中枢神经外伤性疾病；阿尔茨海默病、帕金森病、亨廷顿病和多发性硬化症等神经退行性病变；以及抑郁症、焦虑症等精神疾病。这些疾病都有着治愈率低、预后差等特点。寻找有效预防或治疗药物，改善患者预后、提高生活质量、延长患者生存期，仍是目前亟待解决的问题。研究发现迷迭香对神经系统疾病有不同程度的作用。

一、神经保护

神经退行性病变大多以老年人神经元及神经细胞的异常死亡为主要病因。常见的神经退行性病主要包括：肌萎缩性侧索硬化症（amyotrophic lateral sclerosis），帕金森病（Parkinson's disease, PD）和阿尔茨海默病（Alzheimer's disease, AD）等，临床上以预防或减慢受影响大脑区域中神经元的死亡或凋亡为主。引起神经退行性疾病的基础病因包括炎症、蛋白折叠错误、线粒体功能障碍、氧化应激、亚硝化应激、细胞凋亡和兴奋性毒性等。这些病因是导致受影响大脑区域中神经元死亡的关键因素；同时也是保护神经元、治疗神经退行性疾病的靶点。迷迭香主要含迷迭香酸（rosmarinicacid, RA）、迷迭香酚（rosmanol）以及鼠尾草酸（carnosic acid, CA）、鼠尾草酚（carnosol, CS）等化合物。这几种不同的化合物有显著的抗氧化活性，在神经退行性疾病中均表现出神经保护作用。其中RA具有抗氧化、抗炎、抗病毒、抗血管生成以及保护神经等作用。CA具有抗氧化、抗炎和保护神经作用。CS具有抗炎、抗氧化、抗肿瘤等作用。

1. 迷迭香酸·RA对 H_2O_2 诱导的SH-SY5Y细胞损伤具有保护作用，能减少细胞凋亡。其机制为降低 H_2O_2 诱导的活性氧（reactive oxygen species, ROS）生成、抑制Bax上调和B淋巴细胞瘤-2（B-cell lymphoma-2, Bcl-2）下调，并通过蛋白激酶A（protein kinase A, PKA）和磷脂酰肌醇3激酶（phosphatklylinositol 3-kinase, PI3K）信号通路刺激抗氧化酶血红素加氧酶-1（heme oxygenase-1, HO-1）的生成，从而调节细胞凋亡过程，保护氧化应激条件下的神经细胞。RA也可抑制 H_2O_2 诱导的N2A小鼠神经母细胞瘤细胞毒性，显著减弱乳酸脱氢酶、线粒体膜电位和细胞内ROS的破坏，促进酪氨酸羟化酶（tyrosine hydroxylase, TH）和脑源性神经营养因子（brain-derived neurotrophic factor, BDNF）基因的上调，从而对抗 H_2O_2 诱导的N2A细胞毒性。RA（1 μg/ml、10 μg/ml或100 μg/ml）可增加用AP5（10 μmol/L）、CNQX（10 μmol/L）、niflumic acid（100 μmol/L）和东莨菪碱（300 μmol/L）等离子通道阻断剂处理大鼠海马切片（organotypic hippocampal slice cultures, OHSCs）高频刺激后的长时程增强（long-term potentiation, LTP）。RA还可促进BDNF和GluR-2蛋白表达，提高东莨菪碱刺激后的OHSCs细胞存活率。提示RA可以通过调节谷氨酸能信号通路来增强神经可塑性，并降低胆碱能活性从而发挥神经保护作用。在小鼠缺血性卒中模型中，RA具有很好的改善神经功能损伤、降低梗塞面积和细胞凋亡的作用。其机制是通过激活 PI3K/Akt 信号通路上调 Nrf2 蛋白和 mRNA 及 HO-1 的表达，上调 Bcl-2 蛋白和 mRNA 的表达及超氧化物歧化酶(SOD)活性；同时降低 Bax 蛋白和 mRNA 的表达；并降低模型小鼠缺血性脑组织中的丙二醛水平。以上研究提示 RA 对 CNS 具有神经保护作用。

2. *鼠尾草酸* · CA 通过激活 Keap1/Nrf2 途径保护 H_2O_2 诱导损伤的皮层神经元，其神经保护作用同时需要有亲水性的游离羧酸和邻苯二酚羟基结构，加强 CA 的亲水性可能是其神经保护作用的关键切入点。CA 对 H_2O_2 诱导小鼠神经元损伤具有保护作用，细胞活性增强，LDH 漏出量及 MDA 的生成减少，SOD 活性增强，caspase-3 mRNA 表达显著下调。CA 在体内减少实验动物脑缺血/再灌注的梗死体积；在体外保护缺氧诱导的 PC12 细胞损伤，增强细胞活力，抑制乳酸脱氢酶(LDH)的释放，清除 ROS，增加 SOD 活性，并减少 Ca^{2+} 的释放、脂质过氧化和前列腺素 E2 的产生。此外，CA 还可减少活化的 BV-2 小胶质细胞中 NO、IL-1 和 IL-6 的产生。进一步研究了其对缺氧诱导的丝裂原活化蛋白激酶(MAPKs)信号通路和 caspase-3 的影响。CA 对缺氧状态下神经元的保护作用与通过抗炎和抗氧化作用抑制 MAPKs、caspase-3 和 COX-2 的激活，减少 ROS 和 NO 有关。CA 是一种 Nrf2 诱导剂，在缺氧/复氧诱导人星形胶质细胞损伤模型中，依达拉奉和 CA 可协同增强神经生长因子(NGF)表达，这种协同作用与 JNK(c-Jun N 末端激酶)依赖的 Nrf2 积累(由 CA 诱导)和 MEK 依赖途径(由依达拉奉诱导)有关。依达拉奉和 CA 联合使用可能具有治疗脑损伤，特别是缺血/再灌注损伤的治疗潜力。

3. *其他成分* · 采用 Lashley-Ⅲ 水迷宫和嗅觉辨识记忆实验等行为学方法测定迷迭香精油吸嗅对 C57BL/6 鼠的空间学习记忆和嗅觉辨识记忆的影响，并对其机制进行研究。结果显示，迷迭香精油通过嗅觉途径改善小鼠学习记忆能力，可能与海马 CA1 区乙酰胆碱酯酶和谷氨酸受体 1 的变化有关。采用改良的双侧颈总动脉结扎法建立血管性痴呆(vascular dementia, VD)大鼠模型，观察迷迭香精油吸嗅后血管性痴呆大鼠学习记忆功能的改善情况，并通过免疫组化法检测海马内五羟色胺(5-HT)和 γ-氨基丁酸(GABA)含量的变化情况，结果显示迷迭香精油可能通过增加海马内 5-HT 和 GABA 的含量，改善 VD 模型大鼠的学习记忆能力。

二、抗抑郁

抑郁症是全世界范围内严重致残的疾病，在引起的全球负担的精神类疾病占有很大比例。重度抑郁症(major depressive disorder, MDD)的特征表现为深度悲伤、精力减少、中枢神经系统功能失调、认知功能障碍、自杀倾向等。目前临床上应用的抗抑郁药疗效差同时不良反应多，仍需寻找有效的抑郁症治疗药物。迷迭香的主要提取物 CA、RA 以及迷迭香酚(rosmanol)在抗抑郁方面都有好的效果，但抗抑郁的机制不同。

1. *迷迭香酸* · RA 可以改善慢性不可预见性应激(chronic unpredictable stress, CUS)抑郁模型大鼠旷场实验、强迫游泳行为学指标，具有抗抑郁样行为的作用，其机制可能是通过上调大鼠海马区星形胶质细胞中 ERK1/2 的磷酸化，促进 BDNF 释放，改善神经突触可塑性，最终发挥其抗抑郁作用。应用增殖细胞标记物 5-溴脱氧尿苷(BrdU)观察 RA 对抑郁小鼠海马齿状回新生细胞的增殖作用发现，RA 处理 7 天、14 天后，海马齿状回中新生神经细胞增殖增加，提示 RA 抗抑郁小鼠的作用机制与调节海马神经发生有关。RA 可改善动物悬尾试验、强迫游泳行为学指标，其机制是通过上调脑内酪氨酸羟化酶(tyrosine hydroxylase, TH)基因的表达，进而调节多巴胺和皮质酮，最终发挥抗抑郁作用。

2. *鼠尾草酸* · CA 能改善 CUS 大鼠抑郁样行为，其机制与增加杏仁核 5-HT、5-HIAA 和海马区 BDNF 含量，并提高杏仁核部位 5-HT 能神经兴奋性的作用有关。CA 和 RA 均可减少悬尾实验的不动时间;CA 和 RA 处理 PC12 细胞后,涉及多巴胺能、5-HT 能和 GABA 能途径的两个主要基因酪氨酸羟化酶(TH)和丙酮酸羧化酶(PC)明显上调。这些结果与降低悬尾实验的不动时间和调节多种神经递质(多巴胺,去甲肾上腺素,5-羟色胺和乙酰胆碱)以及小鼠脑中 TH, PC 和 MAPK 磷酸酶(MKP-1)的基因表达一致。

3. 其他成分 · 除了上述两个主要提取物 RA 以及 CA 外;迷迭香酚和 CS 也可以有效减轻和改善抑郁症。迷迭香酚抗抑郁和抗焦虑作用与其抗炎抗氧化作用有关。CS 的抗氧化功能可以减轻氧化应激导致的大脑损伤引起的抑郁,具有减轻抑郁和保护神经的功效。迷迭香酚、CS 可改善 ICR 小鼠的抑郁行为,在 PC12 细胞中均表现出神经营养作用,这与促分裂原激活蛋白激酶(mitogen activated protein kinase, MAPK)以及 ERK1/2 信号通路有关。

三、抗帕金森病

帕金森病(PD)又名震颤麻痹,常见于老年人发病是第二大神经退行性疾病,发病率仅次于阿尔茨海默病(AD)。其主要临床症状以静止性震颤、运动迟缓、肌强直和姿势步态障碍为主;而且在疾病的中末期还会出现抑郁、疼痛和睡眠障碍等非运动性症状。PD 还有着高致残、病程长、严重影响患者的生命和生活质量的特点。关于 PD 的发病机制提出了许多学说,包括年龄、遗传因素、环境毒素、氧化应激、炎症等在内的多种因素已被确定是与 PD 的发病主要相关因素,一些拥有抗炎抗氧化的药物也被证实具有神经保护作用以及治疗 PD 的功效,因此抗氧化和抗炎治疗对 PD 有着重大意义。

1. 迷迭香酸 · RA 能改善 1-甲基-4 苯基-1,2,3,6 四氢吡啶(MPTP)诱导的 PD 模型小鼠运动协调能力。RA 可升高 Bcl-2、Beclin-1 mRNA 和蛋白、微管相关蛋白轻链 3 Ⅰ/Ⅱ(LC3Ⅱ/Ⅰ)蛋白表达水平;降低 PI3K、Akt 和 mTOR 磷酸化水平,提示 RA 通过抑制 PI3K/Akt/mTOR 通路,促进帕金森病小鼠脑组织的细胞自噬、抑制细胞凋亡。PD 的主要病理学改变为黑质多巴胺神经元变性缺失、α-突触核蛋白(α-synuclein)聚集的路易小体形成。黑质中铁异常增高及其诱发的氧化应激反应可能是 PD 发病中的关键因素。RA 可阻断 Fe^{2+} 处理后的人神经母细胞瘤细胞 SK-N-SH 的损伤,降低线粒体跨膜电位差、升高 HO-1 的 mRNA 及蛋白表达,从而抑制铁诱导的 α-突触核蛋白的聚集,并通过 IRE/IRP 机制降低铁诱导的 α-突触核蛋白 mRNA 的表达,从而减轻高铁水平对细胞造成的损害。RA 能够保护 MPTP 诱导的小鼠神经元损伤,抑制 α-synuclein 的异常增多,还可减少神经元 ROS 水平以及抑制 caspase3 异常激活。RA 抗 PD 的作用与抑制 ROS 释放、阻止凋亡相关蛋白 caspase-3 的异常激活有关。

2. 鼠尾草酸 · CA 能够通过抑制氧化应激、线粒体功能障碍、调节凋亡等途径来保护神经元损伤,可以改善 PD 的相关症状。CA 可以使 6-羟基多巴胺(6-OHDA)处理过的 SH-SY5Y 细胞中 Parkin 和自噬相关标志物的蛋白水平升高。提示 CA 可以通过增强自噬以及抑制神经毒素释放来保护 6-OHDA 诱导的细胞凋亡。百草枯是一种除草剂,可以通过氧化还原反应介导氧化应激,使细胞产生 ROS 含量升高、GSH 含量下降、促进线粒体功能障碍和细胞凋亡。通过百草枯处理 SH-SY5Y 细胞实验,发现 CA 可通过激活 PI3K/Akt/Nrf2 通路、诱导 HO-1 表达及提高 GSH 含量、抑制 ROS 的作用,从而维持细胞活力。狄氏剂是一种阻断中枢神经系统的农药,具有诱发细胞内氧化应激导致线粒体功能紊乱、使多巴胺分泌减少以及导致细胞凋亡作用。通过狄氏剂诱导 SN4741 细胞进行实验,结果表明 CA 具有维持 BDNF 含量、抑制 caspase-3 活性、阻止细胞凋亡的作用。

3. 其他成分・鱼藤酮可以通过诱导氧化应激和破坏线粒体复合物Ⅰ而引起啮齿动物的PD症状，使用鱼酮藤诱导DA神经细胞系（SN4741）损伤，证实CS可通过下调损伤后的SN4741的caspase-3来提高细胞活力，CS还能增加酪氨酸羟化酶和细胞外信号调节激酶，表明CS对PD有很好保护细胞抗氧化、抗炎作用。C57/BL6雄性小鼠腹腔注射MPTP建立PD模型，注射迷迭香酸甲酯后，小鼠在10 min内的运行距离增加，滚筒实验的停留期增加，爬杆时间降低，悬挂能力提高，黑质区多巴胺（DA）及其代谢产物高香草酸（HVA）和3，4-二羟基苯乙酸（DOPAC）的水平升高，脑组织SOD、GSH-Px酶活性升高，而MDA水平降低，小鼠纹状体TH阳性纤维量显著升高，iNOS水平下降。提示迷迭香酸甲酯可有效抑制帕金森病小鼠黑质纹状体通路的损伤，其机制可能是通过抑制脑内氧化应激和炎性反应保护多巴胺能神经元损伤。

四、抗阿尔茨海默病

阿尔茨海默病（AD）又称老年痴呆症，是世界上第一大脑神经退行性疾病，常见于60岁以上的老年人。AD的主要病因机制是进行性神经元病变，及神经胶质增生、基底前脑海马体和皮层的离散区域中细胞内tau蛋白异常磷酸化，引起神经原纤维的沉积；同时β-淀粉样蛋白（Aβ）的细胞外斑块生成，最终出现行为改变、记忆和语言功能的丧失。目前还没有一种药物可以有效地治疗AD。研究发现迷迭香的主要化合物RA、CA、CS等可以通过改善和抑制Aβ的过度磷酸化的途径来治疗AD。

1. 迷迭香酸・RA抗AD的作用主要来基于其抗氧化作用，可有效清除自由基。RA清除自由基活性的化学结构基础是邻二酚羟基以及C3位的共轭双键。RA可抑制淀粉样蛋白肽（Aβ）的积累和淀粉样蛋白原纤维（fAβ）的形成，并且使中枢神经系统中预形成的fAβ去稳定。RA具有抵抗Aβ蛋白对PC12细胞的毒性作用，可以抑制并降低PC12细胞内Aβ蛋白诱导的活性氧形成、脂质过氧化、DNA片段化、caspase-3激活和tau蛋白过度磷酸化。RA对H_2O_2诱导人多巴胺能细胞系SH-SY5Y神经毒性具有保护作用，可显著减弱ROS生成和细胞凋亡，有效抑制Bax的上调和Bcl-2的下调。此外，RA还可通过刺激PKA/PI3K信号途径上调HO-1的表达。以上结果表明，RA可以通过调节细胞凋亡保护氧化应激诱导的SH-SY5Y细胞损伤。

2. 鼠尾草酸・CA对AD的主要作用靶点也是通过抑制Aβ保护神经细胞。Aβ诱导的SH-SY5Y细胞损伤试验证明，CA可减轻Aβ导致的细胞活力丧失；抑制Aβ和tau过度磷酸化、减少活性氧的生成、恢复线粒体功能并且激活蛋白激酶诱导的细胞自噬。神经营养蛋白例如NGF通过细胞表面神经营养蛋白受体TrkA促进神经元存活和分化。CA是一种亲电化合物，通过激活Nrf2来激活抗氧化反应元件（ARE）介导的转录。CA可强烈促进PC12h细胞的神经突生长。CA能够通过Nrf2途径激活Erk1/2、促进TrkA的表达并促进TrkA诱导P62/ZIP生成，最终激活Nrf2-P62/ZIP途径，使神经元分化、修复神经元损伤。以上结果证明，低分子天然亲电化合物对Nrf2-P62/ZIP途径的激活在TrkA介导的神经分化中起重要作用，可能代表了亲电化合物神经营养活性的常见分子机制。具有低分子量且可渗透血脑屏障、具有神经营养作用的CA可能是对抗神经退行性疾病如阿尔茨海默病的有前途的治疗药物。此外，晚期糖基化终产物（advanced glycation end products，AGEs）在AD中发挥重要作用，甲基乙二醛（methylglyoxal，MG）是使AGEs形成重要的诱导剂。CA可抑制MG对SH-SY5Y细胞的神经毒性，减轻MG诱导的氧化和亚硝化损伤，抑制线粒体膜极性的丧失和线粒体细胞色素C的释放，阻止促凋亡的半胱天冬酶激活。此外，CA通过激活PI3K/Akt/Nrf2信号通路和Nrf2转录因子调节的抗氧化酶,从而减轻 MG 依赖性神经毒性。CA 对 MG 诱导的神经毒性有保护作用对 AD 具有潜在的保护作用。

3. 其他成分·迷迭香精油可改善东莨菪碱诱导的阿尔茨海默病小鼠的记忆能力,T 迷宫记忆测试结果显示,吸入迷迭香精油 8 天后小鼠记忆测试正确率明显高于模型组,可以兴奋中枢神经系统,使小鼠在新异环境中的自发活动和探究行为明显增加。此外,天王补心丹对阿尔茨海默病模型小鼠有一定的不良反应,迷迭香精油与天王补心丹合用,可增强小习惯记忆能力,并可降低天王补心丹的不良反应。

第四节·对心血管系统的影响

心血管疾病(cardiovascular diseases, CVD)已经成为全球性的健康问题,给患者和社会带来了沉重的负担。CVD 是一类慢性非传染性疾病,与高血压、糖尿病、高脂血症、超重和肥胖、代谢综合征、饮食不均衡、吸烟、饮酒过量,以及缺乏体育活动等大量复杂的危险因素有关。针对这些危险因素,降低血压、血糖,降低氧化应激,调节血脂状况,调节炎症状态,抑制血栓形成,减轻心肌损害以及改善代谢综合征,可能是预防和治疗心血管疾病的有效策略。植物及饮食中的酚类化合物因其在疾病预防中的作用而受到关注。迷迭香中酚类化合物不仅参与基本的细胞过程或大量和微量营养成分的代谢,而且可能参与特定代谢途径。调节这些途径可能对心血管疾病产生临床影响。

一、对血液流变学的影响

血液流变学(hemorheology)是对血液的流动特性及其血浆和细胞成分的研究。只有当血液的流变特性在一定水平内时,才能进行适当的组织灌注。这些特性的改变在疾病过程中起着重要作用。血液黏度取决于血浆黏度,血细胞比容(红细胞的体积分数)和红细胞的可变形性和聚集性等。血液黏度随剪切速率而变化,也可随着红细胞聚集性的增加而增加。咖啡酸可通过延长活化的部分凝血活酶时间(APTT)、降低纤维蛋白原(FIB)含量,降低全血黏度(WBV)和血浆黏度(PV),从而改善血液流变学。内皮蛋白 C 受体(endothelial protein C receptor, EPCR)在蛋白 C 抗凝途径中起着重要作用,而其活性通过胞外域裂解并以可溶性 EPCR 蛋白(sEPCR)的形式释放而显著改变。在利用 TNF-α、巴豆醇-12-豆蔻酸 13-乙酸酯(PMA)、IL-1 以及盲肠结扎穿刺介导 EPCR 脱落的模型中,迷迭香酸可通过抑制 TNF-α 转化酶(TNF-α converting enzyme, TACE)表达来抑制 PMA、TNF-α 和 IL-1 诱导的 EPCR 脱落。其机制为减少细胞外信号调节激酶(ERK)1/2 及 p38 和 c-Jun N 端激酶(JNK)磷酸化。以上结果提示迷迭香酸可能作为抗 sEPCR 脱落剂。此外,含迷迭香精油饲料可使鹌鹑血红蛋白(PCV)和血细胞比容值以及嗜异性/淋巴细胞(H/L)比增加。

二、抑制血栓形成、溶栓

1. 迷迭香酸·大鼠灌胃给予迷迭香酸 5 mg/kg 可有效抑制血栓形成;流式细胞分析发现 1 μmol/L 迷迭香酸可有效抑制花生四烯酸激活的血小板中 sP-选择素的释放。其他研究表明,迷迭香酸能降低胶原蛋白诱导的血小板聚集率、缩短血浆优球蛋白溶解时间,从而抑制静脉血栓形成。静脉注射 50 mg/kg、100 mg/kg 迷迭香酸,可抑制 41.9%和 54.8%静脉血栓形;100 mg/kg、150 mg/kg 剂量可抑制 30.4%和 46.4%胶原蛋白诱导的血小板聚集、缩短优球蛋白溶解时间,具有抗血栓形成作用。以上研究表明迷迭香抗血栓形成的机制与其抑制血小板聚集、促进纤溶活性有关。

2. 鼠尾草酸、鼠尾草酚·鼠尾草酸以浓度依赖方式显著抑制胶原蛋白、花生四烯酸、U46619(血栓素 TXA2 拟似物)和凝血酶诱导血小板聚集,其抗血小板活性是通过抑制胞质钙动员所介导。鼠尾草酚也可浓度依赖性地抑制胶原蛋白、花生四烯酸和 U46619 诱导血小板聚集,但对 ADP 诱导的血小板聚集和凝血酶无影响。鼠尾草酚抑制胶原蛋白诱导的血小板凝集的同时,阻断了胶原蛋白介导的胞质钙动员、5-羟色胺分泌和花生四烯酸的释放。但是,与抑制花生四烯酸诱导的血小板凝集相反,鼠尾草酚对 AA 介导的 TXA2 和 PGD2 的形成没有影响,表明鼠尾草酚可能直接抑制 TXA2 受体。因此鼠尾草酚的抗血小板活性可能是通过抑制 TXA2 受体和胞浆钙动员所介导的。以上研究表明鼠尾草酸和鼠尾草酚具有被开发为新型抗血小板剂的潜力。

3. 咖啡酸·腺嘌呤核苷酸(ATP, ADP)和核苷腺苷是一类重要的细胞外分子。在血管系统中,ADP 和腺苷调节与血管炎症和血栓形成有关的过程,从而对血小板产生多种作用。胞外腺嘌呤核苷酸和核苷诱导的信号转导事件受到细胞表面外泌酶(称为外核酶)的严格调控。腺嘌呤核苷酸胞外水解中最相关的外核酶是 NTPDase、ecto-NPPs、5′-核苷酸酶和腺苷脱氨酶(adenosine deaminase, ADA)。大鼠长期灌胃给予咖啡酸(10 mg/kg、50 mg/kg、100 mg/kg)可明显抑制血小板聚集,其机制为降低血小板内 ATP 水解、增加 ADP 的水解;降低 5′-核苷酸酶活性、升高 E-NPP 和 ADA 活性。此外,淋巴细胞中 NTPDase 和 ADA 活性增加。这些研究表明,咖啡酸通过改变组织中相关的酶,抑制血小板的聚集性。咖啡酸 1.25 mg/kg 和 5 mg/kg 静脉注射可显著减少 ADP 诱导的小鼠脑内小动脉血小板沉积,并延长血栓形成和血管闭塞所需的时间,作用与氯吡格雷相似。在体外实验中,咖啡酸(25～100 μmol/L)抑制 ADP 诱导的血小板聚集、P-选择素表达、ATP 释放、Ca^{2+} 动员和整联蛋白 αIIbβ3 活化,并升高 cAMP 水平。其机制涉及干扰 ERK、p38 和 JNK 的磷酸化而介导 cAMP 升高和下调 P-选择素表达和 αIIbβ3 激活。此外,咖啡酸剂量依赖性地抑制胶原蛋白诱导的血小板聚集并抑制 TXA2 的产生,其机制是增加 cAMP 水平,随后激活激酶 A 来磷酸化 IP3R 和 VASP-Ser,从而通过抑制 COX-1 活性来抑制 Ca^{2+} 动员和 TXA2 产生,提高胶原蛋白-血小板相互作用中 cAMP 依赖性蛋白的磷酸化水平。以上研究表明咖啡酸可能具有治疗异常血小板活化相关疾病及预防血小板聚集介导的血栓性疾病的潜在作用。

4. 绿原酸·绿原酸剂量依赖性抑制 ADP、胶原蛋白、花生四烯酸和 TRAP-6 诱导的血小板分泌和聚集,并减少流动条件下血小板的牢固黏附/聚集和血小板-白细胞相互作用。绿原酸的抗血小板作用与腺苷 A2A 受体/腺苷酸环化酶/cAMP/PKA 信号通路有关,可显著降低血小板炎症介质 sP-选择蛋白、sCD40L、CCL5 和 IL-1β,并增加血小板内 cAMP 水平和 PKA 活化。此外,绿原酸也可抑制 TXA2 的产生(TXA2 是一种诱导血小板凝集的自体活性物质)、增加 cAMP 和 cGMP 的形成(cAMP 和 cGMP 是细胞内 Ca^{2+} 拮抗剂,作为聚集抑制分子),从而发挥抗血小板活性。

肝窦窦阻塞综合征(hepatic sinusoidal obstruction syndrome, SOS)是一种高度致死性的肝脏疾病。绿原酸可以预防野百合碱(monocrotaline)诱导的 SOS。绿原酸降低了野百合碱诱导的肝髓过氧化物酶(myeloperoxidase, MPO)活性、TNF-α 和 IL-1βmRNA 表达、toll 样受体(TLR)-2、3、6、9 表达和 NF-κB 转录激活、早期生长反应蛋白 1(early growth response1, Egr1)及 PI3K 和 MAPKs 激活,并增加 Nrf2 的核易位、凝血纤维蛋白溶解。绿原酸可抑制胶原蛋白和肾上腺素诱导的急性血栓栓塞小鼠的血栓形成，并可降解血凝块并抑制促凝血蛋白酶、凝血酶、活化因子X(FXa)和活化因子Ⅷ(FⅧa)的酶活性，延迟活化部分凝血活酶时间、凝血酶原时间和凝血酶时间。绿原酸抗血栓形成特征及其抗凝和血小板解聚特性，使其成为血栓形成治疗和预防的潜在药物。

迷迭香中的活性成分齐墩果酸、熊果酸对肾上腺素诱导的血小板凝集具有与乙酰水杨酸相同的抑制作用。

三、保护心肌

1. 保护缺氧复氧损伤心肌细胞・迷迭香酸对大鼠乳鼠原代心肌细胞缺氧复氧损伤具有保护作用，体外培养实验中，25 mg/L、50 mg/L、100 mg/L迷迭香酸能明显地抑制缺氧复氧导致的细胞活力下降，乳酸脱氢酶(lactic dehydrogenase, LDH)漏出及活性氧物质(reactive oxygen species, ROS)的过度产生，同时也能维持细胞内的ATP水平。50 mg/L、100 mg/L迷迭香酸还能下调细胞凋亡相关蛋白cleaved-caspase3表达、抑制缺氧复氧诱导的心肌细胞的凋亡，100 mg/L迷迭香酸能上调磷酸化蛋白激酶B(phosphorylated protein kinase B, p-Akt)蛋白的表达，提示迷迭香酸保护心肌细胞的作用机制与激活Akt通路有关。

鼠尾草酸对缺氧/复氧损伤的H9c2心肌细胞具有保护作用，可以改善心肌细胞活力，并抑制乳酸脱氢酶的泄漏。鼠尾草酸还可抑制细胞内ROS的过量产生和细胞内钙超载。鼠尾草酸可阻断心肌细胞线粒体膜电位(MMP)的损坏和线粒体通透性转换孔(mPTP)的开放，从而减轻心肌细胞线粒体功能障碍。此外，鼠尾草酸通过上调Bcl-2、下调Bax和caspase-3水平，抑制缺氧/复氧引起的H9c2心肌细胞凋亡。这些结果为进一步的研究提供了证据，将有助于开发新的治疗心肌梗死的方法。

2. 保护阿霉素诱导心肌损伤・肿瘤治疗的进步已经显著提高许多类型肿瘤的长期存活率，但是与肿瘤治疗相关的心脏功能障碍和心力衰竭也有所增加。蒽环类药物是这种心脏毒性的主要原因。阿霉素(adriamycin)是一种广谱抗肿瘤药。但由于心脏毒性，其临床应用受到限制。补充天然抗氧化剂或植物提取物在体内具有抵抗各种伤害的保护作用。阿霉素可以激活c-Jun N末端激酶(JNK)和细胞外信号调节激酶(ERK)、转录因子激活蛋白(AP)-1。迷迭香酸可以显著抑制阿霉素诱导的H9C2心肌细胞凋亡。其机制为减抑制细胞内活性氧(ROS)的产生以及JNK和ERK的激活、恢复线粒体膜电位(δpsi)、逆转GSH、SOD和Bcl-2的下调。此外，迷迭香酸具有非细胞毒性，可以稳定细胞膜和心肌细胞活力，保留心肌细胞层的完整性，保护心肌细胞免受阿霉素诱导的氧化应激，降低阿霉素诱导的心肌细胞铁依赖性膜脂质过氧化。同时，迷迭香酸对人心肌细胞系(AC16)和人诱导多能干细胞衍生的心肌细胞(hiPSC-CMs)具有保护作用。迷迭香酸预处理可抑制阿霉素诱导的细胞凋亡，并降低caspase-9的活性。RA促进血红素加氧酶-1(HO-1)的表达并减少由阿霉素诱导的ROS的产生，并促进心脏发育相关蛋白的表达，包括组蛋白脱乙酰基酶1(HDAC1)、GATA结合蛋白4(GATA4)和心肌型肌钙蛋白I3(troponin I3, cardiac type, CTnI)。体内实验进一步证明，小鼠腹膜内注射一次阿霉素(15 mg/kg)诱导心脏毒性，阿霉素通过心脏成纤维细胞衍生的死亡诱导因子配体(factor associated suicide ligand, Fas L)诱导心肌细胞凋亡。迷迭香酸可以显著减轻阿霉素诱导的体内心肌细胞凋亡和心脏功能障碍。迷迭香酸可通过抑制活化T细胞核因子(nuclear factor of activated T cells, NFAT)和金属蛋白酶7(MMP-7)降低成纤维细胞中Fas L的表达，并通过心脏成纤维细胞对心肌细胞发挥抗凋亡作用。碘霉素和NFAT激活剂可消除迷迭香酸对心肌细胞凋亡和心脏功能障碍的保护作用。因此，迷迭香酸通过旁分泌抑制Fas L在心脏成纤维细胞中的表达和释放来减轻心肌细胞的凋亡，此外，NFAT 和 MMP-7 的抑制也是 Fas L 抑制的原因。以上研究表明，迷迭香酸可减轻心肌细胞凋亡，在治疗与肿瘤相关的心功能不全和心力衰竭的治疗中具有潜力，可能作为抑制阿霉素治疗患者心脏毒性的潜在化学疗法。

同样，鼠草酸与卡维地洛β受体阻滞剂(Carvedilol，CAR)合用，能协同减轻阿霉素诱导的心脏毒性，减少胶原蛋白积聚和改善心脏功能障碍。其机制包括：①通过增强抗氧化酶的表达和活性。②通过使 NF-κB 失活，减少促炎细胞因子 COX2、TNF-α、IL-6、IL-1β 和 IL-18，抑制炎症反应。③通过下调切割的 caspase-3 和 LC3B 信号通路，抑制 DOX 引起的凋亡和自噬。鼠尾草酸与卡维地洛组合使用有望产生协同作用，具有对抗阿霉素诱导的心脏毒性的巨大潜力。

3. 保护异丙肾上腺素诱导心肌损伤 · 给予异丙肾上腺素诱导的心肌梗死大鼠鼠尾草酸可以显著减轻心肌损伤，降低血清心肌损伤标志物心肌肌钙蛋白 I(cTnI)、缺血修饰白蛋白(IMA)、心脏脂肪酸结合蛋白(HFABP)水平。进一步分析证明，鼠尾草酸可降低组织总氧化状态、TNF-α 水平以及 NF-κB、p38 MAPK 和 pJNK1/2 的表达；并增加组织总抗氧化状态、SOD 及 GSH-Px 活性，增加 TAS、TT 水平以及 pERK1/2 和 Nrf2 表达。证明鼠尾草酸预处理可通过抗炎、抗氧化和抗凋亡作用减少心肌损伤。在异丙肾上腺素诱发心肌应激的小鼠模型中，鼠尾草酸预处理可以减轻 ISO 诱导的肌钙蛋白 I、CK-MB、LDH、SGOT 和 SGPT 血清水平升高，以及心肌脂质过氧化、蛋白质氧化、心肌细胞凋亡等心脏组织病理学改变。此外，鼠尾草酸增加了 Nrf2 的核易位，并上调Ⅱ期/抗氧化酶的活性。提示鼠尾草酸可能对治疗心血管疾病有益。

4. 保护缺血再灌注诱导心肌损伤 · 缺血性心脏病(ischemic heart disease，IHD)是最常见的心血管疾病，是全世界死亡和致残的主要原因之一。心肌缺血/再灌注损伤与 IHD 诱导的心肌细胞凋亡和组织损伤有关。通过高脂饲料诱发小鼠糖尿病，并行左冠状动脉前降支闭塞-再通，复制糖尿病性心肌缺血/再灌注模型。鼠尾草酸预处理可恢复心肌功能、减少心肌细胞凋亡和心肌梗死；抑制 ROS 的过度生成和细胞因子的产生；降低 p62 及 Akt 和 mTOR 的磷酸化水平、升高 LC3-Ⅱ/LC3-Ⅰ比值以及 AMPK 磷酸化水平。提示鼠尾草酸通过调节 AMPK 和 mTOR 信号通路增强心肌细胞自噬能力，具有预防糖尿病心肌缺血-再灌注损伤的治疗潜力。

5. 保护高糖诱导心肌损伤 · 利用果糖饮食(60 g/100 g)喂养大鼠 60 天可出现代谢异常，血浆和心脏脂质及全身胰岛素抵抗升高，心脏抗氧化剂和血浆铁还原抗氧化剂的水平显著降低，同时脂质过氧化和蛋白质氧化产物的水平升高。给予迷迭香酸可显著增加胰岛素敏感性、降低脂质水平、氧化损伤，并通过烟酰胺腺嘌呤二核苷酸磷酸的 p22phox 亚基的表达降低氧化酶，预防心脏肥大，减少心肌损伤。

四、调节血压

1. 抗高血压 · 血管紧张素Ⅱ(AngiotensinⅡ，AngⅡ)是肾素-血管紧张素系统的主要缩血管效应分子，可介导高血压。迷迭香酸(173 μmol/L)可使血管紧张素转化酶(ACE)的活性降低近 98.96%，呈剂量依赖性降低高血压大鼠的收缩压，但对正常大鼠的血压无明显影响。迷迭香酸抗高血压的机制为抑制血管紧张素转化酶的活性，减少 AngⅠ转化为 AngⅡ，从而降低血管收缩。高血压与骨骼肌胰岛素抵抗密切相关，AngⅡ可通过 ROS 的产生以及抑制胰岛素样生长因子 1(IGF)信号通路来介导胰岛素抵抗。迷迭香酸对 AngⅡ诱导的高血压大鼠可降低收缩压、舒张压和平均动脉血压。急性给予 40 mg/kg 的迷迭香酸可降低空腹血浆葡萄糖水平，并诱导骨骼肌葡萄糖转运活性。同时，长期给予迷迭香酸(10 mg/kg、20 mg/kg 和 40 mg/kg)可以预防

Ang Ⅱ诱导的高血糖症。急性和长期给予迷迭香酸均可减轻 Ang Ⅱ诱导的大鼠心脏代谢异常。其机制可能涉及增加骨骼肌中的细胞外信号调节激酶(ERK)活性。此外,迷迭香酸通过降低ACEI的活性和内皮素(ET-1)并增加 NO 的含量,从而降低果糖诱导的血压升高。因此,迷迭香酸可能是改善骨骼肌葡萄糖转运和预防 Ang Ⅱ诱导的高血压和高血糖的策略之一。

迷迭香酸的酯衍生物迷迭香酸乙酯(ethyl rosmarinate)在内皮完整的情况下,剂量依赖性降低苯肾上腺素诱导的高血压,提示其作用通过内皮依赖性途径诱导动脉舒张,机制涉及电压门控钾通道(Kv)的开放,抑制细胞内 Ca^{2+} 释放和细胞外 Ca^{2+} 内流。此外,迷迭香乙酯通过与电压操控钙通道(VOCCs)和受体操控钙通道(ROCCs)相互作用,抑制细胞外 Ca^{2+} 内流。

2. 抗低血压 · 迷迭香精油可在临床上显著升高原发性低血压病人的收缩压,而且停药后无明显反跳现象。因此迷迭香精油可能作为抗低血压药物用于临床,改善患者生活质量。

五、对血管的影响

1. 抑制血管新生 · 血管新生(angiogenesis)是指从现有的血管结构中形成新血管的过程,主要发生在人类发育和繁殖期间,其复杂过程包括多种信号通路的高度调控。血管新生的异常调节,是包括肿瘤在内的几种病理条件下发现的一个基本过程。肿瘤血管新生是肿瘤侵袭转移的必要过程,是控制肿瘤进展的重要环节。迷迭香酸可浓度依赖性抑制人脐静脉内皮细胞(HUVEC)的增殖、迁移、黏附和成管等几个血管新生的重要步骤。迷迭香酸的抗血管新生的作用与其抗氧化活性有关,并进一步抑制抑制 ROS 相关的血管内皮因子(vascular endothelial growth factor, VEGF)表达及白介素-8(interleukin-8, IL-8)释放。病理性血管新生还是所有年龄段失明的最常见原因之一,包括早产儿视网膜病变、糖尿病性视网膜病变和与年龄有关的黄斑变性。在早产儿视网膜病变小鼠模型中,迷迭香酸剂量依赖性抑制视网膜内皮细胞的增殖,具有抗血管生成活性,其机制是通过促进 $p21^{WAF1}$ 的表达引起 G_2/M 期细胞周期停滞,并且没有显示出视网膜毒性,可能用于治疗血管增生性视网膜病变。

鼠尾草酸(>10 μmol/L)可抑制大鼠离体主动脉环微血管的生长。在使用人脐静脉内皮细胞的血管生成模型中,鼠尾草酸可抑制基底层上内皮细胞的趋化、增殖和成管过程。鼠尾草酚也可抑制血管生成,其作用与鼠尾草酸相似。鼠尾草酸(酚)可用于预防由于血管生成引起的疾病,并且它们的抗血管生成作用可有助于神经保护作用。此外,鼠尾草酸(酚)抑制内皮细胞分化、增殖、迁移和蛋白水解能力。它们抑制体外血管生成与抑制体内血管生成的作用一致,对增殖内皮细胞的抑制作用可能部分通过诱导细胞凋亡。鼠尾草酚和鼠尾草酸的抗血管生成活性可促进化学防御、抗肿瘤和抗转移活性,提示其在治疗其他血管生成相关的恶性肿瘤方面具有潜力。

2. 保护血管内皮细胞 · 血管内皮细胞的损伤会导致血管内皮功能异常,从而诱发一系列的心血管疾病,危害人体健康。内皮功能障碍的特征是细胞迁移和通透性的改变。受损的内皮细胞功能在动脉粥样硬化的发展中起着至关重要的作用。内皮细胞迁移涉及动脉粥样硬化斑块的新血管形成,并导致斑块变得脆弱。生理条件下,内皮细胞在血管和组织之间提供屏障。然而,炎性刺激可增加内皮通透性,并使大分子如血管内皮生长因子(VEGF)活动,从而诱导新血管形成。新形成的小血管可为炎症细胞提供入口。

迷迭香酸乙酯和迷迭香酸均以剂量依赖的方式提高人内皮细胞 EA. hy926 的细胞活力,降低 ROS 的产生,并减弱高糖诱导的内皮细胞凋亡。迷迭香酸乙酯通过调节 PI3K/Akt/Bcl-2 途径、NF-κB 途径和 JNK 途径,保护内皮细胞免于高糖诱导的凋亡。迷迭香酸乙酯与 Akt 的亲和力更高,作用比迷迭香酸更好。迷迭香中的其他成分也有保护内皮细胞的作用。例如,木犀草素、咖啡酸均有不同程度抑制 α-葡萄糖苷酶的作用,均可显著改善 α-葡萄糖苷酶和高糖诱导的人脐静脉内皮细胞(HUVEC)损伤。

氧化应激以及炎症过程参与糖尿病血管并发症的发生。利用链脲佐菌素诱导糖尿病大鼠模型的主动脉功能障碍,内皮素原-1(preproendothelin-1)和内皮素转化酶-1(endothelin converting enzyme-1, ECE-1)过表达导致内皮依赖性舒张降低,内皮结构改变。迷迭香酸可减轻主动脉壁的重构过程,使内皮层更致密,保护主动脉内皮功能和超微结构,防止糖尿病引起的损伤。迷迭香酸保护血管的机制涉及降低糖尿病大鼠主动脉 IL-6 mRNA、内皮素受体 B(ET_B)的表达,阻止 IL-1β、TNF-α、ECE-1 表达的上调。临床前瞻性研究证明,迷迭香提取物可改善内皮功能障碍,其机制为降低空腹血清中血管细胞黏附分子-1(VCAM-1)、细胞间黏附分子-1(ICAM-1)、纤溶酶原激活物抑制剂-1(PAI-1)的水平,并增加 GPX 和 SOD 的水平。这些发现表明,迷迭香酸通过其抗氧化特性而充当血管活性物质,可能用于降低与胰岛素抵抗相关的心血管风险。

骨骼肌是主要的胰岛素靶组织,在葡萄糖稳态中起重要作用。肌肉中胰岛素作用的受损会导致胰岛素抵抗和 2 型糖尿病。5′AMP 激活激酶(AMPK)是一种能量传感器,其激活可增加骨骼肌中的葡萄糖摄取,因此 AMPK 激活剂是对抗胰岛素抵抗的一种靶向方法。迷迭香酸(5.0 μmol/L)使 L6 大鼠肌肉细胞中葡萄糖摄取量增加。Akt 磷酸化不受迷迭香酸影响,而 AMPK 磷酸化增加。迷迭香酸刺激的葡萄糖摄取可被 AMPK 抑制剂化合物 C 抑制,但不受磷酸肌醇 3 激酶(PI3K)抑制剂渥曼青霉素的影响。因此迷迭香酸可以增加肌肉葡萄糖摄取和 AMPK 磷酸化,显示出潜在的调节葡萄糖稳态的作用。

3. 抑制血管平滑肌细胞异常增殖 · 血管平滑肌细胞(vascular smooth muscle cell, VSMC)包裹在动脉血管内皮细胞外,通过其收缩-舒张功能控制动脉血管的张力。VSMCs 在不同的发育阶段有不同表型,即使在成年期,该细胞也没有终末分化,能够响应于包括生长因子/抑制剂、机械影响、细胞-细胞和细胞-基质相互作用以及各种炎症介质在内的局部环境提示的变化而在其表型上发生重大变化。传统认为 VSMC 表型转换是二元性的,细胞能够采用一种生理收缩表型或另一种"合成"表型来应对损伤。然而,最近谱系追踪研究显示,VSMCs 能够采用多种表型,包括钙化(成骨、软骨细胞和破骨细胞)、脂肪形成和巨噬细胞表型。VSMCs 功能障碍在血管重塑过程中起关键作用。在病理条件下,VSMCs 可以从收缩表型转换为合成表型,并经历异常的增殖、迁移、衰老、凋亡和钙化,导致内膜增生,血管重构。

迷迭香酸甲酯(rosmarinic acid methyl ester)可显著减少小鼠股动脉套管模型(femoral artery cuff model)新生内膜的形成。体外实验进一步证明,迷迭香酸甲酯在体外可抑制血小板衍生生长因子(platelet derived growth factor, PDGF)诱导的 VSMCs 增殖,导致 VSMCs 在 G_0/G_1 细胞周期阶段的积累,其机制与细胞分裂原的刺激和细胞周期蛋白依赖性激酶-2 的抑制而导致视网膜母细胞瘤蛋白磷酸化钝化有关。因此迷迭香酸甲酯具有保护血管的潜在作用。

VSMCs 异常增殖与动脉粥样硬化斑块形成和再狭窄有关。动脉粥样硬化是一种慢性炎症性疾病,以大量脂质、泡沫细胞、平滑肌细胞及基质成分等形成的斑块为主要特征。血管平滑肌细胞的迁移和基质金属蛋白酶(MMPs)激活在动脉粥样硬化的发展中起关键作用。鼠尾草酸具有抗炎特性,能有效抑制 TNF-α 诱导的人主动脉平滑肌细胞(HASMCs)迁移。其机制涉及抑制 MMP-9 活性和表达、剂量依赖性地抑制活性氧的产生以及 NF-κB p50 和 p65 的核易位。此外,细胞黏附分子在内皮上的表达和单核细胞对内皮的附着可能在动脉粥样硬化的早期过程中起重要作用。鼠尾草酸可减少炎症因子 IL-1β 诱导的单核细胞黏附到人脐静脉内皮细胞(HUVECs)的数量、减少泡沫细胞的形成,其机制为抑制炎症因子诱导的细胞黏附分子(ICAM-1、VCAM-1 和 E-选择素)表达、NF-κB 亚基 p65 和 p50 的核转位以及 ROS 的产生。

六、抗缺血再灌注损伤

迷迭香酸衍生物迷迭香酸正丁酯可增加缺糖缺氧(OGD)或 H_2O_2 诱导的 SH-SY5Y 神经母细胞瘤细胞存活率、降低细胞凋亡率,其机制为下调促凋亡蛋白 Bax 和 p53 的表达,上调抗凋亡蛋白磷酸化死亡相关蛋白激酶(DAPK)的表达。此外,RABE 预处理显著抑制了脂多糖(LPS)诱导的大鼠小胶质细胞凋亡,机制为减少 TNF-TNF-、IL-1、NO 和 PGE2 的释放、下调 iNOS 和 COX-2 的表达水平。结果揭示迷迭香酸正丁酯对神经元和胶质细胞潜在的抗缺血作用。迷迭香酸能够显著减少脑缺血再灌注大鼠脑梗塞体积、改善行为障碍,可以显著抑制脑缺血再灌注大鼠 MDA 的生成、明显升高 SOD 和 GSH-Px 的活性,证明迷迭香酸对脑缺血再灌注损伤具有明显的保护作用,其作用机制与抗氧化有关。以上结果提示迷迭香酸可能是治疗缺血性脑卒中的一种有前途的药物先导/候选药物。

七、对血管性痴呆的影响

血管性痴呆是一种由于脑血管疾病导致的认知功能障碍临床综合征。血管性痴呆大鼠吸嗅迷迭香提取物后,在水迷宫实验中逃避潜伏期缩短;空间探索实验中,穿台次数、探索次数增加。病理学检测发现大鼠海马神经细胞层次和排列较整齐、清晰,锥体细胞数量较模型组增多;5-HT 和 GABA 的阳性神经元增加。因此迷迭香提取物对血管性痴呆有一定的作用,其改善血管性痴呆模型大鼠的学习记忆能力与增加海马内 5-HT 和 GABA 的含量有关。

第五节 · 对肝脏的影响

肝脏是人体重要的器官之一,负责机体营养代谢、血容量调节、控制免疫调节生长信号通路、脂质胆固醇的平衡等。肝脏是机体的代谢中心,是内源性和外源性物质代谢清除的主要场所,肝脏受损对人体健康危害严重。临床上常见的肝脏疾病包括肝硬化、肝损伤、肝纤维化等。迷迭香在保护肝脏方面具有较好的作用。

一、对急性肝损伤的保护和促修护

在小鼠腹腔注射四氯化碳急性肝损伤模型中,迷迭香酸(RA)能有效降低小鼠血清中血清谷丙转氨酶(ALT)、谷草转氨酶(AST)活性、三酰甘油(TAG)含量、肝脏指数和肝匀浆丙二醛(MDA)含量,并抑制肝异常增大、减缓肝脏组织变性,对急性肝损伤具有很好的保护作用。RA 对脂多糖(LPS)和 *D*-半乳糖胺(*D*-GalN)引起的小鼠急性肝损伤也有保护作用,可降低血清天冬氨酸转氨酶(AST)、丙氨酸转氨酶(ALT)含量,并抑制 NF-κB 磷酸化、ERK1/2 和 p38 蛋白质的表达、组织髓过氧化物酶(MPO)含量升高。此外,RA 可提高谷胱甘肽依赖性过氧化物酶(GSH-PX)水平、促进 Nrf2 的核易位,进而上调血红素加氧酶-1(HO-1)、谷氨酸-半胱氨酸连接酶催化(GCLC)、谷氨酸半胱氨酸连接酶修饰剂(GCLM)和醌氧化还原酶(NQO1)。提示 RA 抗急性肝损伤的机制与抑制 MAPKs/NF-κB 和激活 Nrf2/HO-1 信号通路有关。迷迭香酸可以减轻由于部分肝切除术引起的肝脏功能受损，并加速肝脏再生，作用机制是通过激活 mTOR/S6K 途径，刺激肝细胞增殖。

鼠尾草酚(CS)是迷迭香提取的一种具有抗炎、抗氧化、抗肿瘤等功效的脂溶性有效成分，属于酚性二萜。鼠尾草酚能够使四氯化碳诱导的大鼠急性肝损伤模型血浆胆红素含量恢复正常、肝脏丙二醛(MDA)含量降低、血浆丙氨酸氨基转移酶(ALT)活性降低；并且能够阻止肝糖原含量下降和肝实质变性。提示鼠尾草酚能够预防治疗急性肝损伤，保护肝脏。

鼠尾草酸(CA)是一种具有强氧化作用和抗肿瘤作用的多酚类双萜化合物。CA 可以抑制 LPS 诱导的肝损伤以及脂质代谢紊乱，降低血清丙氨酸氨基转移酶、天冬氨酸氨基转移酶和碱性磷酸酶水平。CA 对肝脏氧化损伤和肝脏毒性的保护基于其抗氧化和抗炎作用。CA 可通过降低脂质过氧化、蛋白质羰化和血清 NO 水平来抑制 LPS 诱导的氧化应激；通过抑制氧自由基、NO 和细胞因子的细胞毒性作用，从而减轻 LPS 诱导的肝毒性；CA 还可以抑制 LPS 诱导的促炎性细胞因子 TNF-α 和 IL-6 的血清水平升高。

二、对脂肪肝的治疗保护

脂肪肝可分为酒精性脂肪肝和非酒精性脂肪肝。酒精性脂肪肝(alcoholic fatty liver disease，AFLD)是所有由于乙醇引起的肝脏炎症，包括脂肪肝肝炎、肝纤维化、肝硬化等，属常见严重的肝系疾病，具有高致死率以及低治愈率的特点。通过含乙醇流食建立酒精性脂肪肝大鼠模型以及用 100 mmol/L 乙醇处理 $HepG_2$ 细胞 48 h 来建立体外酒精性脂肪肝模型，证明鼠尾草酸可以降低血清氨基转移酶、甘油三酸酯和总胆固醇水平，还能抑制氧化应激、炎症和细胞死亡。说明 CA 对酒精性脂肪肝损伤具有保护作用。其作用机制是 CA 激活了沉默信息调节因子-2 相关酶Ⅰ SIRT1，导致脂蛋白碳水化合物反应元件结合蛋白(ChREBP)和生长因子衔接子蛋白(p66shc)下调，发挥 CA 的抗脂肪变性、抗氧化和抗凋亡的功能。

非酒精性脂肪肝(nonalcoholic fatty liver disease，NAFLD)是一种在不过量饮酒的情况下，由糖脂代谢紊乱引起的肝细胞变性和脂质沉积的慢性肝病，大多数患者被诊断为轻至中度肝脂肪变性。NAFLD 与胰岛素抵抗相关的多种代谢异常有关，包括 2 型糖尿病、躯干性肥胖、血脂异常、高脂血症和高血压等。目前尚无批准治疗 NAFLD 的特殊药物，膳食补充剂或补充替代品正成为预防和治疗 NAFLD 的一种选择。肝脏脂质蓄积是 NAFLD 的标志，脂滴主要由三酰甘油等中性脂质组成。作为药食同源植物，迷迭香有很大的潜力改善肝功能和脂质代谢。RA 对油酸钠(sodium oleate，SO)诱导的人肝癌细胞 $HepG_2$ 脂质蓄积模型具有显著降低细胞内三酰甘油(TAG)含量的作用，且具有明显的剂量依赖性。

CA 可以降低高脂饮食(HFD)导致的转氨酶活性以及血清 TAG、TC、LDL-Ch 和 MDA 水平的升高。同时 CA 可降低 HFD 或棕榈酸(PA)导致的 caspase-3 和 caspase-9 活性增加、降低肝脏内的脂肪、改善糖耐量，减轻肝损伤。CA 保护肝脏的作用机制是逆转因 HFD 或 PA 增加而导致的 miR-34a 上调、miR-34a 降低；激活 SIRT1/p66shc 途径的减弱肝细胞的凋亡，对非酒精性脂肪肝有较好的保护作用。

迷迭香酸可拮抗 H_2O_2 诱导的肝细胞氧化损伤。机制涉及减少肝细胞中 G_2/M 周期比例、激活 MAPK 通路、Nrf2 通路、线粒体凋亡通路中相关蛋白。结果表明迷迭香酸对非酒精性脂肪肝有一定的疗效，可进一步深入研究。

三、对肝纤维化的治疗保护

肝纤维化是肝内纤维结缔组织受多种因素影响引起的异常增生，是病毒性肝炎、酒精性脂肪肝、非酒精性脂肪肝等肝病的最终结局。肝纤维化进一步加重会导致肝硬化，大约一半的肝纤维化患者发展为肝癌。炎症因子是肝纤维化形成过程中的一大诱因。炎症因子刺激肝星状细胞活化转变为肌纤维母细胞，从而分泌大量细胞外基质(ECM)，这是肝纤维化形成的重要原因，过氧化物酶体增殖物激活受体 γ(PPARγ)是HSC分化所必需的，其表观遗传抑制是HSC激活的基础。RA通过消除PPARγ的表观遗传来阻止和逆转HSC激活，RA可抑制胆汁淤积性肝纤维化小鼠HSC活化和肝纤维化的进展。

CCl_4 可引起肝细胞坏死，小剂量 CCl_4 长期接触可诱发肝纤维化。用 CCl_4 诱导大鼠肝纤维化，同时给予乙醇和高脂饮食，能加速肝细胞损伤、炎症和纤维化。迷迭香酸可明显减轻炎症反应和改善肝纤维化，其机制与迷迭香酸的抗氧化、抗炎的作用有关，表现为降低 CCl_4 诱导肝纤维化大鼠的血清肝功能指标ALT、AST含量，炎症因子TNF-α、IL-6和IL-12的mRNA以及MCP-1的mRNA表达、肝纤维化指标α-SMA、Colα1(Ⅰ)和Colα1(Ⅲ)的mRNA表达。迷迭香酸对大鼠免疫性肝纤维化也具有保护作用，可以降低天门冬氨酸氨基转移酶的活性，减少总胆红素的表达，降低血清透明质酸、层粘连蛋白、Ⅲ型前胶原和肝组织羟脯氨酸的含量；增加白蛋白/总蛋白比值。

鼠尾草酸对二甲基亚硝胺(DMN)诱导的肝纤维化损伤具有保护作用。细胞外基质(extracellular matrix, ECM)沉积是肝纤维化最本质的病理特征，胶原蛋白是ECM的主要成分。沉默信息调节因子1(sirtuin 1, SIRT1)能够去乙酰化Smad3，影响胶原蛋白转录，从而促进肝纤维化的发生发展。鼠尾草酸能够调控AMPKα1/SIRT1信号通路、调节Smad3的乙酰化水平并抑制胶原蛋白COL1A2的转录，从而对抗肝纤维化损伤。

鼠尾草酚(CS)对肝纤维化也有较好的抑制作用。静止性肝星状细胞(HSC)激活转化成纤维细胞和上皮-间质转化(EMT)是肝纤维化的主要诱导因素。研究发现CS抑制 CCl_4 和TGFβ1诱导的肝纤维化，抑制HSC激活和EMT。

硫代乙酰胺(TAA)可诱发大鼠肝硬化，表现为大鼠体重增加值显著下降，肝脏/体重比显著增加，血清丙氨酸氨基转移酶、天冬氨酸氨基转移酶、γ-谷氨酰胺基转移酶、碱性磷酸酶和总胆红素的水平增加。迷迭香叶提取物可以抑制TAA诱发肝硬化，减轻上述病理变化，具有保护肝脏的作用。其作用原理可能与迷迭香抗氧化活性密切相关。

四、对肝细胞癌变的保护

原发性肝细胞癌(hepatocellular carcinoma, HCC)是严重威胁人类健康的疾病，也是造成死亡的原因之一。有研究发现氧化损伤可能会引起黄曲霉毒素B1(AFB1)的细胞毒性和致癌性；氧化应激的诱导在另一种曲霉毒素A(OTA)的毒性中也起着重要作用，这两种毒素均是引起肝癌的关键因素。

迷迭香酸(RA)对AFB1和OTA诱导的细胞毒性的保护作用在人肝癌衍生的细胞系($HepG_2$)中进行实验研究。实验结果得，Ros A对两种真菌毒素诱导人肝癌衍生细胞系($HepG_2$)的细胞毒性具有保护作用，能降低ROS的产生，抑制蛋白质和DNA的合成，降低DNA片段化和抑制caspase-3活化，防止细胞凋亡，提示RA在OTA和AFB1诱导的细胞损伤中具有细胞保护作用。RA可以保护肝脏、减缓肝细胞癌变，作用机制：①迷迭香酸可以通过调控基因达到抗肿瘤作用，如对致癌基因表皮生长因子受体(epidermal growth factor receptor, ECFR)、血小板衍生生长因子受体(platelet-derived growth factor receptor, PDGFR)、抑癌基因 *p*53、人第10号染色体缺失的磷酸酶、张力蛋白同源基因(phosphatase and tensin homology deleted on chromosome ten, PTEN)和腺瘤样结肠息肉易感基因(adenomatous polyposis coli, APC)等基因进行调控达到抗癌效果。②对细胞外信号调节达到抗肿瘤效果。③迷迭香酸通过对相关代谢酶细胞色素 P450(cytochrome P450, CYP450)、谷胱甘肽巯基转移酶(glutathione-S-transferases, GST)、醌还原酶(quinone reductase, QR)、尿苷二磷酸葡萄糖醛酸转移酶等酶的活性进行调控,达到阻止身体中致癌物活化的目的。④迷迭香酸的抗氧化、抗炎功效,在减缓和阻止肝癌细胞的生成上也有着十分重要的作用。

鼠尾草酸(CA)对 $HepG_2$ 和 SMMC-7721 肝癌细胞有抑制作用,其机制可能与减少细胞内 ROS 含量、改善促凋亡蛋白和抗凋亡蛋白的表达、减少肿瘤组织中 mTOR 和 NF-κB 的磷酸化。鼠尾草酚可以通过抑制黄曲霉毒素 B1 诱导的 DNA 形成,达到抗肝癌作用。其作用机制是抑制细胞色素 P450 催化的致癌物的代谢活化、诱导谷胱甘肽 S-转移酶催化的解毒途径。鼠尾草酸的抗氧化、抗炎功效在抑癌功能方面发挥着重要的作用。

RA 能够抑制 $HepG_2$ 肝癌细胞的增殖,通过对抑癌基因 *p*53 的激活和对原癌基因 c-Myc 蛋白的切割,促进肝癌细胞凋亡。CA 作用于人肝癌细胞 $HepG_2$ 和 SMMC-7721 的 IC_{50} 分别为 43.7 μmol/L 和 74.8 μmol/L($P<0.01$),说明 CA 能够发挥肿瘤抑制作用,且 CA 是通过调节凋亡蛋白的表达量来诱导细胞发生凋亡的。RA 能够高效低毒地抑制 H22 荷瘤小鼠的肿瘤生长,通过抑制肿瘤微环境中 NF-κB 通路的激活和 IL-1β、TNF-α 和 IL-6 等炎症因子的释放,诱导肿瘤细胞凋亡,发挥抗肿瘤作用。迷迭香酚诱导人结肠腺癌 COLO 205 细胞凋亡,IC_{50} 约 42 μmol/L)。迷迭香酚可增加 Fas 和 FasL 的表达,导致 pro-caspase-8 和 Bid 的裂解和激活,并动员 Bax 从胞浆进入线粒体。tBid 和 Bad 相互激活降低线粒体膜电位,释放细胞色素 C 和凋亡诱导因子(AIF)至胞浆。细胞色素 C 依次诱导前- caspase-9 和前- caspase-3 的加工,然后是多聚(ADP-核糖)聚合酶(PARP)和 DNA 裂解因子(DFF-45)的裂解。提示迷迭香酚通过调控线粒体凋亡通路和死亡受体通路的复杂,诱导人结肠腺癌 COLO 205 细胞凋亡。

五、对肝脏其他方面的保护

除了上述肝脏疾病外,迷迭香提取物对其他的肝脏疾病也有一定的保护作用。迷迭香酸可以有效抑制 α-萘基异硫氰酸酯(ANIT)诱导的大鼠急性肝内胆汁增多,从而减轻胆汁淤积,达到保护肝脏的作用。

肝脏机体重要的代谢器官,迷迭香对肝脏多数常见疾病都有着很好的功效,值得深入探究迷迭香的保肝机制,但迷迭香保肝作用的临床研究还非常欠缺,应尽快阐明机制以及药用治疗方向,为肝病治疗提供新的治疗策略。

第六节 · 其他药理作用

迷迭香化学成分丰富,有多种多样的生物学活性。大多数生物学活性有的已经被人们所熟知,且作用通路比较明确。随着科学技术的发展,迷迭香的药理用途也进一步的扩大,如迷迭香提取物在各种体外和体内环境中抗炎、抗增殖和抗肿瘤、抗艾滋病和肾脏保护等方面均起着重要作用。

一、抗菌

1. 迷迭香精油 ·

(1) 抗真菌　迷迭香精油(*Rosmarinus*

officinalis L., essential oil, REO)主要有效成分为樟脑、α-蒎烯和1,8-桉树脑，具有较好的抑菌活性。150 μg/ml的REO能显著降低串珠镰刀菌的菌丝生长；300 μg/ml的REO可明显的观察到串珠镰刀菌细胞壁破裂和细胞质渗漏。麦角甾醇作为真菌细胞膜的重要组成成分，结构稳定，专一性强，其含量可代表真菌的生物量。伏马菌素(Fumonisin, FB)是由串珠镰刀菌产生的水溶性代谢产物，是一种霉菌毒素，是一类由不同的多氢醇和丙三羧酸组成的结构类似的双酯化合物。大于300 μg/ml的REO可破坏细胞壁，导致细胞成分的丢失，进而抑制伏马菌素和麦角甾醇的产生，表明REO作为抗真菌剂的有效性。

白念珠菌(*Candida albicans*)又称白假丝酵母菌，广泛存在于自然界，也存在于正常人口腔、上呼吸道、肠道及阴道，一般在正常机体中数量少，不引起疾病，为条件致病菌，可导致念珠菌病。当机体抵抗力降低或菌群失调时，白色念珠菌大量繁殖并改变生长形式侵入人体细胞从而引起疾病。REO可抑制白念珠菌萌发管的形成，从而抑制其引起的口腔炎症。由真菌生物形成的生物膜与对大多数抗菌药物的耐药性显著增强有关，尽管进行抗真菌治疗，但生物膜仍有助于真菌的持久性。使用油酸/氯仿包被REO形成微滴，可抑制人白念珠菌和热带念珠菌的附着与生物膜形成。

(2) 抗细菌　通过金黄色葡萄球菌滴鼻法建立小鼠肺炎模型，模型组小鼠感染细菌后1～3天内肺组织中金葡菌菌落数较高，肺指数升高，IL-6和炎性细胞数量明显增加；肺组织有大量充血，组织实变明显，肺泡壁增厚，肺泡组织结构完整性破坏，肺泡腔内可见出血。小鼠连续吸嗅REO 7天后，肺指数、细菌定植率降低，IL-6和炎性细胞数量明显减少；肺脏形态出现明显好转，出血斑逐渐减少，充血减弱呈现出淡粉红色，质地变软，接近正常对照组小鼠肺组织状态。采用药敏试验检测REO体外对革兰阳性菌和革兰阴性菌的抑菌活性与α-蒎烯含量有关，1,8-桉树脑可以通过破坏大肠埃希菌的细胞膜而起到抗菌作用。

迷迭香茎中精油的抑菌能力强于叶中精油，金黄色葡萄球菌和枯草芽孢杆菌对迷迭香茎中提取的精油最敏感，抑菌直径为11.55～19.66 mm，同时这2种细菌又对迷迭香叶中的精油耐受性最强，抑菌直径为7.00～10.33 mm；大肠埃希菌和变形杆菌则对迷迭香茎、叶精油的耐受性相当，抑菌直径在10～13 mm之间浮动。用抑菌扩散法对REO的抗菌活性进行研究，结果显示REO原液对大肠埃希菌、金黄色葡萄球菌、枯草杆菌、白色葡萄球菌和绿脓杆菌的抑菌直径分别为11.5 mm、13.5 mm、15.3 mm、10.3 mm、9.3 mm，并通过实验证明在pH 6～9范围内，pH对REO抑菌活性的影响不显著。

2. 迷迭香酸

(1) 抗真菌　迷迭香酸(rosmarinic acid, RA)对于不同植物病原真菌菌丝生长有抑制作用，可以有效地减少游动孢子的萌发。但是对病原菌菌丝生长地抑制活性明显低于对其孢子萌发地抑制活性，而且由于真菌种类的不同，RA的抑制活性也会发生变化。采用平板菌丝生长抑制法，发现RA对番茄灰霉病菌、芒果灰斑病菌、柑橘青霉和梨黑斑病菌抑制作用较强。采用载玻片上萌发法，迷迭香酸对梨黑斑病菌孢子萌发抑制作用最强，对柑橘青霉孢子的萌发抑制作用最弱。RA的抗菌活性有很强的稳定性，其水溶液在80℃水浴30 min或在4℃贮藏1年其抑菌活性并没有显著变化。

近年来，白念珠菌代谢途径已成为治疗念珠菌病的潜在抗真菌靶点。乙醛酸循环使白色念珠菌能够在营养有限的宿主生态位中存活。异柠檬酸裂解酶(isocitrate lyase 1, ICL1)是白色念珠菌最具吸引力的抗真菌靶点。RA在缺糖条件下可抑制ICL，对白色念珠菌具有抗真菌活性。

(2) 抗细菌　RA对金黄色葡萄球菌、龋齿链球菌、变异链球菌、藤黄细球菌、大肠埃希菌、铜绿假单胞菌、嗜麦芽窄食单胞菌、粪肠球菌、大肠埃希菌和枯草芽孢杆菌等细菌有抑制和杀菌作用。RA的抗菌机制主要包括两个方面，一方面是使细胞膜通透性增强，造成菌体内的主要成份如蛋白质和还原糖类外漏，从而抑制细胞的生长代谢；另一方面，通过抑制细菌内蛋白质代谢和DNA聚合酶活性，影响DNA复制，抑制细菌生长。

将接种了金黄色葡萄球菌的菌液分成两组，一组添加0.1%的RA，一组作为空白对照，每间隔1h测定菌液蛋白浓度。试验发现，随着时间的推移，添加了RA的菌液中蛋白浓度远高于空白对照组，RA对细菌的细胞膜渗漏有着显著的影响。RA不仅可以改变细胞膜的通透性，致使糖类和蛋白质渗漏从而影响细胞的代谢，而且还可以抑制DNA聚合酶的活性从而干扰DNA的复制。当RA浓度为0.1%时，涂布了大肠埃希菌的平板上没有抑菌圈产生，而涂布了金黄色葡萄球菌的平板上有直径为14.7mm抑菌圈产生；当RA浓度达到0.6%时，大肠埃希菌平板上抑菌圈直径为11.5mm，金黄色葡萄球菌平板上的抑菌圈直径为34.2mm，因此可以发现金黄色葡萄球菌对RA更加敏感。另外RA可抑制龋齿链球菌、变异链球菌的生长和生物膜形成，降低它们的葡萄糖基转移酶活性，可用于口腔疾病的预防、治疗。RA在pH(5.8～7.2)和盐(KCl和$MgCl_2$，0～500mmol/L)存在下对卡氏葡萄球菌LTH1502的抗菌活性最佳。

3. 鼠尾草酸

(1) 抗真菌　从迷迭香中获得鼠尾草酸(carnosic acid, CA)和胶对白色念珠菌具有潜在杀菌作用。在标准的SC5314白色念珠菌菌株的指数培养时单独添加CA或蜂胶，相对较高的浓度下造成中等程度的细胞死亡。然而，这两种提取物的组合，特别是CA和蜂胶1∶4的比例，导致SC5314白念珠菌菌株存活率的急剧减少。SC5314白念珠菌菌株在体外形成生物膜的能力也因两种药物同时存在而受到损害，CA和蜂胶混合物在预防和治疗临床感染方面的潜在应用，以替代抗生素和其他具有减少毒性副作用的抗真菌药物。

(2) 抗细菌　CA对于肺炎克雷伯菌抑制效果显著，最低抑菌浓度达小于2μg/ml，随着CA含量的提高，抑菌效果也出现显著提高，具有良好的抗炎、抗菌作用。对于大肠埃希菌、铜绿假单胞菌，CA的最低抑菌浓度分别为4和小于2μg/ml，比苯扎溴铵、氨苄青霉素钠、红霉素具有更好的抗菌性；CA对金黄色葡萄球菌最低抑菌浓度为8μg/ml，优于苯扎溴铵，但差于氨苄青霉素钠和红霉素；对于表皮葡萄球菌，CA的最低抑菌浓度为4μg/ml，优于苯扎溴铵和氨苄青霉素钠，弱于红霉素；对于产气肠杆菌，CA表现出了和苯扎溴铵同样的抑菌效果，最低抑菌浓度均为128μg/ml，优于氨苄青霉素钠，差于红霉素；对肺炎克雷伯菌，抑菌效果与红霉素相似，优于苯扎溴铵和氨苄青霉素钠。CA具有一定的广谱抗菌性，对于革兰阴性菌和革兰阳性菌均表现出了良好的抑菌效果，但比较之后发现，CA对于革兰阴性菌具有相对较广泛的抑制作用。

细菌产生耐药性是公共卫生的严重问题。除了细胞壁可控制的通透性外，主动外排系统还可通过排出生素产生耐药性。CA可增强几种抗生素的抗菌活性作。研究证明，粪肠球菌中，CA对溴化乙锭的吸收和排出起着调节作用，而不会引起细胞膜透性现象。这种效应对质子动力羰基氰化物m-氯苯肼和钙通道阻滞剂维拉帕米引起的抑制很敏感，但对ATP酶抑制剂钒酸盐则不敏感。提示CA对溴化乙锭吸收/排出的活性与其改变金黄色葡萄球菌和粪肠球菌的膜电位梯度的能力有关。CA是一种天然化合物，在结构上与已知的抗生素无关，它可以通过损耗膜电位而充当外排泵调节剂，能够在不影响细胞通透性的前提下，通过改变膜电位逆转菌株的多药耐药。因此，CA可能是潜在的耐药性肠球菌和金黄色葡萄球菌感染联合疗法的新型治疗药物。

CA和鼠尾草酚联合使用时，能够显著增强红霉素的药效；而CA自身也能发挥抗菌以及抑制药物外流的作用，使CA及其衍生物成为有意义的研究对象，有望成为一个新颖的抗菌药物，通过联合其他治疗手段，用于治疗细菌的耐药。

二、抗炎

1. 抗中枢炎症 · 中枢神经系统疾病，包括卒中、癫痫、精神疾病、阿尔茨海默病、帕金森病、亨廷顿病、多发性硬化症和肌萎缩性侧索硬化症等。神经退行性疾病可导致进行性功能障碍和神经元丧失，这些病理过程与慢性炎症之间紧密联系。在神经变性过程中，神经炎症事件可能在神经组织大量丧失之前开始，慢性神经炎症促使神经胶质细胞活化和增殖，释放有害促炎因子。靶向神经炎症的疗法可能为中枢神经系统疾病带来新的治疗策略。

鼠尾草酸和鼠尾草酚通过激活 Keap1/Nrf2 通路诱导 2 相酶保护皮层神经元。在迷迭香化合物鼠尾草酸，鼠尾草酚，木犀草素，迷迭香酸，咖啡酸和马鞭草酮的生理活性中，以鼠尾草酸、鼠尾草酚最活跃，其他化合物仅具有弱活性或无活性。鼠尾草酸、鼠尾草酚可能通过引起 S 烷基化，激活 Keap1/Nrf2 途径，诱导 2 相酶激活 GSH 代谢，从而发挥保护神经元的作用。进一步研究发现，鼠尾草酸可抑制体外脂多糖(LPS)诱导的小鼠小胶质细胞 MG6 活化，抑制 LPS 诱导小胶质细胞释放的 IL-1β 和 IL-6 的表达，降低诱导型 NO 合酶水平从而抑制 NO 产生。CA 的这些作用由 2 相基因(Gclc, Gclm, NQO-1 和 Xct)的诱导所介导的。因此，CA 是一种独特的亲电子化合物，可通过诱导 2 相基因对神经元提供保护作用，并对小胶质细胞提供抗炎作用。

阿尔茨海默病是一种神经系统退行性疾病，伴随着神经细胞的损伤和死亡，β-淀粉样蛋白的变性沉积是阿尔茨海默病的病理标志物。50 μmol/L 的 CA 预处理 24 h 可诱导人星形细胞瘤 U373MG 细胞内 TNF-α 转换酶(TACE)表达，使大量淀粉样前体蛋白被分解，显著降低 Aβ 斑块的数量，并抑制 Aβ25-35 诱导的细胞功能障碍。因此，CA 通过激活细胞自噬或者 TACE 清除神经元内 Aβ 斑块的毒性作用。

此外，CA 改善了重复性轻度创伤性脑损伤(repetitive mild traumatic brain injury)大鼠的认知缺陷；减轻神经元变性、减少神经胶质纤维酸性蛋白(GFAP)阳性细胞数、减少活性氧(ROS)生成；增加超氧化物歧化酶(SOD)、谷胱甘肽过氧化物酶(GPx)和过氧化氢酶(CAT)活性，降低海马 IL-1β、IL-6 和 TNF-α 蛋白水。表明迷迭香提取物改善认知障碍的作用机制可能是由抗氧化和抗炎作用介导的。

2. 抗外周炎症 · 近年来已有多项文献报道迷迭香提取物对牛皮癣、皮肤炎、呼吸道炎症、急性肺损伤等多种类型的炎症均有一定的抑制作用。迷迭香提取物对多种微生物生物膜有效，通过提供超过 50%(50 mg/ml)的细胞活力，显示出抗炎作用，并且没有遗传毒性。富含 CA 和鼠尾草酚的迷迭香提取物能够有效抑制 LPS 和氧化型低密度脂蛋白(ox-LDL)所介导的 THP-1 单核巨噬细胞中肿瘤坏死因子-α(TNF-α)、IL-1β、IL-6 等细胞炎症因子的合成，从而有效改善细胞炎症反应。在角叉菜胶诱导的小鼠炎症反应中，CA 和鼠尾草酚剂量依赖性显示出显著的抗炎作用，这两种化合物均能显著抑制细胞外微粒体前列腺素 E2 合酶-1(mPGES-1)和 5-脂加氧酶(5-LO)活性，并优先抑制 mPGES-1 和 5-LO 衍生产物的形成，是 5-LO/mPGES-1 双重抑制剂。迷迭香提取物及 CA 处理能够通过抑制 LPS 诱导的核转录因子 κB 抑制因子 α(IκBα)磷酸化和降解来抑制 p65 转移至细胞核中，表明抑制 NF-κB 细胞信号通路是迷迭香提取物及 CA 发挥抗炎作用的重要分子机制。CA(15 mg/kg、30 mg/kg 和 60 mg/kg)可抑制 LPS 诱导大鼠肝损伤和脂质代谢紊乱，改善 LPS 刺激下肝脏的病理异常，降低血清丙氨酸氨基转移酶、天冬氨酸氨基转移酶和碱性磷酸酶水平，并减少炎性细胞的迁移。LPS刺激后，CA可通过降低脂质过氧化作用、蛋白质羰基化作用和血清NO水平来抑制LPS诱导的氧化/亚硝基应激，并通过恢复血清和肝脏中的SOD、谷胱甘肽过氧化物酶(GSH-Px)和GSH的水平，显著增强人体的细胞抗氧化防御系统。CA还有效地抑制了LPS诱导的血清促炎性细胞因子TNF-α和IL-6水平升高。总之，CA可能通过预防氧自由基，NO和细胞因子的细胞毒性作用，从而减轻LPS诱导的肝毒性。通过研究CA对局部和系统炎症的干预作用发现，CA在25 mg/kg时可减少大鼠足跖部约60%的肿胀，还可以明显减少肝脏缺血-再灌注后血清里的转氨酶类浓度。NF-κB、MMP-9等参与多种器官的炎症反应，在热损伤后这些标志性物质的上升显示多种器官(肝、肾、肺)发生了功能障碍，预防性静脉注射CA可明显减少这些物质在血清中的浓度。

RA能够抑制人类角化细胞中IL-1β、IL-6、IL-8等炎症因子的分泌，下调NF-κB通路，可用于牛皮癣的治疗。在临床实验研究中，采用RA乳膏对皮肤炎症患者进行局部治疗，结果患者的皮肤炎症、瘙痒、干燥等症状得到了明显改善。RA对大鼠口腔溃疡有一定治疗作用，能够加速口腔溃疡的愈合过程，其机制可能与降低IL-1β、IL-18及NLRP3炎症小体有关。利用大鼠足肿胀模型对RA的抗炎作用进行研究，发现RA的乙酰酯衍生物能减少大鼠足舔次数，产生明显的抗炎作用。RA可浓度依赖性地下调LPS诱导的RAW264.7细胞中TNF-α、IL-6和高迁移率簇蛋白1(HMGB-1)的水平升高，抑制IκB激酶通路、调节NF-κB;静脉内单独注射RA或与亚胺培南联用可减少大鼠盲肠结扎和穿刺致死率，肺、肝、小肠血流动力学改善。该作用与下调血清中TNF-α、IL-6、HMGB-1、触发受体表达及内毒素水平以及降低血清酶活性及髓过氧化物酶有关。这些数据表明，RA抗毒血症的作用是通过降低局部和全身广泛的炎症介质水平来介导的，其抗炎机制可能是通过抑制IκB激酶活性来抑制NF-κB通路的激活。

RA对LPS诱导小鼠急性肺损伤模型具有抗炎作用，肺组织的肺干湿重比和支气管肺泡灌洗液中的总细胞、中性粒细胞和巨噬细胞数量显著减少。能显著降低TNF-α、IL-6和IL-1β等炎症因子的水平。进一步证明，RA通过以剂量依赖性方式抑制ERK/MAPK信号传导发挥抗炎作用。

三、抗肿瘤

恶性肿瘤是当今世界严重威胁人类健康的疾病，有效的预防及治疗肿瘤成为医药学界重要的问题之一。肿瘤是一种全身性多因素疾病，因此针对单个基因的治疗可能无法有效根除肿瘤，这解释了许多单基因靶向化疗药物仅表现出有限的临床疗效。在世界范围内，肿瘤的发病率仍在上升，急需要寻找合适的治疗手段，减少肿瘤的发病率和死亡率。植物中含有许多生物活性的化学物质，通过调节多种生化途径防止肿瘤的发生和发展。通过系统研究迷迭香的抗肿瘤作用，揭示了其对多种肿瘤标志、多重靶点具有治疗效果。迷迭香的肿瘤抑制作用是基于其主要成分，包括鼠尾草酸、鼠尾草酚、迷迭香酸、迷香酚和熊果酸。

1. 抗口腔癌 · CA通过抗细胞增殖、抗炎、抗血管生成和促凋亡作用，抑制7,12-二甲基苯蒽(7,12-dimethylbenz[a]anthracene, DMBA)诱导的仓鼠颊囊癌细胞的形成，对细胞增殖(PCNA、cyclinD 1和c-fos)、凋亡(p53、Bcl-2、caspase-3和9)、炎症(NF-κB和COX-2)和血管生成(VEGF)均有调节作用。提示CA可以用来预防和治疗口腔癌变等的发生。RA能明显抑制舌癌Tca8113细胞的增殖和转移，降低细胞中MMP-2和MMP-9的表达，其机制可能与调节PI3K/Akt和NF-κB通路有关。

2. 抗乳腺癌・在非恶性乳腺上皮细胞系(MCF10A),RA可拮抗TPA对COX-2蛋白表达的刺激作用、c-Jun和c-Fos募集到COX-2/CRE寡核苷酸以及ERK1/2的激活。此外,RA能够有效抑制人乳腺癌MCF-7细胞和的增殖分化,同时诱导其凋亡。其机制涉及抑制MCF-7细胞内COX-2的水平,同时阻断ERK12通路,从而诱导肿瘤细胞凋亡。在亲骨转移乳腺癌MDA-MB-231BO细胞的研究中发现,RA能够通过调节NF-κB通路和减少IL-8的分泌,抑制乳腺癌的骨转移。而鼠尾草酚能使雌激素受体阳性乳腺癌细胞MCF-7的增殖的增值阻滞在S期,从而抑制MCF-7的增殖。CA在低剂量时能够上调乳腺癌细胞中谷胱甘肽生物合成基因的表达;而在高剂量时不仅能上调抗氧化基因和促凋亡基因的表达,且能够抑制转录抑制因子和细胞周期基因的表达,抑制阴性雌激素受体介导的乳腺癌细胞的生长;CA还能选择性作用于HER2过表达的癌细胞,CA可抑制肿瘤干细胞的生长,用于治疗乳腺癌。

3. 抗白血病・用RA作用于人白血病细胞HL-60,发现RA可通过抑制核苷酸还原酶活性,减少dNTP的产生,从而有效抑制肿瘤细胞增殖并促进其凋亡。RA能够抑制NF-κB p65的核位移,从而诱导人急性淋巴白血病细胞凋亡。CA作为诱导增效剂,通过与维生素D3联合使用,不仅在体外能够协同增加诱导急性髓性白血病细胞的分化,而且在体内能够用于抗白血病,并且不会促进细胞内钙离子浓度水平的增加。CA与全反式维甲酸、三氧化二砷、姜黄素联合使用,能够通过调节caspase-3、Bad等与凋亡相关蛋白的表达,诱导人早幼粒白血病细胞系HL-60的凋亡,提示CA能够用来帮助治疗急性髓性白血病。此外,CA可以作为耐药逆转剂,对多柔比星耐药的人白血病细胞K562/AO2,能够通过下调多药耐药基因*mdr*1 *mRNA*以及*p-gp*基因的表达,抑制细胞膜上p-gp功能,减少药物的外排,发挥逆转耐药作用。

4. 抗结直肠癌・COX-2是肿瘤发展的危险因素,生物活性食品成分发挥抗癌作用的机制之一是减少促炎基因环氧合酶2(COX-2)的表达。在结肠癌HT-29细胞中,RA(5 μmol/L、10 μmol/L和20 μmol/L)可降低12-O-十四烷酰佛波醇-13-乙酸盐(TPA)诱导的COX-2启动子活性和蛋白质水平及激活蛋白1(AP-1)启动子的转录,并抑制AP-1因子c-Jun和c-Fos与带有CRE的COX-2启动子寡核苷酸的结合,同时阻断ERK12通路,发挥抗肿瘤作用。1,2-二甲肼(DMH)诱导的大鼠结直肠癌体内实验研究发现,RA能明显抑制肿瘤生长,其机制可通过影响大鼠体内的抗氧化酶类水平调节直肠癌前病变。RA能够升高GSH水平,降低ROS、基质金属蛋白酶MMPs-2、MMPs-9以及EGFR和VEGFR的水平,通过抑制p-Akt和p-ERK的磷酸化降低NF-κB通路的表达,有效地抑制人结肠癌LS174T细胞的转移。RA还能够降低Bcl-2蛋白表达、ERK1/2磷酸化水平,升高细胞凋亡率、Bax和cleaved caspase-3蛋白表达,时间浓度依赖性抑制结肠癌LS174T细胞增殖,其机制与抑制MAPK/ERK通路诱导结肠癌细胞凋亡有关。10 μmol/L CA处理48 h可以抑制细胞周期蛋白B1(cyclin B1)、细胞周期蛋白激酶4(CDK4)的上调,使结直肠癌HT-29细胞聚集在S期,抑制细胞增殖。

5. 抗其他肿瘤・RA对小鼠S180肉瘤有明显抑制作用,能够升高TNF-α、TNF-β和IFN-γ的水平,同时调节Bc-2和Bax的表达,提示其抗肿瘤机制可能与提高机体免疫功能和诱导肿瘤细胞凋亡有关。RA能通过抑制人胃癌细胞MKN45肿瘤的mR-155和lL-6/STAT3通路,抑制肿瘤细胞的生长和Warburg效应。10 μmol/L CA处理黑色素瘤细胞12 h,可抑制MMP-9、金属蛋白酶组织抑制因子(TIMP-1)、尿激酶纤溶酶原激活物(uPA)和VCAM-1的分泌,进而阻止上皮-间质转化,降低肿瘤细胞的侵袭与转移。

四、抗病毒

1. 抗 HIV · 全球已有 4 000 万人感染了人类免疫缺陷病毒 1 型(human immunodeficiency virus type 1, HIV),其中至少 30%的人与中枢神经系统的破坏有关。高活性抗逆转录病毒疗法(highly active antiretroviral therapy, HAART)的使用大大减少了与艾滋病病毒相关的全身免疫病理,但仍有大量的艾滋病发生。Tat(trans activator)蛋白是人免疫缺陷病毒 HIV 基因组编码的返式激活因子。RA 可减轻 Tat 和应激引起的焦虑样行为,降低血浆皮质酮水平,增加海马盐皮质激素受体,糖皮质激素受体和 BDNF 的表达。提示 RA 可能通过调节下丘脑-垂体-肾上腺轴和海马神经营养因子水平,逆转 HIV-1 病毒蛋白 Tat 及其相关应激的焦虑效应。RA 在酸性条件下与亚硝酸根离子反应得到 6-硝基和 6,6-二硝基 RA 这两种化合物,可以作为 HIV-1 整合酶的抑制剂,并抑制人淋巴细胞 MT-4 细胞中的病毒复制而不增加细胞毒性。

2. 抗疱疹病毒 · RA 能直接抑制逆转录并影响早期自然内源性逆转录的不同阶段。迷迭香酸也可抑制单纯疱疹病毒 1 型(herpes simplex virus type 1, HSV-1)逆转录酶的活性,且表现出良好的抗疱疹病毒活性(IC_{50} = 0.05~0.82 μg/ml)。RA 能抑制 HSV-1 对宿主细胞的黏附作用,且呈剂量依赖性。

3. 抗日本脑炎病毒 · RA 可减少患有日本脑炎病毒(Japanese encephalitis virus, JEV)的小鼠病死率,显著降低病毒数量和促炎症因子水平,使病毒不易传播。RA 使感染日本脑炎病毒小鼠的死亡率从对照组的 100%降低至 20%,显著降低小鼠脑内病毒载量及致炎细胞因子水平,显著降低小鼠脑内病毒载量及致炎细胞因子水平,表明迷迭香酸可作为潜在治疗手段缓解日本脑炎引发的神经系统并发症。

4. 抗乙型肝炎病毒 · HBV 前基因组 RNA 的 ε(ε)序列与病毒聚合酶(Pol)之间的相互作用是 HBV 复制周期中的关键步骤。RA 两端的两个酚羟基和咖啡酸样结构对于抑制 ε-Pol 的结合至关重要,可以抑制 HBV 感染细胞中 HBV 的复制。

五、保护肾脏

1. 抗肾纤维化 · 肾纤维化以细胞外基质蛋白过度积累和肾间质扩张导致功能丧失为主要特征。转化生长因子-β1(transforming growth factor-β1, TGF-β1)是致肾纤维化的重要细胞因子。研究表明,TGF-β1 在肾间质纤维化的发生发展中发挥关键性作用。2 ng/ml TGF-β 处理大鼠肾成纤维细胞 NRK49F 12 h,可以诱导 Smad2 和 Akt 发生磷酸化促进 NADPH 氧化酶 4(Nox4)蛋白质的表达,促进 ROS 大量生成进而刺激成纤维化相关因子和蛋白质如 a 平滑肌肌动蛋白(aSMA)、型胶原(COL)、纤维连接蛋白(FN)以及纤溶酶原激活物抑制剂-1(PAI-1)等表达,促进成纤维细胞活化。10 μmol/L CA 预处理肾成纤维细胞 1 h,可以有效抑制 TGF-β1 所诱导 Akt 磷酸化,从而抑制成纤维化相关因子的表达,减慢肾纤维化进展。

单侧输尿管结扎(unilateral ureteral obstruction, UUO)是较成熟的动物实验模型,目前广泛用于研究肾间质纤维化。特点表现为肾小管细胞萎缩,肾实质巨噬细胞、单核细胞浸润,肾小管间质纤维化(tubulointerstitial fibrosis, TIF),最终导致整个肾脏结构的破坏间。实验显示 UUO 模型 7 天时肾小管上皮细胞部分扁平化,管腔明显扩张,偶见坏死细胞管型,间质见灶性炎性细胞浸润,偶见少量纤维组织增生,14 天时肾间质增宽,肾小管上皮细胞变性、坏死;肾小管明显萎缩,肾间质见多灶性炎性细胞浸润及灶性纤维组织增生。RA 通过下调结缔组织生长因子(connective Tissue Growth Factor, CTGF)的表达,干预 TGF-β1/CTGF 信号通路,间接影响

TGF-β1 的表达，从而减轻肾间质纤维化。

2. *抗肾细胞凋亡* · 肾细胞凋亡是导致肾脏疾病加重的重要原因之一，因此抗凋亡是治疗肾脏疾病的重要方法。细胞发生凋亡是由于抗凋亡基因(Bcl-2)减少，促凋亡基因(Bax)增加，Bax/Bcl-2 比例增加，随后促进 cleaved caspase-3 的激活。大黄酸和 RA 单用及配伍使用均可以减少慢性肾损伤模型大鼠的血清肌酐和尿素氮，改善肾组织病理学的变化和抗凋亡的作用。说明大黄酸和 RA 都具有抗凋亡发挥肾脏保护的作用，而配伍使用后由于发生了协同作用，导致疗效增加。其机制与降低 Bax/Bcl-2 的比值和 ceaved caspase-3 激活、减少肾细胞凋亡有关。

3. *抗肾细胞氧化应激* · 氧化应激是导致细胞损伤、衰老和死亡的重要原因之一。肾组织中需要较高的氧耗来完成水及电解质的主动转运和肾小管重吸收，所以肾小管极易受到氧化应激损伤。正常情况下，肾脏的抗氧化能力与体内不断产生的氧自由基之间的氧化还原反应处于动态的平衡状态，不会引起组织的损伤。如果氧自由基的产生不断增高或者体内的抗氧化能力减弱导致平衡失调，过多的氧自由基将会引起肾组织细胞损伤，导致各种肾脏疾病。UUO 模型由于输尿管结扎之后的张力应激导致肾血浆流量下降，肾实质巨噬细胞以及肾小管上皮细胞活化引起炎症反应，这些过程均能够产生大量的活性氧族(reactive oxygen species, ROS)，如果此时氧化还原反应平衡失衡，则过多的氧自由基将对组织产生损伤。研究发现 UUO 肾组织匀浆中代表细胞膜受自由基损伤的标志物(MDA)明显增高，3 天时即达顶峰，随着模型损伤时间的延长，MDA 含量逐渐下降，此结果可能与 UUO 早期血流动力学改变所致的肾缺血和再灌注损伤以及炎症细胞活化产生“呼吸爆发”，释放大量 ROS 有关。同时超氧化物歧化酶(SOD)含量在 3 天时明显下降，随着模型损伤时间的延长，SOD 含量继续下降，到达 14 天时下降最多，清除 ROS 能力急剧下降，导致肾间质纤维化程度加重。而 RA 能使 UUO 模型组脂质过氧化产物(MDA)含量下降，减轻细胞受到的氧自由基攻击，并能够增加 SOD，逆转失衡的氧化还原平衡系统，从而改善肾间质病变。

第七节 · 安全性研究

迷迭香是一种具有传统应用历史、疗效准确、资源丰富的植物，在过去的几十年，各国学者和研究人员对迷迭香的提取、精制、纯化、结构鉴定、生物活性和药理作用进行了大量的研究，但到目前为止，关于迷迭香化学成分安全性的系统研究报道还较少。此外，我国生产的迷迭香还存在来源不清、种类不明等问题，而进口迷迭香成本过高，《中国药典》当中尚未收录迷迭香，无其药用的质量评价标准，其上市产品或许在使用过程中会产生某些安全隐患。因此，充分了解迷迭香的化学成分、药理作用和安全性，为迷迭香在食品、医药与临床使用的质量控制方面提供依据至关重要。

一、急性毒性

绝对致死剂量是指化学物质引起受试对象全部死亡所需要的最低剂量或浓度。但由于个体差异的存在，受试群体中总是有少数高耐受性或高敏感性的个体，故 LD_{100} 常有很大的波动性。在化合物急性毒性试验中，半数致死量(lethal dose 50%, LD_{50})，是指“能杀死一半试验动物总体之有害物质、有毒物质或游离辐射的剂量”。LD_{50} 数值越小表示化合物的毒性越强；反之 LD_{50} 数值越大，则毒性越低。由于人类接触迷迭香最常见的途径是作为食品添加剂，因此在啮齿动物毒性研究中，喂养或灌胃途径是首选的给药途径。迷迭香叶提取物对 Wistar 大鼠的急性毒性水平均较低。雄性和雌性 Wistar 大鼠的口服 LD_{50} 大于 2 000 mg/kg。虽然迷迭香提取物不产生急性毒性，但持续 23～90 天的亚慢性毒性研究是全面评估迷迭香提取物安全性所必需的。成年雄性瑞士白化大鼠给予 REO 的 LD_{100} 和 LD_{50} 值分别为 9 000 mg/kg 和 550 mg/kg。昆明小鼠口服 CA 的 LD_{50} 为 7 100 mg/kg。持续给昆明小鼠灌胃 CA 30 d，与对照值相比体重略有下降，但是没有达到显著水平。在血清生化试验方面，血清总蛋白水平降低，高剂量和中剂量组的天冬氨酸转氨酶（aspartate aminotransferase，AST）水平升高。而高剂量 CA（每天灌胃 600 mg/kg）可能导致 Wistar 大鼠肝脏和心肌损伤，特别是对雄性大鼠。

二、遗传毒性

彗星实验又称单细胞凝胶电泳实验，是由 Ostling 等于 1984 年首次提出的一种通过检测 DNA 链损伤来判别遗传毒性的技术。微核试验是检测染色体或有丝分裂器损伤的一种遗传毒性试验方法。每种生物的染色体数目与结构是相对恒定的，但在自然条件或人工因素的影响下，染色体可能发生数目与结构的变化，从而导致生物的变异。染色体畸变包括染色体数目变异和染色体结构变异。采用彗星试验、微核试验和染色体畸变试验等方法，研究了迷迭香挥发油在啮齿动物体内的遗传毒性和致突变潜力。用 3 种剂量的 REO（300 mg/kg、1 000 mg/kg 或 2 000 mg/kg）对瑞士小鼠及 Wistar 大鼠进行灌胃处理。瑞士小鼠灌胃 24 h 后，收集肝脏和外周血细胞，以及骨髓细胞进行微核试验及彗星试验。Wistar 大鼠灌胃 24 h 后，采集骨髓细胞，进行微核和染色体畸变试验。根据彗星试验，所有三种剂量的 REO 都会导致小鼠细胞 DNA 损伤的显著增加。Wistar 大鼠和瑞士小鼠在 1 000 mg/kg 或 2 000 mg/kg 高剂量时，微核细胞和染色体畸变显著增加。提示，REO 在口服时会引起遗传毒性和诱变效应。

三、生殖毒性

迷迭香提取物已被用于民间药物作为利尿剂、通便剂、止痛剂，其水提物对人没有毒性，但对大鼠产生了流产作用。在 Wistar 大鼠妊娠的两个不同时期（一组动物妊娠第 1～6 天，另一组动物妊娠第 6～15 天，对照组在与各自实验组相同的体积和相同的时期内接受生理盐水）每天用迷迭香提取物灌胃 26 mg/kg（30％迷迭香水提物，以叶、花、茎为原料），妊娠第 1～6 天比妊娠第 6～15 天的流产百分比增加。

迷迭香提取物对成年大鼠睾丸有一定的激素和细胞效应。Wistar 大鼠灌胃给予迷迭香提取物（50 mg/kg、100 mg/kg）60 天，可显著降低血清睾酮水平，但对体重和睾丸重量及其比值、精子的总数和活力无明显影响，但能显著增加精原细胞。提示迷迭香可能具有抗雄激素作用，迷迭香提取物具有开发草本男性避孕药的可能性。将成年 Sprague-Dawley 大鼠分别给予 250 mg/kg 和 500 mg/kg 的迷迭香乙醇提取物连续灌胃 63 天，体重、绝对和相对睾丸重量不受影响，但附睾、腹侧前列腺、精囊和包皮腺体的平均重量显著下降，初级和次级精母细胞和精子细胞数量减少，睾丸生精率显著下降，睾尾和睾丸的精子活力和密度也明显降低，雌性大鼠受孕率明显下降。

四、变态反应

迷迭香提取物会引发过敏性皮炎。CA 是迷迭香引发过敏性皮炎的主要成分。在食品加工厂的工人接触 CA 后，手、前臂和面部出现了过敏性皮炎。某患者用迷迭香叶膏治疗膝关节疼痛，使用 3 天后膝关节出现急性瘙痒性水泡性渗出性皮炎，停药 10 天皮炎病变改善。

结束语

根据挥发性，迷迭香的化学成分可分为精油和非挥发部分两类。迷迭香非挥发部分是黄酮类、萜类、酚酸类化合物，也有少量木脂素、甾醇类，其中萜类主要是二萜类和三萜类物质。目前关于迷迭香提取物非挥发部分的研究主要集中在鼠尾草酸、鼠尾草酚、迷迭香酸和迷迭香酚。迷迭香酸抗氧化剂和肿瘤研究较多，但其他疾病涉及较少，例如炎症、脑部疾病（阿尔茨海默病和帕金森病）以及记忆丧失、过敏、糖尿病、动脉粥样硬化以及高血压等。应加强关于冠状动脉疾病、心肌缺血、心力衰竭或缺血/再灌注损伤的研究。迷迭香酸表现出多种生物学重要活性，包括调节促炎性细胞因子的表达、预防神经变性和减少损伤。但是，其不良的生物利用度是其药效学的局限性。基于纳米技术的载体可允许施用更高但仍安全剂量的迷迭香酸，可能实现CNS的递送。迷迭香化合物及相关生物活性研究情况见图7-1。

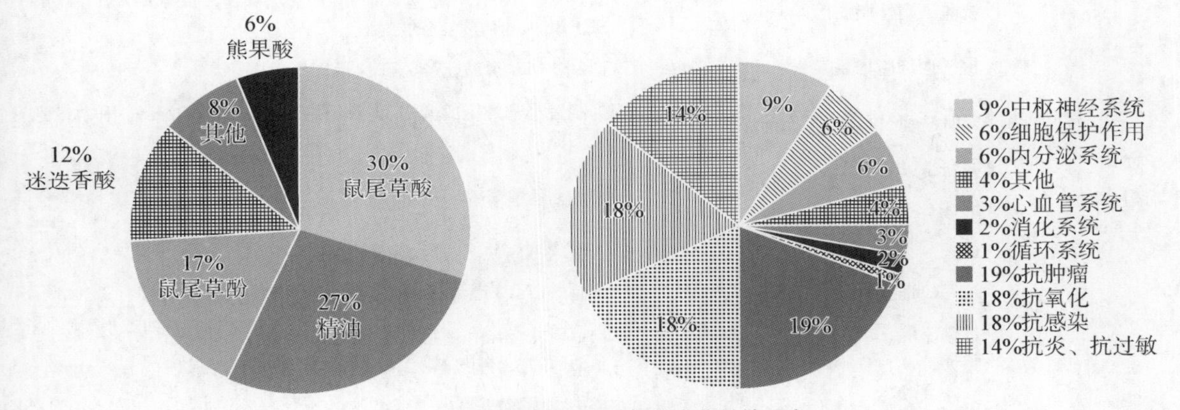

图7-1　迷迭香化合物及相关生物活性研究

精油主要成分为1,8-桉树脑、α-蒎烯、樟脑、莰烯和β-蒎烯。迷迭香精油具有抗菌、抗真菌、抗炎、抗肿瘤等作用，但很少有关于使用迷迭香精油预防或治疗心血管疾病的研究，尤其是评估迷迭香精油的降压活性的研究。迷迭香应用于临床疾病的治疗，还需要进行安全性评价和药代动力学研究等方面的工作，为其相关药物开发提供研究基础。

迷迭香化学成分的药理作用见表7-1。

表7-1　迷迭香化学成分的药理作用

化学成分	药理作用	作用机制
迷迭香酸 rosmarinic acid	神经保护作用	通过PI3K/Akt信号通路上调Nrf2和HO-1的表达
	保护尼古丁所致动脉粥样硬化	抑制ROS-NLRP3炎性小体-CRP轴
	抗癌化疗的补充剂	抑制MMP-9活性；抑制MUC1黏蛋白的胞外域、Tn及T抗原载体

（续表）

化学成分	药理作用	作用机制
	焦虑控制	调节 HPA 轴和海马 BDNF 水平
	抗恶性细胞增生	阻断糖酵解途径，抑制细胞增殖、诱导细胞凋亡和细胞周期阻滞
	抗乙肝病毒	特异性靶向 ε-Pol 抑制 HBV 复制
迷迭香酚 rosmanol	抗伤害性、抗抑郁和抗焦虑	调节 GABAA 受体
	抗肿瘤	降低细胞活性和增殖能力
鼠尾草酸 carnosic acid	抗恶性细胞增生，抗肿瘤	下调 microRNA-780 表达
	感光细胞的保护作用	降低 ROS、MDA，增加抗氧化基因 Sod1、Sod2、过氧化氢酶、Gpx1 和 Nrf2 表达，升高 SOD 和过氧化氢酶活性
	抗炎	抑制 IKKβ/IκB-α/NF-κB，ERK/JNK/p38 MAPKs 和 FoxO1/3 信号通路
	抑制消化酶	—
	抗非酒精性脂肪肝	上调 MARCKS 表达；抑制 PI3K/AKT，NLRP3/NF-κB 和 SREBP-1c 信号通路的激活
鼠尾草酚 carnosol	抗恶性细胞增生	抑制 c-Met 磷酸化及 Akt 途径
	对肾缺血-再灌注损伤的保护作用	抑制肾小管细胞的凋亡、促炎细胞因子表达、caspase-3 和 p38 通路的激活
	促进凋亡和自噬，抑制人骨肉瘤细胞活性	增加活性氧(ROS)的水平
	抗关节炎	恢复软骨内稳态、降低尿酸水平
	抗异位性皮炎	抑制 STAT3 激活
	抗糖尿病	调节氧化应激和炎症反应
	镇痛	激活瞬时受体电位锚蛋白 1(TRPA1)
咖啡酸 caffeic acid	抗菌	抗生物膜形成
	抗氧化	清除自由基
	抑制肿瘤细胞增殖、迁移；促进肿瘤细胞凋亡	抑制 STAT3 活性，诱导细胞凋亡
	保护移植的肝脏	干扰 PDIA3 依赖性 NADPH 氧化酶的活化
氯原酸 chlorogenic acid	抗慢性束缚应激	抗氧化、抗炎
	对铅致肾损伤的保护作用	调节 NF-κB 途径的激活
	对结肠炎的保护作用	抑制 ERK1/2、JNK1/2、Akt 以及 STAT3，上调 PTEN 表达
	抗金黄色葡萄球菌引起的乳腺炎	—
齐墩果酸 oleanolic acid	抗病毒（艾滋病毒、流感病毒、乙型和丙型肝炎病毒、疱疹病毒）	—
	对氧化应激诱导细胞凋亡的保护作用	激活 AKT/eNOS 信号通路
	抗恶性细胞增生；抗肿瘤	通过 ERK/JNK/AKT 通路诱导 p53 依赖的细胞凋亡

（续表）

化学成分	药理作用	作用机制
熊果酸 ursolic acid	对肿瘤细胞有细胞毒性；抗肿瘤；促凋亡	靶向 NF-κB 途径
	改善骨质疏松症	诱导成骨细胞活性、降低破骨细胞活性
	降低尿酸	抑制黄嘌呤氧化酶
	增加胰岛素敏感性	降低血清皮质酮和 TNF-α 水平
	对糖尿病肾病有保护作用	升高 SOD 活性；降低 TNF-α，MCP-1 和 IL-1β 表达水平
	减轻体重和动脉粥样硬化	抑制代谢应激诱导的单核细胞启动和功能障碍
α-蒎烯 α-pinene	抗金黄色葡萄球菌和大肠埃希菌	—
	对阿司匹林诱导的氧化应激的保护作用	提高细胞谷胱甘肽水平，降低 MDA 和总 SOD 水平及 Mn-SOD 活性；阻止 p38 和 JNK 的活化
	对消化性溃疡的保护作用	—
樟脑 camphor	免疫调节	提高吞噬指数
	抗恶性细胞增生	—
	降低血糖	—
	抗菌；抗真菌，抗菌丝，抗生物膜	下调了菌丝特异性基因和生物膜相关基因（ECE1、ECE2、RBT1 和 EED1）
桉树脑 eucalyptol	促凋亡	调控 p53 凋亡信号通路
	抗耐甲氧西林金黄色葡萄球菌	抗生物膜形成、抗群体感应活性
	控制感染和炎症	调模式识别受体（PRR）途径，包括 PRRs 受体（TREM-1 和 NLRP3）及其下游信号传导级联途径（NF-κB，MAPK，MKP-1）
	镇痛	阻滞 TRPV1 通道
	抗病毒	抑制细胞因子（IL-10，TNF-α，IL-1β 和 IFN-γ）
丁香油酚 eugenol	杀螨虫；抗真菌	—
	宫颈癌细胞的化疗作用	表观遗传修饰，下调 DNMT1 引起的 DNA 低甲基化
	抗肺损伤	抑制炎症细胞因子（TNF-α，IL-1β 和 IL-6）的释放及 NADPH 氧化酶活性
木犀草素 luteolin	抗炎	抑制 cAMP-PDEs 活性及内皮细胞 VCAM-1、sICAM-1 的表达
	抗异位性皮炎	降低血清 IgE 和 IL-4 水平
	促进凋亡和自噬	调控 p38、JNK 和 Akt 通路，抑制 Bcl-2 和 Beclin-1 活性，上调 caspase-3 和 caspase-8 表达
	抗微生物	细胞裂解、破坏细胞质膜
	抑制乳腺癌细胞的生长	降低甲基化、上调阿片结合蛋白/细胞黏附分子表达
	保护鱼藤酮诱导的小胶质细胞毒性损伤	调控氧化应激反应炎症通路
	抑制糖皮质激素诱导的骨质疏松症	减轻氧化应激促进细胞增殖、调节 ERK/Lrp-5/GSK-3 细胞凋亡通路促进成骨细胞分化

参考文献

[1] 何少明,高燕.浅析中药在高脂血症治疗中的应用[J].产业与科技论坛,2019,18(23):47-48.
[2] ZHAOY, SEDIGHI R, WANG P, et al. Carnosic acid as a major bioactive component in rosemary extract ameliorates high-fat-diet-induced obesity and metabolic syndrome in mice [J]. J Agric Food Chem, 2015,63(19):4843-4852.
[3] WANG SJ, CHEN Q, LIU MY, et al. Regulation effects of rosemary (Rosmarinus officinalis Linn.) on hepatic lipid metabolism in OA induced NAFLD rats [J]. Food Funct, 2019,10(11):7356-7365.
[4] XIE ZS, ZHONG LJ, WAN XM, et al. Petroleum ether sub-fraction of rosemary extract improves hyperlipidemia and insulin resistance by inhibiting SREBPs [J]. Chin J Nat Med, 2016,14(10):746-756.
[5] EISSA FA, CHOUDHRY H, ABDULAAL WH, et al. Possible hypocholesterolemic effect of ginger and rosemary oils in rats [J]. Afr J Tradit Complement Altern Med, 2017,14(4):188-200.
[6] TAKAHASHI T, TABUCHI T, TAMAKI Y, et al. Carnosic acid and carnosol inhibit adipocyte differentiation in mouse 3T3-L1 cells through induction of phase2 enzymes and activation of glutathione metabolism [J]. Biochem Biophys Res Commun, 2009,382(3):549-554.
[7] WANG T, TAKIKAWA Y, SATOH T, et al. Carnosic acid prevents obesity and hepatic steatosis in ob/ob mice [J]. Hepatol Res, 2011,41(1):87-92.
[8] PARK MY, SUNG MK. Carnosic acid attenuates obesity-induced glucose intolerance and hepatic fat accumulation by modulating genes of lipid metabolism in C57BL/6J-ob/ob mice [J]. J Sci Food Agric, 2015,95(4):828-835.
[9] WANG T, TAKIKAWA Y, TABUCHI T, et al. Carnosic acid (CA) prevents lipid accumulation in hepatocytes through the EGFR/MAPK pathway [J]. J Gastroenterol, 2012,47(7):805-813.
[10] 申婷婷,马娜,梁若男,等.迷迭香对仓鼠肝脏胆固醇代谢调控基因表达的影响[J].中国食品学报,2015,15(3):8-14.
[11] 左安连.迷迭香精油周年变化及迷迭香对降血脂作用的研究[D].上海:上海交通大学,2007.
[12] KUBINOVA R, PORIZKOVA R, NAVRATILOVA A, et al. Antimicrobial and enzyme inhibitory activities of the constituents of *Plectranthus madagascariensis* (Pers.) Benth [J]. J Enzyme Inhib Med Chem, 2014,29(5):749-752.
[13] WU D, LI L, LIU C. Efficacy and safety of dipeptidyl peptidase-4 inhibitors and metformin as initial combination therapy and as monotherapy in patients with type 2 diabetes mellitus: a meta-analysis [J]. Diabetes Obes Metab, 2014,16(1):30-37.
[14] JEONG KJ, KIM GW, CHUNG SH. AMP-activated protein kinase: An emerging target for ginseng [J]. J Ginseng Res, 2014,38(2):83-88.
[15] JAYANTHY G, ROSHANA V, ILANGO K, et al. Rosmarinic acid mediates mitochondrial biogenesis in insulin resistant skeletal muscle through activation of AMPK [J]. Journal of Cellular Biochemistry, 2017,118(7):1839-1848.
[16] Marisa FA, Cristovao FL, Manuel FF, et al. Rosmarinic acid, major phenolic constituent of Greek sage herbal tea, modulates rat intestinal SGLT1 levels with effects on blood glucose [J]. Mol Nutr Food Res, 2011,55(1):15-25.
[17] 康海轩.迷迭香提取物降血脂及降血糖作用的研究[D].天津:天津科技大学,2013.
[18] XIE Z, ZHONG L, WU Y, et al. Carnosic acid improves diabetic nephropathy by activating Nrf2/ARE and inhibition of NF-κB pathway [J]. Phytomedicine, 2018(47):161-173.
[19] ULLEVIG SL, ZHAO Q, ZAMORA D, et al. Ursolic acid protects diabetic mice against monocyte dysfunction and accelerated atherosclerosis [J]. Atherosclerosis, 2011,219(2):409-416.
[20] BROOKS LK, KALYANARAMAN N, MALEK R. Diabetes care for patients experiencing homelessness: beyond metformin and sulfonylureas [J]. Am J Med, 2019,132(4):408-412.
[21] NGO YL, LAU CH, CHUA LS. Review on rosmarinic acid extraction, fractionation and its anti-diabetic potential [J]. Food Chem Toxicol, 2018(121):687-700.
[22] NOMAN MZ, HASMIM M, MESSAI Y, et al. Hypoxia: a key player in antitumor immune response. A review in the theme: cellular responses to hypoxia [J]. Am J Physiol Cell Physiol, 2015,309(9):569-579.
[23] 商亚珍,蔡振岭,孟艳彬,等.SSF对小鼠脑缺氧的保护作用[J].承德医学院学报,2001(1):5-7.
[24] 王虹,王磊,刘红梅,等.迷迭香提取物耐缺氧作用的实验研究[J].时珍国医国药,2009,20(5):1089-1090.
[25] 曹树稳,余燕影,温辉梁,等.迷迭香提取物的抗乳腺癌活性研究[J].营养学报,2001(3):225-229.
[26] HASSANI FV, SHIRANI K, HOSSEINZADEH H. Rosemary (*Rosmarinus officinalis*) as a potential therapeutic plant in metabolic syndrome: a review [J]. Naunyn Schmiedebergs Arch Pharmacol, 2016,389(9):931-949.
[27] DJUKIC M, NAU R, SIEBER C. The ageing immune system [J]. Dtsch Med Wochenschr, 2014,139(40):1987-1990.
[28] WON J, HUR YG, HUR EM, et al. Rosmarinic acid inhibits TCR-induced T cell activation and proliferation in an Lck-dependent manner [J]. Eur J Immunol, 2003,33(4):870-879.
[29] 周慧灵,梁婉娴,徐道立,等.迷迭香活性提取物的药理作用研究进展[J].环球中医药,2015,8(12):1542-1545.
[30] BABU US, WIESENFELD PL, JENKINS MY. Effect of dietary rosemary extract on cell-mediated immunity of young rats [J]. Plant Foods Hum Nutr, 1999,53(2):169-174.

[31] CHEN KL, LI HX, XU XL, et al. The protective effect of rosmarinic acid on hyperthermia-induced C2C12 muscle cells damage [J]. Mol Biol Rep, 2014,41(8): 5525-5531.
[32] FARR SA, NIEHOFF ML, CEDDIA MA, et al. Effect of botanical extracts containing carnosic acid or rosmarinic acid on learning and memory in SAMP8 mice [J]. Physiol Behav, 2016(165): 328-338.
[33] GOVINDARAJ J, SORIMUTHU SP. Rosmarinic acid modulates the antioxidant status and protects pancreatic tissues from glucolipotoxicity mediated oxidative stress in high-fat diet: streptozotocin-induced diabetic rats [J]. Mol Cell Biochem, 2015,404(1-2): 143-159.
[34] MUSHTAQ N, SCHMATZ R, PEREIRA LB, et al. Rosmarinic acid prevents lipid peroxidation and increase in acetylcholinesterase activity in brain of streptozotocin-induced diabetic rats [J]. Cell Biochemistry and Function, 2014,32(3): 287-293.
[35] TAVAFI M, AHMADVAND HA. Tamjidipoor, et al. Satureja khozestanica essential oil ameliorates progression of diabetic nephropathy in uninephrectomized diabetic rats [J]. Tissue Cell, 2011,43(1): 45-51.
[36] TADA M, OHKANDA T, KURABE J. Syntheses of carnosic acid and carnosol, anti-oxidants in Rosemary, from pisiferic acid, the major constituent of Sawara [J]. Chem Pharm Bull (Tokyo),2010,58(1): 27-29.
[37] WIJERATNE SS, CUPPETT SL. Potential of rosemary (*Rosmarinus officinalis* L.) diterpenes in preventing lipid hydroperoxide-mediated oxidative stress in Caco-2 cells [J]. J Agric Food Chem, 2007,55(4): 1193-1199.
[38] ARUOMA OI, HALLIWELL B, AESCHBACH R, et al. Antioxidant and pro-oxidant properties of active rosemary constituents: carnosol and carnosic acid [J]. Xenobiotica, 1992,22(2): 257-268.
[39] LOUSSOUARN M, KRIEGER-LISZKAY A, SVILAR L, et al. Carnosic Acid and Carnosol, Two Major Antioxidants of Rosemary, Act through Different Mechanisms [J]. Plant Physiol, 2017,175(3): 1381-1394.
[40] LO AH, LIANG YC, LIN-SHIAU SY, et al. Carnosol, an antioxidant in rosemary, suppresses inducible nitric oxide synthase through down-regulating nuclear factor-kappaB in mouse macrophages [J]. Carcinogenesis, 2002,23(6): 983-991.
[41] ZENG HH, TU PF, ZHOU K, et al. Antioxidant properties of phenolic diterpenes from Rosmarinus officinalis [J]. Acta Pharmacol Sin, 2001. 22(12): 1094-1098.
[42] SINGLETARY KW. Rosemary extract and carnosol stimulate rat liver glutathione-S-transferase and quinone reductase activities [J]. Cancer Lett, 1996,100(1-2): 139-144.
[43] YAN M, VEMU B, VEENSTRA J, et al. Carnosol, a dietary diterpene from rosemary (*Rosmarinus officinalis*) activates Nrf2 leading to sestrin 2 induction in colon cells [J]. Integr Mol Med, 2018,5(4): 1-7.
[44] LIN C, ZHANG X, SU Z, et al. Carnosol improved lifespan and healthspan by promoting antioxidant capacity in caenorhabditis elegans [J]. Oxid Med Cell Longev, 2019(2019): 1-13.
[45] CRISTÓVÃO AC, CHOI DH, BALTAZAR G, et al. The role of NADPH oxidase 1-derived reactive oxygen species in paraquat-mediated dopaminergic cell death [J]. Antioxid Redox Signal, 2009,11(9): 2105-2018.
[46] RAŠKOVIĆ A, MILANOVIĆ I, PAVLOVIĆ N, et al. Antioxidant activity of rosemary (*Rosmarinus officinalis* L.) essential oil and its hepatoprotective potential [J]. BMC Complement Altern Med, 2014(14): 225.
[47] JIN S, CHO KH. Water extracts of cinnamon and clove exhibits potent inhibition of protein glycation and anti-atherosclerotic activity in vitro and in vivo hypolipidemic activity in zebrafish [J]. Food Chem Toxicol, 2011,49(7): 1521-1529.
[48] CAZZOLA R, CAMEROTTO C, CESTARO B. Anti-oxidant, anti-glycant, and inhibitory activity against α-amylase and α-glucosidase of selected spices and culinary herbs [J]. Int J Food Sci Nutr, 2011,62(2): 175-184.
[49] OZAROWSKI M, MIKOLAJCZAK PL, BOGACZ A, et al. *Rosmarinus officinalis* L. leaf extract improves memory impairment and affects acetylcholinesterase and butyrylcholinesterase activities in rat brain [J]. Fitoterapia, 2013(91): 261-271.
[50] GHAFFARI H, VENKATARAMANA M, GHASSAM BJ, et al. Rosmarinic acid mediated neuroprotective effects against H_2O_2-induced neuronal cell damage in N2A cells [J]. Life Sci, 2014,113(1-2): 7-13.
[51] HWANG ES, KIM HM, CHOI GY, et al. Acute rosmarinic acid treatment enhances long-term potentiation, BDNF and GluR-2 protein expression, and cell survival rate against scopolamine challenge in rat organotypic hippocampal slice cultures [J]. Biochem Biophys Res Commun, 2016,475(1): 44-50.
[52] CUI HY, ZHANG XJ, YANG Y, et al. Rosmarinic acid elicits neuroprotection in ischemic stroke via Nrf2 and heme oxygenase 1 signaling [J]. Neural regeneration research, 2018,13(12): 2119-2128.
[53] 魏静,胡炜彦,张兰春,等.鼠尾草酸稳定性及对 H_2O_2 损伤神经元的保护作用.中药药理与临床,2016,32(2): 43-46.
[54] HOU CW, LIN YT, CHEN YL, et al. Neuroprotective effects of carnosic acid on neuronal cells under ischemic and hypoxic stress [J]. Nutr Neurosci, 2012,15(6): 257-263.
[55] YOSHIDA H, MIMURA J, IMAIZUMI T, et al. Edaravone and carnosic acid synergistically enhance the expression of nerve growth factor in human astrocytes under hypoxia/reoxygenation [J]. Neurosci Res, 2011,69(4): 291-298.
[56] 石瑜瑜,傅佳,操礼琼,等.迷迭香精油通过嗅觉通路改善小鼠学习记忆的研究[J].现代药物与临床,2012,27(6): 562-565.
[57] 窦云龙.迷迭香吸嗅对血管性痴呆大鼠学习记忆及海马内 5-HT 和 GABA 含量的影响[J].合肥: 安徽医科大学,2013.
[58] JIN X, LIU P, YANG F, et al. Rosmarinic acid ameliorates depressive-like behaviors in a rat model of CUS and Up-regulates BDNF levels in the hippocampus and hippocampal-derived astrocytes [J]. Neurochem Res, 2013,38(9): 1828-

1837.
[59] ITO N, YABE T, GAMO Y, et al. Rosmarinic acid from Perillae Herba produces an antidepressant-like effect in mice through cell proliferation in the hippocampus [J]. Biol Pharm Bull, 2008,31(7): 1376-1380.
[60] AKKOL EK, DERELI FTG, ILHAN M. Assessment of Antidepressant Effect of the Aerial Parts of Micromeria myrtifolia Boiss. & Hohen on Mice [J]. Molecules, 2019,24(10): 1669.
[61] 邓祥敏,朱星宇,李光.鼠尾草酸对慢性不可预见性应激模型大鼠抑郁样行为及杏仁核5-HT、5-HIAA和海马BDNF含量的影响[J].现代中西医结合杂志,2019,28(33): 3668-3671.
[62] KAZUNORI S, ABDELFATTEH EO, SHINJI K, et al. Rosmarinus officinalis polyphenols produce anti-depressant like effect through monoaminergic and cholinergic functions modulation [J]. Behav Brain Res, 2013(238): 86-94.
[63] SAMARGHANDIAN S, NEZHAD MA, BORJI A, et al. Protective effects of carnosol against oxidative stress induced brain damage by chronic stress in rats [J]. BMC Complement Altern Med, 2017,17(1): 249.
[64] MACHADO DG, CUNHA MP, NEIS VB, et al. Antidepressant-like effects of fractions, essential oil, carnosol and betulinic acid isolated from Rosmarinus officinalis L. [J]. Food Chem, 2013,136(2): 999-1005.
[65] 吕润潇,杜莉莉,周凤华,等.迷迭香酸抑制PI3K/Akt/mTOR信号通路促进细胞自噬缓解帕金森的机制研究[J].宁夏医科大学学报,2019,41(12): 1189-1194.
[66] 曲仂.迷迭香酸对铁处理的SK-N-SH细胞的神经保护作用机制研究[D].青岛: 青岛大学,2014.
[67] 钟雯雯.迷迭香酸抗帕金森病作用的实验研究[D].昆明: 昆明医科大学,2018.
[68] LIN CY, TSAI CW. Carnosic Acid Attenuates 6-Hydroxydopamine-Induced Neurotoxicity in SH-SY5Y Cells by Inducing Autophagy Through an Enhanced Interaction of Parkin and Beclin1[J]. Mol Neurobiol, 2017,54(4): 2813-2822.
[69] WU CR, TSAI CW, CHANG SW, et al. Carnosic acid protects against 6-hydroxydopamine-induced neurotoxicity in in vivo and in vitro model of Parkinson's disease: involvement of antioxidative enzymes induction [J]. Chem Biol Interact, 2015 (225): 40-46.
[70] OLIVEIRA MR, PERES A, FERREIRA GC, et al. Carnosic Acid Protects Mitochondria of Human Neuroblastoma SH-SY5Y Cells Exposed to Paraquat Through Activation of the Nrf2/HO-1 Axis [J]. Mol Neurobiol, 2017,54(8): 5961-5972.
[71] OLIVEIRA MR, SOUZA ICC, FURSTENAU CR. Carnosic Acid Induces Anti-Inflammatory Effects in Paraquat-Treated SH-SY5Y Cells Through a Mechanism Involving a Crosstalk Between the Nrf2/HO-1 Axis and NF-kappaB [J]. Mol Neurobiol, 2018,55(1): 890-897.
[72] BALTAZAR MT, DINIS-OLIVEIRA RJ, LOURDES MB, et al. Pesticides exposure as etiological factors of Parkinson's disease and other neurodegenerative diseases — a mechanistic approach [J]. Toxicol Lett, 2014,230(2): 85-103.
[73] KIM SJ, KIM JS, CHO HS, et al. Carnosol, a component of rosemary (Rosmarinus officinalis L.) protects nigral dopaminergic neuronal cells [J]. Neuroreport, 2006,17(16): 1729-1733.
[74] 王小洪,曹桂云,王晴,等.迷迭香酸甲酯对帕金森病小鼠多巴胺能神经元损伤的保护作用[J].中成药,2018,40(5): 1156-1159.
[75] ONO K, HASEGAWA K, NAIKI H, et al. Curcumin has potent anti-amyloidogenic effects for Alzheimer's beta-amyloid fibrils in vitro [J]. J Neurosci Res, 2004,75(6): 742-750.
[76] IUVONE T, FILIPPIS DD, Esposito G, et al. The spice sage and its active ingredient rosmarinic acid protect PC12 cells from amyloid-beta peptide-induced neurotoxicity [J]. J Pharmacol Exp Ther, 2006,317(3): 1143-1149.
[77] LEE HJ, CHO HS, PARK E, et al. Rosmarinic acid protects human dopaminergic neuronal cells against hydrogen peroxide-induced apoptosis [J]. Toxicology, 2008,250(2-3): 109-115.
[78] LIU J, SU H, QU QM. Carnosic Acid Prevents Beta-Amyloid-Induced Injury in Human Neuroblastoma SH-SY5Y Cells via the Induction of Autophagy [J]. Neurochem Res, 2016,41(9): 2311-2323.
[79] KOSAKA K, MIMURA J, ITOH K, et al. Role of Nrf2 and p62/ZIP in the neurite outgrowth by carnosic acid in PC12h cells [J]. J Biochem, 2010,147(1): 73-81.
[80] OLIVEIRA MR, FERREIRA GC, SCHUCK PF, et al. Role for the PI3K/Akt/Nrf2 signaling pathway in the protective effects of carnosic acid against methylglyoxal-induced neurotoxicity in SH-SY5Y neuroblastoma cells [J]. Chem Biol Interact, 2015(242): 396-406.
[81] 赵献敏,李南,杜彩霞,等.天王补心丹联合迷迭香精油对阿尔茨海默病模型小鼠记忆功能的影响[J].中医学报,2018,33(4): 611-615.
[82] WANG YL, ZHANG Q, YIN SJ, et al. Screening of blood-activating active components from Danshen-Honghua herbal pair by spectrum-effect relationship analysis [J]. Phytomedicine, 2019(54): 149-158.
[83] KU SK, YANG EJ, SONG KS, et al. Rosmarinic acid down-regulates endothelial protein C receptor shedding in vitro and in vivo [J]. Food Chem Toxicol, 2013(59): 311-315.
[84] YESILBAG D, GEZEN SS, BIRICIK H, et al. Effect of a rosemary and oregano volatile oil mixture on performance, lipid oxidation of meat and haematological parameters in Pharaoh quails [J]. Br Poult Sci, 2012,53(1): 89-97.
[85] WANG Y, TANG J, ZHU H, et al. Aqueous extract of Rabdosia rubescens leaves: forming nanoparticles, targeting P-selectin, and inhibiting thrombosis [J]. Int J Nanomedicine, 2015(10): 6905-6918.
[86] 邹正午,徐理纳,田金英.迷迭香酸抗血栓和抗血小板聚集作用[J].药学学报,1993,28(4): 241-245.
[87] ZOU ZW, XU LN, TIAN JY. Antithrombotic and antiplatelet effects of rosmarinic acid, a water-soluble component isolated from radix Salviae miltiorrhizae (danshen)[J]. Yao Xue Xue Bao, 1993,28(4): 241-245.

[88] LEE JJ, JIN YR, LEE JH, et al. Antiplatelet activity of carnosic acid, a phenolic diterpene from Rosmarinus officinalis [J]. Planta Med, 2007,73(2): 121-127.
[89] LEE JJ, JIN YR, LIM Y, et al. Antiplatelet activity of carnosol is mediated by the inhibition of TXA2 receptor and cytosolic calcium mobilization [J]. Vascul Pharmacol, 2006,45(3): 148-153.
[90] ANWAR J, SPANEVELLO RM, PIMENTEL VC, et al. Caffeic acid treatment alters the extracellular adenine nucleotide hydrolysis in platelets and lymphocytes of adult rats [J]. Food Chem Toxicol, 2013(56): 459-466.
[91] LU Y, LI Q, LIU YY, et al. Inhibitory effect of caffeic acid on ADP-induced thrombus formation and platelet activation involves mitogen-activated protein kinases [J]. Sci Rep, 2015(5): 13824.
[92] LEE DH, KIM HH, CHO HJ, et al. Antiplatelet effects of caffeic acid due to $Ca(^{2+})$ mobilizationinhibition via cAMP-dependent inositol-1,4,5-trisphosphate receptor phosphorylation [J]. J Atheroscler Thromb, 2014,21(1): 23-37.
[93] FUENTES E, CABALLERO J, ALARCÓN M, et al. Chlorogenic acid inhibits human platelet activation and thrombus formation [J]. PLoS One, 2014,9(3): e90699.
[94] CHO HJ, KANG HJ, KIM YJ, et al. Inhibition of platelet aggregation by chlorogenic acid via cAMP and cGMP-dependent manner [J]. Blood Coagul Fibrinolysis, 2012,23(7): 629-635.
[95] ZHENG Z, SHI L, SHENG Y, et al. Chlorogenic acid suppresses monocrotaline-induced sinusoidal obstruction syndrome: The potential contribution of NFκB, Egr1, Nrf2, MAPKs and PI3K signals [J]. Environ Toxicol Pharmacol, 2016(46): 80-89.
[96] CHOI JH, KIM S. Investigation of the anticoagulant and antithrombotic effects of chlorogenic acid [J]. J Biochem Mol Toxicol, 2017,31(3): 503-507.
[97] JIN JL, LEE YY, HEO JE, et al. Anti-platelet pentacyclic triterpenoids from leaves of Campsis grandiflora. Arch Pharm Res, 2004,27(4): 376-380.
[98] LI XL, LIU JX, LI P, et al. [Protective effect of rosmarinic acid on hypoxia/reoxygenation injury in cardiomyocytes]. Zhongguo Zhong Yao Za Zhi, 2014,39(10): 1897-1901.
[99] LIU P, DONG J. Protective effects of carnosic acid against mitochondria-mediated injury in H9c2 cardiomyocytes induced by hypoxia/reoxygenation. Exp Ther Med, 2017,14(6): 5629-5634.
[100] KIM DS, KIM HR, WOO ER, et al. Inhibitory effects of rosmarinic acid on adriamycin-induced apoptosis in H9c2 cardiac muscle cells by inhibiting reactive oxygen species and the activations of c-Jun N-terminal kinase and extracellular signal-regulated kinase. Biochem Pharmacol, 2005,70(7): 1066-1078.
[101] CHLOPCÍKOVÁ S, PSOTOVÁ J, MIKETOVÁ P, et al. Chemoprotective effect of plant phenolics against anthracycline-induced toxicity on rat cardiomyocytes. Part Ⅱ. caffeic, chlorogenic and rosmarinic acids. Phytother Res, 2004,18(5): 408-413.
[102] ZHANG Q, LI J, PENG S, et al. Rosmarinic Acid as a Candidate in a Phenotypic Profiling Cardio-/Cytotoxicity Cell Model Induced by Doxorubicin [J]. Molecules, 2020,25(4): 836.
[103] ZHANG X, ZHU JX, MA ZG, et al. Rosmarinic acid alleviates cardiomyocyte apoptosis via cardiac fibroblast in doxorubicin-induced cardiotoxicity [J]. Int J Biol Sci, 2019,15(3): 556-567.
[104] ZHANG QL, YANG JJ, ZHANG HS. Carvedilol (CAR) combined with carnosic acid (CAA) attenuates doxorubicin-induced cardiotoxicity by suppressing excessive oxidative stress, inflammation, apoptosis and autophagy [J]. Biomed Pharmacother, 2019(109): 71-83.
[105] KOCAK C, KOCAK FE, AKCILAR R, et al. Molecular and biochemical evidence on the protective effects of embelin and carnosic acid in isoproterenol-induced acute myocardial injury in rats [J]. Life Sci, 2016(147): 15-23.
[106] SAHU BD, PUTCHA UK, KUNCHA M, et al. Carnosic acid promotes myocardial antioxidant response and prevents isoproterenol-induced myocardial oxidative stress and apoptosis in mice [J]. Mol Cell Biochem, 2014,394(1-2): 163-176.
[107] HU M, LI T, BO Z, et al. The protective role of carnosic acid in ischemic/reperfusion injury through regulation of autophagy under T2DM [J]. Exp Biol Med (Maywood),2019,244(7): 602-611.
[108] KARTHIK D, VISWANATHAN P, ANURADHA CV. Administration of rosmarinic acid reduces cardiopathology and blood pressure through inhibition of p22phox NADPH oxidase in fructose-fed hypertensive rats [J]. J Cardiovasc Pharmacol, 2011,58(5): 514-521.
[109] FERREIRA LG, EVORA PRB, CAPELLINI VK, et al. Effect of rosmarinic acid on the arterial blood pressure in normotensive and hypertensive rats: Role of ACE [J]. Phytomedicine, 2018(38): 158-165.
[110] PRASANNARONG M, SAENGSIRISUWAN V, SURAPONGCHAI J, et al. Rosmarinic acid improves hypertension and skeletal muscle glucose transport in angiotensin Ⅱ-treated rats [J]. BMC Complement Altern Med, 2019,19(1): 165.
[111] WICHA P, TOCHARUS J, NAKAEW A, et al. Ethyl rosmarinate relaxes rat aorta by an endothelium-independent pathway [J]. Eur J Pharmacol, 2015(766): 9-15.
[112] FERNÁNDEZ LF, PALOMINO OM, FRUTOS G. Effectiveness of Rosmarinus officinalis essential oil as antihypotensive agent in primary hypotensive patients and its influence on health-related quality of life [J]. J Ethnopharmacol, 2014,151(1): 509-516.
[113] HUANG SS, ZHENG RL. Rosmarinic acid inhibits angiogenesis and its mechanism of action in vitro [J]. Cancer Lett, 2006,239(2): 271-280.

[114] KIM JH, LEE BJ, KIM JH, et al. Rosmarinic acid suppresses retinal neovascularization via cell cycle arrest with increase of p21(WAF1) expression [J]. Eur J Pharmacol, 2009,615(1-3): 150-154.
[115] KAYASHIMA T, MATSUBARA K. Antiangiogenic effect of carnosic acid and carnosol, neuroprotective compounds in rosemary leaves [J]. Biosci Biotechnol Biochem, 2012,76(1): 115-119.
[116] LÓPEZ-JIMÉNEZ A, GARCÍA-CABALLERO M, MEDINA M, et al. Anti-angiogenic properties of carnosol and carnosic acid, two major dietary compounds from rosemary [J]. Eur J Nutr, 2013,52(1): 85-95.
[117] SHEN YH, WANG LY, ZHANG BB, et al. Ethyl Rosmarinate Protects High Glucose-Induced Injury in Human Endothelial Cells [J]. Molecules, 2018,23(12): 3372.
[118] ZENG B, CHEN K, DU P, et al. Phenolic compounds from *Clinopodium chinense* (Benth.) O. Kuntze and their inhibitory effects on α-glucosidase and vascular endothelial cells injury [J]. Chem Biodivers, 2016,13(5): 596-601.
[119] SOTNIKOVA R, OKRUHLICOVA L, VLKOVICOVA J, et al. Rosmarinic acid administration attenuates diabetes-induced vascular dysfunction of the rat aorta [J]. J Pharm Pharmacol, 2013,65(5): 713-723.
[120] SINKOVIC A, SURAN D, LOKAR L, et al. Rosemary extracts improve flow-mediated dilatation of the brachial artery and plasma PAI-1 activity in healthy young volunteers [J]. Phytother Res, 2011,25(3): 402-407.
[121] VLAVCHESKI F, NAIMI M, MURPHY B, et al. Rosmarinic acid, a rosemary extract polyphenol, increases skeletal muscle cell glucose uptake and activates AMPK [J]. Molecules, 2017,22(10): 1669.
[122] OWENS GK, KUMAR MS, WAMHOFF BR. Molecular regulation of vascular smooth muscle cell differentiation in development and disease [J]. Physiol Rev, 2004,84(3): 767-801.
[123] DURHAM AL, SPEER MY, SCATENA M, et al. Role of smooth muscle cells in vascular calcification: implications in atherosclerosis and arterial stiffness [J]. Cardiovasc Res, 2018,114(4): 590-600.
[124] LIU R, HEISS EH, WALTENBERGER B, et al. Constituents of mediterranean spices counteracting vascular smooth muscle cell proliferation: identification and characterization of rosmarinic acid methyl ester as a novel inhibitor [J]. Mol Nutr Food Res, 2018,62(7): e1700860.
[125] YU YM, LIN HC, CHANG WC. Carnosic acid prevents the migration of human aortic smooth muscle cells by inhibiting the activation and expression of matrix metalloproteinase-9 [J]. Br J Nutr, 2008,100(4): 731-738.
[126] YU YM, LIN CH, CHAN HC, et al. Carnosic acid reduces cytokine-induced adhesion molecules expression and monocyte adhesion to endothelial cells [J]. Eur J Nutr, 2009,48(2): 101-106.
[127] WU L, WANG HM, LI JL, et al. Dual anti-ischemic effects of rosmarinic acid n-butyl ester via alleviation of DAPK-p53-mediated neuronal damage and microglial inflammation [J]. Acta Pharmacol Sin, 2017,38(4): 459-468.
[128] 高丽萍,张文斌,景玉宏,等.迷迭香酸对大鼠局灶性脑缺血再灌注损伤的保护作用及机理探讨[J].亚太传统医药,2011,7(12): 8-10.
[129] 王虹,刘红梅,王磊.迷迭香酸对四氯化碳致小鼠急性肝损伤的保护作用[J].中成药,2009,31(3): 354-358.
[130] LI Z, FENG H, WANG Y, et al. Rosmarinic acid protects mice from lipopolysaccharide/d-galactosamine-induced acute liver injury by inhibiting MAPKs/NF-κB and activating Nrf2/HO-1 signaling pathways [J]. Int Immunopharmacol, 2019(67): 465-472.
[131] LOU K, YANG M, DUAN E, et al. Rosmarinic acid stimulates liver regeneration through the mTOR pathway [J]. Phytomedicine, 2016,23(13): 1574-1582.
[132] SOTELO-FELIX JI, MARTINEZ-FONGD, MURIEL P. Protective effect of carnosol on CCl_4 - induced acute liver damage in rats [J]. Eur J Gastroenterol Hepatol, 2002,14(9): 1001-1006.
[133] OLIVEIRA JR, CAMARGO SEA, OLIVEIRA LD. *Rosmarinus officinalis* L. (rosemary) as therapeutic and prophylactic agent [J]. J Biomed Sci, 2019,26(1): 5.
[134] GAO L, SHAN W, ZENG W, et al. Carnosic acid alleviates chronic alcoholic liver injury by regulating the SIRT1/ChREBP and SIRT1/p66shc pathways in rats [J]. Mol Nutr Food Res, 2016,60(9): 1902-1911.
[135] SHAN W, GAO L, ZENG W, et al. Activation of the SIRT1/p66shc antiapoptosis pathway via carnosic acid-induced inhibition of miR-34a protects rats against nonalcoholic fatty liver disease [J]. Cell Death Dis, 2015(6): e1833.
[136] 丁亚慧.迷迭香酸对 H_2O_2 损伤的 LO2 细胞保护作用及机制研究[D].广州:广东药科大学,2019.
[137] YANG MD, CHIANG YM, HIGASHIYAMA R, et al. Rosmarinic acid and baicalin epigenetically derepress peroxisomal proliferator-activated receptor gamma in hepatic stellate cells for their antifibrotic effect [J]. Hepatology, 2012,55(4): 1271-1281.
[138] 黄丽君,卢启明,麦平,等.迷迭香酸改善小鼠肝功能,炎症水平及肝纤维化的研究[J].甘肃科技纵横,2017,46(10): 77,86-88.
[139] 张瑾锦,王友磊,刘文波,等.迷迭香酸对免疫性肝纤维化的治疗作用[J].滨州医学院学报,2010,33(3): 178-181.
[140] 赵妍.鼠尾草酸调控 SIRT1 去乙酰化 Smad3 对抗大鼠肝纤维化作用机制的研究[D].大连医科大学,2016.
[141] ZHAO H, WANG Z, TANG F, et al. Carnosol-mediated sirtuin 1 activation inhibits enhancer of zeste homolog 2 to attenuate liver fibrosis [J]. Pharmacol Res, 2018(128): 327-337.
[142] AL-ATTAR AM, SHAWUSH NA. Influence of olive and rosemary leaves extracts on chemically induced liver cirrhosis in male rats [J]. Saudi J Biol Sci, 2015,22(2): 157-163.
[143] RENZULLI C, GALVANO F, PIERDOMENICO L, et al. Effects of rosmarinic acid against aflatoxin B1 and ochratoxin-A-induced cell damage in a human hepatoma cell line ($HepG_2$) [J]. J Appl Toxicol, 2004,24(4): 289-296.

[144] CORSINI A, BORTOLINI M. Drug-induced liver injury: the role of drug metabolism and transport [J]. J Clin Pharmacol, 2013,53(5): 463 - 474.

[145] 周建国.迷迭香酸增强 5 - FU 抗肝癌作用研究[D].衡阳: 南华大学,2013.

[146] 范小琴,李捷.鼠尾草酸对人肝癌细胞及肝细胞作用的研究[J].中国药物与临床,2013,13(10): 1284 - 1286.

[147] OFFORD EA, MACE K, AVANTI O, et al. Mechanisms involved in the chemoprotective effects of rosemary extract studied in human liver and bronchial cells [J]. Cancer Lett, 1997,114(1 - 2): 275 - 281.

[148] 李欣,鼠尾草酸抗肝癌活性及作用机制研究[D].长春: 吉林大学,2018.

[149] MIN J, CHEN H, GONG Z, et al. Pharmacokinetic and pharmacodynamic properties of rosmarinic acid in rat cholestatic liver injury [J]. Molecules, 2018,23(9): 2287.

[150] BOMFIM NDS, NAKASSUGI LP, OLIVEIRA JFP, et al. Antifungal activity and inhibition of fumonisin production by *Rosmarinus officinalis* L. essential oil in *Fusarium verticillioides* (Sacc.) Nirenberg [J]. Food Chem, 2015(166): 330 - 336.

[151] GAUCH LM, SILVEIRA-GOMES F, ESTEVES RA, et al. Effects of *Rosmarinus officinalis* essential oil on germ tube formation by Candida albicans isolated from denture wearers [J]. Rev Soc Bras Med Trop, 2014,47(3): 389 - 391.

[152] CHIFIRIUC C, GRUMEZESCU V, GRUMEZESCU AM, et al. Hybrid magnetite nanoparticles/*Rosmarinus officinalis* essential oil nanobiosystem with antibiofilm activity [J]. Nanoscale research letters, 2012,7(1): 209.

[153] 刘倩,曹硕,张昊,等.迷迭香精油对金葡菌感染小鼠的干预作用[J].北京农学院学报,2019,34(2): 71 - 76.

[154] OJEDA-SANA AM, BAREN CM, ELECHOSA MA, et al. New insights into antibacterial and antioxidant activities of rosemary essential oils and their main components [J]. Food Control, 2013,31(1): 189 - 195.

[155] 潘岩,白红彤,李慧,等.栽培地区、采收季节和株龄对迷迭香精油成分和抑菌活性的影响[J].植物学报,2012,47(6): 625 - 636.

[156] 王勇,迷迭香精油和抗氧化剂提取工艺及其活性研究[D].合肥: 安徽农业大学,2012.

[157] 郭道森,杜桂彩,李丽,等.迷迭香酸对几种植物病原真菌的抗菌活性[J].微生物学通报,2004(4): 71 - 76.

[158] CHEAH HL, LIM V, SANDAI D. Inhibitors of the glyoxylate cycle enzyme ICL1 in *Candida albicans* for potential use as antifungal agents [J]. PloS one, 2014,9(4): e95951 - e95951.

[159] 尤茹,马雪倩,吴炳火,等.迷迭香酸药理作用研究进展[J].四川生理科学杂志,2015,37(2): 93 - 96.

[160] ELLIS BE, TOWERS GH. Biogenesis of rosmarinic acid in *Mentha* [J]. The Biochemical journal, 1970,118(2): 291 - 297.

[161] 孙峋,汪靖超,李洪涛,等.迷迭香酸的抗菌机理研究[J].青岛大学学报(自然科学版),2005(4): 41 - 45.

[162] SURIYARAK S, GIBIS M, SCHMIDT H, et al. Antimicrobial mechanism and activity of dodecyl rosmarinate against *Staphylococcus carnosus* LTH1502 as influenced by addition of salt and change in pH [J]. J Food Prot, 2014,77(3): 444 - 452.

[163] ARGÜELLES A, SÁNCHEZ-FRESNEDA R, GUIRAO-ABAD JP, et al. Novel bi-factorial strategy against *Candida albicans* viability using carnosic acid and propolis: synergistic antifungal action [J]. Microorganisms, 2020,8(5): 749.

[164] 夏田娟,毕良武,赵振东,等.鼠尾草酸的抗氧化活性及抑菌活性研究[J].天然产物研究与开发,2015,27(1): 35 - 40.

[165] OJEDA-SANA AM, REPETTO V, MORENO S. Carnosic acid is an efflux pumps modulator by dissipation of the membrane potential in *Enterococcus faecalis* and *Staphylococcus aureus* [J]. World J Microbiol Biotechnol, 2013,29(1): 137 - 144.

[166] OLUWATUYI M, KAATZ GW, GIBBONS S. Antibacterial and resistance modifying activity of *Rosmarinus officinalis* [J]. Phytochemistry, 2004,65(24): 3249 - 3254.

[167] TAMAKI Y, TABUCHI T, TAKAHASHI T, et al. Activated glutathione metabolism participates in protective effects of carnosic acid against oxidative stress in neuronal HT22 cells [J]. Planta Med, 2010,76(7): 683 - 688.

[168] YANAGITAI M, ITOH S, KITAGAWA T, et al. Carnosic acid, a pro-electrophilic compound, inhibits LPS-induced activation of microglia [J]. Biochem Biophys Res Commun, 2012,418(1): 22 - 26.

[169] YOSHIDA H, MENG P, MATSUMIYA T, et al. Carnosic acid suppresses the production of amyloid-β 1 - 42 and 1 - 43 by inducing an α-secretase TACE/ADAM17 in U373MG human astrocytoma cells [J]. Neuroscience Research, 2014(79): 83 - 93.

[170] SONG H, XU L, ZHANG R, et al. Rosemary extract improves cognitive deficits in a rats model of repetitive mild traumatic brain injury associated with reduction of astrocytosis and neuronal degeneration in hippocampus [J]. Neurosci Lett, 2016(622): 95 - 101.

[171] ARRANZ E, JAIME L, GARCÍA - RISCO MR, et al. Anti-inflammatory activity of rosemary extracts obtained by supercritical carbon dioxide enriched in carnosic acid and carnosol [J]. International Journal of Food Science & Technology, 2015,50(3): 674 - 681.

[172] MAIONE F, CANTONE V, PACE S, et al. Anti-inflammatory and analgesic activity of carnosol and carnosic acid in vivo and in vitro and in silico analysis of their target interactions [J]. British Journal of Pharmacology, 2017,174(11): 1497 - 1508.

[173] XIANG Q, LIU Z, WANG Y, et al. Carnosic acid attenuates lipopolysaccharide-induced liver injury in rats via fortifying cellular antioxidant defense system [J]. Food Chem Toxicol, 2013(53): 1 - 9.

[174] ROCHA J, EDUARDO-FIGUEIRA M, BARATEIRO A, et al. Anti-inflammatory effect of rosmarinic acid and an

extract of *Rosmarinus officinalis* in rat models of local and systemic inflammation [J]. Basic Clin Pharmacol Toxicol, 2015,116(5): 398 - 413.
[175] ZHOU MW, JIANG RH, KIM KD, et al. Rosmarinic acid inhibits poly (I: C) -induced inflammatory reaction of epidermal keratinocytes [J]. Life Sci, 2016(155): 189 - 194.
[176] LEE J, JUNG E, KOH J, et al. Effect of rosmarinic acid on atopic dermatitis [J]. J Dermatol, 2008,35(12): 768 - 771.
[177] 姚杨,李蓉,苏杰,等.迷迭香酸对口腔溃疡大鼠炎症因子和免疫功能的影响[J].医学研究生学报,2018,31(1): 29 - 32.
[178] LUCARINI R, BERNARDES WA, FERREIRA DS, et al. In vivo analgesic and anti-inflammatory activities of *Rosmarinus officinalis* aqueous extracts, rosmarinic acid and its acetyl ester derivative [J]. Pharmaceutical Biology, 2013,51(9): 1087 - 1090.
[179] JIANG WL, CHEN XG, QU GW, et al. Rosmarinic acid protects against experimental sepsis by inhibiting proinflammatory factor release and ameliorating hemodynamics [J]. Shock, 2009,32(6): 6 - 8,613.
[180] CHU X, CI X, HE J, et al. Effects of a natural prolyl oligopeptidase inhibitor, rosmarinic acid, on lipopolysaccharide-induced acute lung injury in mice [J]. Molecules (Basel, Switzerland), 2012,17(3): 3586 - 3598.
[181] RAJASEKARAN D, MANOHARAN S, SILVAN S, et al. Proapoptotic, anti-cell proliferative, anti-inflammatory and anti-angiogenic potential of carnosic acid during 7, 12 dimethylbenz [a] anthracene-induced hamster buccal pouch carcinogenesis. African journal of traditional, complementary, and alternative medicines [J]. AJTCAM, 2012, 10(1): 102 - 112.
[182] 张秀英,陈振界,李增佑,等.迷迭香酸抑制人舌癌 Tca8113 细胞转移作用及初步机制研究[J].兰州大学学报(医学版),2016, 42(5): 1 - 6.
[183] SCHECKEL KA, DEGNER SC, ROMAGNOLO DFR. Rosmarinic acid antagonizes activator protein-1-dependent activation of cyclooxygenase-2 expression in human cancer and nonmalignant cell lines [J]. The Journal of nutrition, 2008, 138(11): 2098 - 2105.
[184] XU Y, JIANG Z, JI G, et al. Inhibition of bone metastasis from breast carcinoma by rosmarinic acid [J]. Planta Med, 2010,76(10): 956 - 962.
[185] 周慧灵,蒋萍,梁婉娴,等.ER 介导鼠尾草酚抑制乳腺癌细胞 MCF-7 增殖效应的分子机制研究[J].环球中医药,2018,11(7): 995 - 999.
[186] EINBOND LS, WU HA, KASHIWAZAKI R, et al. Carnosic acid inhibits the growth of ER-negative human breast cancer cells and synergizes with curcumin [J]. Fitoterapia, 2012,83(7): 1160 - 1168.
[187] SAIKO P, STEINMANN MT, SCHUSTER H, et al. Epigallocatechin gallate, ellagic acid, and rosmarinic acid perturb dNTP pools and inhibit de novo DNA synthesis and proliferation of human HL-60 promyelocytic leukemia cells: Synergism with arabinofuranosylcytosine [J]. Phytomedicine, 2015,22(1): 213 - 222.
[188] WU CF, HONG C, KLAUCK SM, et al. Molecular mechanisms of rosmarinic acid from *Salvia miltiorrhiza* in acute lymphoblastic leukemia cells [J]. J Ethnopharmacol, 2015(176): 55 - 68.
[189] DANILENKO M, WANG Q, WANG X, et al. Carnosic acid potentiates the antioxidant and prodifferentiation effects of 1α, 25-Dihydroxyvitamin D3 in leukemia cells but does not promote elevation of basal levels of intracellular calcium [J]. Cancer Research, 2003,63(6): 1325.
[190] SCHECKEL, KA, DEGNER SC, ROMAGNOLO DF. Rosmarinic acid antagonizes activator protein-1-dependent activation of cyclooxygenase-2 expression in human cancer and nonmalignant cell lines [J]. J Nutr, 2008,138(11): 2098 - 2105.
[191] VENKATACHALAM K, GUNASEKARAN S, JESUDOSS VA, et al. The effect of rosmarinic acid on 1, 2-dimethylhydrazine induced colon carcinogenesis [J]. Exp Toxicol Pathol, 2013,65(4): 409 - 418.
[192] KARTHIKKUMAR V, SIVAGAMI G, VINOTHKUMAR R, et al. Modulatory efficacy of rosmarinic acid on premalignant lesions and antioxidant status in 1,2-dimethylhydrazine induced rat colon carcinogenesis [J]. Environ Toxicol Pharmacol, 2012,34(3): 949 - 958.
[193] XU Y, XU G, LIU L, et al. Anti-invasion effect of rosmarinic acid via the extracellular signal-regulated kinase and oxidation-reduction pathway in Ls174-T cells [J]. Journal of Cellular Biochemistry, 2010,111(2): 370 - 379.
[194] 房祥杰,张彬,张德重,等.迷迭香酸通过 MAPK/ERK 信号通路对结肠癌细胞增殖及凋亡的影响[J].中国肿瘤,2018,27(4): 306 - 310.
[195] KIM YJ, KIM JS, SEO YR, et al. Carnosic acid suppresses colon tumor formation in association with antiadipogenic activity [J]. Molecular Nutrition & Food Research. 2014,58(12): 2274 - 2285.
[196] 柏杨,梁彩霞,牟宜双,等.迷迭香酸对小鼠移植性 S180 肉瘤的抑制作用[J].中药药理与临床,2017,33(1): 19 - 22.
[197] HAN S, YANG S, CAI Z, et al. Anti-warburg effect of rosmarinic acid via miR-155 in gastric cancer cells [J]. Drug design, development and therapy, 2015(9): 2695 - 2703.
[198] PARK SY, SONG H, SUNG MK, et al. Carnosic acid inhibits the epithelial-mesenchymal transition in B16F10 melanoma cells: a possible mechanism for the inhibition of cell migration [J]. International journal of molecular sciences, 2014,15 (7): 12698 - 12713.
[199] MAKHATHINI KB, MABANDLA MV, DANIELS WMU. Rosmarinic acid reverses the deleterious effects of repetitive stress and tat protein [J]. Behav Brain Res, 2018(353): 203 - 209.
[200] DUBOIS M, BAILLY F, MBEMBA G, et al. Reaction of rosmarinic acid with nitrite ions in acidic conditions: discovery of nitro- and dinitrorosmarinic acids as new anti-HIV-1 agents [J]. Journal of Medicinal Chemistry, 2008,51(8): 2575 -

2579.
[201] REICHLING J, NOLKEMPER S, STINTZING FC, et al. Impact of ethanolic lamiaceae extracts on herpesvirus infectivity in cell culture [J]. Forsch Komplementmed, 2008,15(6): 313-320.
[202] ASTANI A, REICHLING J, SCHNITZLER P. *Melissa officinalis* extract inhibits attachment of herpes simplex virus in vitro [J]. Chemotherapy, 2012,58(1): 70-77.
[203] SWARUP V, GHOSH J, GHOSH S, et al. Antiviral and anti-inflammatory effects of rosmarinic acid in an experimental murine model of Japanese encephalitis [J]. Antimicrobial agents and chemotherapy, 2007. 51(9): 3367-3370.
[204] TSUKAMOTO Y, IKEDA S, UWAI K, et al. Rosmarinic acid is a novel inhibitor for Hepatitis B virus replication targeting viral epsilon RNA-polymerase interaction [J]. PloS one, 2018,13(5): e0197664-e0197664.
[205] JUNG KJ, MIN KJ, PARK JW, et al. Carnosic acid attenuates unilateral ureteral obstruction-induced kidney fibrosis via inhibition of Akt-mediated Nox4 expression [J]. Free Radic Biol Med, 2016(97): 50-57.
[206] CHEVALIER RL, FORBES MS, THORNHILL BA. Ureteral obstruction as a model of renal interstitial fibrosis and obstructive nephropathy [J]. Kidney Int, 2009,75(11): 1145-1152.
[207] 车丽双,黄荣桂,郑兴中,迷迭香酸对单侧输尿管梗阻大鼠 TGF-β1、结缔组织生长因子表达的影响[J].福建医药杂志,2015,37(4): 55-57.
[208] 伍晓晓,卫国,关月,等.大黄酸和迷迭香酸单用及配伍对慢性肾脏疾病的保护作用研究[J].现代生物医学进展,2015,15(13): 2432-2435,2472.
[209] 丁巍,黄松明,张爱华,等.迷迭香酸对单侧输尿管梗阻小鼠肾脏的抗氧化保护作用[J].南京医科大学学报(自然科学版),2009,29(3): 350-355,405.
[210] RASOOLI I, SHAYEGH S, TAGHIZADEH M, et al. Phytotherapeutic prevention of dental biofilm formation [J]. Phytother Res, 2008,22(9): 1162-1167.
[211] PAPAGEORGIOU V, GARDELI C, MALLOUCHOS A, et al. Variation of the chemical profile and antioxidant behavior of *Rosmarinus officinalis* L. and *Salvia fruticosa* Miller grown in Greece [J]. J Agric Food Chem, 2008,56(16): 7254-7264.
[212] WANG QL, LI H, LI XX, et al. Acute and 30-day oral toxicity studies of administered carnosic acid [J]. Food Chem Toxicol, 2012,50(12): 4348-4355.
[213] MAISTRO EL, MOTA SF, LIMA EB, et al. Genotoxicity and mutagenicity of *Rosmarinus officinalis* L. essential oil in mammalian cells in vivo [J]. Genet Mol Res, 2010,9(4): 2113-2122.
[214] LEMONICA IP, DAMASCENO DC, DI-STASI LC. Study of the embryotoxic effects of an extract of rosemary (*Rosmarinus officinalis* L.) [J]. Brazilian journal of medical and biological research, 1996,29(2): 223-227.
[215] HEIDARI-VALA HR, EBRAHIMI H, SADEGHI MR, et al. Evaluation of an aqueous-ethanolic extract from *Rosmarinus officinalis* (Rosemary) for its Activity on the hormonal and cellular function of testes in adult male rat [J]. Iranian journal of pharmaceutical research: IJPR, 2013,12(2): 445-451.
[216] XIAO C, DAI H, LIU H, et al. Revealing the metabonomic variation of rosemary extracts using 1H NMR spectroscopy and multivariate data analysis [J]. J Agric Food Chem, 2008,56(21): 10142-10153.
[217] MIRODDI M, CALAPAI G, ISOLA S, et al. *Rosmarinus officinalis* L. as cause of contact dermatitis [J]. Allergol Immunopathol (Madr), 2014,42(6): 616-619.
[218] PANIWNYK L, CAI H, ALBU S, et al. The enhancement and scale up of the extraction of anti-oxidants from *Rosmarinus officinalis* using ultrasound [J]. Ultrason Sonochem, 2009,16(2): 287-292.
[219] ORMENO E, BALDY V, BALLINI C, et al. Production and diversity of volatile terpenes from plants on calcareous and siliceous soils: effect of soil nutrients [J]. J Chem Ecol, 2008,34(9): 1219-1229.
[220] ANDRADE JM, FAUSTINO C, GARCIA C, et al. *Rosmarinus officinalis* L.: an update review of its phytochemistry and biological activity [J]. Future Sci OA, 2018,4(4): 283.
[221] YAO Y, MAO J, XU S, et al. Rosmarinic acid inhibits nicotine-induced C-reactive protein generation by inhibiting NLRP3 inflammasome activation in smooth muscle cells [J]. J Cell Physiol, 2019,234(2): 1758-1767.
[222] RADZIEJEWSKA I, SUPRUNIUK K, NAZARUK J, et al. Rosmarinic acid influences collagen, MMPs, TIMPs, glycosylation and MUC1 in CRL-1739 gastric cancer cell line [J]. Biomed Pharmacother, 2018(107): 397-407.
[223] MA ZJ, YAN H, WANG YJ, et al. Proteomics analysis demonstrating rosmarinic acid suppresses cell growth by blocking the glycolytic pathway in human $HepG_2$ cells [J]. Biomed Pharmacother, 2018(105): 334-349.
[224] TSUKAMOTO Y, IKEDA S, UWAI K, et al. Rosmarinic acid is a novel inhibitor for Hepatitis B virus replication targeting viral epsilon RNA-polymerase interaction [J]. PLoS One, 2018,13(5): e0197664.
[225] ABDELHALIM A, KARIM N, CHEBIB M, et al. Antidepressant, anxiolytic and antinociceptive activities of constituents from *Rosmarinus officinalis* [J]. J Pharm Pharm Sci, 2015,18(4): 448-459.
[226] PETIWALA SM, JOHNSON JJ. Diterpenes from rosemary (*Rosmarinus officinalis*): defining their potential for anti-cancer activity [J]. Cancer Lett, 2015,367(2): 93-102.
[227] LIU D, WANG B, ZHU Y, et al. Carnosic acid regulates cell proliferation and invasion in chronic myeloid leukemia cancer cells via suppressing microRNA-708 [J]. J buon, 2018,23(3): 741-746.
[228] ALBALAWI A, ALHASANI RHA, BISWAS L. et al. Carnosic acid attenuates acrylamide-induced retinal toxicity in zebrafish embryos [J]. Exp Eye Res, 2018(175): 103-114.

[229] WANG LC, WEI WH, ZHANG XW, et al. An integrated proteomics and bioinformatics approach reveals the anti-inflammatory mechanism of carnosic acid [J]. Front Pharmacol, 2018(9): 370.
[230] Ercan P. Bioaccessibility and inhibitory effects on digestive enzymes of carnosic acid in sage and rosemary [J]. Int J Biol Macromol, 2018(115): 933 - 939.
[231] SONG HM, LI X, LIU YY, et al. Carnosic acid protects mice from high-fat diet-induced NAFLD by regulating MARCKS [J]. Int J Mol Med, 2018,42(1): 193 - 207.
[232] ALIEBRAHIMI S, KOUHSARI SM, ARAB SS, et al. Phytochemicals, withaferin A and carnosol, overcome pancreatic cancer stem cells as c-Met inhibitors [J]. Biomed Pharmacother, 2018(106): 1527 - 1536.
[233] ZHENG Y, ZHANG Y, ZHENG Y, et al. Carnosol protects against renal ischemia-reperfusion injury in rats [J]. Exp Anim, 2018,67(4): 545 - 553.
[234] LO YC, LIN YC, HUANG YF, et al. Carnosol-Induced ROS inhibits cell viability of human osteosarcoma by apoptosis and autophagy [J]. Am J Chin Med, 2017,45(8): 1761 - 1772.
[235] LEE DY, HWANG CJ, CHOI JY, et al. Inhibitory effect of carnosol on phthalic anhydride-induced atopic dermatitis via inhibition of STAT3 [J]. Biomol Ther (Seoul), 2017,25(5): 535 - 544.
[236] SAMARGHANDIAN S, BORJI A, FARKHONDEH T. Evaluation of antidiabetic activity of carnosol (phenolic diterpene in rosemary) in streptozotocin-induced diabetic rats [J]. Cardiovasc Hematol Disord Drug Targets, 2017,17(1): 11 - 17.
[237] ZHAI C, LIU Q, ZHANG Y, et al. Identification of natural compound carnosol as a novel TRPA1 receptor agonist [J]. Molecules, 2014,19(11): 18733 - 18746.
[238] KIM G, DASAGRANDHI C, KANG EH, et al. In vitro antibacterial and early stage biofilm inhibitory potential of an edible chitosan and its phenolic conjugates against *Pseudomonas aeruginosa* and *Listeria monocytogenes* [J]. 3 Biotech, 2018,8(10): 439.
[239] LIU Q, TANG GY, ZHAO CN, et al. Comparison of antioxidant activities of different grape varieties [J]. Molecules, 2018. 23(10): 217 - 234.
[240] SCHÖNFELD V, HUBER CR, TRITTLER R, et al. Rosemary has immunosuppressant activity mediated through the STAT3 pathway [J]. Complement Ther Med, 2018(40): 165 - 170.
[241] MU, HN, LI Q, FAN JY, et al. Caffeic acid attenuates rat liver injury after transplantation involving PDIA3-dependent regulation of NADPH oxidase [J]. Free Radic Biol Med, 2018(129): 202 - 214.
[242] LIMA ME, CEOLIN AC, MAYA-LÓPEZ M, et al. Comparing the effects of chlorogenic acid and ilex paraguariensis extracts on different markers of brain alterations in rats subjected to chronic restraint stress [J]. Neurotox Res, 2019,35(2): 373 - 386.
[243] ZHANG T, CHEN S, CHEN L, et al. Chlorogenic acid ameliorates lead-induced renal damage in mice [J]. Biol Trace Elem Res, 2019,189(1): 109 - 117.
[244] VUKELIĆ I, DETEL D, PUČAR LB, et al. Chlorogenic acid ameliorates experimental colitis in mice by suppressing signaling pathways involved in inflammatory response and apoptosis [J]. Food Chem Toxicol, 2018(121): 140 - 150.
[245] GONG XX, SU XS, ZHAN K, et al. The protective effect of chlorogenic acid on bovine mammary epithelial cells and neutrophil function [J]. J Dairy Sci, 2018,101(11): 10089 - 10097.
[246] KHWAZA V, OYEDEJI OO, ADERIBIGBE BA. Antiviral activities of oleanolic acid and its analogues [J]. Molecules, 2018. 23(9): 2300.
[247] ZHANG W, FENG J, CHENG B, et al. Oleanolic acid protects against oxidative stress-induced human umbilical vein endothelial cell injury by activating AKT/eNOS signaling [J]. Mol Med Rep, 2018,18(4): 3641 - 3648.
[248] ALI MS, AHMED G, MESAIK MA, et al. Facile one-pot syntheses of new C-28 esters of oleanolic acid and studies on their antiproliferative effect on T cells [J]. Z Naturforsch C J Biosci, 2018,73(11 - 12): 417 - 421.
[249] KIM GJ, JO HJ, LEE KJ, et al. Oleanolic acid induces p53-dependent apoptosis via the ERK/JNK/AKT pathway in cancer cell lines in prostatic cancer xenografts in mice [J]. Oncotarget, 2018,9(41): 26370 - 26386.
[250] YADAV D, MISHRA BN, KHAN F. 3D-QSAR and docking studies on ursolic acid derivatives for anticancer activity based on bladder cell line T24 targeting NF-κB pathway inhibition [J]. J Biomol Struct Dyn, 2019,37(14): 3822 - 3837.
[251] CHENG M, LIANG XH, WANG QW, et al. Ursolic acid prevents retinoic acid-induced bone loss in rats [J]. Chin J Integr Med, 2019,25(3): 210 - 215.
[252] ABU-GHARBIEH E, SHEHAB NG, ALMASRI IM, et al. Antihyperuricemic and xanthine oxidase inhibitory activities of *Tribulus arabicus* and its isolated compound, ursolic acid: In vitro and in vivo investigation and docking simulations [J]. PLoS One, 2018,13(8): e0202572.
[253] MOURYA A, AKHTAR A, AHUJA S, et al. Synergistic action of ursolic acid and metformin in experimental model of insulin resistance and related behavioral alterations [J]. Eur J Pharmacol, 2018(835): 31 - 40.
[254] XU HL, WANG XT, CHENG Y, et al. Ursolic acid improves diabetic nephropathy via suppression of oxidative stress and inflammation in streptozotocin-induced rats [J]. Biomed Pharmacother, 2018(105): 915 - 921.
[255] NGUYEN HN, AHN YJ, MEDINA EA, et al. Dietary 23-hydroxy ursolic acid protects against atherosclerosis and obesity by preventing dyslipidemia-induced monocyte priming and dysfunction [J]. Atherosclerosis, 2018(275): 333 - 341.
[256] SOUSA EL, FARIAS TC, FERREIRA SB, et al. Antibacterial activity and time-kill kinetics of positive enantiomer of α-pinene against strains of staphylococcus aureus and escherichia coli [J]. Curr Top Med Chem, 2018,18(11): 917 - 924.

[257] BOUZENNA H, HFAIEDH N, GIROUX-METGES MA, et al. Potential protective effects of α-pinene against cytotoxicity caused by aspirin in the IEC-6 cells [J]. Biomed Pharmacother, 2017(93): 961-968.
[258] MEMARIANI Z, SHARIFZADEH M, BOZORGI M, et al. Protective effect of essential oil of Pistacia atlantica Desf. on peptic ulcer: role of α-pinene [J]. J Tradit Chin Med, 2017,37(1): 57-63.
[259] LIN YH, KUO JT, CHEN YY, et al. Immunomodulatory effects of the stout camphor medicinal mushroom, *Taiwanofungus camphoratus* (agaricomycetes) -based health food product in mice [J]. Int J Med Mushrooms, 2018,20(9): 849-858.
[260] CARVALHO M, REGO AMB, GALVÃO AM, et al. Search for cytotoxic compounds against ovarian cancer cells: Synthesis, characterization and assessment of the activity of new camphor carboxylate and camphor carboxamide silver complexes [J]. J Inorg Biochem, 2018(188): 88-95.
[261] KURANOV SO, TSYPYSHEVA IP, KHVOSTOV MV, et al. Synthesis and evaluation of camphor and cytisine-based cyanopyrrolidines as DPP-IV inhibitors for the treatment of type 2 diabetes mellitus [J]. Bioorg Med Chem, 2018,26(15): 4402-4409.
[262] MANOHARAN RK, LEE JH, LEE J. Antibiofilm and antihyphal activities of cedar leaf essential oil, camphor, and fenchone derivatives against candida albicans [J]. Front Microbiol, 2017(8): 1476.
[263] SAMPATH S, SUBRAMANI S, JANARDHANAM S, et al. Bioactive compound 1,8-Cineole selectively induces G_2/M arrest in A431 cells through the upregulation of the p53 signaling pathway and molecular docking studies [J]. Phytomedicine, 2018 (46): 57-68.
[264] MERGHNI A, NOUMI E, HADDED O, et al. Assessment of the antibiofilm and antiquorum sensing activities of Eucalyptus globulus essential oil and its main component 1,8-cineole against methicillin-resistant Staphylococcus aureus strains [J]. Microb Pathog, 2018(118): 74-80.
[265] YADAV N, CHANDRA H. Suppression of inflammatory and infection responses in lung macrophages by eucalyptus oil and its constituent 1,8-cineole: Role of pattern recognition receptors TREM-1 and NLRP3, the MAP kinase regulator MKP-1, and NF-κB [J]. PLoS One, 2017,12(11): e0188232.
[266] JÚNIOR JMM, DAMASCENO MB, SANTOS SA, et al. Acute and neuropathic orofacial antinociceptive effect of eucalyptol [J]. Inflammopharmacology, 2017,25(2): 247-254.
[267] LAI YN, LI Y, FU LC, et al. Combinations of 1,8-cineol and oseltamivir for the treatment of influenza virus A (H3N2) infection in mice [J]. J Med Virol, 2017,89(7): 1158-1167.
[268] NOVATO T, GOMES GA, ZERINGÓTA V, et al. In vitro assessment of the acaricidal activity of carvacrol, thymol, eugenol and their acetylated derivatives on *Rhipicephalus microplus* (Acari: Ixodidae) [J]. Vet Parasitol, 2018(260): 1-4.
[269] PINTO SML, SANDOVAL LVH, VARGAS LY. In vitro susceptibility of Microsporum spp. and mammalian cells to Eugenia caryophyllus essential oil, eugenol and semisynthetic derivatives [J]. Mycoses, 2019,62(1): 41-50.
[270] PAL D, SUR S, ROY R, et al. Epigallocatechin gallate in combination with eugenol or amarogentin shows synergistic chemotherapeutic potential in cervical cancer cell line [J]. J Cell Physiol, 2018,234(1): 825-836.
[271] MAGALHÃES CB, CASQUILHO NV, MACHADO MN, et al. The anti-inflammatory and anti-oxidative actions of eugenol improve lipopolysaccharide-induced lung injury [J]. Respir Physiol Neurobiol, 2019(259): 30-36.
[272] KONG X, HUO G, LIU S, et al. Luteolin suppresses inflammation through inhibiting cAMP-phosphodiesterases activity and expression of adhesion molecules in microvascular endothelial cells [J]. Inflammopharmacology, 2019,27(4): 773-780.
[273] JO BG, PARK NJ, JEGAL J, et al. Stellera chamaejasme and its main compound luteolin 7-O-glucoside alleviates skin lesions in oxazolone- and 2,4-dinitrochlorobenzene-stimulated murine models of atopic dermatitis [J]. Planta Med, 2019, 85(7): 583-590.
[274] LIAO Y, XU Y, CAO M, et al. Luteolin induces apoptosis and autophagy in mouse macrophage ANA-1 cells via the bcl-2 pathway [J]. J Immunol Res, 2018(2018): 4623919.
[275] TAGOUSOP CN, TAMOKOU JD, EKOM SE, et al. Antimicrobial activities of flavonoid glycosides from Graptophyllum grandulosum and their mechanism of antibacterial action [J]. BMC Complement Altern Med, 2018,18(1): 252.
[276] DONG X, ZHANG J, YANG F, et al. Effect of luteolin on the methylation status of the OPCML gene and cell growth in breast cancer cells [J]. Exp Ther Med, 2018,16(4): 3186-3194.
[277] ELMAZOGLU Z, SAGLAM ASY, SONMEZ C, et al. Luteolin protects microglia against rotenone-induced toxicity in a hormetic manner through targeting oxidative stress response, genes associated with Parkinson's disease and inflammatory pathways [J]. Drug Chem Toxicol, 2020,43(1): 96-103.
[278] JING Z, WANG C, YANG Q, et al. Luteolin attenuates glucocorticoid-induced osteoporosis by regulating ERK/Lrp-5/GSK-3β signaling pathway in vivo and in vitro [J]. J Cell Physiol, 2019,234(4): 4472-4490.

第八章　迷迭香药物分析和质量控制

迷迭香富含多种活性成分，主要含挥发油、酚酸类，以及黄酮类、二萜类和三萜类成分等，其中挥发油和酚酸类为迷迭香的指标性成分。《欧洲药典》和《英国药典》规定：采用水蒸气蒸馏法测定，迷迭香叶中挥发油含量不少于 12 ml/kg；采用紫外可见分光光度法测定，迷迭香叶中羟基肉桂酸衍生物含量以迷迭香酸计不少于 3.0%。以此控制药材质量。

第一节　迷迭香成分的含量测定

一、迷迭香酸

1. *高效液相色谱法（HPLC）* 吴良等采用高效液相色谱法测定了迷迭香中迷迭香酸的含量，色谱条件：色谱柱为 Shim-pack VP-ODS（4.6 mm×250 mm，5 μm），流动相为甲醇-0.1%甲酸溶液（45∶55，v/v），柱温为 30 ℃，流速 0.8 ml/min，检测波长 330 nm。进样量 20 μl，做标准曲线，在 0.976～4.880 μg 内呈良好的线性关系（r=0.9997），平均回收率为 99.5%（RSD=0.8%，n=6）。该测定方法能有效地消除迷迭香中其他成分的干扰，并且简便、准确、重现性好。

2. *动态 pH 联接-扫集毛细管电泳法* 邓光辉等采用动态 pH 联接-扫集毛细管电泳法测定化妆品中迷迭香酸的含量（图 8-1），条件为15 cm 石英毛细管柱，15 mmol/L 硼砂- 45 mmol/L 十二

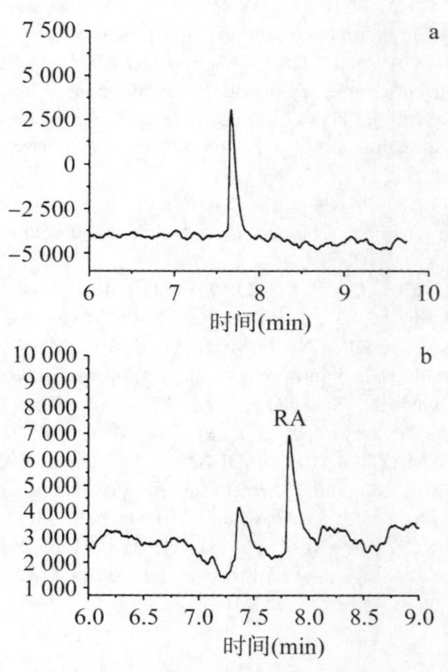

图 8-1　迷迭香酸标准品(a)与化妆品(b)的毛细管电泳图

烷基硫酸钠(SDS)(pH8.8)-15%甲醇为缓冲液，进样时间60 s，分离电压16 kV，样品中磷酸盐浓度10 mmol/L，样品基质pH 4.7。在此条件下，迷迭香酸的线性回归方程式为 $y=539\,200\rho+53\,588(r=0.998\,5)$，线性范围为0.144～3.6 μg/ml，检出限0.036 μg/ml，迷迭香酸的回收率为92.5%～103%，相对标准偏差为2.5%。

3. *高效液相色谱-二极管阵列检测器法(RP-HPLC)*　邹盛勤等采用RP-HPLC测定不同产地迷迭香中迷迭香酸的含量(图8-2)，色谱柱为Kromasil C_{18} 柱(4.6 mm×250 mm，5 μm)，流动相为甲醇-0.2%磷酸水溶液(v/v，45∶55)，流速0.8 ml/min，检测波长331 nm，柱温25 ℃。迷迭香酸进样量在0.316～3.160 μg时，与峰面积呈良好的线性关系，线性方程为 $Y=2.68\times106X-1.09\times105(r=0.999\,3)$。精密度和重现性 RSD 分别为0.6%和2.1%，平均加样回收率为97.8%，RSD 为1.2%($n=6$)。

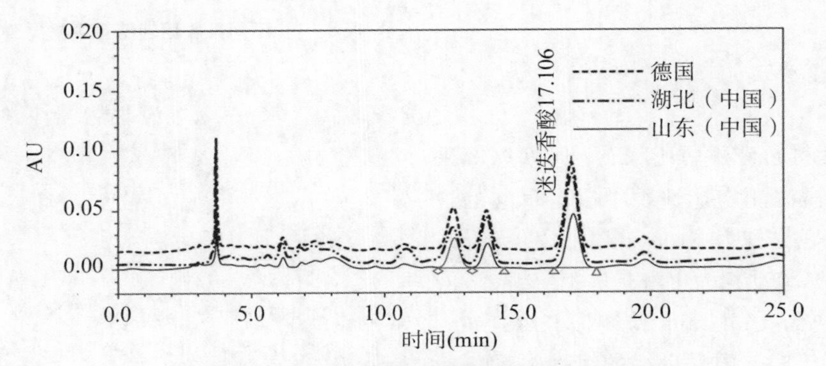

图8-2　不同产地迷迭香样品的HPLC图谱

4. *方波溶出伏安法*　Maryam Mohamadi等用壳聚糖/碳纳米管复合修饰碳糊电极伏安，研究了迷迭香酸在DNA涂层电极表面的电化学行为，发现固定化DNA与迷迭香酸之间的强相互作用使迷迭香酸积累在电极表面，有效地富集了迷迭香酸，使传感器具有较高的测定迷迭香酸的灵敏度。建立方法为：将电极浸泡在不同浓度迷迭香酸的0.05 mol/L乙酸缓冲液中(pH 2.7)，静置8 min，使迷迭香酸累积，然后用蒸馏水彻底冲洗电极，将其放入0.1 mol/L磷酸缓冲液中(pH 2.2)剥离迷迭香酸。使用20 Hz频率和20 mv调制幅度的方波朝正方向从250～600 mv扫描电位以记录迷迭香酸伏安图(图8-3)。建立方法的线性范围0.040～1.5 μmol/L，检出限为0.014 μmol/L。该方法已成功地应用于迷迭香提取物的分析，所得数据与高效液相色谱分析结果吻合较好。

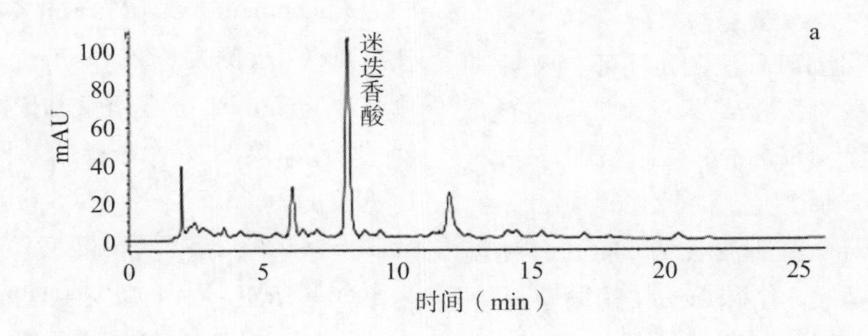

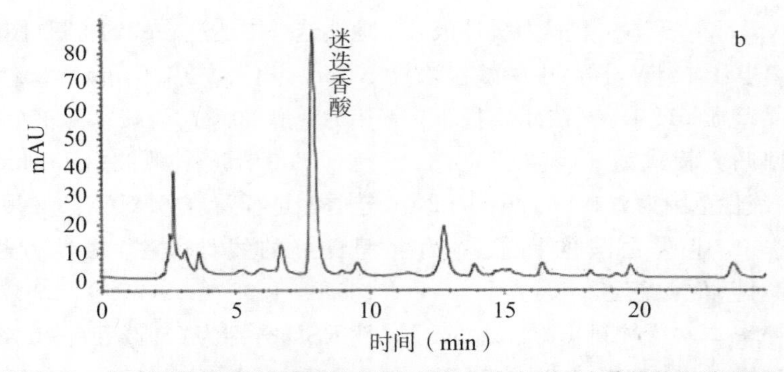

图 8-3　文献报道迷迭香提取物(a)的色谱图和在本研究中获得的色谱图(b)

二、鼠尾草酸

1. 高效液相色谱法(HPLC)・何默忠等采用高效液相色谱法测定迷迭香中鼠尾草酸的含量，色谱条件：色谱柱为 Kromasil C_{18}(250 mm×4.6 mm，5 μm)，流动相为甲醇：0.2%磷酸溶液(82：18)，流速为 1 ml/min，检测波长 284 nm。在 0.055 8～0.558 μg 内呈良好的线性关系(r=0.999 9)。平均回收率为 98.7%。测得鼠尾草酸的平均含量为 2.41%。鼠尾草酸的保留时间为 15.8 min，理论塔板数为 14 350，分离度大于 1.8。

吕岱竹等采用 HPLC 法测定了迷迭香超临界提取物(SFE)中的鼠尾草酸。SFE 样品用甲醇超声提取，以 C_{18} 为固定相，52% 乙腈-10 mmol/L 冰乙酸为流动相，在 285 nm 检测波长下，用外标法进行定性定量分析，鼠尾草酸校正曲线的线性范围为 0.1～50 mg/L，相关系数为 0.999 8，检出限为 0.1 mg/L，平均回收率为 98%。

李宇伟等采用 HPLC 法测定了不同采收期迷迭香中鼠尾草酸的含量，结果见表 8-1。色谱条件：色谱柱为 Diamonsil C_{18}(200 mm×4.6 mm，5 μm)，流动相为乙腈：水(60：40，v/v)，流速为 0.8 ml/min，检测波长为 230 nm，柱温 30 ℃，pH 4.5～5.0。结果显示，鼠尾草酸在 0.008 7～0.055 8 g/L 呈良好的线性系，R^2=0.999 8，回收率为 99.5%。

表 8-1　不同采收期迷迭香中鼠尾草酸的质量分数(n=3)

采收日期（月—日）	鼠尾草酸	
	质量分数（%）	RSD（%）
01—15	1.98	1.02
02—14	2.04	0.97
03—15	2.11	0.85
04—15	2.55	0.92
05—16	2.75	0.88
06—15	3.05	0.74
07—15	2.86	0.69
08—15	2.68	0.84
09—16	2.91	0.79
10—15	3.34	0.88
11—15	2.62	0.83
12—14	2.16	0.61

张坤等采用高效液相色谱法同时测定迷迭香中迷迭香酸和鼠尾草酸含量，色谱条件：色谱柱为 Phenomenex C_{18}(250 mm×4.6 mm，5 μm)，柱温 30 ℃，检测波长 254 nm，流动相见表 8-2，流速为 1 ml/min。迷迭香酸和鼠尾草酸与其他组分的分离效果好，两者分别在 0.046 55～1.862 0 μg 和 0.372 7～14.908 μg 呈良好的线性关系(r_1=0.999 94；r_2=0.999 97)，平均回收率分别为 99.0%(RSD=1.1%，n=9)和 98.1%(RSD=1.5%，n=9)。经计算得迷迭香药材中迷迭香酸与鼠尾草酸的含量分别为 1.57%、3.50%。

表 8-2　流动相梯度表

时间(min)	乙腈(%)	0.1% 磷酸(%)
0～10	25	75
10～15	25～75	75～25
15～25	75	25

2. 毛细管区带电泳-紫外二极管阵列检测器

Bonol M 等采用毛细管区带电泳法测定不同迷迭香提取物中迷迭香酸和鼠尾草酸含量(图 8-4),最佳电泳条件为毛细管 40 cm(有效长度) 50 min,缓冲液为 20 mmol/L 四硼酸钠(pH 9.0),外加电压 30 kV,温度 35 ℃,0.5 psi 进样 3 s,检测波长 200 nm。该方法总峰面积日内相对标准偏差小于 4%。

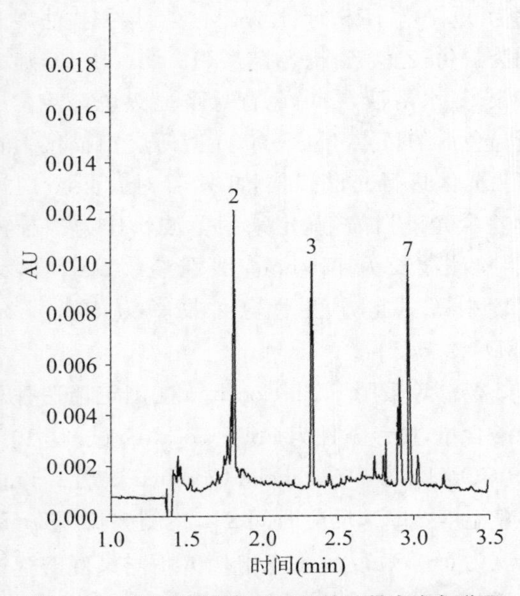

图 8-4　迷迭香提取物的毛细管区带电泳色谱图

2=鼠尾草酚;3=鼠尾草酸;7=迷迭香酸

三、其他成分

Zhang Y 等建立了毛细管区带电泳测定迷迭香中阿魏酸、迷迭香酸和咖啡酸的方法,考察了缓冲液 pH、浓度和外加电压对分离的影响。最佳电泳条件为:40 mmol/L 硼砂-40 mmol/L NaH_2PO_4(pH 8.0)为运行缓冲液,外加电压 25 kV。在此条件下,迷迭香酸、阿魏酸和咖啡酸的峰面积与浓度分别在 10～200 mg/ml、20～400 mg/ml 和 20～400 mg/ml 范围内呈良好的线性关系。阿魏酸的迁移时间和峰面积的 *RSD* 分别为 0.68% 和 1.37%,迷迭香酸的 *RSD* 为 0.51%和 1.98%,咖啡酸的 *RSD* 为 0.76% 和 1.86%。3 种分析物的检出限为 3.1～5.6 mg/ml。3 种分析物的回收率在 92.5%～102.5%之间。

吕岱竹等采用 HPLC 法测定了迷迭香超临界提取物(SFE)中的鼠尾草酚。SFE 样品用甲醇超声提取,以 C_{18} 为固定相,52% 乙腈-10 mmol/L 冰乙酸为流动相,在 285 nm 检测波长下,用外标法进行定性定量分析鼠尾草酚校正曲线的线性范围为 0.5～50 mg/L,相关系数为 0.999 6,检出限为 0.8 mg/L,平均回收率为 95%。

Li PH 等建立了高效液相色谱-蒸发光散射检测(HPLC-ELSD)同时测定迷迭香中迷迭香酸、鼠尾草醇、鼠尾草酸、齐墩果酸和熊果酸的分析方法(图 8-5)。色谱柱为 Zorbax SB-C_{18} 柱(4.6 mm×250 mm, 5 μm),流动相为甲醇-0.6%

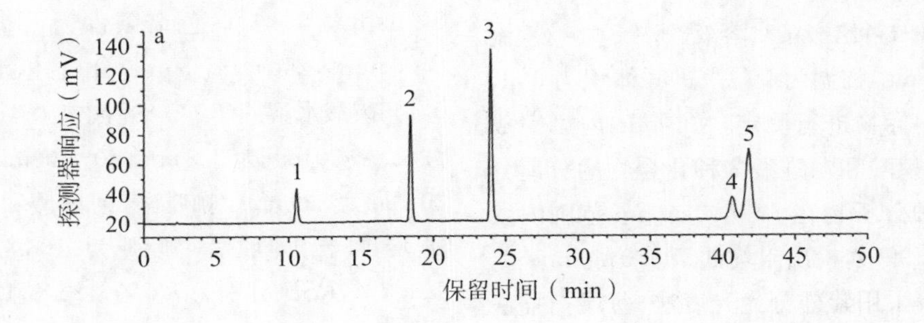

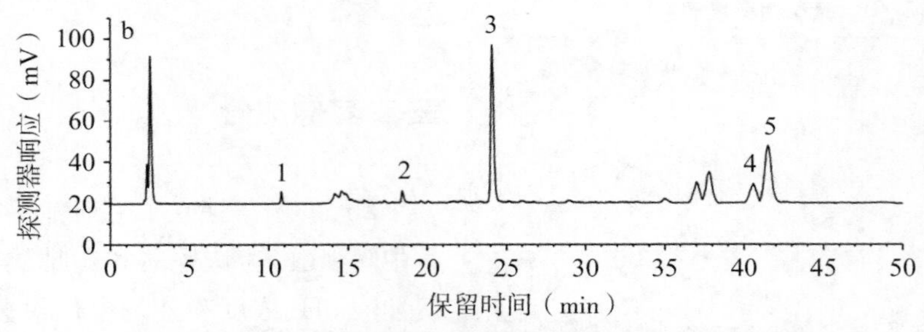

图 8-5 HPLC-ELSD 测定多标准品(a)和样品(b)的色谱图

1. 迷迭香酸;2. 鼠尾酚;3. 鼠尾草酸;4. 齐墩果酸;5. 熊果酸

冰醋酸,梯度洗脱(表 8-3)。ELSD 漂移管温度为 70 ℃,雾化氮气压力为 40 psi。方法灵敏度高(检出限为 100.8～8.6 μg/ml),线性范围可接受(相关系数为 0.991～0.999),重现性好(日内、日间变异均小于 3.1%),准确度令人满意(回收率在 95.5%～99.9%之间)。该方法为迷迭香及其提取物的功能成分分析和质量控制提供了一种省时省力的有力工具。

表 8-3 流动相梯度表

时间(min)	甲醇(%)	0.6% 冰醋酸(%)
0～8	40～50	60～50
8～10	50～83	50～17
10～25	83～85	17～15
25～50	85	15

许高燕等建立了一种同时快速测定水溶性迷迭香提取物中迷迭香酸、阿魏酸和咖啡酸含量的高效液相色谱-串联质谱(HPLC/MS/MS)分析方法。MS/MS 使用多反应监测(MRM)扫描方式。色谱柱为 ODS-C_{18}(50 mm×2.1 mm, 5 μm),流动相为甲醇- 0.1%乙酸铵水溶液(95 : 5, v/v),流速为 0.2 ml/min,柱温为 20 ℃,进样体积为 3 μl。以水杨酸为内标物进行测定,在 3 min 内可完成迷迭香酸、阿魏酸和咖啡酸 3 种化合物的分离分析。上述 3 种分析物在 5～500 ng/ml 范围内线性良好($r>0.999$),检出限均低于 5.0 ng/ml。

潘利明等采用紫外分光光度法-薄层扫描法测定了迷迭香超临界 CO_2 提取物的含量。紫外分光光度法以氯仿为空白溶剂在 282.5 nm 波长处测定吸收度,绘制标准曲线,回归方程为 $A=8.928C+0.3874$($r=0.9995$),此方法平均回收率为 99.70%,$RSD=1.952\%$。薄层扫描法展开剂为氯仿-乙酸乙酯-冰醋酸(15 : 1 : 0.1),喷硝酸银-氨水溶液,在白色背景下显黑色斑点。层析显色后的斑点于 CS-9000 型薄层扫描仪上在可见光区进行光谱扫描,并接着对背景空白进行差示光谱扫描,确定采用单波长作为扫描方式,检测波长为 455 nm。线性参数 $SX=3$,灵敏度中等。此方法平均回收率为 103.11%,$RSD=2.568\%$。

杨磊等采用 Folin-ciocalteu 法测定迷迭香总酚酸含量,比色条件为 Folin-ciocalteu 试剂: 10% Na_2CO_3(1 : 3, v/v),Folin-Ciocalteu 试剂 1.5 ml,显色温度 25 ℃,反应时间 2 h,检测波长 765 nm。浓度为 5～50 μg/ml 时与其吸光值呈良好的线性关系,测定方法的平均回收率为 101.2%。

王珲高效液相色谱切换波长法同时测定不同采收月份咖啡酸、阿魏酸、迷迭香酸的含量(图 8-6 和表 8-4)。色谱条件为: Phenomsil C_{18}(4.6 mm×250 mm, 5 μm)分析柱,流动相甲醇- 0.1%磷酸水溶液(32 : 68),流速 1.0 ml/min,检测波长 0～20 min 为 323 nm, 20～30 min 为 316 nm, 30 min 为 329 nm。咖啡酸,阿魏酸和迷迭香酸的平均加样回收率分别为 103.7%, 99.5%, 101.7%,RSD 分别为 1.5%,1.2%,1.5%。

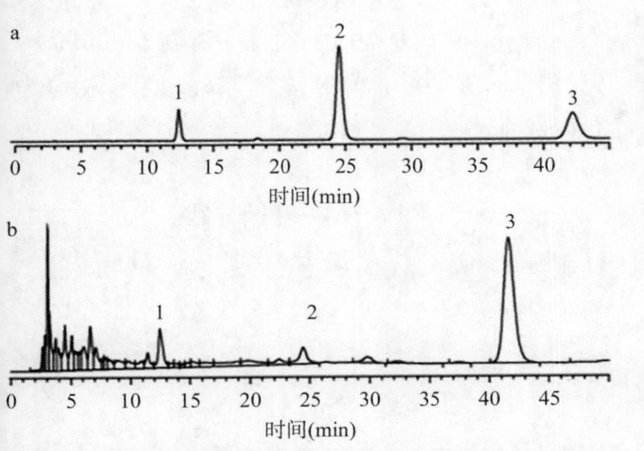

图 8-6 迷迭香中多成分的对照品(a)与供试品(b)的色谱图

1. 咖啡酸;2. 阿魏酸;3. 迷迭香酸

表 8-4 不同采收月份迷迭香中迷迭香酸、咖啡酸、阿魏酸含量

编号	迷迭香酸(mg/g)	咖啡酸(mg/g)	阿魏酸(mg/g)
3	10.26	0.4783	0.1577
4	12.90	0.3446	0.0788
5	15.15	0.3787	0.2376
6	7.095	0.4228	0.2799
7	8.001	0.5271	0.1357
8	4.972	0.2278	0.2297

曹姗等采用 LC-MS/MS 法同时测定迷迭香中迷迭香酸、鼠尾草酸、绿原酸和咖啡酸含量。色谱条件: AgilentEclipseXDB-C_{18} 色谱柱(150 mm × 4.6 mm, 5 μm),流动相为乙腈-0.05%甲酸,梯度洗脱见表 8-5,流速 1 ml/min,柱温 25℃;进样量 10 μl。质谱条件:电喷雾离子源(electrosprayionization, ESI),负离子扫描,多离子反应监测(multiplereactionmonitoring, MRM)扫描方式,离子源喷雾电压-4500 V,离子源雾化温度 300℃,雾化气 12 psi,气帘气 10 psi。一天内 4 种化合物的峰面积的 *RSD* 分别为 0.60%、0.52%、0.74%和 0.59%。迷迭香酸的平均加标回收率为 90.8%,*RSD* 为 2.2%;绿原酸平均加标回收率为 87.2%,*RSD* 为 2.3%;咖啡酸的平均加标回收率为 85.8%,*RSD* 为 2.8%;鼠尾草酸平均加标回收率为 91.7%,*RSD* 为 2.6%(n=6)。迷迭香酸含量为 4.07 mg/g,鼠尾草酸含量为 14.50 mg/g,绿原酸含量为 8.49 mg/g,咖啡酸含量为 2.92 mg/g。

表 8-5 流动相梯度表

时间(min)	乙腈(%)	0.05% 甲酸(%)
0～5	82	18
5～10	82～5	18～95
10～14	5	95
14～15	5～82	95～18
15～20	82%	18%

Torre J 等采用高效液相色谱法测定了迷迭香中 α-生育酚的含量。分析柱为 Nucleosil C_{18} 柱,柱温 35℃,内标为维生素 D,流动相为(A)甲醇-丙酮(30 : 70)-(B)0.1%冰醋酸(v/v)。梯度洗脱: 0～23 min 内 B 的比例由 85%～100%线性变化,流速 2 ml/min, 23～30 min,以流速 3 ml/min 清洗低极性化合物。平均回收率为(93±7)%,批内精密度 *RSD*=±4%,批间精密度 *RSD*=±7%。

Peng YY 等采用毛细管电泳-电化学检测法测定迷迭香中的有效成分的含量(图 8-7)。检测电极为 300 m 碳盘电极,工作电位+0.90 V。在 80 mmol/L 硼酸盐缓冲液(pH 9.0)中,分离电压为 16 kV,在 75 cm 长的熔融石英毛细管中,分离时间为 25 min。对橙皮素、刺槐素、薯蓣素、芹菜素、木犀草素、阿魏酸、迷迭香酸、咖啡酸等一系列标准混合液进行了测定,检出限(S/N=3)为 2×10^{-7}～1×10^{-6} g/ml。

冷桂华等采用反相高效液相色谱二极管阵列检测器法分离、测定迷迭香中乌索酸和齐墩果酸的含量(图 8-8)。分析柱为 Romasil C_{18} 色谱柱(4.6 mm×250 mm, 45 μm),检测波长 210 nm,流动相为甲醇 : 水 : 磷酸(88 : 12 : 0.1),流速

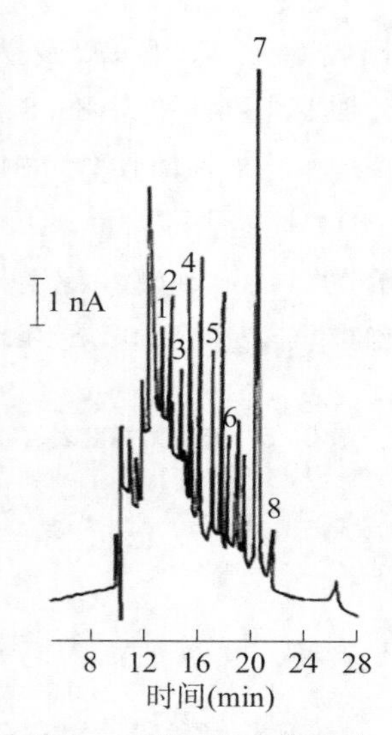

图8-7 样品的电泳图谱

1. 橙皮素；2. 刺槐素；3. 薯蓣素；4. 阿魏酸；
5. 芹菜素；6. 木犀草素；7. 迷迭香酸；8. 咖啡酸

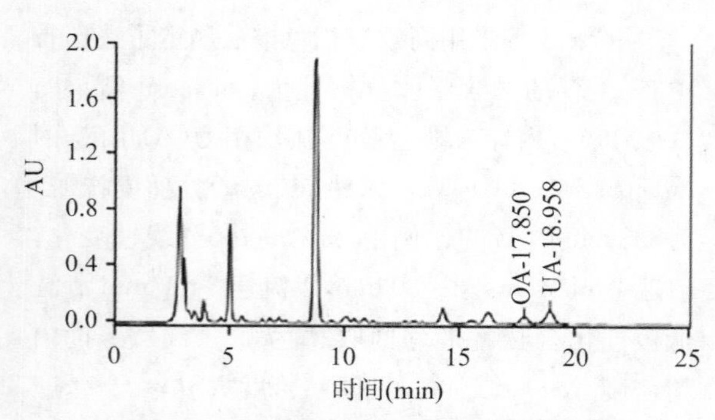

图8-8 迷迭香提取物的高效液相色谱图

0.8 ml/min，柱温 30 ℃。乌索酸进样量在 0.10～4.00 μg 范围内，平均回收率为 100.6%，乌索酸的 *RSD* 为 1.6%。齐果酸进样量在 0.05～2.00 μg 范围内，平均回收率为 98.7%，*RSD* 为 1.2%。

韩焕美等采用多波长高效液相色谱法测定食用植物油中 4 种迷迭香提取物的含量。分析柱为 XTerra RP-C_{18}（250 mm×4.6 mm，5 μm）流动相为乙腈- 0.4%乙酸，流速为 0.8 ml/min，梯度洗脱，检测波长为 280 nm、210 nm。4 种化合物在 0.1～10 μg/ml 范围内呈良好的线性关系，相关系数均大于 0.999。加标浓度在 0.1～2.0 μg/ml 时，方法的回收率在 80.6%～91.3%，*RSD* 在 4.03%～7.71%，检出限均为 1.0 mg/kg。

表8-6 流动相梯度表

时间（min）	乙腈（%）	0.4% 乙酸（%）
0～10	40	60
10～11	100	0
11～18	100	0
18～19	40	60
19～25	60	40

Jae B 等采用高效液相色谱（HPLC）分析技术，结合 DPPH 自由基清除、黄嘌呤氧化酶和环氧合酶测定，对罗勒、柠檬百里香、薄荷、牛至、迷迭香、鼠尾草和百里香中的主要酚类化合物进行了分析研究。选择了 15 种植物来源的酚类化合物然后，用 HPLC 法从植物甲醇提取物中分离出抗氧化和抗炎的酚类化合物，建立了这些酚类化合物的标准 HPLC 图谱（图 8－9）。分析柱为 NOVA-Pak C_{18}，流动相为 50 mmol/L 磷酸二氢钠（pH 4.3）-甲醇，流速 0.8 ml/min，检测器为四电极通道库仑阵列电化学检测器。实现了 15 种酚类物质的离散性和重现性分离。

王方杰等采用直观推导式演进特征投影法辅助 GC-MS 分析迷迭香挥发油含量（图 8－10）。色谱条件：HP-5MS 石英毛细管柱（30 m×0.25 μm×0.25 mm），载气为氦气，流速为 1 ml/min，进样口温度 270 ℃。程序升温：初始柱温 50 ℃，保持 1 min，以 3 ℃/min 升至 250 ℃，保持 20 min。分流比为 50∶1，溶剂延迟 4 min，进样量 1 μl（以正己烷稀释 50 倍）。质谱条件：标准 EI 源，离子源温度 230 ℃，四级杆温度 150 ℃，电子能量 70 eV，辅助接口温度 280 ℃，扫描范围 20～500 amu。对分离完全的色谱峰用安捷伦质谱数据库进行结构确定，对部分分离不完全的色

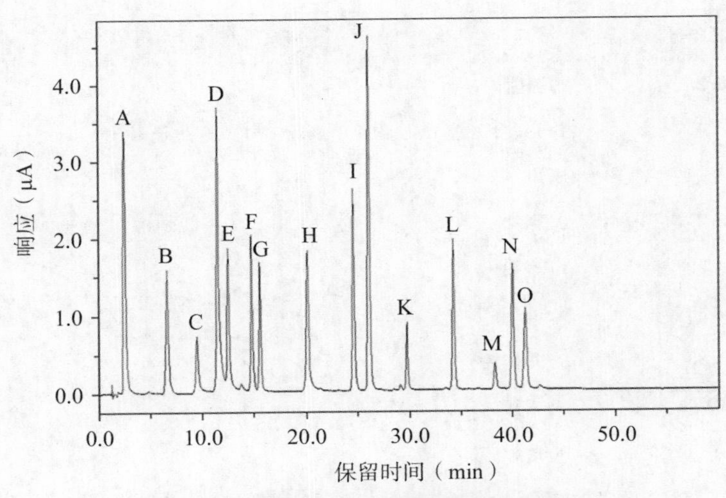

图8-9　标准酚类化合物的高效液相色谱图

A. 没食子酸；B. 原儿茶酸；C. 绿原酸；D. 原儿茶醛；E. 香草酸；F. 咖啡酸；G. 丁香酸；H. 香草醛；I. 阿魏酸；J. 芥子酸；K. 迷迭香酸；L. *N*-咖啡酰酪胺；M. *N*-香豆酰酪胺；N. *N*-阿魏酰酪胺；O. *N*-芥子酰酪胺

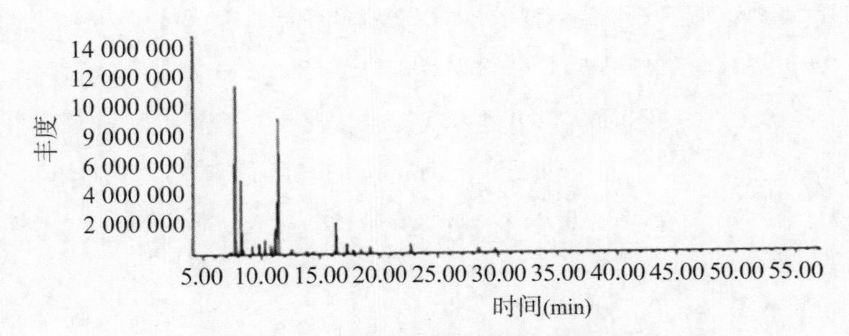

图8-10　迷迭香挥发油的总离子流图

谱峰用化学计量学分析方法-直观推导式演进特征投影法进行解析和比较分析。得到纯色谱和质谱峰后进行分析。采用总体积积分法和归一化法计算各化合物相对含量。组分的定量分析结果见表8-7，定量组分占总含量的99.79%。

表8-7　迷迭香挥发油的成分及相对含量

序号	保留时间(min)	化合物	相对含量（%）
1	6.34	苏合香烯	0.008
2	6.76	1,7,7-三甲基-二环-2-庚烯	0.014
3	7.31	1,7,7-三甲基-三环[2.2.1.0(2,6)]-庚烷	0.52
4	7.49	4-甲基-1-(1-甲乙基)-2环[3.1.0]-2-己烯	0.15
5	7.76	(1*R*/*S*)-α-蒎烯	44.1

（续表）

序号	保留时间(min)	化合物	相对含量（%）
6	8.23	樟脑萜	13.8
7	8.43	1-(1-甲乙基)-4-次甲基二环[3.1.0]-2-己烯	0.75
8	9.14	未知	0.014
9	6.25	β-蒎烯	1.56
10	9.39	1-辛烯-3醇	0.018
11	9.68	未知	0.014
12	9.83	β-月桂烯	1.77
13	10.33	α-水芹烯	2.8
14	10.56	3-蒈烯	0.076
15	10.83	(+)-4-蒈烯	1.89
16	11.17	1-甲基-2-(1-甲乙基)苯	5.98
17	11.36	1-甲基-5-(1-甲基乙烯基)-环己烯	1.17
18	11.47	桉树脑	3.61
19	12.62	1-甲基-4-(1-甲基乙基)-1,4-环己二烯	1.055
20	13.9	1-甲基-4-(1-甲基乙烯基)-1-环己烯	0.691
21	13.95	O-异丙烯基甲苯	0.114
22	14.3	2,7,7-三甲基-3-三环[4.1.1.0(2,4)]辛烷	0.034
23	14.43	3,7-二甲基-1,6-辛二烯-3-醇	0.464
24	14.57	未知	0.094
25	14.65	侧柏醇	0.042
26	14.99	小茴香醇	0.076
27	15.34	(1α,2β,5α)-2-甲基-5-(1-甲乙基)-二环[3.1.0]-2-己醇	0.044
28	15.51	2,6-二甲基-3,5-庚二烯-2-醇	0.036
29	15.56	6-莰烯酮	0.015
30	16.32	樟脑	7.608
31	16.43	5-甲基-2-异烯丙基环己醇	0.237
32	16.52	2,3,3-三甲基-二环[2.2.1]-2-庚醇	0.065
33	16.89	1R-(1α,2β,5α)-5-甲基-2-异烯丙基环己醇	0.08
34	17.07	2,6,6-三甲基-二环[3.1.1]-3-庚酮	0.049
35	17.18	2(10)-蒎烯-3-酮	0.019
36	17.31	龙脑	2.431
37	17.4	α-萜品醇	0.216

（续表）

序号	保留时间(min)	化合物	相对含量（%）
38	17.68	(1α,2α,5α)-2,6,6-三甲基-二环[3.1.1]3-庚酮	0.041
39	17.84	4-甲基-1-(1-甲乙基)-3-环己烯-1-醇	0.804
40	18.21	1α，2α-4-三甲基苯甲醇	0.036
41	18.25	隐品酮	0.053
42	18.46	1α,2α,4-三甲基-3-环己烯-1-甲醇	1.117
43	18.73	桃金娘醇	0.052
44	18.96	4-亚甲基-1-(1-甲乙基)二环[3.1.0]-3-乙酸己酯	0.013
45	19.06	氯化龙脑	0.032
46	19.26	马鞭草烯酮	1.621
47	21.94	未知	0.066
48	22.71	乙酸龙脑酯	2.011
49	28.38	丁香烯	1.426
50	29.78	α-丁香烯	0.962
51	34.88	石竹烯氧化物	0.039
52	35.89	未知	0.023

郑秋闾通过红外色谱法，液质联用法确定了迷迭香不同溶剂提取物中的3种主要组分（迷迭香酚、鼠尾草酚和鼠尾草酸）及其在提取物中所占比重（图8-11）。液相色谱条件：流动相为52%乙腈-10 mmol/L冰乙酸，采用等度洗脱，流速为1.0 ml/min，色谱柱为Novapak C_{18}柱（3.9 mm×300 mm），柱温为室温。用归一法算得迷迭香酚、鼠尾草酚和鼠尾草酸分别占乙醇提取的迷迭香抗氧剂总量的5.29%、22.53%和15.23%（图8-12），分别占氯仿提取的迷迭香抗氧剂总量的3.60%、23.94%和30.72%（图8-13）。

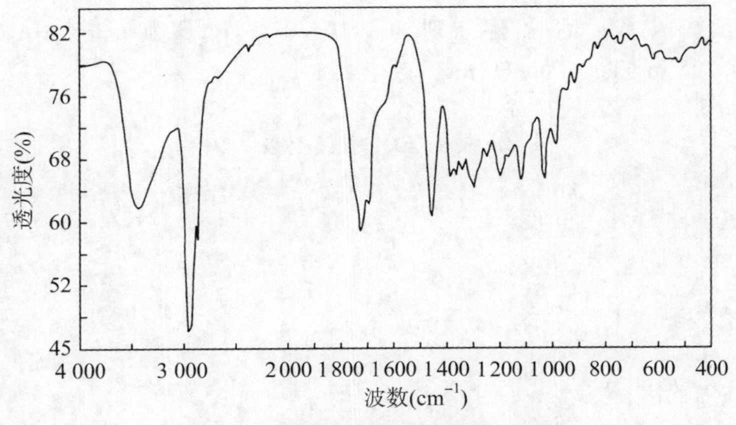

图8-11　迷迭香提取物的红外光谱图

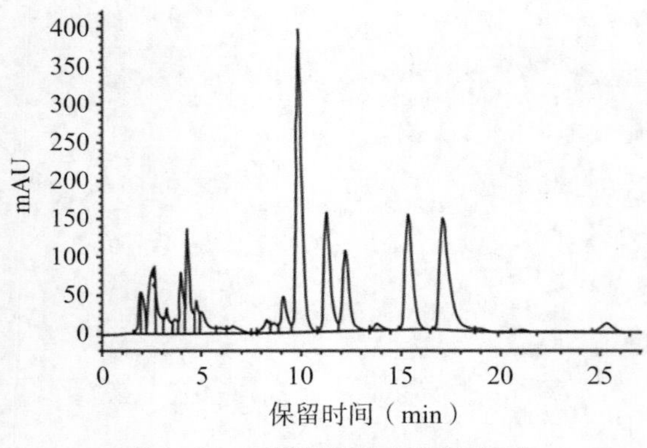

图8-12 乙醇提取物的HPLC谱图

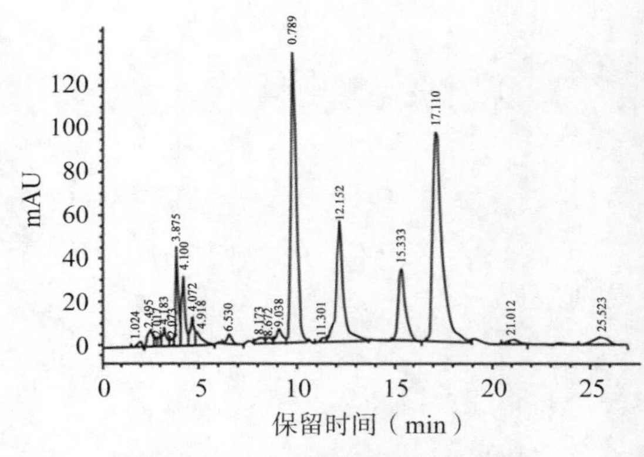

图8-13 氯仿提取物的HPLC谱图

吴建章等采用比色法测定了迷迭香中总黄酮的含量，标准曲线为 $A = 9.115\ 260C - 0.002\ 071$，$r = 0.999\ 372$。迷迭香中黄酮类化合物的含量为1.61 mg/g，加样回收率为98.98%～100.06%，*RSD* 为0.419%（$n=6$）。同时采用电感耦合等离子体-原子发射光谱仪（ICP-AES）测定了该植物中9种微量元素的含量，条件见表8-8，结果见表8-9。

表8-8 电感耦合等离子体-原子发射光谱仪条件

氩气纯度(%)	氩气压力(Mpa)	R1F1 功率(W)	辅助气流量(L/min)	雾化器压力(pa)	泵转速(r/min)	洗脱时间(s)
99.99	0.5	1150	1.0	26.06	100	90

表8-9 微量元素含量表

Co (μg/g)	Cr (μg/g)	Cu (μg/g)	Fe (μg/g)	K (μg/g)	Mg (μg/g)	Mn (μg/g)	Ni (μg/g)	Zu (μg/g)
0.0357	0.471	0.320	4.954	37.10	37.65	3.251	0.3018	1.298

杨红芸等采用微波消解-火焰原子吸收光谱法测定了迷迭香中的微量元素，条件如表8-10，结果发现Zn、Fe、Cu、Mn的含量分别为11.06 mg/kg、29.72 mg/kg、0.46 mg/kg、12.90 mg/kg，而危害身体健康的有毒元素Cd、Pb未检测出。加样回收率为96.67%～104.00%，*RSD* 为0.33%～1.35%。

表8-10 测试条件表

元素	分析线 (nm)	灯电流 (nm)	光谱带宽 (nm)	燃烧器高度 (nm)	乙炔流量 (L/min)	背景校正
Zn	213.9	5.0	0.2	7	1.1	D2
Fe	248.3	6.0	0.2	9	1.7	D2
Cu	324.8	3.0	0.4	7	1.2	D2
Mn	279.5	4.0	0.2	8	1.5	D2

（续表）

元素	分析线 (nm)	灯电流 (nm)	光谱带宽 (nm)	燃烧器高度 (nm)	乙炔流量 (L/min)	背景校正
Cd	228.8	5.0	0.4	6	1.6	D2
Pb	283.3	5.0	0.4	5	1.8	D2

第二节　迷迭香的指纹图谱

一、高效液相指纹图谱

1. 色谱条件　色谱柱 Alltima C_{18} 柱(250 mm×4.6 mm，5 μm)；流动相为乙腈-0.1%甲酸，梯度洗脱（表 8-11），流速为 1 ml/min，进样量 10 μl，检测波长 280 nm，柱温为 25 ℃。Waters2996 高效液相色仪，Waters2996photodiode Array Detecter Empower 数据工作站。

表 8-11　流动相梯度表

时间 (min)	乙腈(%)	0.1% 甲酸(%)
0～10	10～20	90～80
10～50	20～35	80～65
50～70	35～55	65～45

2. 指纹图谱方法学研究内容

（1）精密度试验：取供试品溶液各 10 μl，按上述色谱条件重复进样 6 次，分别计算各成分的相对保留时间和相对峰面积的 *RSD*。

（2）稳定性试验：取同一供试品溶液 10 μl，放置于室温，按照上述色谱条件分别于 0 h、4 h、6 h、8 h、12 h、16 h、20 h、24 h 进样，分别计算各成分的相对保留时间和相对峰面积的 *RSD*。

（3）重复性试验：取同一批样品 6 份，制备供试品溶液，按照上述色谱条件分别进样，分别计算各成分的相对保留时间和相对峰面积的 *RSD*。

3. 指纹图谱方法学研究结果

（1）精密度试验：取供试品溶液各 10 μl，按上述色谱条件重复进样 6 次，结果各成分相对保留时间的 *RSD* 均小于 0.02%，相对峰面积的 *RSD* 均小于 0.2%，表明精密度良好。

（2）稳定性试验：取同一供试品溶液 10 μl，放置于室温，按照上述色谱条件分别于 0 h、4 h、6 h、8 h、12 h、16 h、20 h、24 h 进样，结果各成分相对保留时间的 *RSD* 均小于 0.02%，相对峰面积的 *RSD* 均小于 0.2%，表明 24 h 内供试品溶液稳定性较好。

（3）重复性试验：取同一批样品 6 份，制备供试品溶液，按照上述色谱条件分别进样，结果各成分相对保留时间的 *RSD* 均小于 0.02%，相对峰面积的 *RSD* 均小于 0.2%，表明重复性良好。

（4）指纹图谱的建立：取迷迭香药材 9 批制成供试品溶液，进样 10 μl，记录色谱图。比较发现其中 11 个色谱峰为 9 批样品所共有，经对照品及紫外光谱对照，色谱峰主要为酚酸类和二萜类化合物，其中 4 号峰为阿魏酸，9 号峰为迷迭香酸，11 号峰为鼠尾草酸。以 9 号峰作为参照峰，以其保留时间为 1，计算得 1～9 号共有指纹峰的相对保留时间为：(0.061±0.001)、(0.088±0.001)、(0.140±0.002)、(0.505±0.005)、(0.710±0.002)、(0.778±0.003)、(0.827±0.003)、(0.856±0.002)、1.000。

(5) 相似度比较：采用国家药典委员会中药色谱指纹图谱相似度评价系统软件(2004A版)，对9批迷迭香药材图谱的相似度进行比较(图8-14)。以9批样品均值生成的共有模式为对照，计算各批样品的相似度，结果9批迷迭香药材的相似度均在0.98以上(图8-15)。

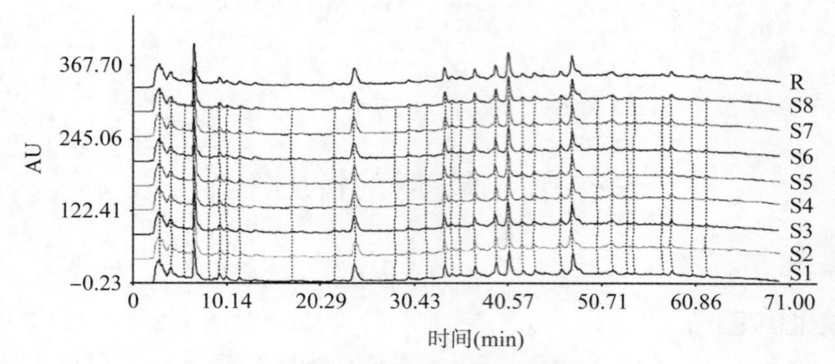

图8-14　9批迷迭香指纹图谱重叠图

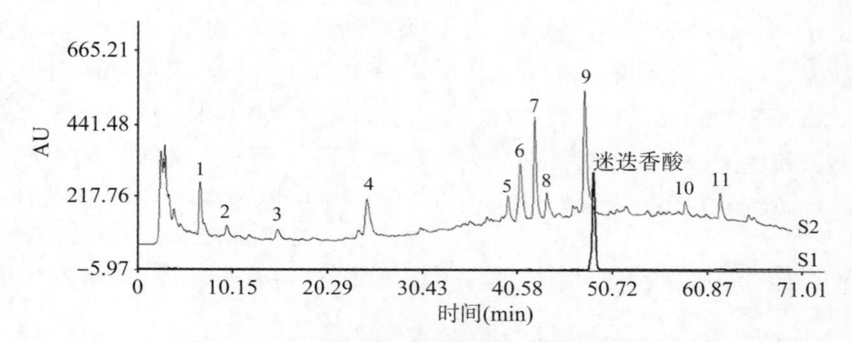

图8-15　9批迷迭香药材特征图谱生成的共有模式

二、毛细管电泳特征图谱

1. 色谱条件· 20 mmol/L 硼砂(pH 9.5)为背景电解质溶液，运行电压12 kV，紫外检测波长300 nm，重力进样时间5 s(高度10 cm)。

2. 指纹图谱方法学研究内容·

(1) 精密度试验：取供试品溶液，按上述色谱条件重复进样3次，分别计算各成分的相对保留时间和相对峰面积的*RSD*。

(2) 稳定性试验：取同一供试品溶液10 μl，放置于室温，按照上述色谱条件分别于0 h、12 h、24 h、36 h进样，分别计算各成分的相对保留时间和相对峰面积的*RSD*。

(3) 重复性试验：取10个产地迷迭香各0.5 g混匀，制备3份供试品溶液，按照上述色谱条件分别进样，分别计算各成分的相对保留时间和相对峰面积的*RSD*。

3. 指纹图谱方法学研究结果·

(1) 精密度试验：取供试品溶液，按上述色谱条件重复进样3次，测得各指纹峰的相对迁移时间的*RSD*均小于3.5%，相对峰面积的*RSD*均小于5.0%。

(2) 稳定性试验：取同一供试品溶液10 μl，放置于室温，按照上述色谱条件分别于0 h、12 h、24 h、36 h进样，结果各指纹峰相对迁移时间的*RSD*小于5.0，相对峰面积的*RSD*在2.0%～8.0%，说明样品在36 h内基本稳定。

(3) 重复性试验：取 10 个产地迷迭香各 0.5 g 混匀，制备 3 份供试品溶液，按照上述色谱条件分别进样，计算得到 11 个峰相对峰面积的 *RSD* 小于 5%，说明方法重现性良好(表 8-12)。

表 8-12 迷迭香标准毛细管电泳特征图谱的指纹峰数据

编号	迁移时间 (min)	峰面积 (%)
1	11.3	1.35
2	11.63	4.8
3	13.18	1.31
4	13.4	1.89
5	13.64	2.15
6	14.49	1.81
7	17.2	12.13
8	18.38	1.26
9	19.41	0.87
10	20.26	3.37
11	26.93	2.02

(4) 特征图谱的建立：将 10 个不同产地迷迭香样品液在毛细管电泳仪上进样分析 3 次，记录电泳图。以平均相对迁移时间和平均相对峰面积值标定其指纹特征，通过对其特征图谱比较研究，确定迷迭香共有峰为 11 个(图 8-16)。

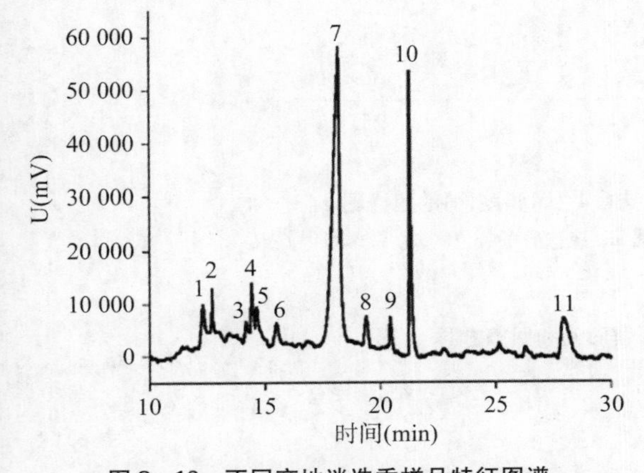

图 8-16 不同产地迷迭香样品特征图谱

表 8-13 不同产地迷迭香毛细管电泳特征图谱与标准图谱的相似性

迷迭香产地	定性相似度 (%)	含量相似度 (%)	定量相似度 (%)
湖北	98.6	95.6	88.2
台湾	96.6	93.4	90.9
陕西	94.2	103.2	68.6
西班牙	95.6	106.9	74.9
智利	98.9	105.7	90
法国	99	102.5	83.4
云南	97.3	108.5	82.3
摩洛哥	99.2	95.1	95.3
德国	97.3	94.7	81.3
河北	98.3	100.7	87.8

张继丹采用 GC-MS 法建立了迷迭香挥发油的指纹图谱(图 8-17)，气相条件：色谱柱为 TG-5MS(30 m，0.25 μm)，载气为氦气，进样口温度为 220 ℃。程序升温：起始温度 60 ℃，以 3 ℃/min 升至 97 ℃，以 1 ℃/min 升至 103 ℃，以 6 ℃/min 升至 180 ℃，以 10 ℃/min 升至 220 ℃，保持 5 min。分流比 1∶50，流速为 1 ml/min，进样体积 1 μl。质谱条件：EI 电离源，电子能量 70 eV，传输线温度 250 ℃，离子源温度 250 ℃，扫描范围 40～500 amu，溶剂延迟时间 3 min。从挥发油样本中检测出 73 个成分，推测了其中的 63 个成分，包括 3 个芳香烃类、13 个单萜烯、16 个倍半萜、31 个含氧单萜类成分。

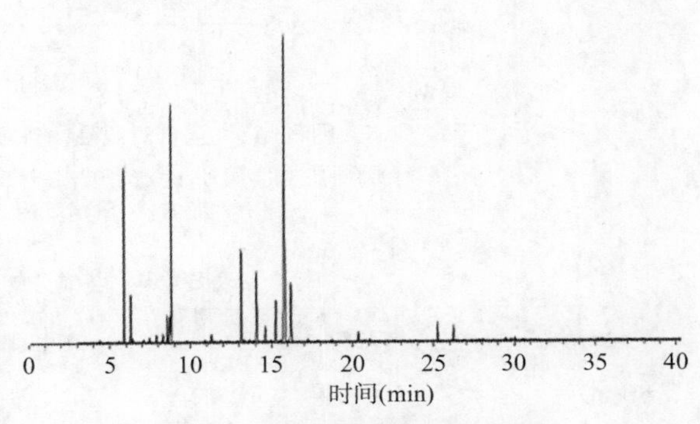

图 8-17 迷迭香挥发油的 TIC 图

第三节・迷迭香的药物分析

刘普等采用HPLC-DAD法测定迷迭香茎和叶中11种抗氧化活性成分，采用ZorbaxSB-Aq C_{18} 色谱柱（250 mm×4.6 mm，5 μm）；以甲醇-磷酸二氢钾缓冲盐溶液为流动相，体积流量1.0 ml/min，柱温30 ℃。绿原酸、咖啡酸、迷迭香酸、木犀草素、芹菜素和芫花素的检测波长为328 nm，丹皮酚、迷迭香酚、橙皮素、鼠尾草酚和鼠尾草酸的检测波长为284 nm（图8-18）。进样量10 μl。各成分的保留时间和回归方程见表8-14。

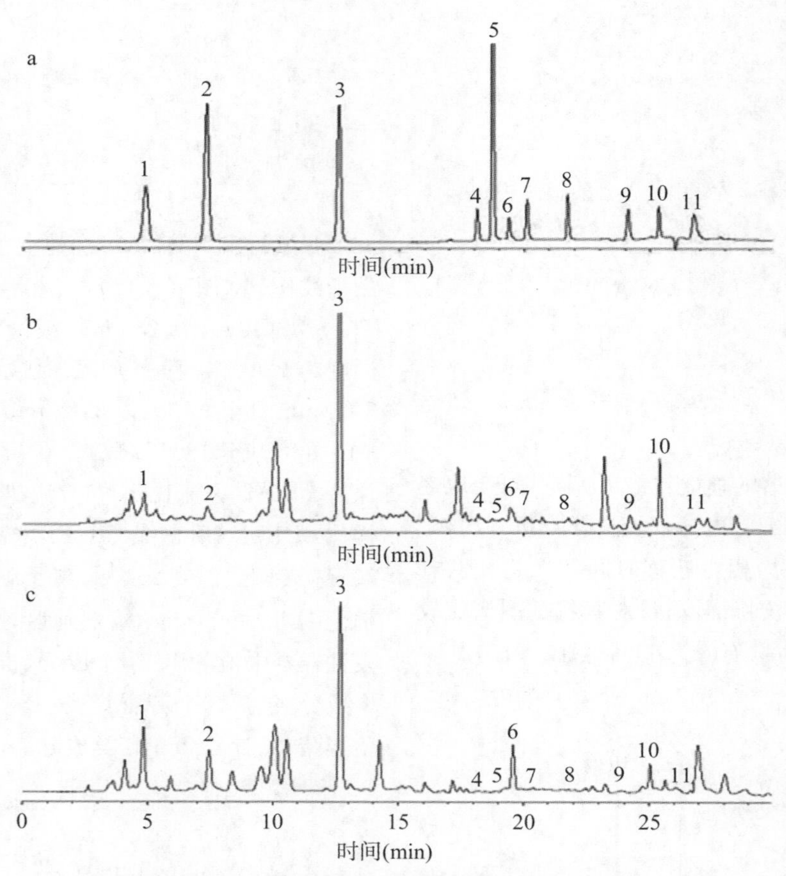

图8-18　混合对照品(a)和迷迭香叶(b)和茎(c)的色谱图

1. 绿原酸；2. 咖啡酸；3. 迷迭香酸；4. 丹皮酚；5. 迷迭香酚；6. 橙皮素；7. 木犀草素；8. 芹菜素；9. 鼠尾草酚；10. 芫花素；11. 鼠尾草酸

表8-14　各成分的保留时间和回归方程

化合物	保留时间(min)	标准曲线	线性范围(μg/ml)	*r*
绿原酸	4.873	$Y = 9.7077X - 2.8355$	2.20～64.64	0.9997
咖啡酸	7.317	$Y = 15.31009X - 2.00520$	1.74～55.68	0.9997

（续表）

化合物	保留时间(min)	标准曲线	线性范围(μg/ml)	r
迷迭香酸	12.6	$Y=9.44651X-1.43271$	2.76～88.32	0.9997
丹皮酚	18.11	$Y=19.36835X-6.09819$	0.24～7.68	0.99663
迷迭香酚	18.728	$Y=81.24470X-2.0429$	0.46～14.72	0.99997
橙皮素	19.386	$Y=16.75342X-3.31325$	0.22～7.04	0.99864
木樨草素	20.093	$Y=8.22737X-2.62216$	0.72～23.04	0.99937
芹菜素	21.718	$Y=1.60281X-1.53932$	3.74～119.68	0.9998
鼠尾草酚	24.125	$Y=1.48267X-10.89048$	5.10～163.28	0.99618
芫花素	25.353	$Y=16.75656X-6.80330$	0.40～12.8	0.99635
鼠尾草酸	26.727	$Y=1.15227X-8.63569$	5.22～167.04	0.99698

Miguel Herrero 等采用毛细管电泳-电喷雾-质谱方法(CE-ESI-MS)对不同提取方式迷迭香提取物中极性抗氧化剂进行分析。条件为：87 cm 熔融石英毛细管，毛细管缓冲液为 40 mmol/L 醋酸铵，氢氧化铵调 pH 到 9，鞘液为异丙醇- 0.1%(v/v)三乙胺(60∶40，v/v)，流速为 0.24 ml/h，干燥气体温度为 350 ℃，流速为 7 L/min，雾化气体氮气的压力为 13.8 kPa (2 psi)。质谱扫描范围为 200～500 amu。此方法 RSD=1.0%。

Leila Maringer 使用毛细管电泳-质谱法的鞘液中加入 DPPH，快速研究单个组分的抗氧化特性，此方法结合高分辨率 CE-MS 分离、在线氘交换和 DPPH 反应，从迷迭香提取物中鉴定了 15 个酚类化合物。鞘液组成包括 80%的甲醇/DPPH 溶液和 20%的氢氧化铵水溶液。DPPH 终浓度为 0.1 mmol/L，氢氧化铵终浓度为 0.01%(v/v)。分析在负电离模式下进行，干燥气体为氮气，温度 250 ℃，流速 4 L/min，鞘液通过注射器泵以 4 μl/min 的速度输送，缓冲液为 50 mmol/L 醋酸铵(pH 9.1)，质谱毛细管电压为 3 750 V，碎片器设置为 150 V，扫描质量范围为 m/z 700～800。

Nerantzaki AA 提出了一种在—OH 光谱区利用核磁共振氢谱测定总酚含量的新方法。用非质子强氢键溶剂 DMSO-d_6 使酚羟基质子在 8～14 ppm 出现相对尖锐的共振。在 DMSO-d_6 中获得 1D H NMR 谱，随后的 1D ^{1}H NMR 谱在残余水信号的照射下被记录，该残余水信号由于质子交换而导致酚羟基的消除或强度降低，通过逐渐增加的 $NaHCO_3$ 记录氢谱可以区分酚酸信号和羧酸信号。内标 D_2O 在 8～14 ppm 出现的共振在上述步骤中消除或强度降低，从而可定量测定总酚含量。

NMR 实验在配备了 TXI 低温探针的 Bruker AV500 谱仪上进行，温度为 21.85 ℃，样品用 0.5 ml DMSO-d_6 溶解并转移到 5 mm NMR 管中。总酚含量用咖啡酸当量/样品(mg/g)表示，各酚类信号的浓度值均以摩尔表示。为了确定咖啡酸当量的毫克，酚类信号的总和(以摩尔表示的总酚)除以所选当量化合物的—OH 基数(在咖啡酸为 2 的情况下)，并使用当量化合物分子量将其转换为浓度值。通过将计算的浓度值除以添加到 NMR 管中的化合物的量，计算出总酚含量，并将其表示为咖啡酸当量/样品(mg/g)。所得结果与 Folin-ciocalteu 比色法比较无明显差异。

附・迷迭香药材的质量标准

【性状】本品老茎呈圆柱形；幼枝四棱形，密被白色细绒毛，直径 0.1～0.5 cm，表面暗灰色，外皮易脱落，脱落处显灰黄色；质硬，断面纤维性，黄色。叶丛生于枝上，线形，长 1～2.5 cm，宽 1～2 mm，表面绿色，下面密被白色绒毛，全缘，革质。气香特异，味微辛辣。

【鉴别】取本品粉末 0.5 g，加乙酸乙酯 10 ml，超声处理 20 min，滤过，滤液作为供试品溶液。另取熊果酸对照品，加乙酸乙酯制成每 1 ml 含 1 mg 的溶液，作为对照品溶液。照薄层色谱法（2015 版《中国药典》一部附录）试验，吸取上述两种溶液各 5 μl，分别点于同一硅胶 G 薄层板上，以石油醚（60～90 ℃）-丙酮（5∶2）为展开剂，展开，取出，晾干，喷以 10%硫酸乙醇溶液，在 105 ℃加热至斑点显色清晰。供试品色谱中，在与对照品色谱相应的位置上，显相同颜色的斑点。

【检查】水分依照水分测定法（2015 版《中国药典》一部附录第二法）测定，不得过 11.0%。

【浸出物】依照醇溶性浸出物测定法项下的热浸法（《中国药典》一部附录）测定，用稀乙醇作溶剂，不得少于 12.0%。

【贮藏】置阴凉干燥处。

参考文献

[1] 吴良，袁干军，苏秋玲. 高效液相色谱法测定迷迭香中迷迭香酸的含量[J]. 海南医学院学报，2006(2)：112－114.
[2] 邓光辉，高静，王辉. 动态 pH 联接-扫集毛细管电泳法测定化妆品中迷迭香酸的含量[J]. 分析试验室，2012，31(7)：61－63.
[3] 邹盛勤，孙小青. 超声辅助萃取 RP-HPLC 法测定不同产地迷迭香中迷迭香酸含量[J]. 中国食品添加剂，2010(3)：223－227.
[4] MOHAMADI M. Voltammetric Determination of Rosmarinic Acid on Chitosan/Carbon Nanotube Composite-Modified Carbon Paste Electrode Covered with DNA [J]. J. Electrochem. Soc.，2015，162(12)：B344－B349.
[5] 何默忠，葛秀丹，陈正收，等. 反相高效液相色谱法测定迷迭香中鼠尾草酚、鼠尾草酸和熊果酸含量[J]. 上海医药，2009，30(10)：469－470.
[6] 吕岱竹，王明月，袁宏球，等. 高效液相色谱法测定迷迭香超临界提取物中的鼠尾草酸和鼠尾草酚[J]. 分析测试学报，2006(3)：109－111.
[7] 李宇伟，连瑞丽，刘永录，等. HPLC 法测定迷迭香中鼠尾草酸含量的试验[J]. 中国兽医杂志，2011，47(9)：68－70.
[8] 张坤，许秋雁，叶小燕，等. RP-HPLC 法测定迷迭香中鼠尾草酸和迷迭香酸的含量[J]. 中南药学，2013，11(8)：603－605.
[9] BONOLI M. Fast separation and determination of carnosic acid and rosmarinic acid in different rosemary (Rosmarinus officinalis) extracts by capillary zone electrophoresis with ultra violet-diode array detection [J]. Chromatographia，2003，57(7/8)：505－512.
[10] ZHANG Y. Analysis of ferulic acid, rosemarinic acid and caffeic acid in Rosmarnus officinalis L. by capillary zone electrophoresis [J]. Asian J. Chem.，2015，27(6)：2154－2156.
[11] LI P. Development and validation of an analytical method based on HPLC-ELSD for the simultaneous determination of rosmarinic acid, carnosol, carnosic acid, oleanolic acid and ursolic acid in rosemary [J]. Molecules，2019，24(2)：321－323，328.
[12] 许高燕，刘莹雯，银董红. 高效液相色谱-串联质谱法同时测定水溶性迷迭香提取物中迷迭香酸、阿魏酸和咖啡酸的含量[J]. 分析科学学报，2006(5)：567－569.
[13] 潘利明，赛春梅，梁晓原. 迷迭香超临界二氧化碳提取物含量测定的初步研究[J]. 云南中医学院学报，2005(4)：30－32.
[14] 杨磊，隋小宇，祖元刚，等. Folin-Ciocalteu 法测定迷迭香中总酚酸含量[J]. 中成药，2009，31(2)：272－275.
[15] 王珲，张振秋. HPLC 波长切换法同时测定迷迭香中咖啡酸、阿魏酸和迷迭香酸的含量[J]. 中国实验方剂学杂志，2011，17(5)：116－118.
[16] CAO S. Simultaneous determination of four major volatile components in rosemary (*Rosmarinus officinalis* L.) leaves by LC-MS/MS with ultrasonic-assisted extraction [J]. Shipin Kexue，2012，33(20)：196－200.
[17] TORRE J, LORENZO MP, MARTÍNEZ-ALCÁZAR MP, et al. Simple high-performance liquid chromatography method for α-tocopherol measurement in Rosmarinus officinalis leaves. New data on α-tocopherol content [J]. Journal of chromatography A，2001，919(2)：305－311.

[18] PENG Y. Determination of active components in rosemary by capillary electrophoresis with electrochemical detection [J]. J. Pharm. Biomed. Anal., 2005, 39(3-4): 431-437.
[19] 冷桂华. RP-HPLC-PAD 法测定迷迭香中乌索酸和齐墩果酸的含量(英文)[J]. 食品科学, 2011, 32(12): 243-245.
[20] 韩焕美,张爱霞,郑新华,等. 多波长高效液相色谱法测定食用植物油中 4 种迷迭香提取物[J]. 检验检疫学刊, 2019, 29(2): 32-35, 72.
[21] PARK JB. Identification and quantification of a major anti-oxidant and anti-inflammatory phenolic compound found in basil, lemon thyme, mint, oregano, rosemary, sage, and thyme [J]. Int. J. Food Sci. Nutr, 2011, 62(6): 577-584.
[22] 王方杰,刘韶,袁干军. 直观推导式演进特征投影法辅助 GC-MS 分析迷迭香挥发油[J]. 天然产物研究与开发, 2012, 24(11): 1571-1577.
[23] 郑秋闿. 迷迭香抗氧剂的提取和鉴定[J]. 潍坊学院学报, 2010, 10(4): 95-98.
[24] 吴建章,郁建平,艾长春,等. 迷迭香中微量元素与黄酮类化合物的含量分析[J]. 光谱实验室, 2008(4): 627-629.
[25] 杨红芸,蒋天智. 微波消解-火焰原子吸收光谱法测定迷迭香中的微量元素[J]. 中国调味品, 2013, 38(12): 79-81.
[26] 李恬,廖俊朋. 迷迭香药材 HPLC 特征图谱分析研究[J]. 药物分析杂志, 2014, 34(12): 2181-2184.
[27] 张继丹,郭威,唐艳,等. 基于色谱/质谱和多元数据分析的市售迷迭香质量评价[J]. 中国中药杂志, 2018, 43(6): 1192-1200.
[28] 许艺凡,刘普,刘佩佩,等. HPLC-DAD 法测定迷迭香茎和叶中 11 种抗氧化活性成分[J]. 中草药, 2018, 49(9): 2153-2157.
[29] HERRERO M. Pressurized liquid extraction-capillary electrophoresis-mass spectrometry for the analysis of polar antioxidants in rosemary extracts [J]. J. Chromatogr. A, 2005, 1084(1-2): 54-62.
[30] MARINGER L. Using sheath-liquid reagents for capillary electrophoresis-mass spectrometry: Application to the analysis of phenolic plant extracts [J]. Electrophoresis, 2015, 36(2): 348-354.
[31] NERANTZAKI AA. Novel determination of the total phenolic content in crude plant extracts by the use of 1H NMR of the —OH spectral region [J]. Anal. Chim. Acta, 2011, 688(1): 54-60.
[32] 云南省食品药品监督管理局. 云南省中药材标准(2005 年版): 第四册 · 彝族药[M]. 昆明: 云南科技出版社, 2009.

第九章　迷迭香成分的稳定性及衍生物合成

第一节　迷迭香成分的稳定性

一、精油的稳定性

精油是指芳香植物的根、花、叶、茎、果或种子经水蒸气蒸馏、挤压、冷浸、溶剂萃取等方法提取的挥发性芳香物质。与传统的单体化合物不同，精油中的有机化合物种类繁多，化学性质极不稳定易挥发，在使用和储存过程中易流失，直接造成产品损耗，降低功效。

迷迭香(*Rosmarinus officinalis* L.)为唇形科迷迭香属植物，在我国分布于长江以南地区。作为一种香料植物，迷迭香可用于提取精油。迷迭香精油是欧洲传统香料，其特征是龙脑和龙脑酯、樟脑等成分的混合香气，具有杀菌、杀虫、消炎等功效。

迷迭香精油无色透明，按主要成分分为1,8-桉叶油型和马鞭草烯酮型。迷迭香精油含量较高的成分包括鼠尾草酚、鼠尾草酸、迷迭香酸和阿魏酸等二萜酚类抗氧化性成分，这些成分都有不饱和双键和酚羟基的存在，有很强的还原性，因此作为抗氧化剂受到广泛应用。本文将从迷迭香精油抗氧化性和抗菌活性两方面评价迷迭香精油的稳定性。

吕军伟等将迷迭香粉(含30%鼠尾草酸)和迷迭香精油(含5%鼠尾草酸)抗氧化活性进行对比。相比于迷迭香精油，迷迭香粉鼠尾草酸含量更高，而迷迭香精油相对于迷迭香粉而言有更好的脂溶性。他们设计试验来比较迷迭香粉、迷迭香精油和合成抗氧化剂2,6-二叔丁基对甲酚(BHT)的抗氧化活性，采用DPPH自由基清除能力来评价其抗氧化能力。结果DPPH自由基清除能力和还原力大小为迷迭香粉>BHT>迷迭香精油，表明迷迭香具有良好的抗氧化能力。

Esmaeili Moein等研究了迷迭香精油、薄荷精油与丁基羟基甲苯配合使用对玻璃和聚对苯二甲酸乙二酯包装的开心果油的抗氧化稳定性的影响。将迷迭香精油、薄荷精油及其混合物分别以1 500 ppm和3 000 ppm的浓度添加，加入60℃黑暗条件下储存80天的油中。每隔20天测定过氧化值、硫代巴比妥酸、总酚类化合物含量、氧化稳定指数、共轭双烯和三烯、游离脂肪酸和碘值，以评价抗氧化剂的效果。结果表明，抗氧化活性：3 000 ppm迷迭香精油>3 000 ppm薄荷精油>100 ppm丁基羟基甲苯>1 500 ppm迷迭香精油>1 500 ppm混合>1 500 ppm薄荷精油>对照品。

以上评价精油抗氧化活性的传统方法虽然简单易行，但只能用来评价精油的总抗氧化活性。近年来，随着色谱技术和检测方法的发展，超快气相色谱电子鼻（E-nose）作为一种新兴的检测技术，已逐渐应用于精油挥发性成分的检测。Nie 等利用电子鼻分析进行了迷迭香精油的 DPPH 自由基清除试验、ABTS 自由基阳离子清除试验和 OH 清除实验。

1. 电子鼻-DPPH 自由基清除试验・将等分 500 μl 精油溶液（10 mg/ml）与 DPPH 自由基溶液（40 μg/ml）以 1∶1 的体积比混合，在室温下于黑暗中反应 30 min，空白组用乙醇代替 DPPH 自由基溶液。试验结果表明，马鞭草酮清除 DPPH 自由基的活性最强，清除率高达 67.9%，这是因为它具有双键和羰基的共轭结构。樟脑，乙酸冰片酯，2,4(10)-thujadiene 和 *p*-cymenene 的清除活性稍弱，因为它们仅包含两个重要结构之一。其他化合物的清除活性较前五个化合物弱，因为它们既不包含共轭双键也不包含羰基。此外，在 DPPH 自由基清除能力较弱的化合物中，桉油酚作为一种氧化的单萜，清除活性明显强于邻甲基苯丙烯，camp 烯、-pine 烯和其他单萜。根据电子鼻分析得出羰基对清除自由基具有重要作用，同时，与羰基共轭的双键的存在将进一步增强抗氧化活性。

2. 电子鼻-ABTS 自由基阳离子清除试验・将等分的 100 μl 精油溶液（10 mg/ml）与 1 900 μl ABTS 自由基阳离子工作溶液在室温下黑暗中混合 10 min。空白组将 ABTS 自由基阳离子工作溶液替换为乙醇。结果显示，马鞭草酮，樟脑和乙酸烯丙酯在清除 DPPH 自由基方面表现出较强的活性，而在清除 ABTS 自由基阳离子方面表现出较弱的活性，因为不同种类的自由基以及抗氧化剂与自由基相互作用的方式均会影响抗氧化剂的清除效果。环状醚基对于 ABTS 自由基阳离子清除特别重要，而只有桉树醇具有环醚基团，这使其在清除 ABTS 自由基阳离子方面表现出最强的活性，清除率为 39.5%。同时，ABTS 自由基阳离子与氢供体的反应选择性较差，与 DPPH 自由基与氢供体之间的高选择性反应不同。这也是为什么邻苯二甲酰亚胺、外苯酚、樟脑和-pine 烯在 ABTS 自由基阳离子中具有相似的清除率（约 25%）的原因。

3. 电子鼻-OH 自由基清除实验・将 250 μl $FeSO_4$ 溶液（1.0 mol/L）和 500 μl 精油溶液（0.1 mg/ml）的等分试样添加到 10 ml 容量管中并充分混合。随后，将 250 μl 15% H_2O_2 溶液添加到容量管中，在 37 ℃的水浴中反应 30 min。用空白的脱气超纯水代替 $FeSO_4$ 和 H_2O_2 溶液。可以得出 OH 自由基倾向于攻击具有高电子云密度的基团，双键的存在可以加速形成 OH 自由基的仲基团，在清除 OH 自由基方面表现出良好的活性。

在抗菌活性方面，王勇使用迷迭香精油测试其对大肠埃希菌、枯草芽孢杆菌、金黄色葡萄球菌的抑制作用，发现迷迭香精油对大肠埃希菌和枯草芽孢杆菌有一定抑制作用，且与浓度呈正相关，当精油浓度为 10%时即对枯草芽孢杆菌的生长起到抑制作用，当精油浓度达到 20%对大肠埃希菌有抑制作用，但是对金黄色葡萄球菌没有抑制效果。进一步进行迷迭香精油对真菌的抑制试验，发现迷迭香精油对黑曲霉有一定抑制作用，且与浓度有一定正相关性，但是对木霉和黄曲霉没有抑制效果。

贾佳等除了选用上述 3 种细菌外，还尝试了表皮葡萄球菌、变形杆菌、绿脓杆菌和白色念珠菌来研究迷迭香精油和肉桂精油的抗菌活性，研究结果证明肉桂精油和迷迭香精油都具有广谱的抗菌活性。肉桂精油对黑曲霉的抗菌活性最优，对绿脓杆菌的抗菌活性最弱。迷迭香精油除对绿脓杆菌和黑曲霉的抗菌活性较弱之外，对其他菌林具有较好的抗菌活性。混合精油混合后，对供试细菌表现出叠加作用，对白色念珠菌表现出协同增效作用，当肉桂精油与迷迭香精油以 1∶7 和 1∶9 比例混合时，对黑曲霉表现出了拮抗作用。

Marina Bubonja-Sonj 等利用琼脂井扩散法、圆盘扩散法、肉汤微稀释法、时间杀伤曲线法评价迷迭香提取物的抗李斯特菌活性，结果显示，迷迭香提取物具有显著的剂量依赖性抗李斯特菌活性，且含30%鼠尾草酸的迷迭香提取物活性最强。

精油属于小分子萜烯类化合物，极易挥发、易被氧化。脂质体作为一种载体形式，是由磷脂等类脂形成的双分子层、完全封闭的多层囊泡，可包埋水溶性和脂溶性物质以提高该物质的稳定性或发挥靶向释放作用。因此可利用该项技术来提高迷迭香精油的稳定性。韩阳等选用蛋黄卵磷脂和神经酰胺为壁材采用乙醇注入-超声法包埋脂质体精油，然后评价两种壁材的包埋效果。对比两种壁材，相对于包埋前、包埋后的精油，以蛋黄卵磷脂为壁材的样品中缺失了β-蒎烯、芳樟醇、苧烯、乙酸香叶酯、对-伞花烃、β-石竹烯、石竹烯氧化物共7种成分，以神经酰胺为壁材样品中缺失了α-松油烯、石竹烯氧化物共2种成分，后者保留了大多数种类；且以神经酰胺为壁材的样品，保留率的降低速度慢于以蛋黄卵磷脂为壁材的样品，不同温度下降低速率的差异也小于后者。综上所述，以神经酰胺为壁材的产品稳定性表现更加良好，包埋效果优于前者。其最佳工艺条件为芯壁质量比1∶4，PBS的pH为6.8，水合温度50℃，水合速度1000 r/min，产品平均包埋率(88.3±1.2)%。

唐晓溪取迷迭香精油12 ml，水26.8 ml，混合乳化剂1.2 ml置于平底烧杯中混合均匀，在室温条件下，置于高速匀浆机在10000 r/min的转速下剪切10 min，制备成初乳，再经高压匀质机在1000 bar下匀质3次，得到迷迭香精油纳米乳。同时还通过3个实验测试了迷迭香纳米乳的稳定性：①稳定性参数测定。②加速试验。取迷迭香精油纳米乳3批，每批3份在温度(40±2)℃，相对湿度(75±5)%的条件下放置6个月，每月取样1次，对其pH、含量、外观变化等进行检测。③光加速试验。取迷迭香精油纳米乳3批，每批3份装入无色透明容器内，于(4500±500)lx下放置10天，于第0、5天和10天定时取样，观察外观变化，并对其pH、粒径进行检测。

结果显示：①迷迭香精油纳米乳的稳定性参数数值小。②3批次迷迭香精油纳米乳在加速试验结束后外观未发生明显变化，仍澄清、透明、无絮凝、无破乳现象。③在(4500±500)lx光照下，3批次迷迭香精油纳米乳外观无絮凝及破乳现象。以上结果均表明所制备的迷迭香精油纳米乳稳定。

迷迭香精油中含较多的鼠尾草酚、鼠尾草酸、迷迭香酸和阿魏酸等二萜酚类化合物，具有很强的还原性，且研究发现迷迭香精油还具有一定的抗菌作用，因此作为天然抗氧化剂受到越来越多的重视。但是精油提取的多为具挥发性的芳香类物质，所以化学性质不稳定，因此可通过制备脂质体或纳米乳的形式来增强其稳定性，使功效更好地发挥。

二、萜类成分的稳定性

迷迭香含有多种具有生理活性的化学成分，主要用于提取精油和抗氧化剂。迷迭香天然抗氧化剂的主要成分包括萜类、酚酸类、黄酮类等。萜类化合物是迷迭香中含量最多、成分最为复杂的一类化合物，包括单萜、倍半萜、二萜及三萜类。单萜常见的有蒎烯、坎烯、柠檬烯、月桂烯、水芹烯等。常见的倍半萜有：α-松油烯、β-石竹烯、金合欢烯、桂烯等。二萜类成分主要是二萜酚类和二萜醌类化合物，其中二萜酚类是迷迭香中主要的抗氧化活性成分，目前已经分离鉴定出了迷迭香酸、鼠尾草酸、鼠尾草酚、迷迭香酚、表迷迭香酚、异迷迭香酚、迷迭香二醛、迷迭香二酚、迷迭香宁、异迷迭香宁等化合物。三萜类成分多为三萜酸类，母核类型为乌索烷型、齐墩果烷型和羽扇豆烷型，主要有齐墩果酸、熊果酸、桦木醇、桦木酸、19-α-羟基-熊果酸、2-β-羟基-齐墩果酸、表-α-香树脂醇、蒲公英赛醇、α-香树脂素、β-香树脂素、羽扇豆醇、日耳曼醇、胆甾醇、谷甾醇等。

目前常用的抗氧化剂有合成抗氧化剂如维生素E(Ve)、2-或3-叔丁基-4-羟基茴香醚

(BHA)、2,6-二叔丁基对甲酚(BHT)、2-叔丁基对苯二酚(TBHQ)等。维生素E、TBHQ、BHA、BHT等虽具有成本低、抗氧化效果佳和应用广泛等优点,但具有一定的潜在毒性和副作用,长期食用危害人体健康。迷迭香提取物在具有很强的抗氧化活性同时,还有很好的热稳定性及可溶性,又具有抗菌抗病毒作用,且天然绿色对人体无害,是公认的最好的天然食品抗氧化剂之一,不仅可广泛应用于食品工业,而且在医药等领域也具有重要意义。迷迭香抗氧化剂主要有两类:一类是油溶或脂溶的,另一类是水溶的。由抗氧化实验结果表明,具最高活性的提取物常含有以下8种化合物,它们是鼠尾草酚、迷迭香酸、鼠尾草酸、咖啡酸、迷迭香酚、迷迭香二醛、芫花素和蓟黄素。鼠尾草酸(CA)是存在于迷迭香叶子中的主要酚类双萜化合物,其次是12-甲氧基鼠尾草酸和鼠尾草酚以及少量迷迭香酚和其他未知化合物,例如黄酮类化合物。刘先章等将迷迭香抗氧化剂与人工合成抗氧化剂抗氧化性能进行了对比,发现迷迭香中鼠尾草酸的抗氧化性能约为BHA和BHT的7倍,但仅为TBHQ的一半。Chen等实验的结果证实鼠尾草酸的抗氧化性能是鼠尾草酚的1.2倍。迷迭香酚和鼠尾草酚均具有取代酚的结构,取代酚作为链断裂抗氧化剂,是通过捕获过氧自由基来抑制过氧化链式反应的进行的。添加迷迭香提取物能够有效抑制食用植物油和动物性油脂产品在加工和贮藏过程中脂质氧化反应并延长产品的货架期,对油脂产品或其他易变质的产品起到抗氧化和防止腐败变质的作用,并较好地保持产品的营养价值和感官品质。

张婧等研究显示,迷迭香抽提物以204℃加热18h,或在260℃下加热1h,其活性都不受影响。在204℃露空加热条件下,其抗氧化活力在0.5h后仍能保留83%,1h后能保留74%。由此可见,这些成分具有良好的热稳定性,能耐受喷雾干燥、挤压及烘烤的高温。迷迭香酸最早由ELISS从迷迭香中被分离纯化,其结构特点是两个苯环上有4个—OH,因此它是迷迭香中一种有效的抗氧化成分。

超临界萃取得到的脂溶性迷迭香抗氧化剂在室温下非常稳定,其总酚含量在长达8个月内基本不变。陈罂等对迷迭香抗氧化剂在室温下在不同溶剂中的存放稳定性进行了试验,发现迷迭香抗氧化剂随溶剂不同存放稳定性明显不同。在四氢呋喃、甲醇、*N*,*N*-二甲基酰胺中,随着放置时间的延长,总酚含量明显下降;在乙醇中,总酚含量在11天内基本维持稳定,此后随时间的延长逐渐缓慢降低;在乙腈中,即使放置长达25天,总酚含量也几乎不变,表现出极好的稳定性。

雷海军等测定了不同包装下的鼠尾草酸和鼠尾草酚含量变化以此来研究迷迭香酸的稳定性。他们称取已知含量的迷迭香提取物样品8份,每份约100g,分别置于避光、真空、避光真空、普通4种包装袋中,室温条件下放置一年。在第1、5、3、6、9、12个月5个时间点分别取样,检测其中鼠尾草酸和鼠尾草酚的含量。4种包装条件下,常温放置12个月后,从迷迭香提取物中鼠尾草酸的含量变化趋势依次为普通包装>真空包装>避光包装>避光真空包装。可见,光照和空气均能影响鼠尾草酸的稳定,且光照的影响大于空气。光照和空气共同存在时,具有一定的协同作用。而鼠尾草酚含量的变化趋势依次为普通包装>真空包装>避光包装和避光真空包装,而在避光包装与避光真空包装条件下无明显区别。可见,光照能显著影响鼠尾草酚的稳定,而空气的影响不大。但光照和空气共同存在时具有一定的协同作用。在生产、储存中,采用避光真空包装能够较好地保持迷迭香提取物产品的稳定性,延长其保质期。此外,鼠尾草酸与鼠尾草酚的含量呈相反变化趋势。鼠尾草酸因为发生氧化降解反应,导致含量下降;而鼠尾草酚在氧化降解的同时,还有其他物质不断转换生成新的鼠尾草酚,且生成速率大于降解速率,导致含量增加。以此推测,鼠尾草酸的氧化降解可能转化为鼠尾草酚。

魏静等考查了鼠尾草酸在不同溶剂、温度和光照条件下的稳定性。鼠尾草酸稳定性考察分别于0h、4h、8h、12h、24h、48h、72h、120h利用HPLC测定鼠尾草酸含量(μg),结果提示0～4h鼠尾草酸在无水乙醇室温、无水乙醇低温避光、75%乙醇低温避光条件下含量基本不变,而75%乙醇室温保存条件下含量降低速度较快。12h后,各组鼠尾草酸含量迅速降低。随着时间延长至120h,无水乙醇溶液中的鼠尾草酸降解至原来的21.9%(室温)和24.6%(低温避光);75%乙醇低温避光保存鼠尾草酸降解至6.8%,75%乙醇室温放置鼠尾草酸含量已低于线性范围(0.2μg)。稳定性试验结果表明鼠尾草酸的保存与温度、含水量等有关,而低温避光、无水条件能在一定程度上延缓鼠尾草酸降解的速度,这与前人所得出的结论一致。

侯建春等也进行过类似试验,他考察了pH、光、温度、金属离子、食盐和蔗糖、防腐剂、抗坏血酸、氧化剂和还原剂对迷迭香含量的影响。研究结果表明:食盐和蔗糖对迷迭香酸稳定性没有影响;pH和温度对迷迭香酸的稳定性影响较小,故迷迭香酸更适宜在酸性以及低温的条件下保存使用;光照对迷迭香酸的影响较大,故在使用时应尽量避光;Ca^{2+}、Mg^{2+}对迷迭香酸的稳定性影响较大,其他金属离子对迷迭香酸影响较小,在使用时应尽避免与钙、镁的接触;低浓度的苯甲酸钠、山梨酸钾对迷迭香酸的稳定性影响较小;抗坏血酸对迷迭香酸有一定的影响,低浓度影响较小;氧化剂过氧化氢对迷迭香酸的影响大;还原剂焦亚硫酸钠对迷迭香酸的影响较小。

为研究鼠尾草酸的稳定性,曹伟等进行了鼠尾草酸在人工体液中的稳定性考察。结果表明鼠尾草酸在不同的人工体液中的稳定性存在差异:在人工胃液中以及空白人工胃液中,鼠尾草酸的含量没有明显变化;在人工肠液和空白人工肠液中,鼠尾草酸不稳定,随着时间延长,鼠尾草酸的含量不断下降。而比较人工肠液以及空白人工肠液测得的结果,可知胰蛋白酶对鼠尾草酸稳定性的影响较小。进一步鉴定产生的降解产物,他归属了三个主要的降解产物,分别为迷迭香酚(rosmanol)、表迷迭香酚(epi-rosmanol)、鼠尾草酚(carnosol)。以上试验表明碱性环境对鼠尾草酸稳定性有显著影响。

研究认为迷迭香酚、7-甲氧基迷迭香酚和7-甲氧基表迷迭香酚在一些样品中均有存在,它们可能是由鼠尾草酚经氧化和环化衍生而成。Aeschbach等研究发现,新鲜采割的迷迭香叶子,几乎不含鼠尾草酚。当迷迭香干燥、储存、提取和水蒸气蒸除迷迭香油后,鼠尾草酸减少而鼠尾草酚增加。在迷迭香工厂,对新鲜采割的叶子分析发现,在空气干燥前后鼠尾草酚由1%增加至2%,由此推测,在迷迭香及其提取物中迷迭香酚、迷迭香二酚和其他酚类双萜是来自于鼠尾草酸的氧化。

Zhang等选取鼠尾草酚、鼠尾草酸和迷迭香酸标准品的单独样品以及这3种的混合物,以乙醇为溶剂,配制初始浓度为800～900 mg/L的溶液,在以下6种条件下测定其剩余含量:①黑暗条件,温度为−10℃。②黑暗条件,温度为4℃。③光照条件,温度为室温。④黑暗条件,温度为室温。⑤黑暗条件,温度为40℃。⑥光照条件,温度为40℃。此试验观察了温度和光对其降解的影响,共观察13天,每24h分析一次每个样品中组分的浓度。结果发现,溶于乙醇的鼠尾草酚在3种样品中降解最快。这在40℃的光照条件下尤为明显,其中纯鼠尾草酚在第4天完全消失。鼠尾草酚的降解速率按以下顺序增加:在黑暗中−10℃＜在黑暗中4℃＜在黑暗中室温＜有曝光室温＜在黑暗中40℃＜有曝光40℃。由此可知温度是影响溶液中鼠尾草酚降解的主要因素,而光照进一步加速了降解。然而,在混合物溶液中观察到鼠尾草酚降解明显减慢,这可以归因于混合物中存在的其他抗氧化剂或鼠尾草酸向鼠尾草酚的代偿转化。鼠尾草酸在乙醇溶液和混合物溶液中,在黑暗中在−10℃和4℃下相当稳定。在较高的温度和光照条件下发生降解,但降解速度不像鼠尾草酚在乙醇溶液中的降解速度快。鼠尾草酸在混合物溶液表现出和在乙醇溶液中相似的降解。综上所述，在相同温度下，尤其是在 40 ℃下存储时，在黑暗中存储的鼠尾草酸的降解高于暴露于光的鼠尾草酸的降解，这与对鼠尾草酚观察到的结果相反。

进一步分析鼠尾草酚在乙醇中降解形成的产物得出，迷迭香酚、表迷迭香酚和表迷迭香酚乙醚是三种主要的降解产物，此外还生成少量的 11-乙氧基迷迭香酚半醌和迷迭香二醛。且在非质子溶剂(如乙腈)中溶解鼠尾草酚时，不会生成表迷迭香酚乙醚，而当使用其他质子型溶剂，如甲醇或异丙醇时，则生成相应的表迷迭香酚醚。另外，温度对这 3 种主要降解产物的形成也有一定的影响。当储存在−10 ℃时，迷迭香酚在 3 种化合物中含量最高，但是，随着温度的升高，迷迭香酚峰面积变得相对小于表迷迭香酚乙醚，故高温是表迷香酚乙醚形成的重要因素。11-乙氧基迷迭香酚半醌只出现在 40 ℃光照下储存的鼠尾草酚溶液中，并在鼠尾草酚完全降解后出现，且其峰面积在表迷迭香酚乙醚、迷迭香酚和表迷迭香酚的峰面积缓慢下降的同时有所增加，因此可推测该降解产物是通过其他鼠尾草酚降解产物间接地从鼠尾草酚中产生的。

鼠尾草酸醌是鼠尾草酸降解的主要产物。当在黑暗中于−10 ℃储存 30 天鼠尾草酸能完全转化为鼠尾草酸醌。当储存温度从−10 ℃升高到室温时，鼠尾草酸醌的峰面积略有增加，但随后降低，假定鼠尾草酸醌是鼠尾草酸向鼠尾草酚、迷迭香酚等氧化途径的中间体。Masuda T 等证实在 60 ℃下放置 2 h，鼠尾草酸醌可以在甲醇溶液中转化为鼠尾草酚、迷迭香酚和 7-甲基-迷迭香酚。同样，将鼠尾草酸转化为鼠尾草酸醌所需的低温条件表明该转化的能量垒较低。因此，鼠尾草酸醌很可能是鼠尾草酸降解途径中的中间产物。此外，5,6,7,10-四氢-7-羟基迷迭香醌另一个鼠尾草酸的主要降解产物。关于在光照条件下产生的降解产物，仅出现在暴露于光的溶液中，并在 260 nm 处具有很强的 UV 吸收。不幸的是，即使在高浓度下也无法在 ESI 的负离子或正离子模式下将其电离，并且在尝试从溶液中分离时不稳定。从 HPLC 馏分中收集到的量不足以用于 NMR 分析。因此，没有获得关于这种光诱导降解产物的结构的进一步信息，并且仍然是进一步研究的主题。

李丽华等进行了迷迭香酸的降解途径的研究，推测迷迭香酸在水溶液中的降解途径：①迷迭香酸酯键水解生成丹参素和咖啡酸，咖啡酸继续发生氧化反应生成原儿茶醛。②迷迭香酸的双键发生加成反应，由于双键不能旋转导致其产物为顺反异构体，即丹参酸 C 及其异构体。此外，她还考察了迷迭香酸在不同溶剂中的热稳定性并进行对比，发现但醇溶液体系与水溶液体系相比，醇溶液更有利于迷迭香酸的稳定，其在甲醇中的热稳定性较好，70%乙醇中次之，水中稳定性最差。进一步采用高分辨质谱对迷迭香酸在水中的降解产物进行分析，发现降解后产生丹参素、咖啡酸、丹参酸 C 及其异构体、原儿茶醛等产物。因此得出在提取过程中宜优先选择甲醇或乙醇作为提取溶剂，温度不宜超过 60 ℃，加热时间不宜超过 4 h。

迷迭香酸具有两个邻苯二酚亚结构，一个在咖啡酰基部分，另一个在 2-氧苯基丙酰基基团。为了鉴定多酚的自由基氧化位置，Aya Fujimoto 等采用了几种硫醇试剂进行硫解反应鉴定由邻苯二酚部分的抗氧化反应产生的醌结构的位置。根据 HR-ESI-MS 结果，他们得到 3 个稳定中间体，分子式估计为相同的 $C_{30}H_{40}O_8S$，MS 结果表明它们是 1 分子的 1-十二烷硫醇与迷迭香酸醌的加成物。通过 NMR 分析每种化合物中硫醇的添加位置，化合物 1、2、3 被确定为分别在 2[000]-、5[0]-和 6[0]-位的 1-十二烷硫醇加合物。

迷迭香提取物中发挥抗氧化作用的物质主要是萜类化合物，研究发现，迷迭香提取物在醇溶液中较稳定，在乙腈溶剂保存的时间更久；此外，光照、温度、pH、金属离子等均影响其稳定性，故迷迭香提取物应低温避光保存，且尽量避免与

Ca^{2+}、Mg^{2+}等金属离子接触，酸性条件下有利于保存。进一步对迷迭香提取物的降解产物进行研究，归属了迷迭香酚、表迷迭香酚、表迷迭香酚乙醚、丹参素、咖啡酸、原儿茶醛、丹参酸 C 及其异构体等化合物；鼠尾草酸在降解过程中首先生成鼠尾草酸醌的中间体，然后再发生进一步的降解。

三、其他类成分的稳定性

陈宝制备了迷迭香多糖粗提品和初步纯化品，并采用 4 种体系评价了迷迭香多糖的抗氧化活性，得出如下结论：当样品溶液浓度为 0.10 mg/ml 时，迷迭香多糖粗提品和初步纯化品对 DPPH 自由基清除率分别为 67.18% 和 54.78%，对 OH 自由基清除率分别为 60.05%和 58.71%，对过氧化氢的清除率达 98.02% 和 97.26%，证实迷迭香多糖具有一定的抗氧化活性，在一定浓度范围内，迷迭香多糖对自由基、过氧化氢的清除率及其还原能力，均随着样品溶液浓度的增加而逐渐升高。

第二节　迷迭香成分衍生物合成研究

一、迷迭香酸衍生物的合成

研究表明，迷迭香酸可以通过化学修饰改变其理化性质，从而扩大其使用范围。例如，将其酯化衍生，可以提高脂溶性，用于油脂类食品的抗氧化；也可以通过改造结构，以获得更好的生理活性或药理作用。本节就查找到的文献做了一个总结，包括：Reimann 等合成了化合物 **1**，Lecomte 等合成了化合物 **2～8**，Zhuang 等以香草醛为原料不断反应得到化合物 **9**，Taguchi 等合成了化合物 **10**，Silvia Bittner Fialová 等合成了化合物 **11**，Aung 等合成化合物 **12**，Park 等合成化合物 **13**、**14**，Wong 等合成化合物 **15～18**，Hur 等合成化合物 **19**，Che 等合成化合物 **20**，Fujimoto 等合成化合物 **21**，Won 等合成化合物 **22**、**23**，O'Malley 等合成化合物 **24**，Zheng 等合成化合物 **25**，Fischer 等合成化合物 **26～29**，Xu 等合成化合物 **30**，Cardullo 等合成化合物 **31～40**，Ayoob 等合成化合物 **41～57**，Tu 等合成化合物 **58**，Wang 等合成化合物 **59**，Murata 等合成化合物 **60～64**，Wong 等合成化合物 **65～74**，Zhang 等合成化合物 **75～78**，Snyder 等成化合物 **80～85**，Griffith 等合成了化合物 **86～91**，Zhang 等合成了化合物 **92**，Sebestik 等合成了化合物 **93**，Jiang 等合成了化合物 **94**，Romine 等合成了化合物 **95**，Wang 等合成了化合物 **96**，Wu 等合成了化合物 **97**，黄龙江合成了化合物 **98**。部分化合物结构式及合成路线简述如下。

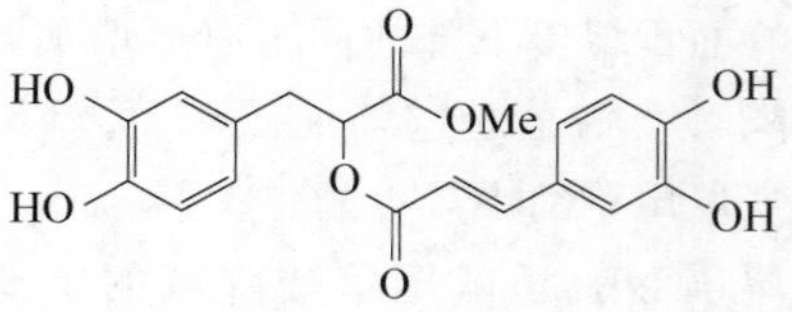

化合物 1

化合物 2 合成方法：反应在密封烧瓶中进行，每个烧瓶含有 5 ml 乙醇(甲醇 123.44 mmol；正丁醇 54.64 mmol；正辛醇 31.905 mmol；正十二醇 22.46 mmol；正十六 16.95 mmol；正十八烷醇 15.09 mmol 和正二十烷醇 13.6 mmol)。在加入催化剂之前，搅拌反应混合物(轨道摇动器，250 r/min，55～70 ℃)，强酸性磺酸树脂 Amberlite IR-120H(两种底物的总重量的 5%，*w/w*)预先在 110℃下干燥 48 h，通过加入到介质中的分子筛(40 mg/ml)的吸收除去反应过程中产生的水。样品(20 L)定期从反应介质中取出，然后与 980 L 甲醇混合，过滤(0.45 m 注射器过滤器)，最后通过反相高效液相色谱进行分析，在328 nm 处进行紫外检测。迷迭香酸完全(4～21天)转化成相应的酯后，后者在两步程序中纯化。首先，使用己烷和乙腈进行液-液萃取以除去过量的醇。然后，通过快速色谱分析，消除了残留的乙醇和迷迭香酸。使用己烷和乙醚的洗脱梯度(35 min 内 20%～100%)在硅胶柱上实现分离。通过高效液相色谱法检查以淡黄色至黄色无定形粉末形式获得的酯的纯度，并通过薄层色谱法确认不存在残留醇，化合物产率 99.3%。

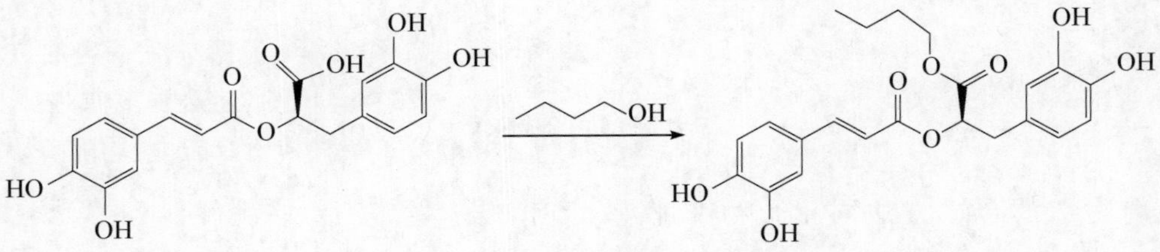

化合物 2 的合成路线

化合物 3 的合成方法同化合物 2，产率 98.5%。

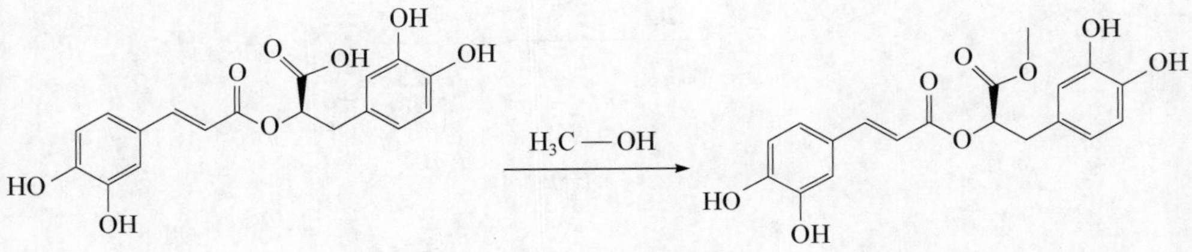

化合物 3 的合成路线

化合物 4 的合成方法同化合物 2，收率 99.5%。

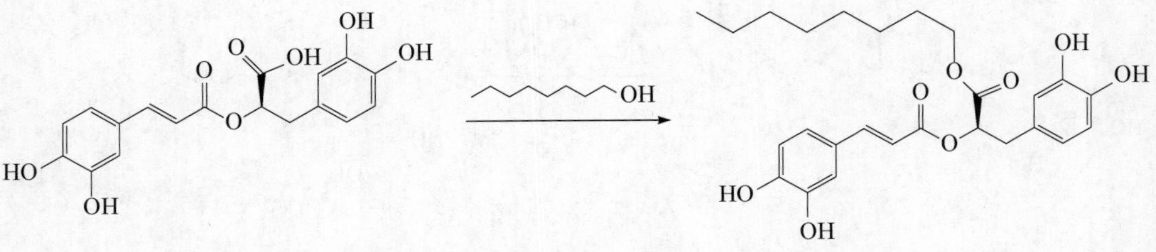

化合物 4 的合成路线

化合物 5 的合成方法同化合物 2，收率 99.0%。

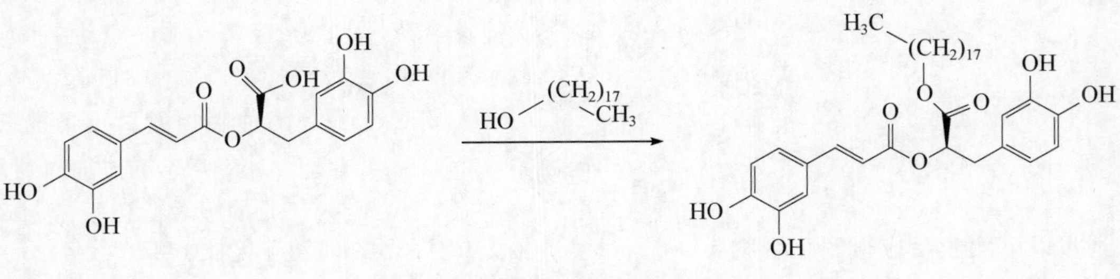

化合物 5 的合成路线

化合物 6 的合成方法同化合物 2，收率 94.4%。

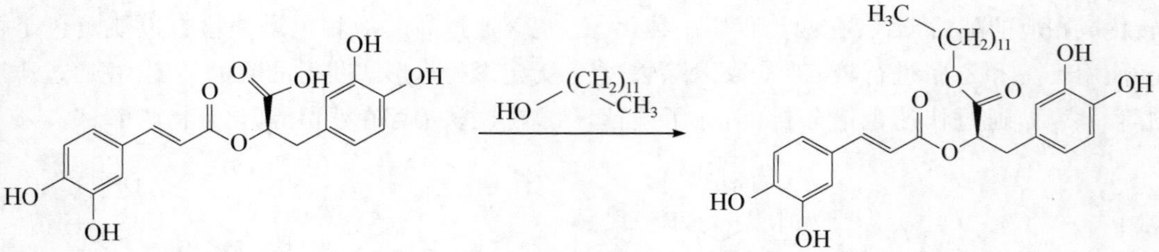

化合物 6 的合成路线

化合物 7 的合成方法同化合物 2，收率 81.6%。

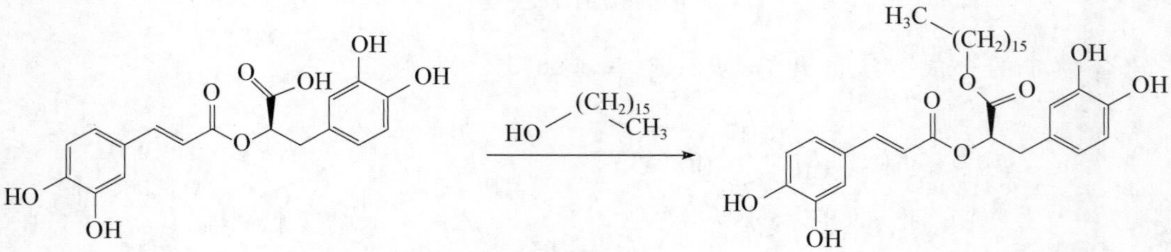

化合物 7 的合成路线

化合物 8 的合成方法同化合物 2，收率 99.0%。

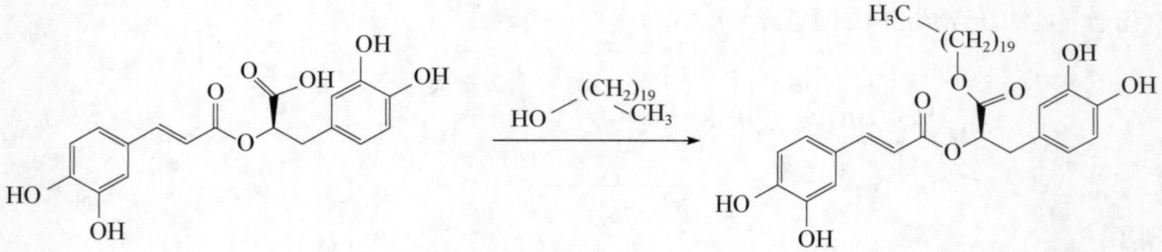

化合物 8 的合成路线

化合物 9 的合成方法同化合物 2，收率 99.0%。

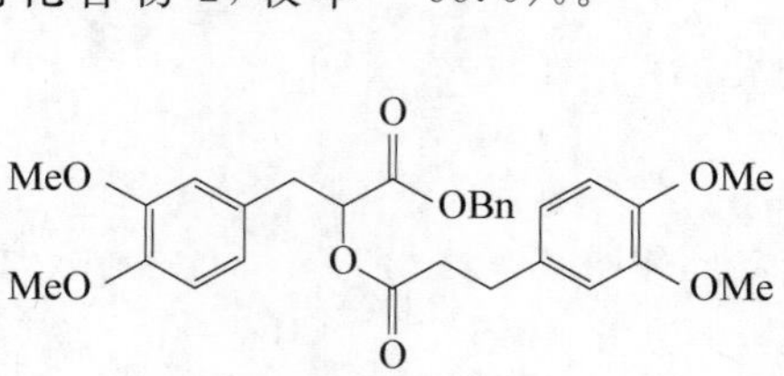

化合物 9

通过以下两步反应得到化合物 10：①将迷迭香酸(99.2 mg)溶于 THF(4 ml)中，加入氨气。②反应混合物在室温下搅拌 14 h。

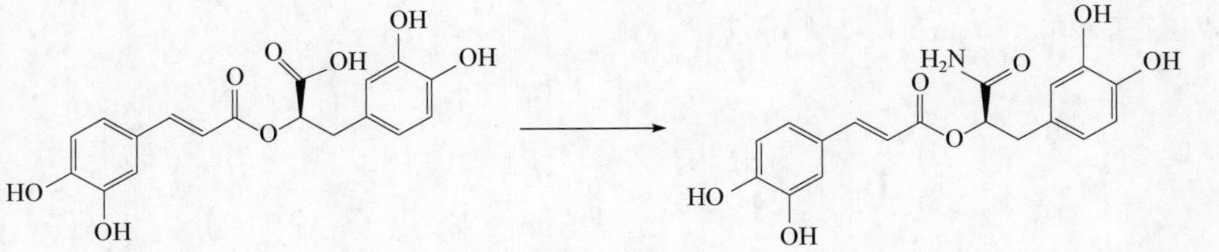

化合物 10 的合成路线

化合物 11 的合成分两个步骤进行：①迷迭香酸与 10-溴代莫多酚的酯化反应，在 DIAD 和三苯基膦的存在下进行酯化，以中等收率（62%）制备了酯 RAE。②四元化，将 RAE 与三苯基膦或三环己基膦进行季铵化处理。

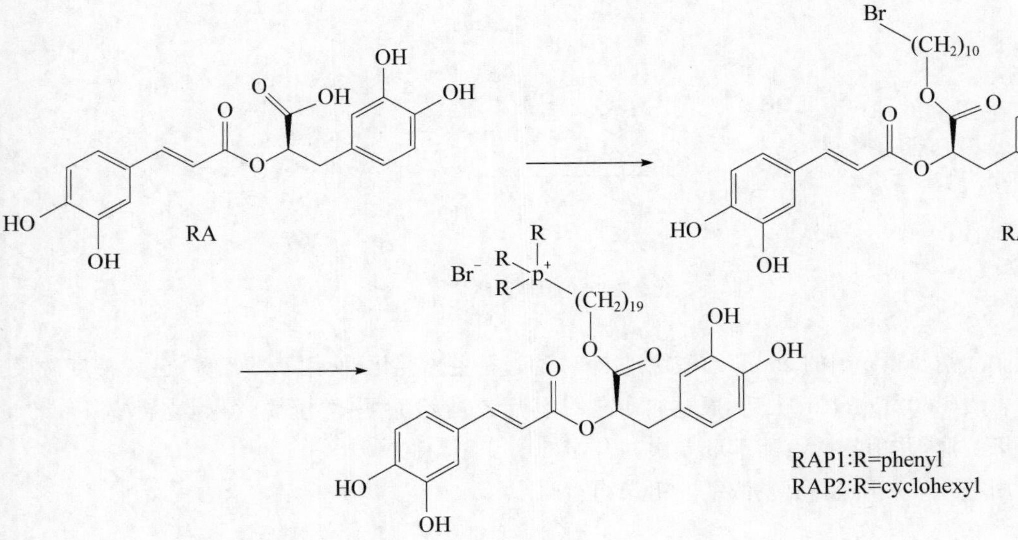

RA

RAE

RAP1:R=phenyl
RAP2:R=cyclohexyl

化合物 11 的合成路线

通过两步得到化合物 12：①将迷迭香酸（105 mg）溶于丙酮（1 ml）。②在活性炭（20 mg）上加入 5%钯至溶液中。

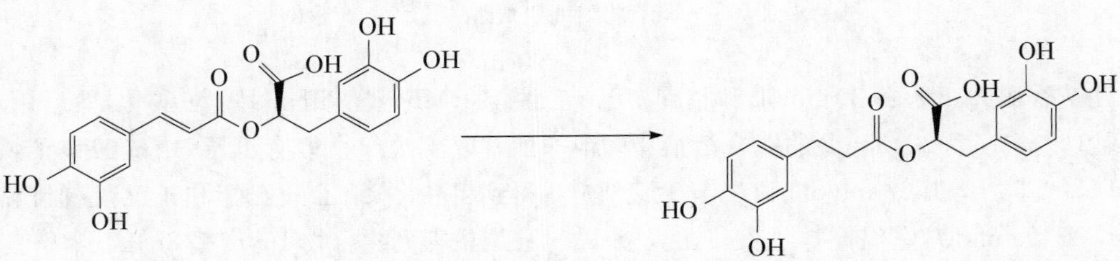

化合物 12 的合成路线

通过以下步骤合成化合物 13：①在甲醇中悬浮迷迭香酸(0.277 mmol)。②在 0℃冰浴中滴加硫酰氯(0.2 ml，2.77 mmol)到溶液中。

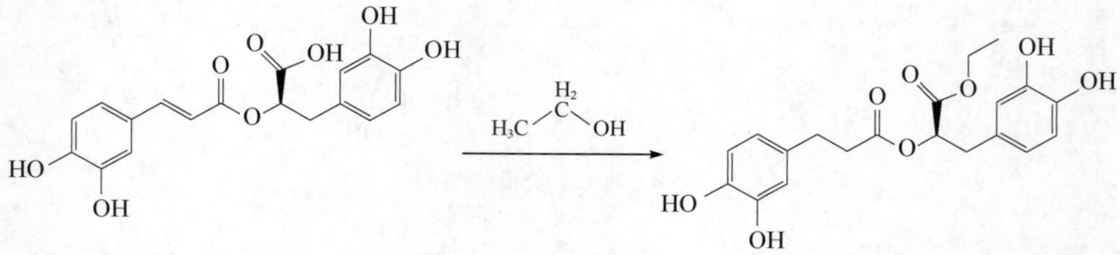

化合物 13 的合成路线

通过以下两步得到化合物 14：①将 6-氨基己酸甲酯(6.8 mmol 溶于 5 ml DMF 中)。②在反应混合物中加入 ROSA(2.45 g，6.8 mmol)。

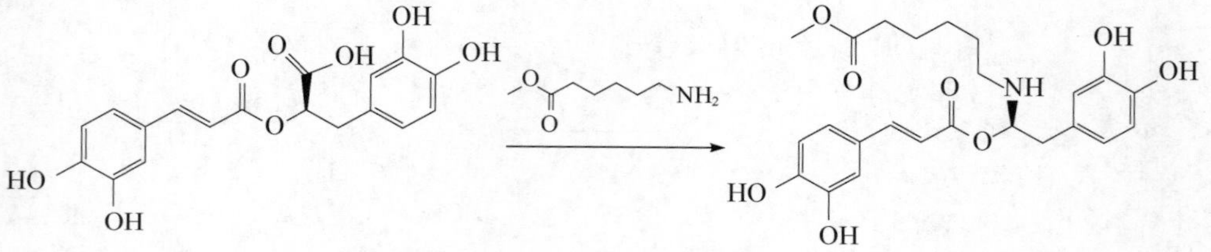

化合物 14 的合成路线

向含亚硝酸钠(544 mg)的 50 ml 乙酸缓冲液中加入迷迭香酸(360 mg)，10 min 后，通过加入饱和氯化钠淬灭溶液，并用乙酸乙酯萃取 5 次。合并的有机层用 Na_2SO_4 干燥并真空浓缩。粗产物通过柱色谱纯化，使用乙酸乙酯/己烷梯度洗脱，然后乙酸乙酯/甲醇洗脱，得到化合物 15，产量 80%。

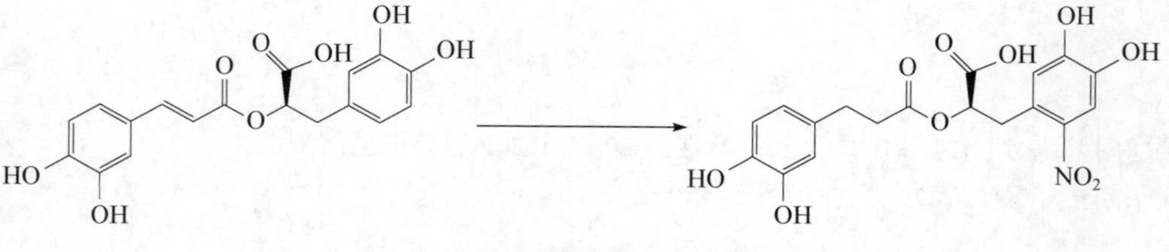

化合物 15 的合成路线

在迷迭香酸(0.5 g，1.39 mmol)和左旋多巴-乙三醇盐(0.55 g，2.22 mmol)的混合溶液中，加入 HBTU(0.63 g，1.67 mmol)和二异丙乙胺(2.4 ml，13.9 mmol)，室温搅拌过夜。在真空中脱除 DMF，残渣用 1 N 盐酸酸化，然后用乙酸乙酯萃取 4 次。收集有机层，用硫酸镁干燥，浓缩得到粗品，采用乙酸乙酯和正己烷梯度洗脱，经柱层析得到化合物 16，产率 38%。

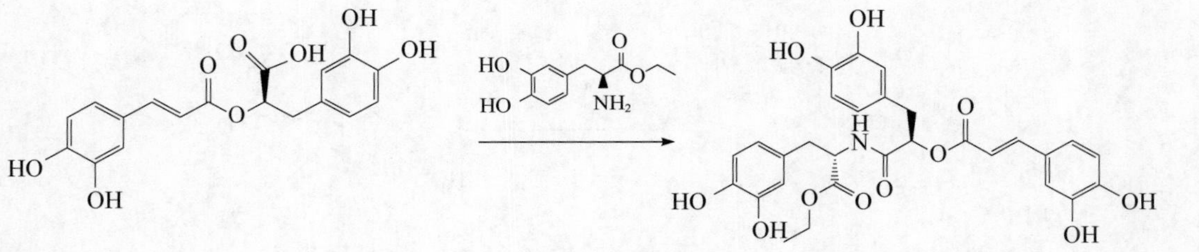

化合物16的合成路线

在亚硝酸钠溶液(544 mg，7.9 mmol)中加入迷迭香酸(360 mg，1.0 mmol)于50 ml醋酸缓冲液(0.2 mol/L醋酸)中。在5 min(12 min)或10 min(11 min)后，加入饱和氯化钠淬火，用乙酸乙酯提取5次。结合的有机层用 Na_2SO_4(S)干燥，并在真空中浓缩。粗品经乙酸乙酯/正己烷梯度洗脱，乙酸乙酯/甲醇梯度洗脱，得到化合物17，收率80%(325 mg)。

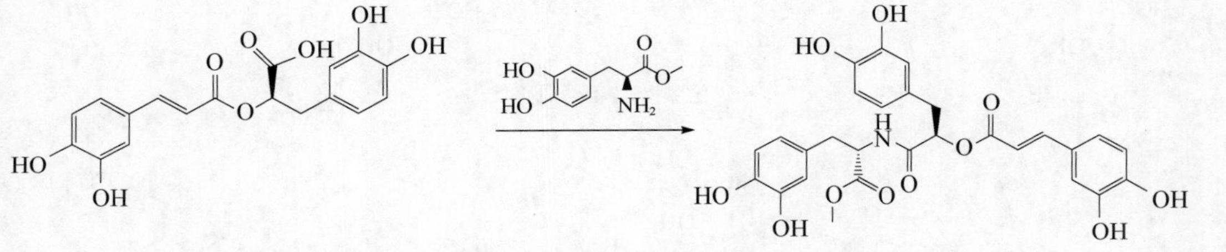

化合物17的合成路线

化合物18的合成方法同化合物16，收率27%。

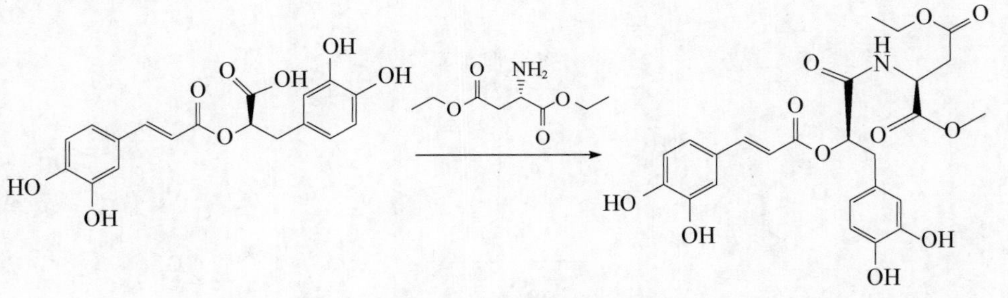

化合物18的合成路线

化合物19为迷迭香酸异丙酯：向溶解在二甲基甲酰胺(4 ml)中的迷迭香酸(75 mg，0.21 mmol)中加入异丙醇(33 mg，0.26 mmol)和邻苯并三唑基-*N*,*N*,*N′N′*-四甲基脲四氟硼酸盐(75 mg，0.23 mmol)。在室温和 N_2 气氛下搅拌溶液后，加入甲苯胺(34 mg，0.28 mmol)。室温下搅拌24 h，反应溶液用50 ml乙酸乙酯稀释，用碳酸氢钠溶液(3×20 ml)和10%盐酸洗涤。有机相用硫酸镁干燥，真空浓缩。通过快速色谱法(洗脱系统，nHexane：乙酸乙酯，85：15至6：4)获得该化合物。产率82%(79 mg)，黄色固体。

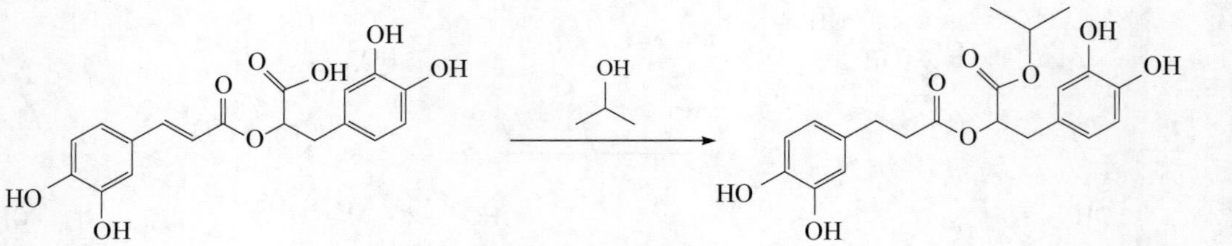

化合物 19 的合成路线

在黑暗中加入 $SOCl_2$、H_2O、EtOH，23℃反　应 0.7 h 即得化合物 20。

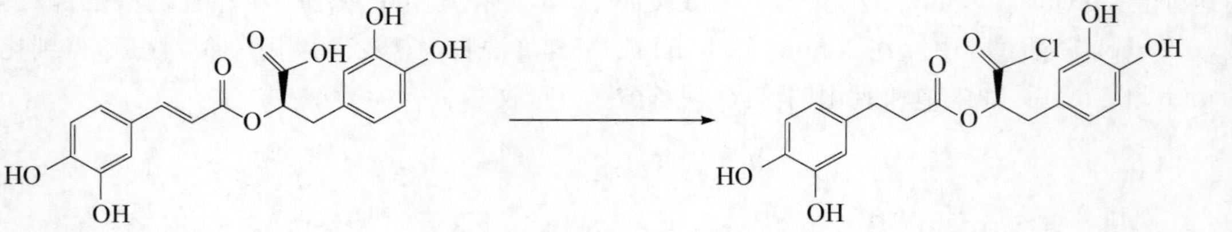

化合物 20 的合成路线

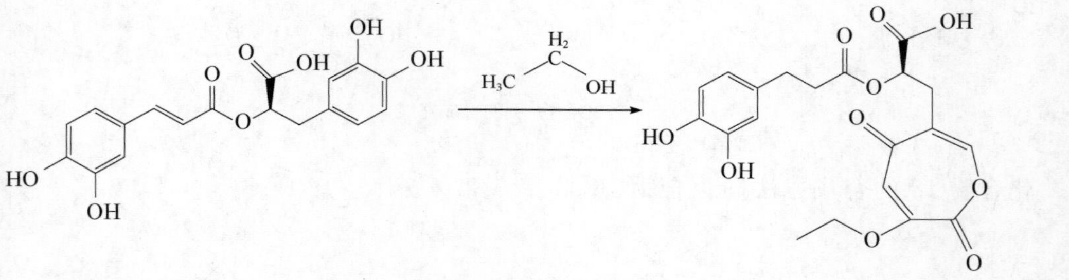

化合物 21 的合成路线

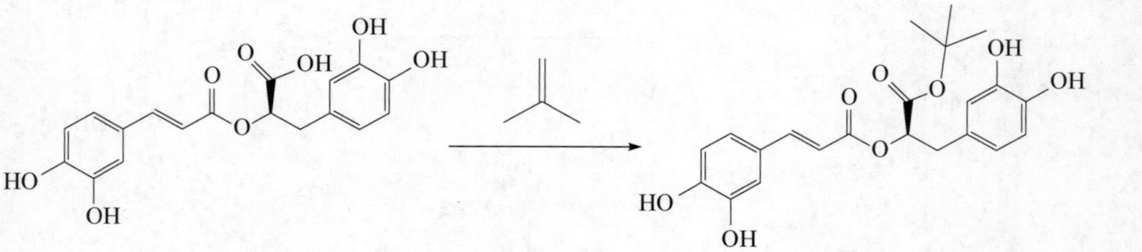

化合物 22 的合成路线

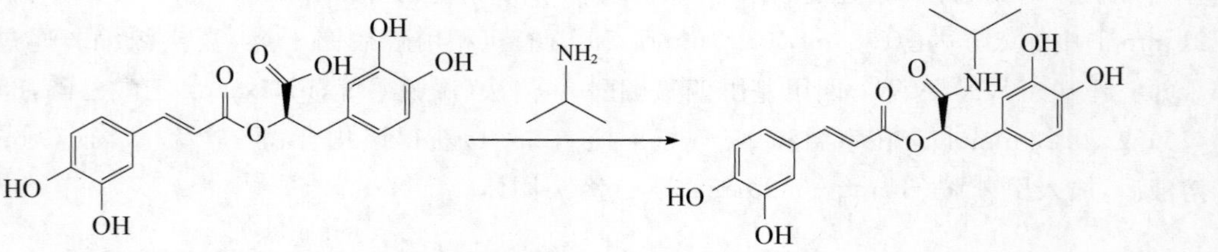

化合物 23 的合成路线

化合物24为3-(3,4-二甲氧基苯基)-2-羟基丙酸甲酯：迷迭香酸溶于40 ml甲醇中，加入NaOME(0.462 g, 8.55 mmol)。反应混合物在室温下搅拌2 h，加入饱和NH_4Cl水溶液，用乙酸乙酯稀释。分离各层，用乙酸乙酯提取水层。组合的有机层在减压下干燥、过滤和浓缩。原料经SiO_2(1%～10% Et_2O/CH_2Cl_2为洗脱液)层析，得1.79 g(两步洗脱量87%)。

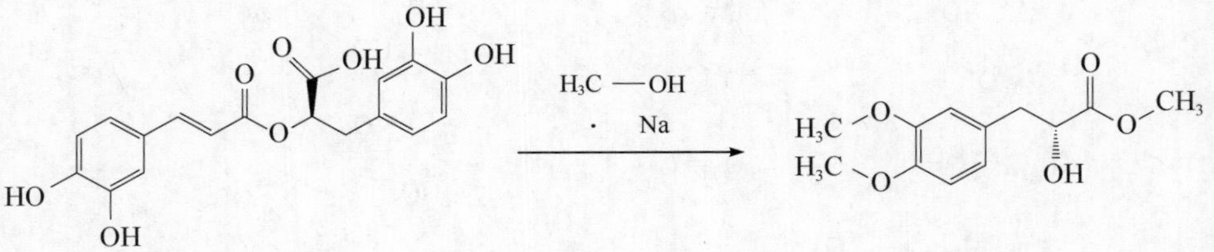

化合物24的合成路线

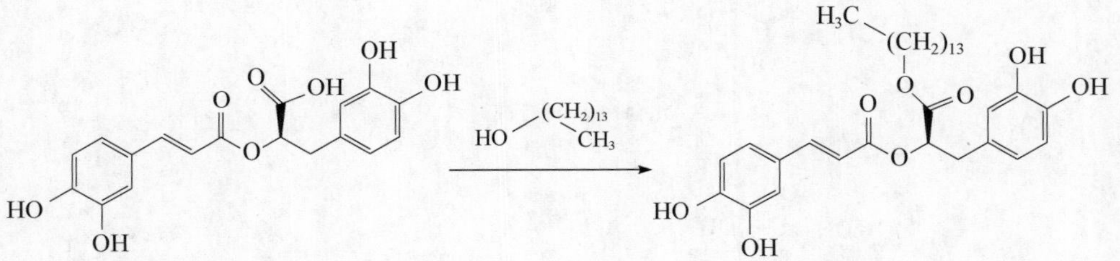

化合物25的合成路线

在含有迷迭香酸(900.8 mg, 2.5 mmol)和无水K_2CO_3(2.59 g, 18.75 mmol)的烧瓶中，加入二甲基甲酰胺(30 ml)，然后加入碘甲烷(1.18 ml, 18.8 mmol)。将生成的溶液加热到60℃并保持2天，然后再加入等量的甲基碘(1.18 ml, 18.8 mmol)。继续加热2天，然后冷却到RT，并加入150 ml的H_2O进行淬火。用乙醇(1×200 ml, 2×150 ml)提取混合物，结合的有机相在硫酸镁上干燥，在真空中浓缩得到棕色油，再经过柱层析(40∶60 EtOAc/己烷)，得到该化合物26(995.2 mg, 92%)，为淡黄色泡沫。

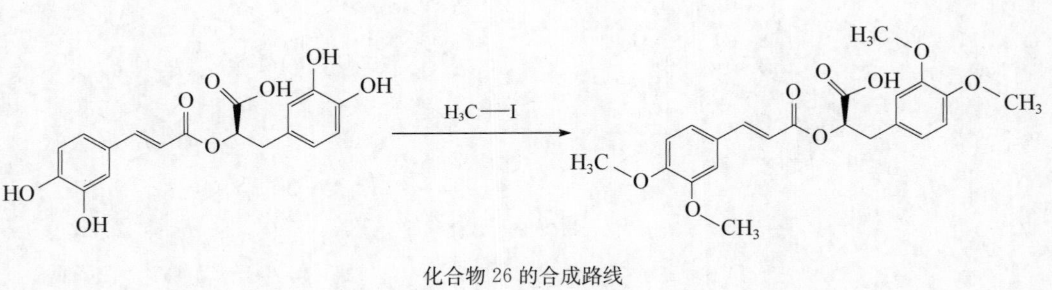

化合物26的合成路线

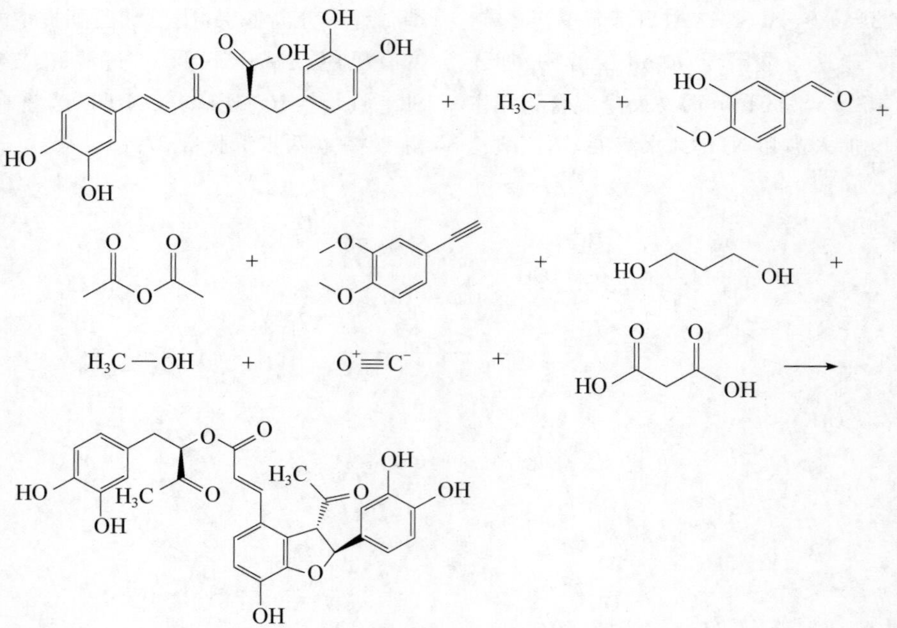

化合物 27 的合成路线

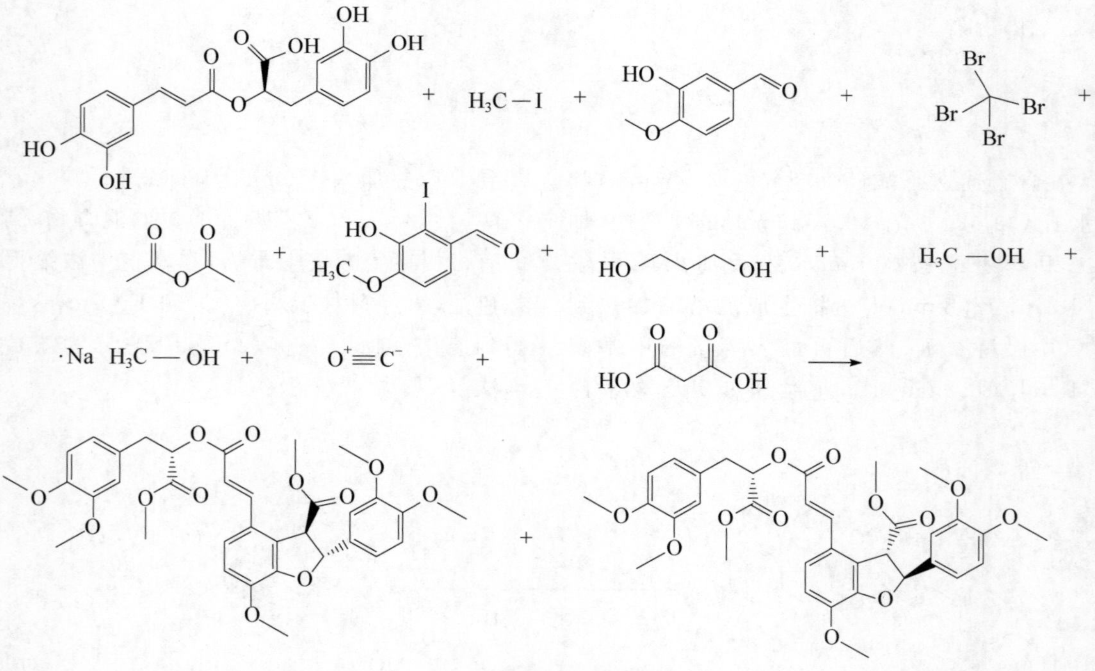

化合物 28 的合成路线

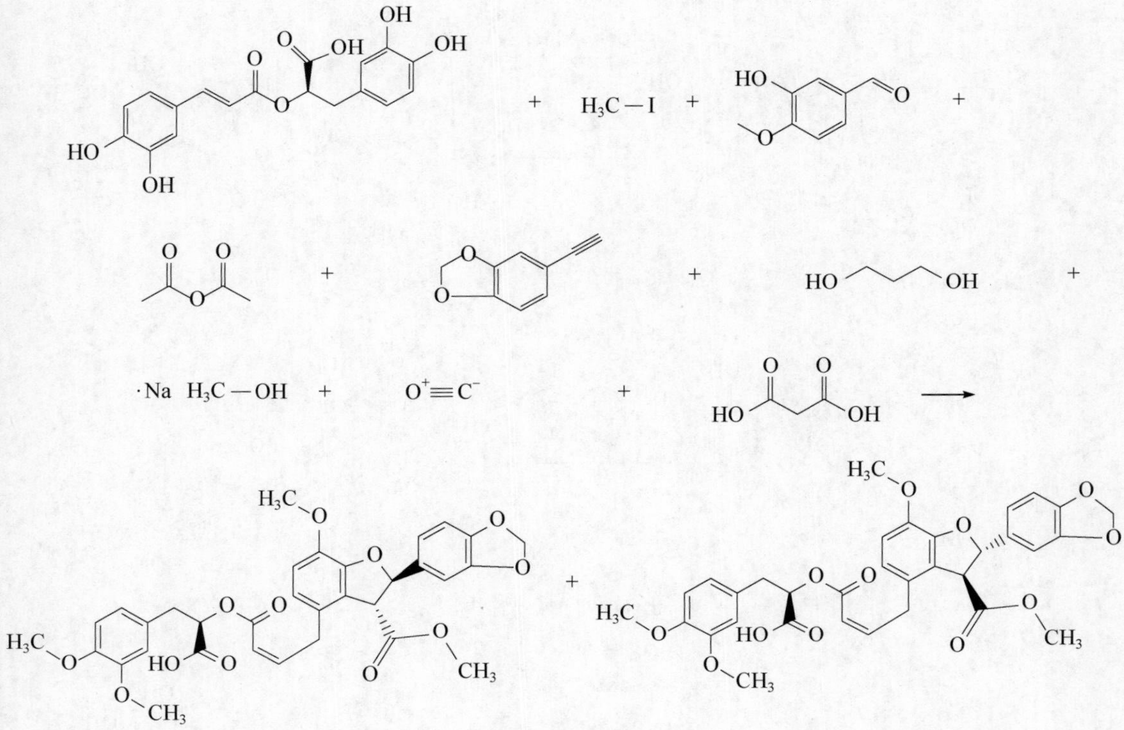

化合物 29 的合成路线

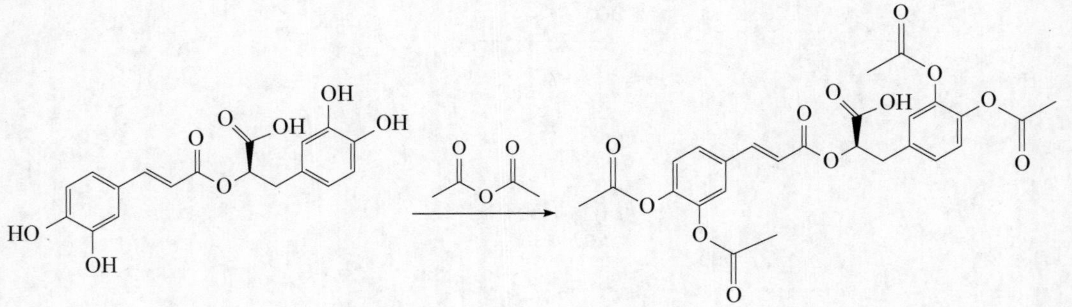

化合物 30 的合成路线

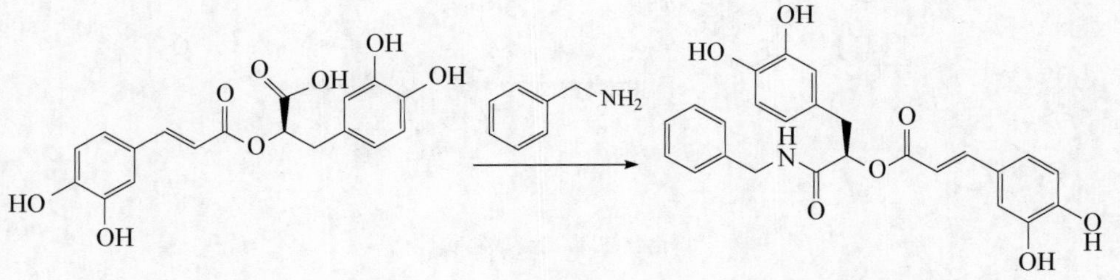

化合物 31 的合成路线

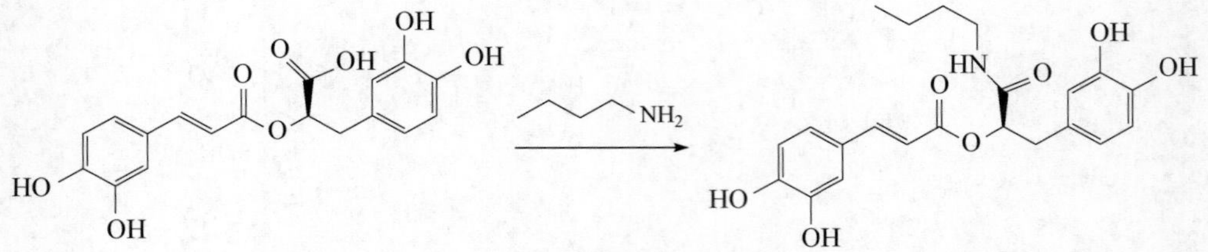

化合物 32 的合成路线

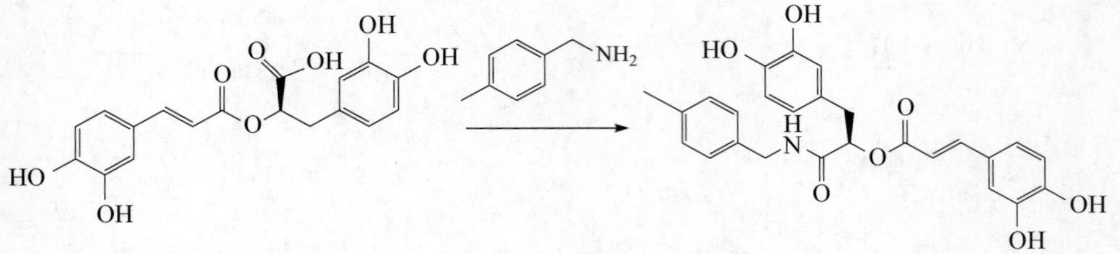

化合物 33 的合成路线

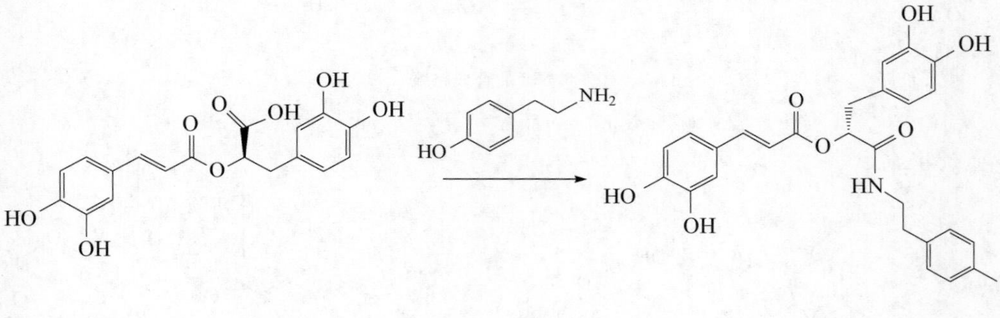

化合物 34 的合成路线

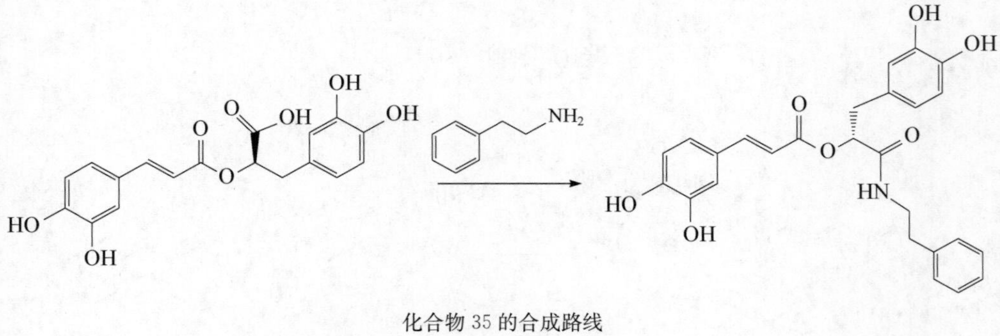

化合物 35 的合成路线

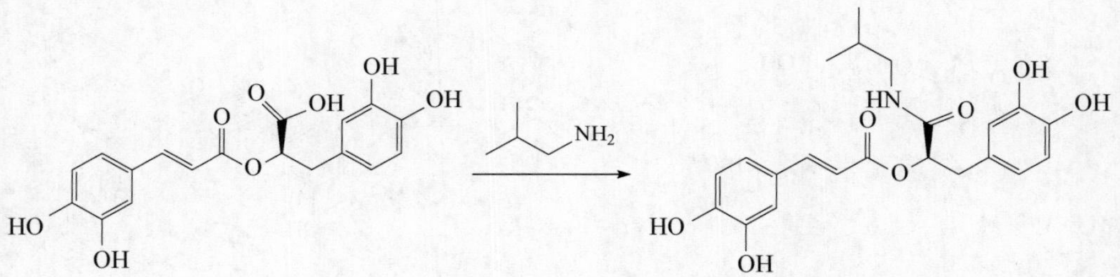

化合物 36 的合成路线

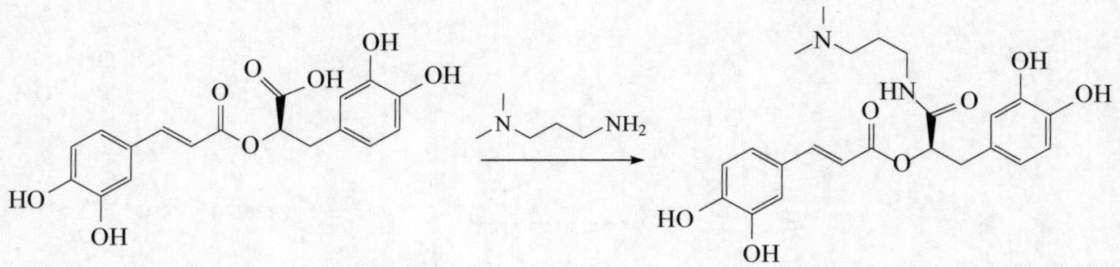

化合物 37 的合成路线

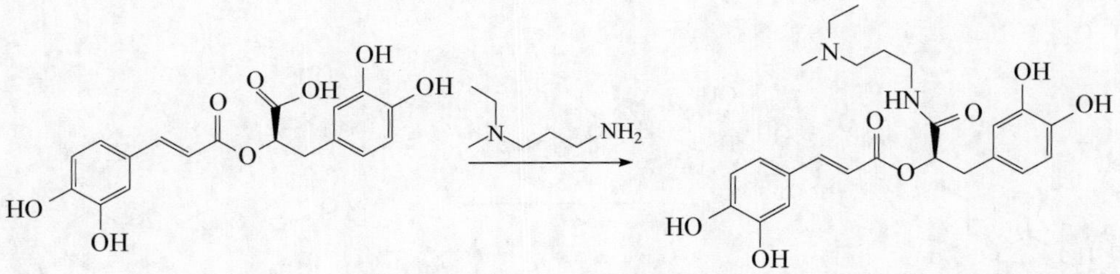

化合物 38 的合成路线

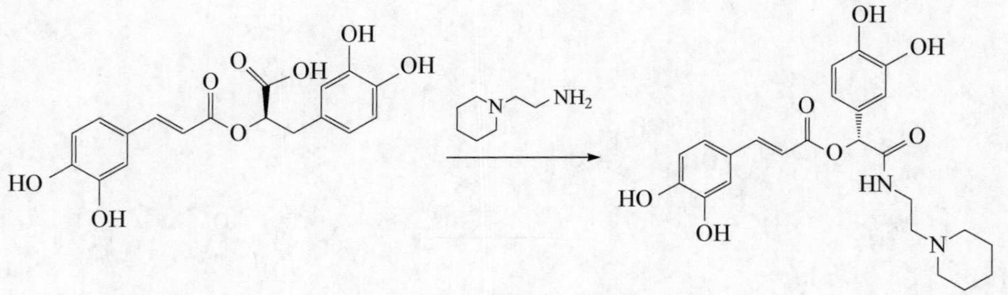

化合物 39 的合成路线

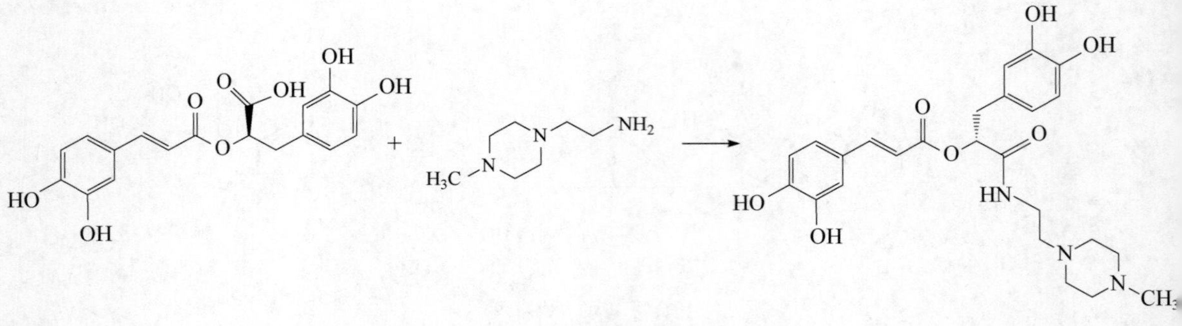

化合物 40 的合成路线

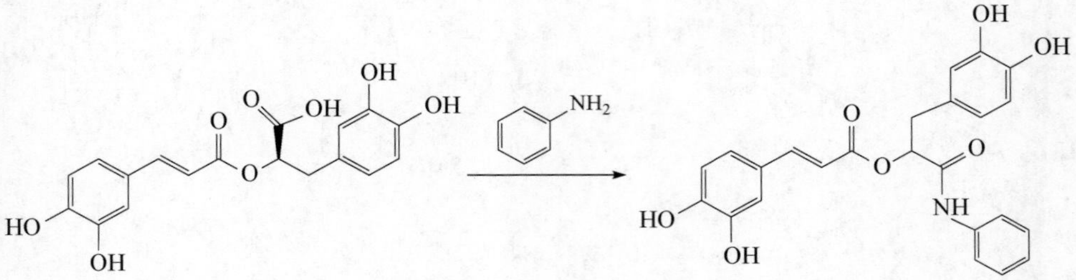

化合物 41 的合成路线

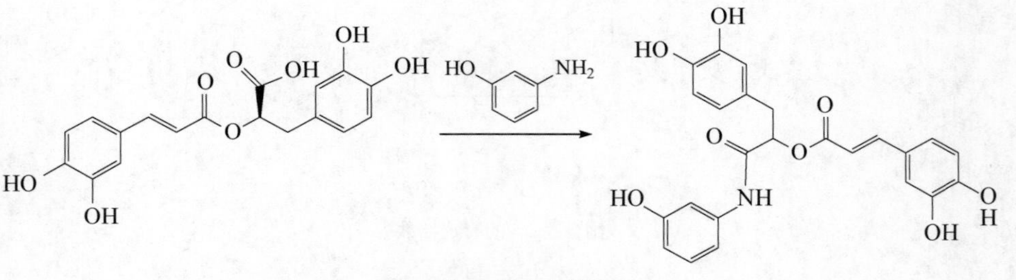

化合物 42 的合成路线

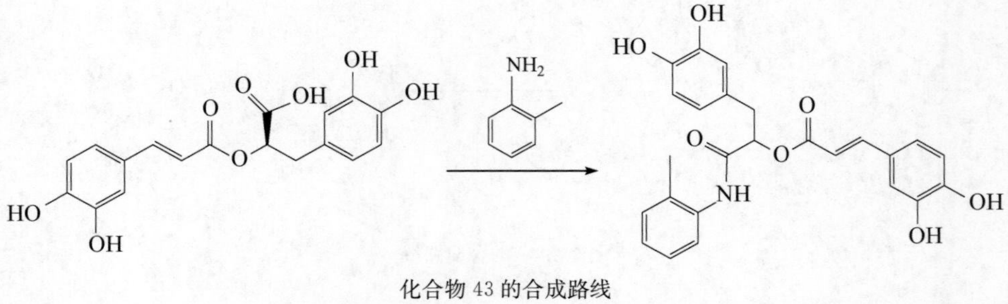

化合物 43 的合成路线

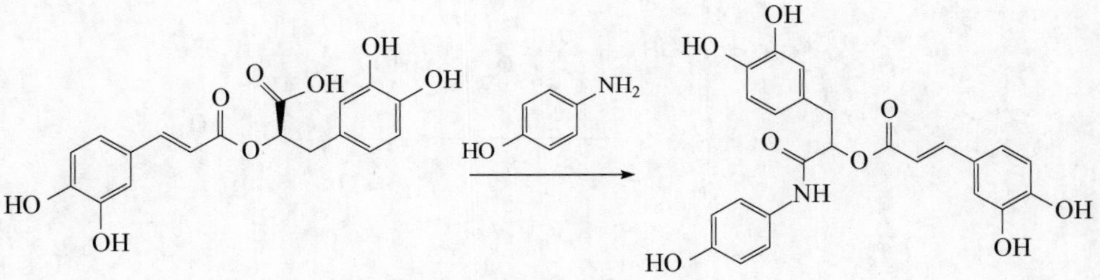

化合物 44 的合成路线

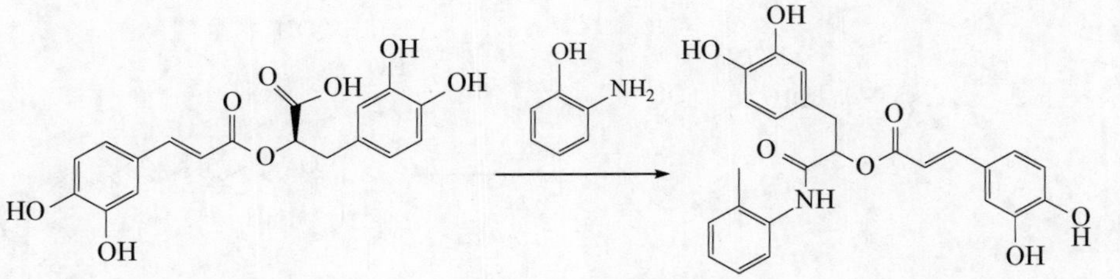

化合物 45 的合成路线

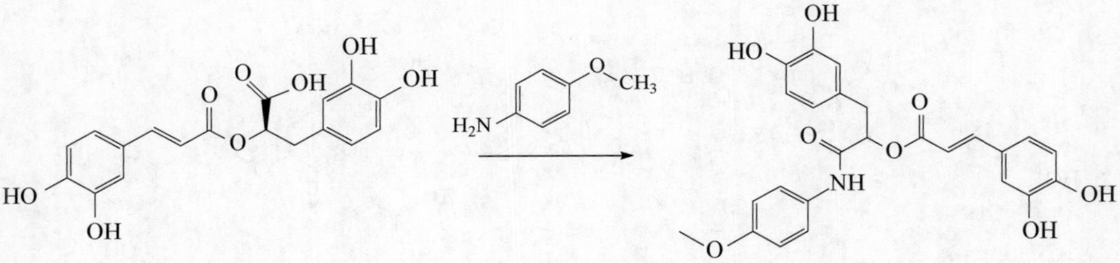

化合物 46 的合成路线

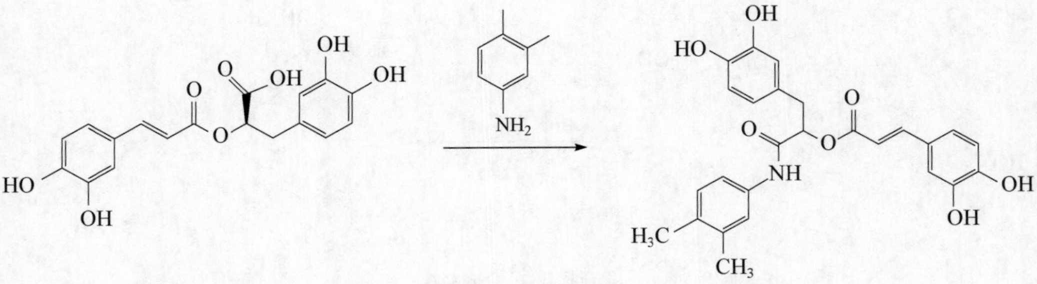

化合物 47 的合成路线

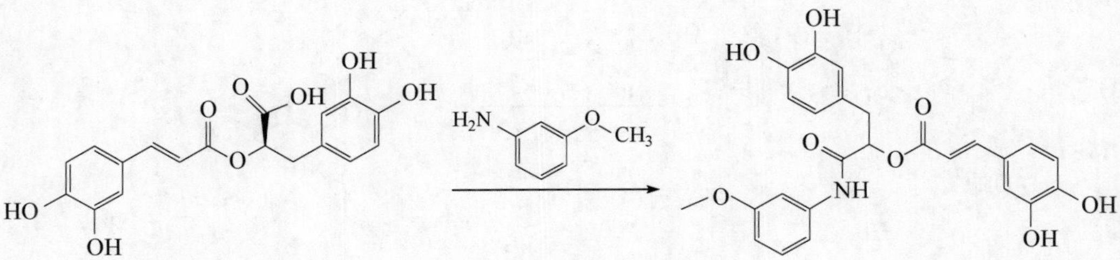

化合物 48 的合成路线

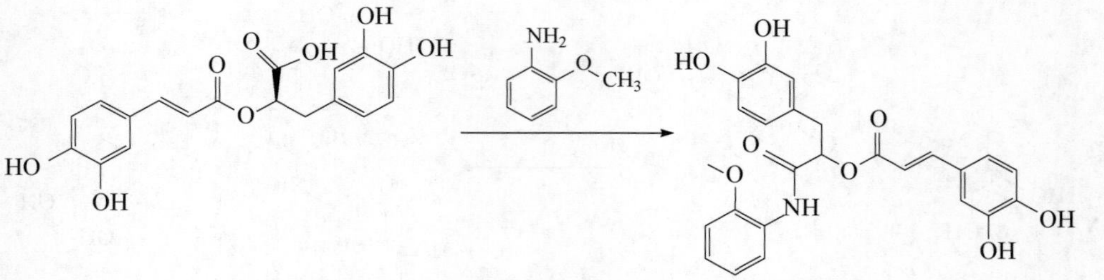

化合物 49 的合成路线

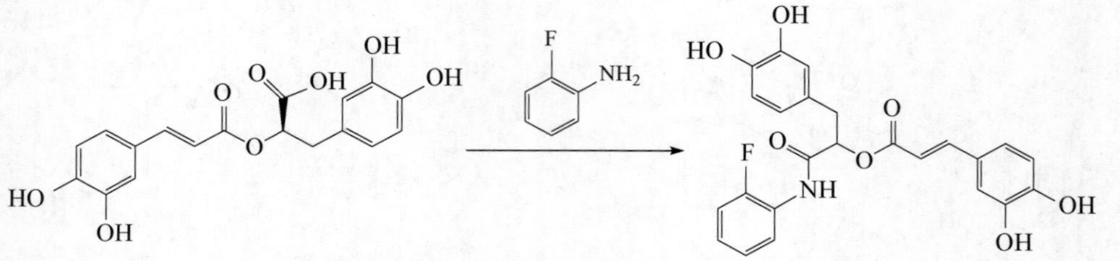

化合物 50 的合成路线

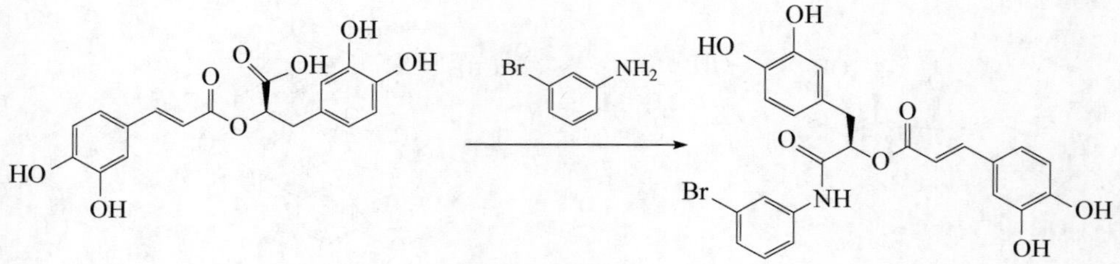

化合物 51 的合成路线

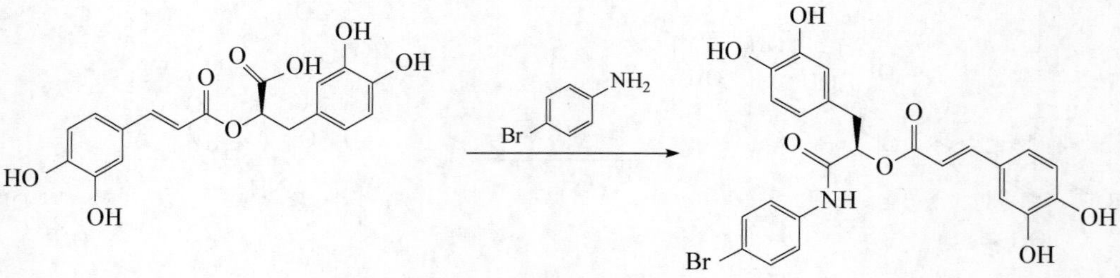

化合物 52 的合成路线

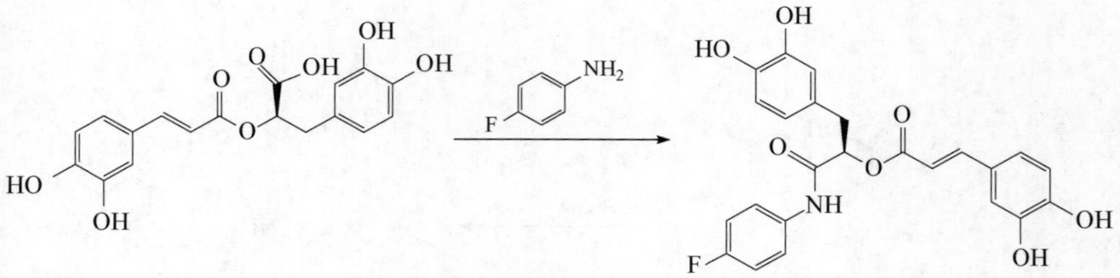

化合物 53 的合成路线

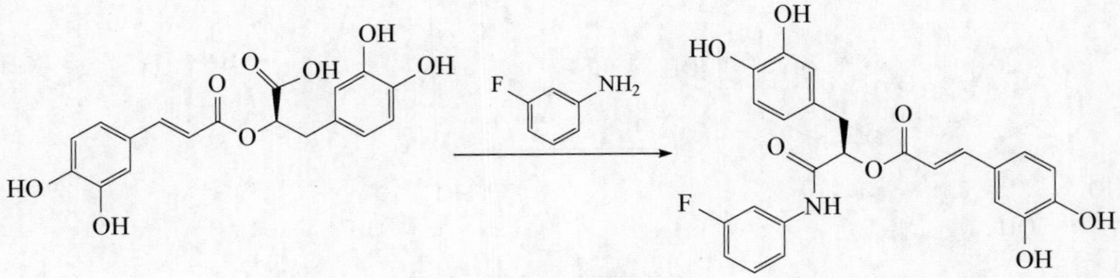

化合物 54 的合成路线

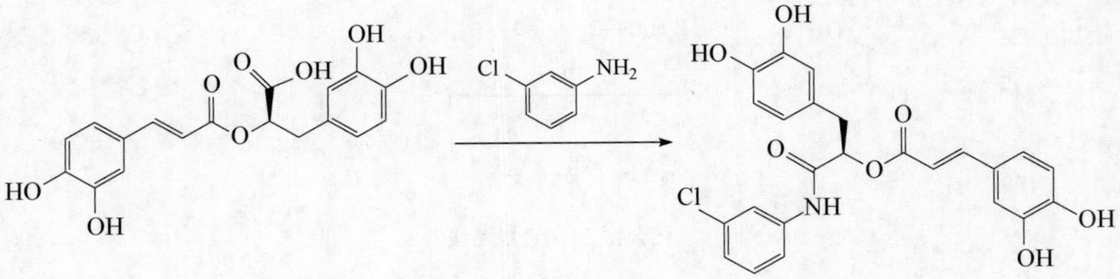

化合物 55 的合成路线

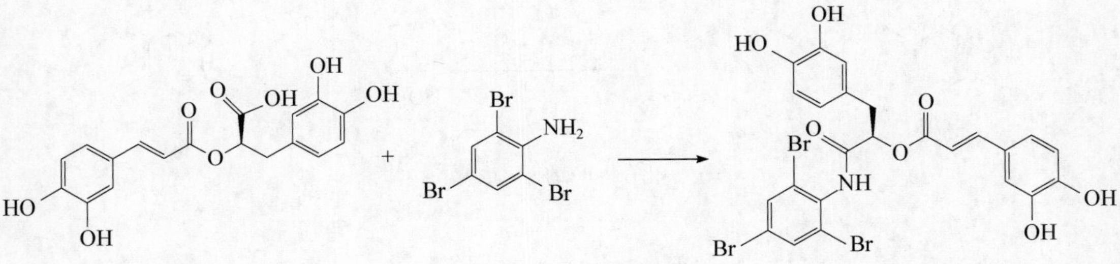

化合物 56 的合成路线

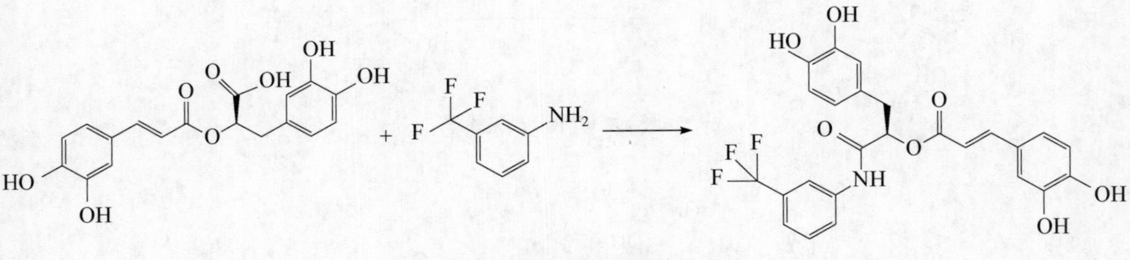

化合物 57 的合成路线

化合物 58 通过两步反应得到：①将迷迭香酸（344 mg）、丙胺（63 mg）、Py Bop（746 mg，1.43 mmol）和 Et_3N（0.20 mmol）混合在无水 DMF（10 mmol）中，0 ℃在氩气气氛下搅拌 0.5 h。②将混合物加热至室温。

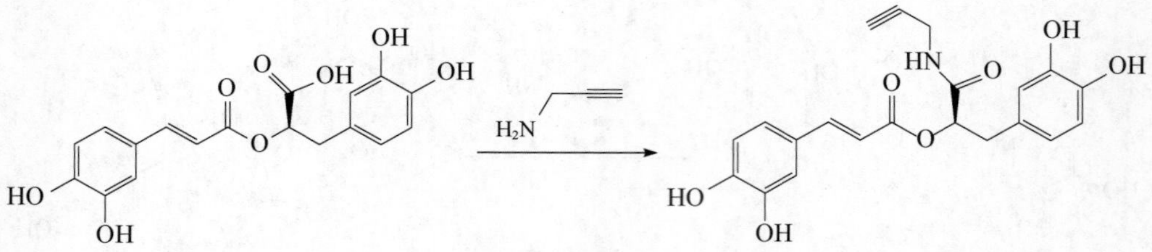

化合物 58 的合成路线

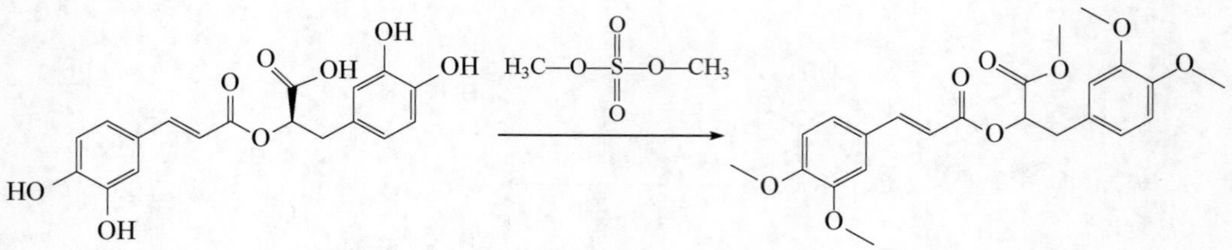

化合物 59 的合成路线

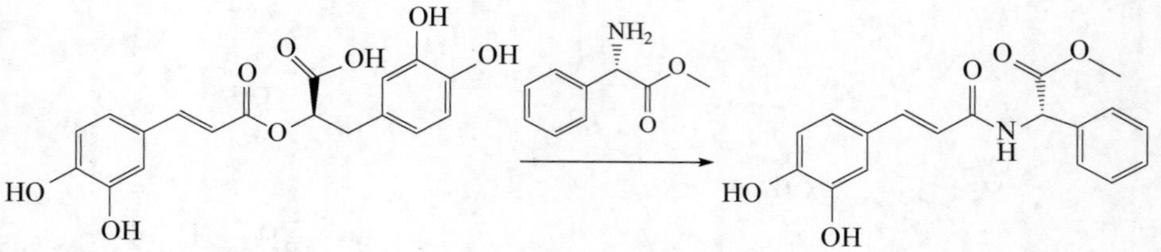

化合物 60 的合成路线

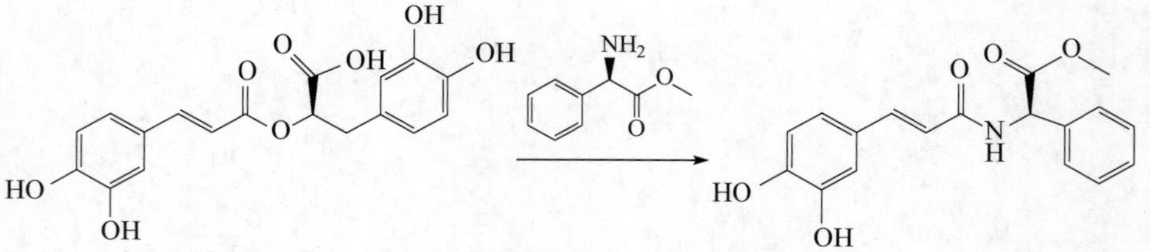

化合物 61 的合成路线

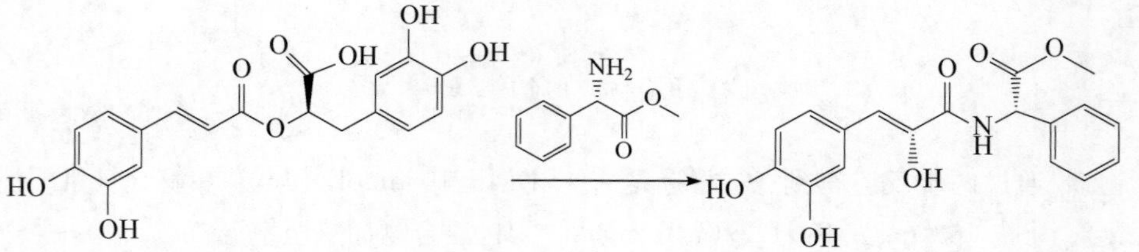

化合物 62 的合成路线

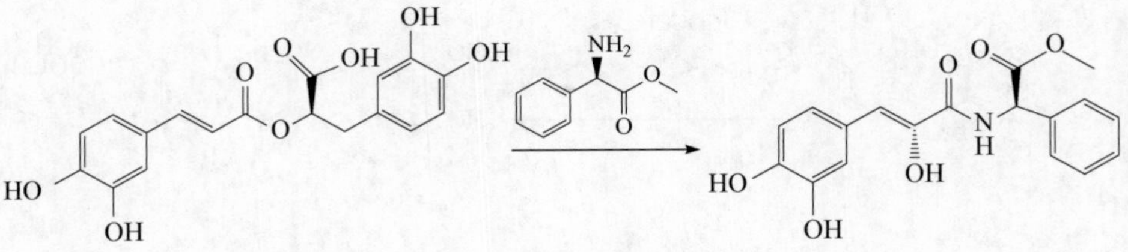

OH
O OH OH
NH$_2$
O
O
O
O
HO
OH
O
N
H
OH
O
HO
OH

化合物 63 的合成路线

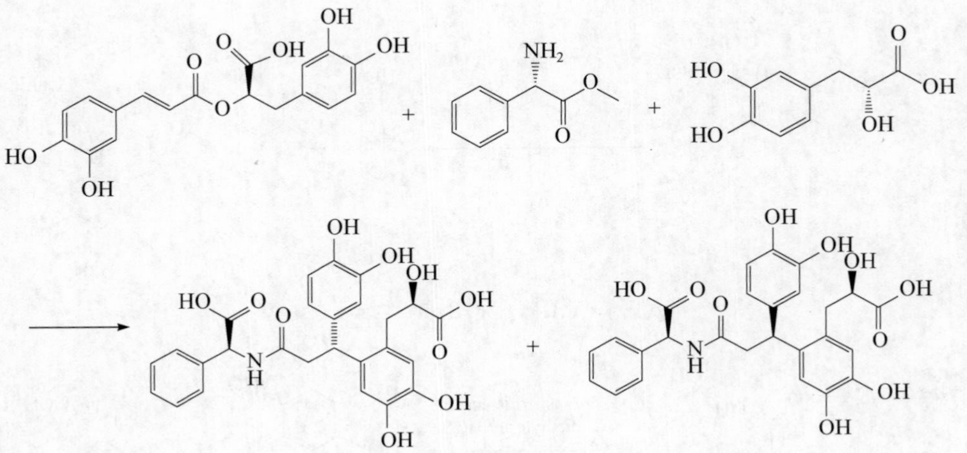

OH
O OH OH
NH$_2$
O
O
O
HO
OH
O
+
O
+
HO
HO
O
OH
OH

HO
OH
OH OH
HO O
O
N
H
OH
O
OH
OH
+
OH
OH OH
HO O
O
N
H
OH
O
OH
OH

化合物 64 的合成路线

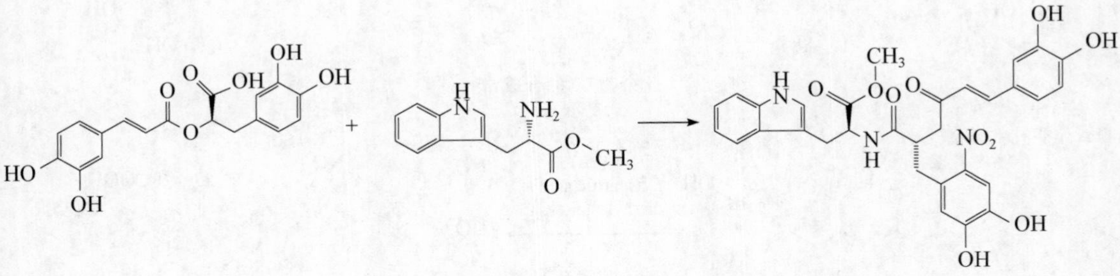

OH
O OH OH
O
O
HO
OH
+
H
N
NH$_2$
O
CH$_3$
O
CH$_3$
H
N
O O
O
N
H
NO$_2$
OH
OH
OH
OH

化合物 65 的合成路线

OH
O OH OH
O
O
HO
OH
HO
HO
NO$_2$
O
O
O
OH
NO$_2$
OH
OH

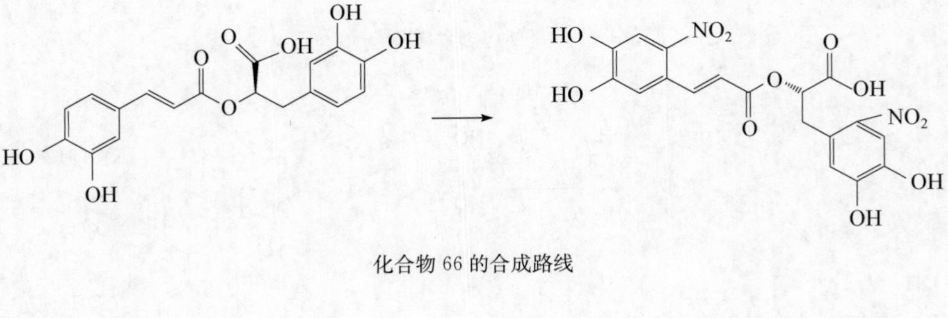

化合物 66 的合成路线

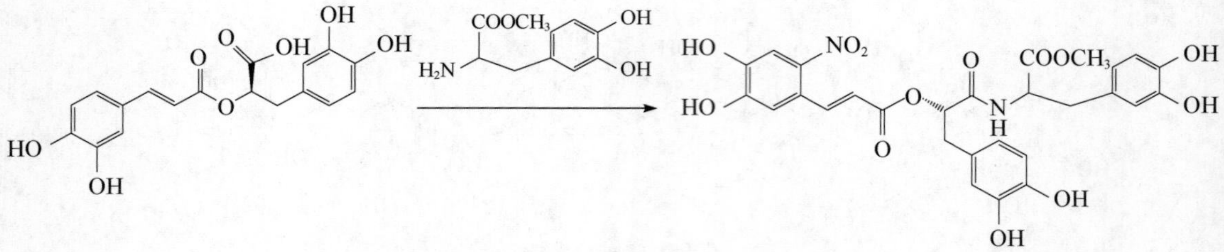

COOCH$_3$ H$_2$N OH OH

化合物 67 的合成路线

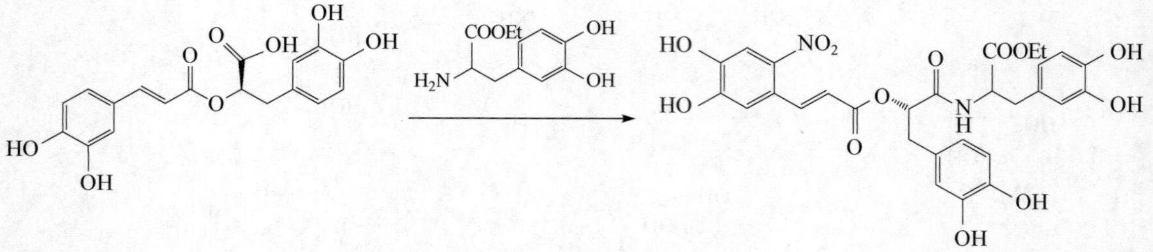

COOEt H$_2$N OH OH

化合物 68 的合成路线

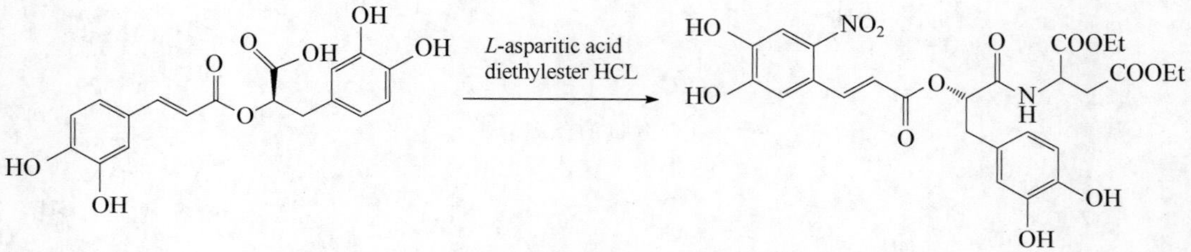

L-asparitic acid diethylester HCL

化合物 69 的合成路线

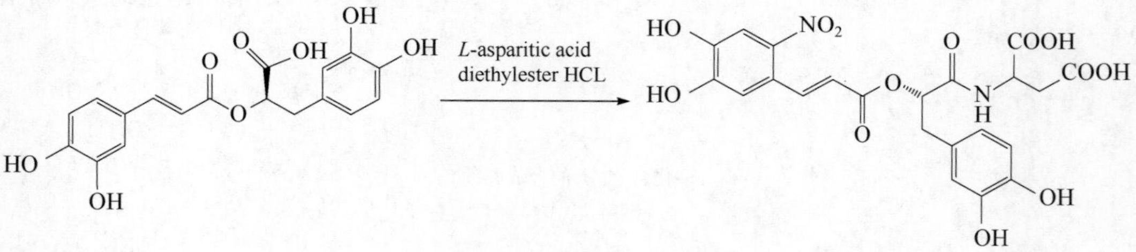

L-asparitic acid diethylester HCL

化合物 70 的合成路线

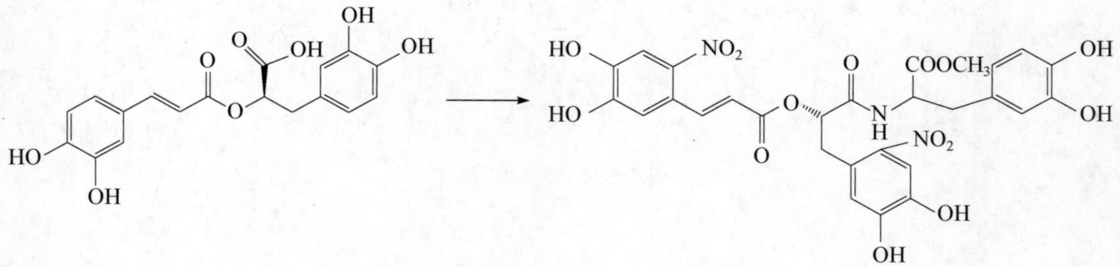

化合物 71 的合成路线

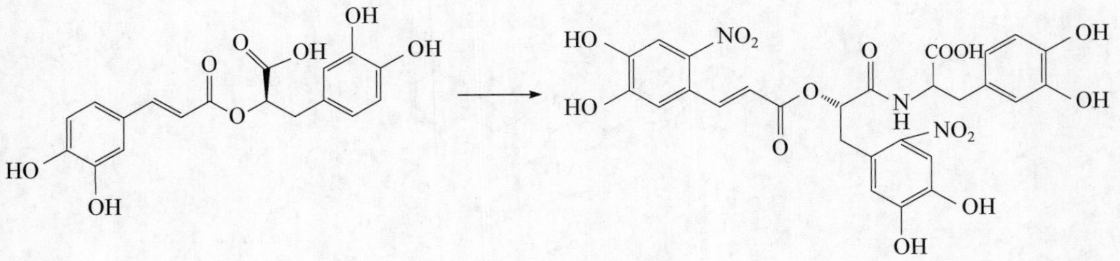

化合物 72 的合成路线

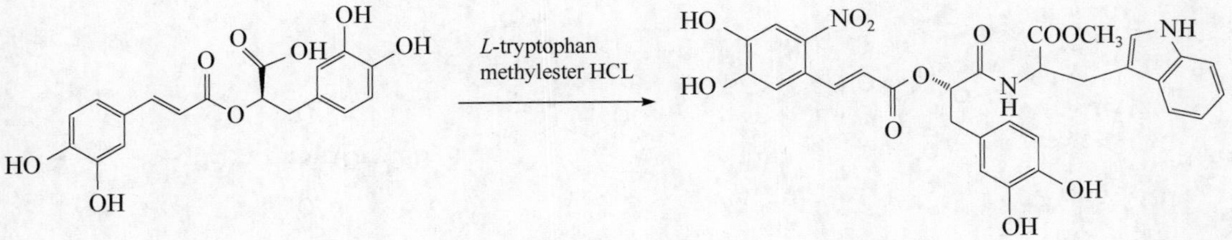

L-tryptophan methylester HCL

化合物 73 的合成路线

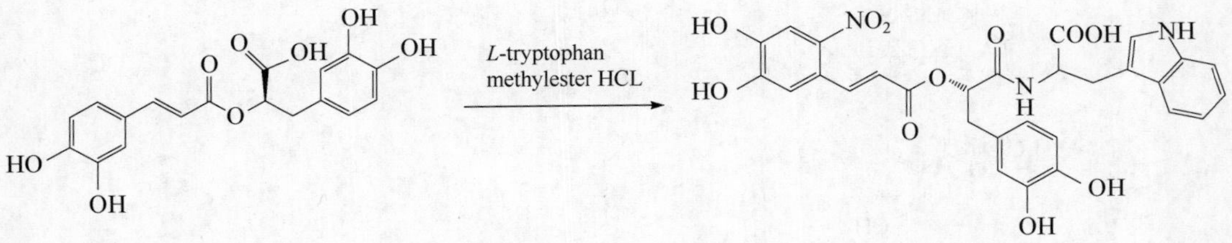

L-tryptophan methylester HCL

化合物 74 的合成路线

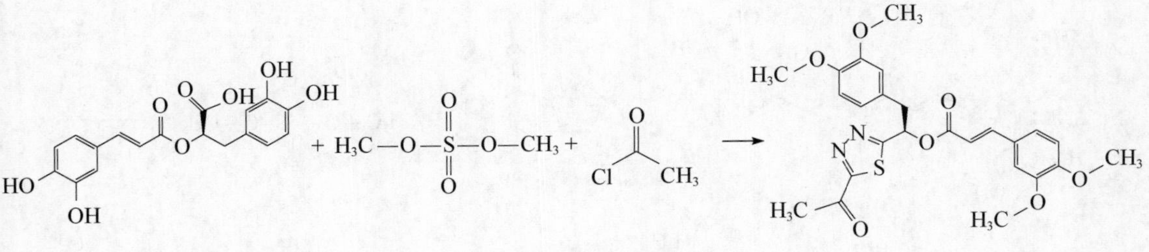

化合物 75 的合成路线

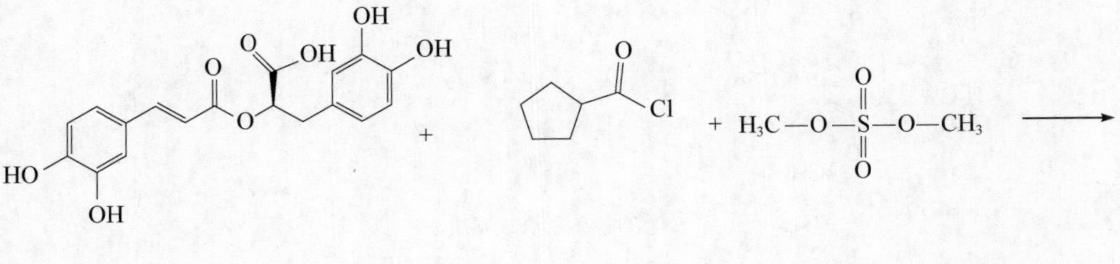

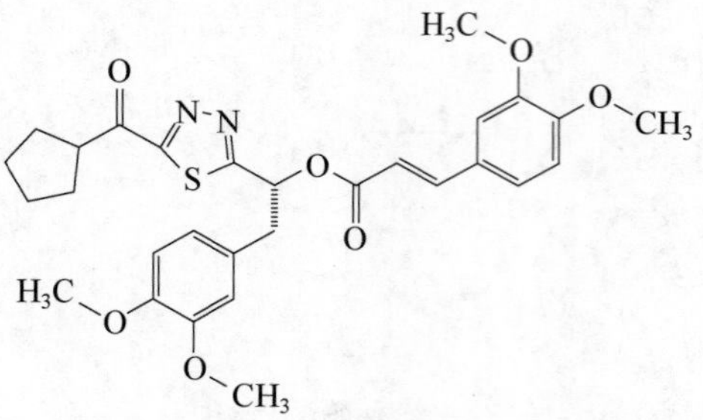

化合物 76 的合成路线

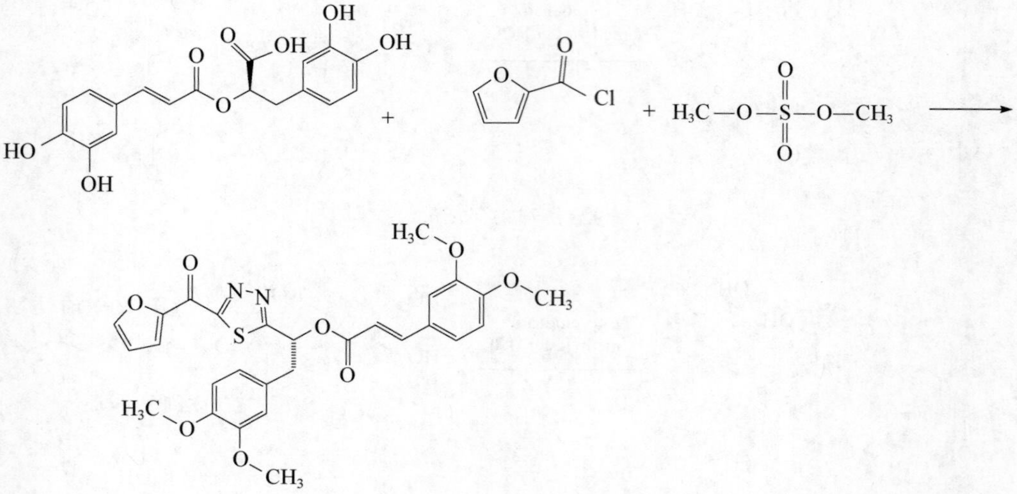

化合物 77 的合成路线

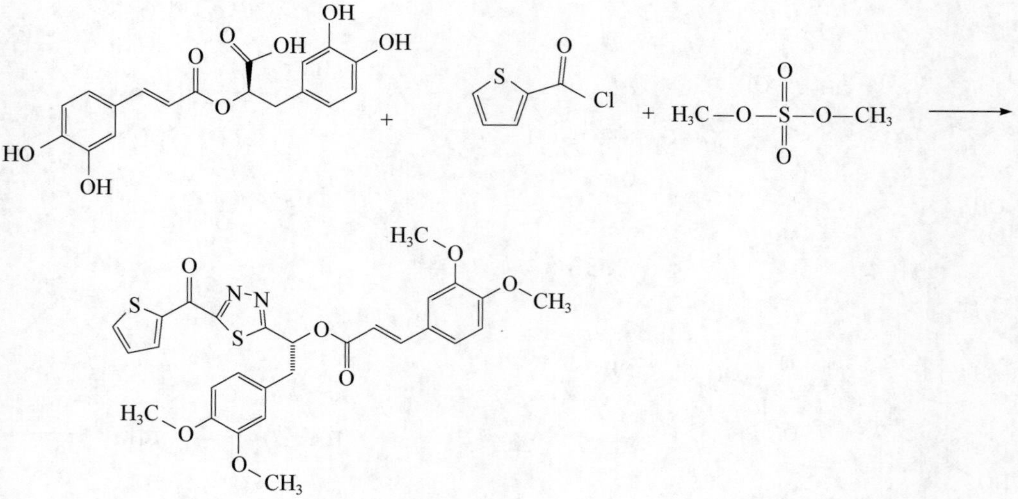

化合物 78 的合成路线

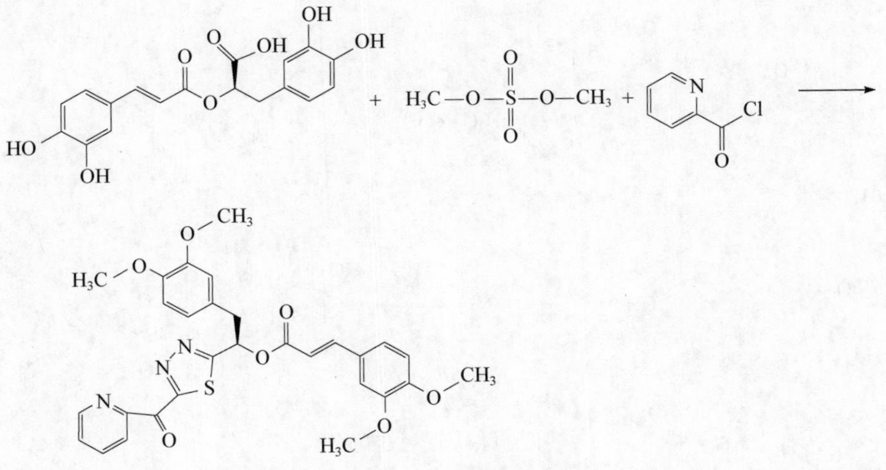

化合物 79 的合成路线

将 TMS-重氮甲烷（2.0 mol/L 在 Et_2O 中，7.9 ml，15.8 mmol）加入迷迭香酸（6.00 g，16.7 mmol）的 THF：MeOH（10：1，110 ml）溶液中，在 −78 ℃下反应 1 h，升温至 25 ℃，直接浓缩，并通过硅胶短塞（CH_2Cl_2：MeOH），得到的稠油在高真空下被彻底干燥，以提供所需的酯中间体，该中间体无需任何额外的纯化。然后，将对三氟甲基苄基溴（7.40 ml，48.0 mmol）、K_2CO_3（6.60 g，48.0 mmol）和 KI（催化剂）依次单份加入到 25 ℃的 DMF（30 ml）中，加入刚制备的一半粗酯（8.0 mmol，1.0 当量）的溶液中，在 60 ℃下搅拌 8 h，在 25 ℃下搅拌 16 h，反应完成后，测定反应内容。倒入水（50 ml），用乙酸乙酯（2×100 ml）提取。然后用 1 mol/L 盐酸水溶液（50 ml）、饱和 $NaHCO_3$ 水溶液（50 ml）和盐水（50 ml）洗涤结合的有机层，干燥（$MgSO_4$），然后浓缩。粗品经闪蒸柱层析[硅胶，正己烷：乙酸乙酯：CH_2Cl_2（17：1：2→5：4：1）]纯化，得到化合物 80（6.00 g，2 步得率 84%），为白色无定形固体。

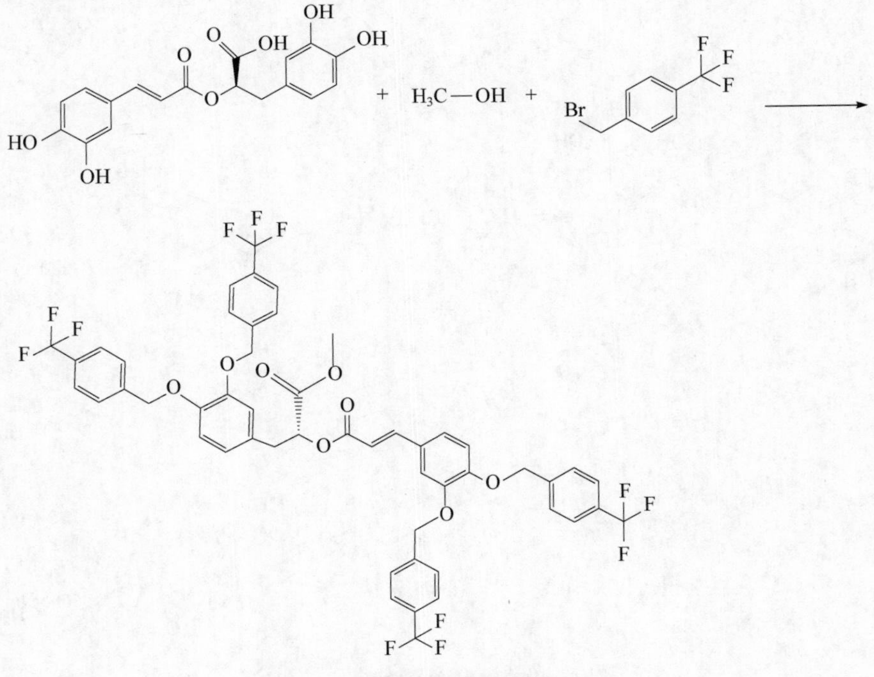

化合物 80 的合成路线

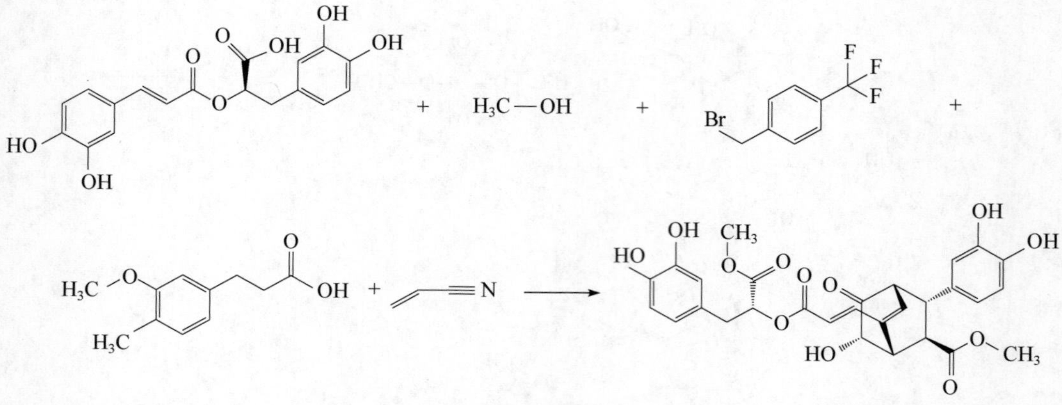

OH
O OH OH
O
O
HO
OH
+ $H_3C—OH$ + Br F F F +

H_3C O O OH + N → HO OH CH_3 O O O OH OH O HO O CH_3 O
H_3C

化合物 81 的合成路线

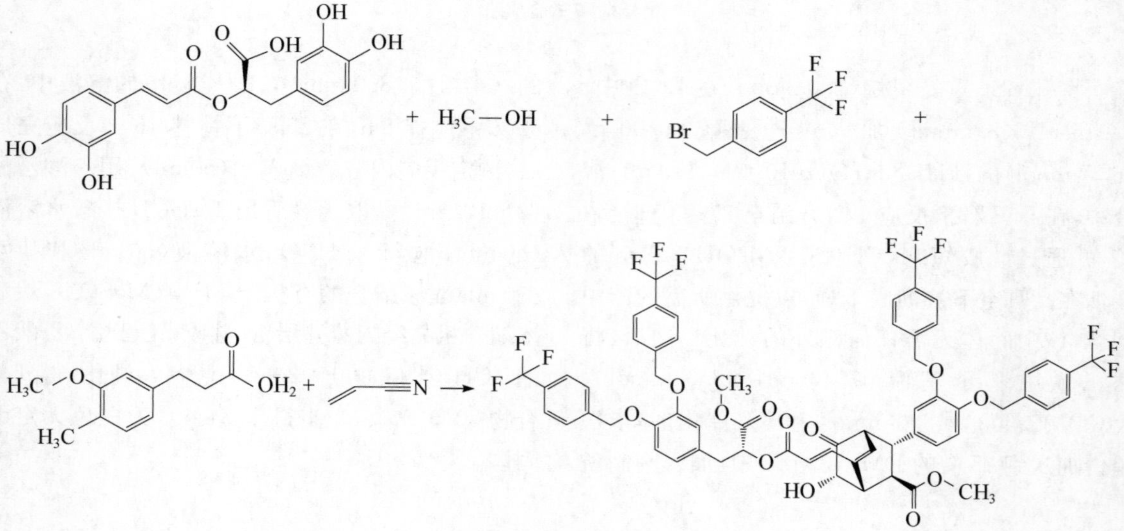

OH
O OH OH
O
O
HO
OH
+ $H_3C—OH$ + Br F F F +

H_3C O O OH_2 + N → F F F O O F F F O CH_3 O O O O F F F O O F F F HO O CH_3 O
H_3C

化合物 82 的合成路线

OH
O OH OH
O
O
HO
OH
+ $H_3C—OH$ + Br F F F +

H_3C O O OH + H_3C CH_3 Si N_2 H_3C → F F F O O F F F O CH_3 O O O O F F F O O F F F O O O CH_3 O
O CH_3 Si CH_3

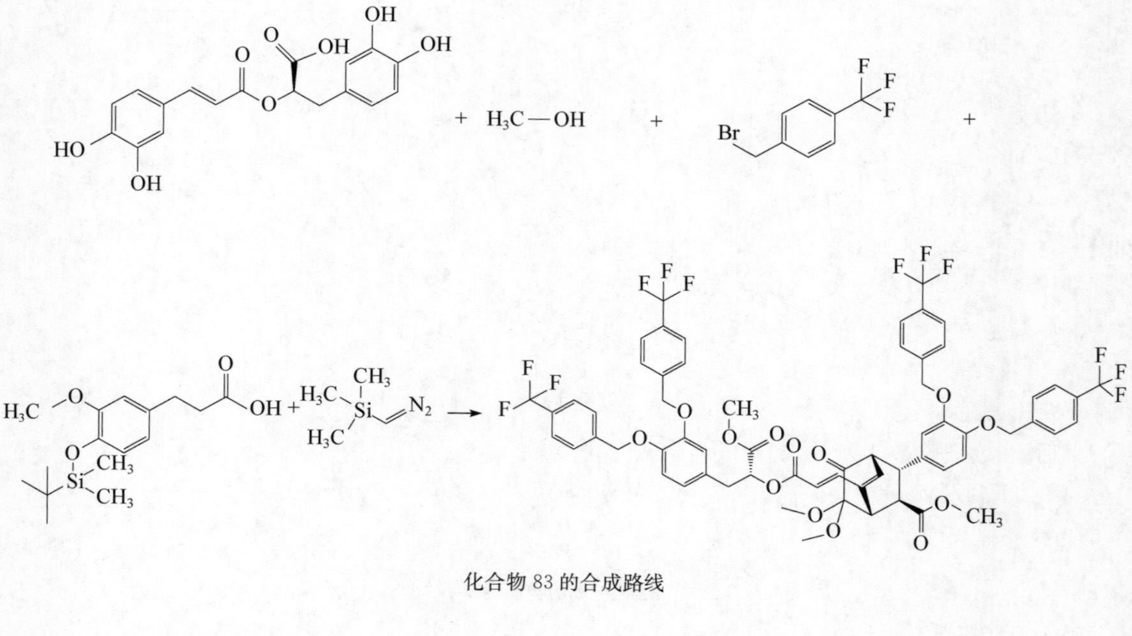

化合物 83 的合成路线

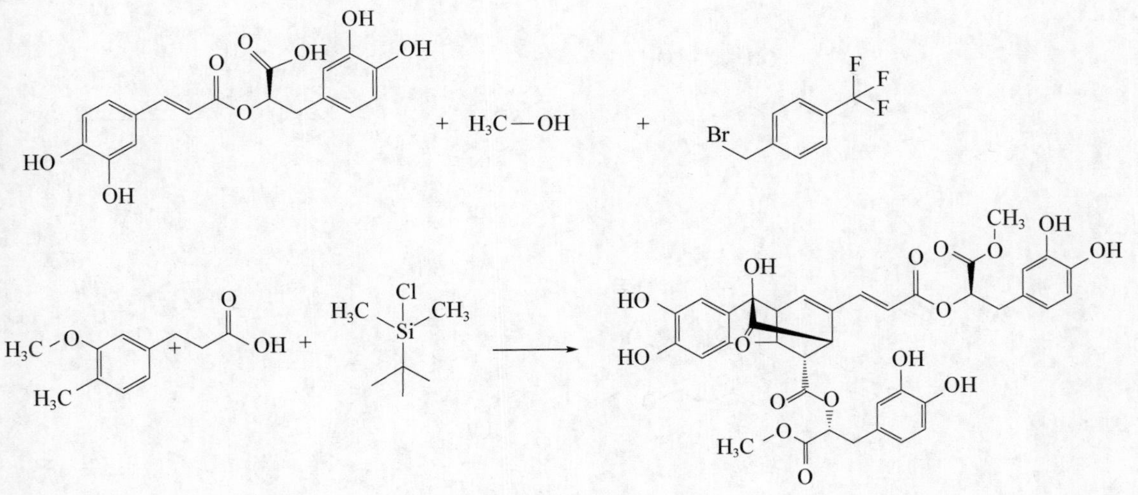

化合物 84 的合成路线

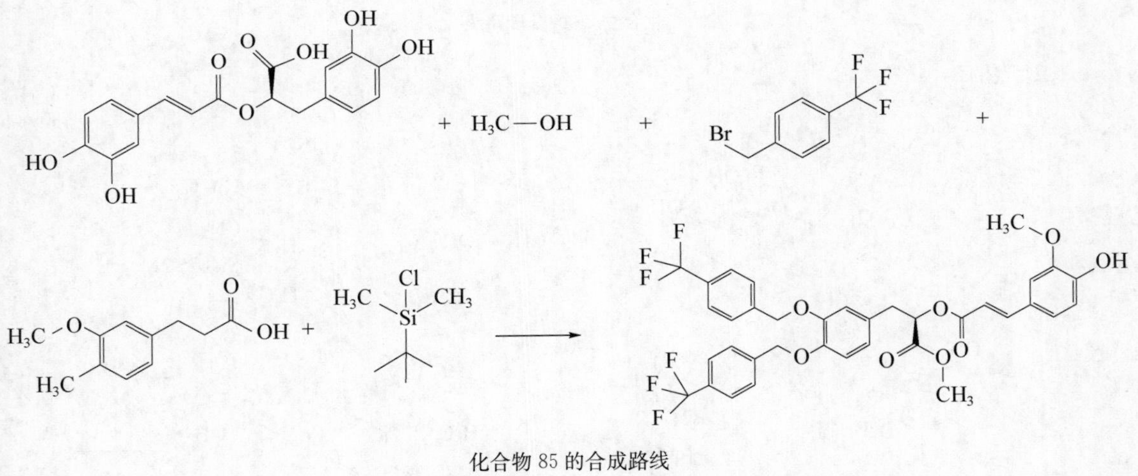

化合物 85 的合成路线

迷迭香酸(5.00 g，13.9 mmol)在 25 ℃下溶于 THF/MeOH(10 ∶ 1，110 ml)中，冷却至 −78 ℃，$TMSCHN_2$(2.0 mol/L 在 Et_2O 中，共 6.6 ml)在 −78 ℃下每 5 min 加入 0.55 ml，直至加入全部体积。然后移除低温浴液，并允许反应混合物升温至 25 ℃，在此期间溶液变为棕色。然后在 25 ℃下再搅拌 1 h，完成后，加入冰 AcOH(1～3 滴；没有观察到气泡，表明 $TMSCHN_2$ 完全消耗)，然后直接浓缩混合物。粗棕油通过硅胶垫过滤，用 CH_2Cl_2/MeOH(9 ∶ 1)洗脱，滤液直接浓缩。然后将棕色泡沫溶解在 DMF(70 ml)中，依次加入固体 K_2CO_3(11.5 g，83.4 mmol)和溴化苄(9.9 ml，83.4 mmol)，在 25 ℃下，将反应悬浮液加热到 55 ℃，在该温度下强力搅拌 16 h，完成后，将反应内容物冷却至 25 ℃，倒入 1 mol/L HCl(140 ml)中，用 Et_2O(3×140 ml)萃取。然后用 1 mol/L 盐酸(3×140 ml)和盐水(140 ml)洗涤结合的有机层，干燥($MgSO_4$)，过滤，浓缩得到化合物 86。

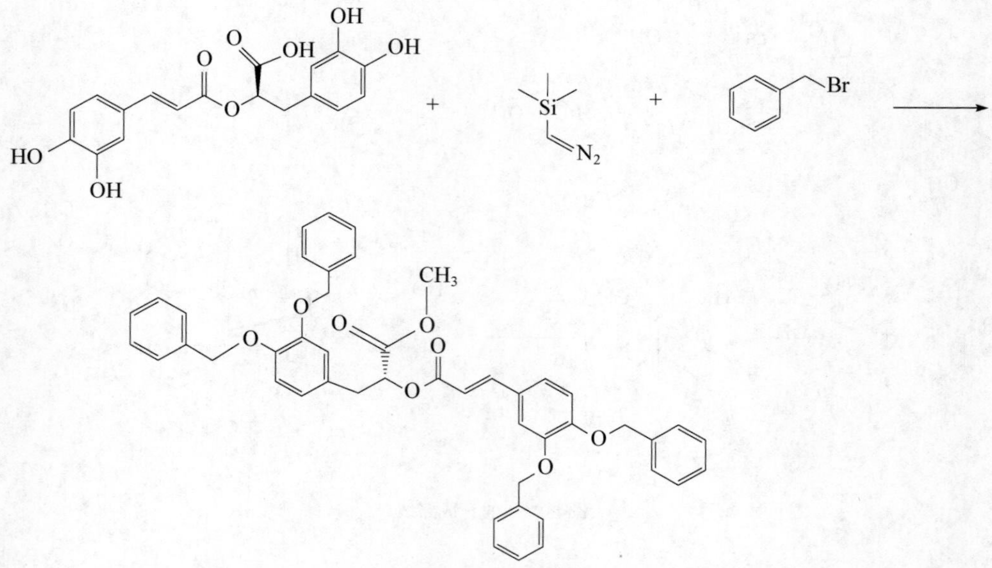

化合物 86 的合成路线

化合物 87 的合成路线

OH O OH OH O O HO OH + CH_3—OH · Na + H_3C CH_3 Si N_2 H_3C + Br +

H_3C O OH O O Si H_3C H_3C + Br + O O HO O → HO OH HO O O HO O OH OH O O OH O

化合物 88 的合成路线

OH O OH OH O O HO OH + CH_3—OH · Na + H_3C CH_3 Si N_2 H_3C + Br +

H_3C O OH O O Si H_3C H_3C + Br + O O HO O → OH OH H H O O OH HO O H H_3C O O O O O

化合物 89 的合成路线

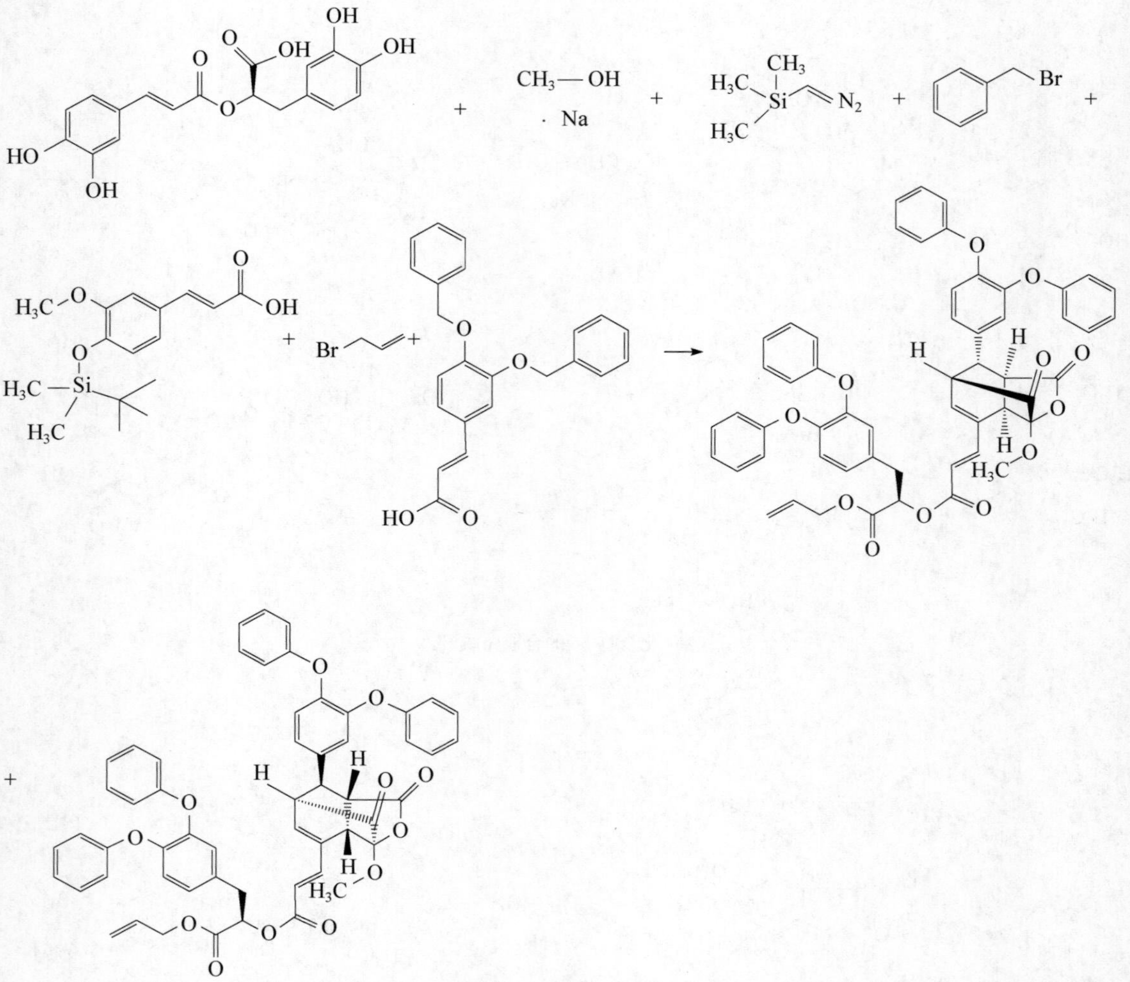

化合物 90、91 的合成路线

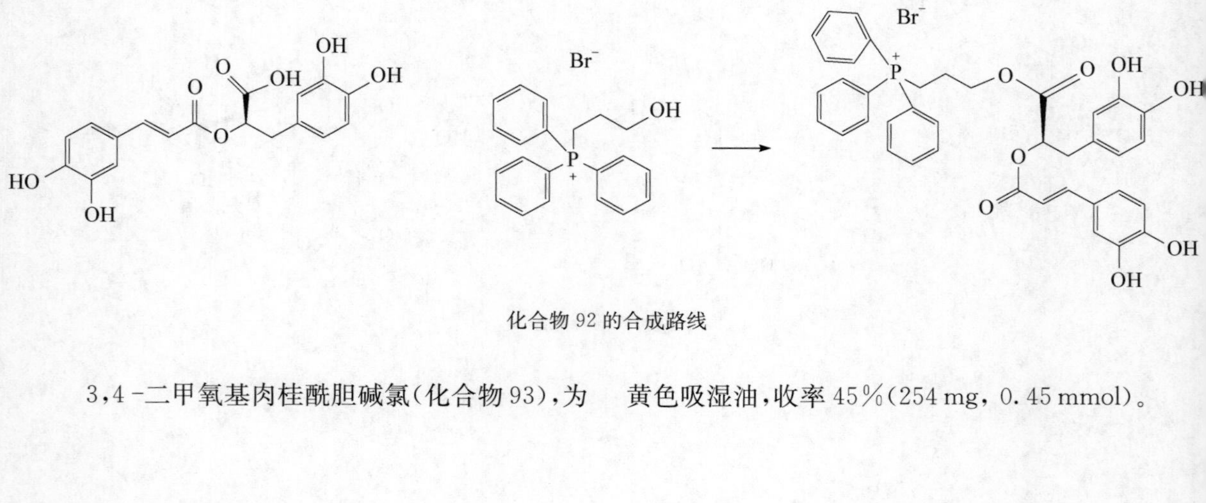

化合物 92 的合成路线

3,4-二甲氧基肉桂酰胆碱氯(化合物 93),为 黄色吸湿油,收率 45%(254 mg, 0.45 mmol)。

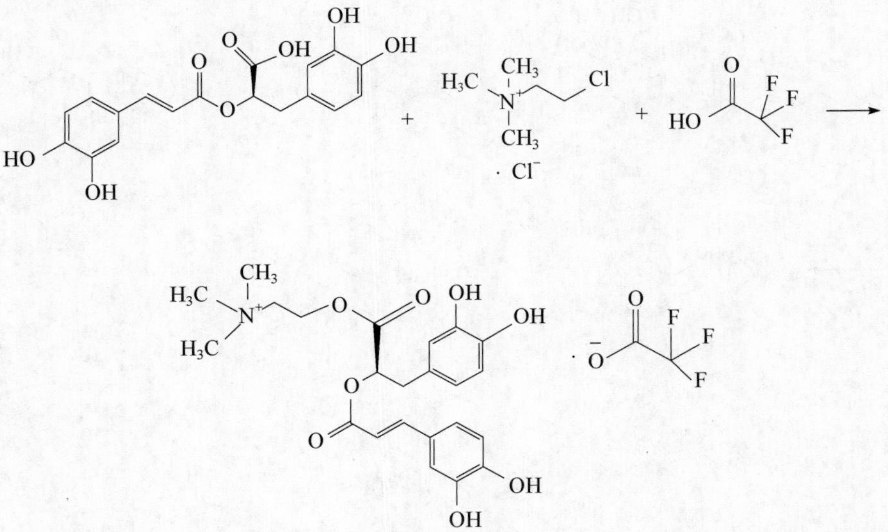

化合物 93 的合成路线

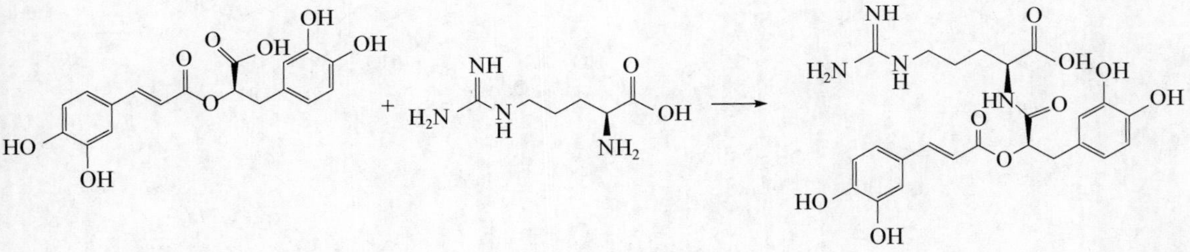

化合物 94 的合成路线

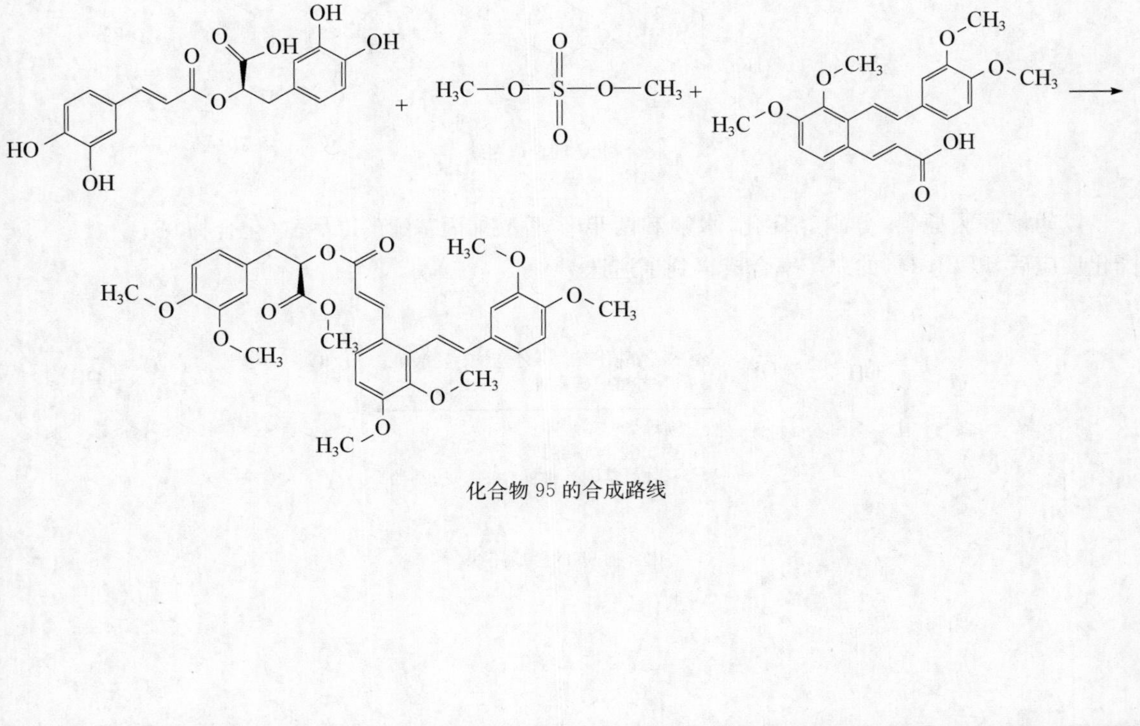

化合物 95 的合成路线

化合物 96 的合成路线

化合物 97 的合成路线

以胡椒醛为原料,分别经环化,水解和两步酯化反应后,以 21.1%的总产率合成得到了迷迭香酸烯丙基酯的二甲醚(化合物 98)。

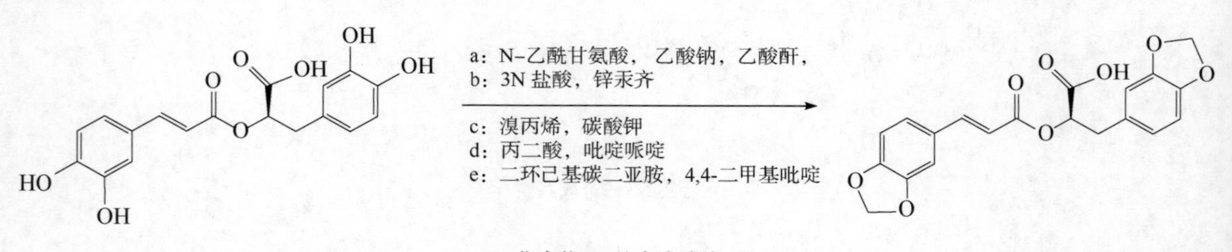

化合物 98 的合成路线

二、鼠尾草酸衍生物的合成

刘佳等合成了乙酰鼠尾草酸（化合物 **1**），并对乙酰化鼠尾草酸进行稳定性考察，结果提示，乙酰化鼠尾草酸在无水、有水等不同保存条件下含量基本不变，说明乙酰鼠尾草酸与鼠尾草酸相比，化合物性质稳定。此外，Marrero 等合成了鼠尾草酸衍生物 **2**，Li CJ 等合成了鼠尾草酸衍生物 **3～7**，Zhuo LF 等合成了鼠尾草酸衍生物 **10～13** 且在专利中提到鼠尾草酸衍生物 **14～16** 的合成方法，Li ZL 等合成了鼠尾草酸衍生物 **17～24**，Masuda 等合成了鼠尾草酸衍生物 **25**、**26**，Zhang Xun 等合成了鼠尾草酸衍生物 **27～29**，Marrero 等合成了鼠尾草酸衍生物 **30～33**，Pertino 等合成了鼠尾草酸衍生物 **34～66**，Zhang RP 等合成了鼠尾草酸衍生物 **67～86**，Satoh 等合成了鼠尾草酸衍生物 **87～91**，Hosny 等得到鼠尾草酸衍生物 **92～94**，Aoyagi 等合成了鼠尾草酸衍生物 **95～100**。

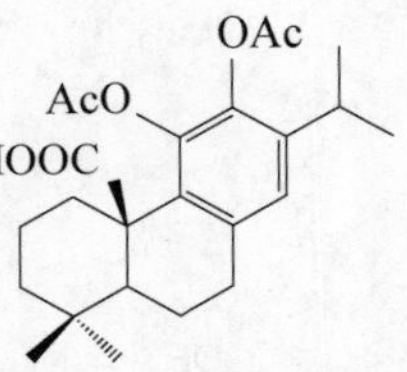

OAc
AcO
HOOC

鼠尾草酸

将鼠尾草酸（132.2 mg）在丙酮（30 ml）中与分子氧（0.1 bar）在室温下放置 4 h 后，在真空中蒸发丙酮后得到鼠尾草酸衍生物 2。

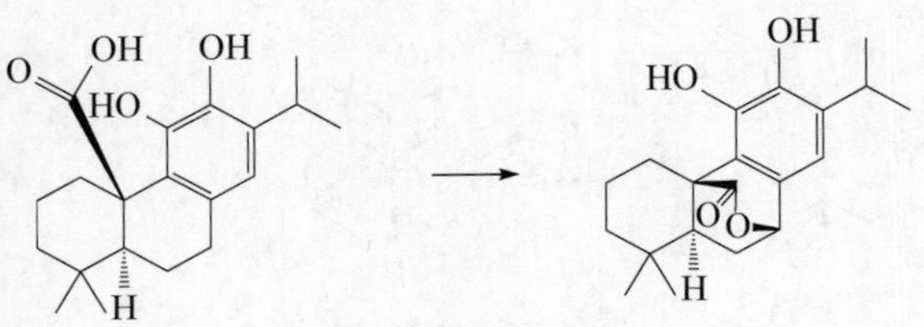

鼠尾草酸衍生物 2 的合成

将 TMSOTf（4.0 ml，22.0 mmol）加入于 DCM（12.0 ml）的鼠尾草酸（2.0 g，6.0 mmol）的溶液中，在室温下搅拌 12 h 合成鼠尾草酸衍生物 3～9。

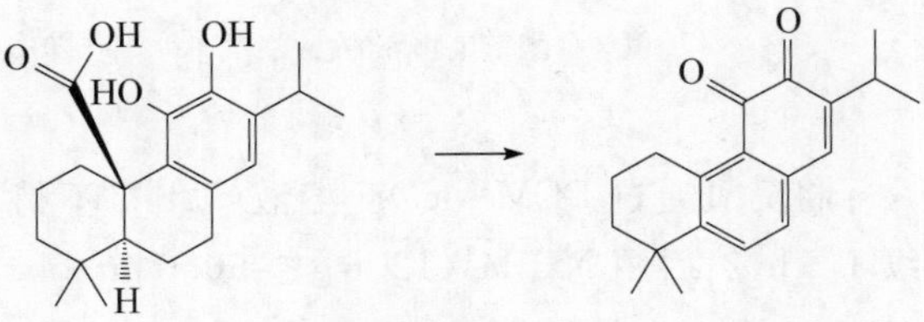

鼠尾草酸衍生物 3 的合成

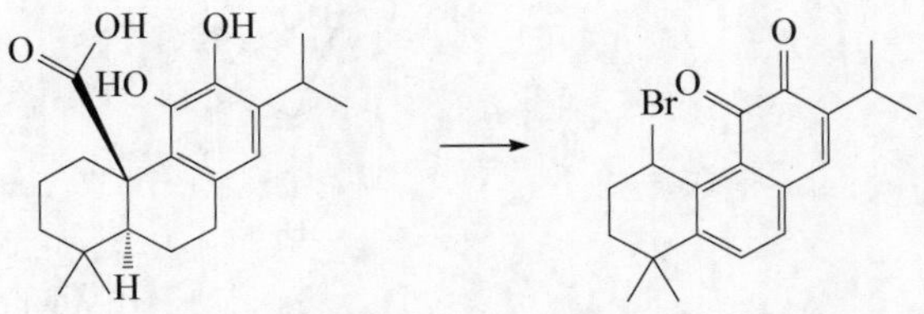

鼠尾草酸衍生物 4 的合成

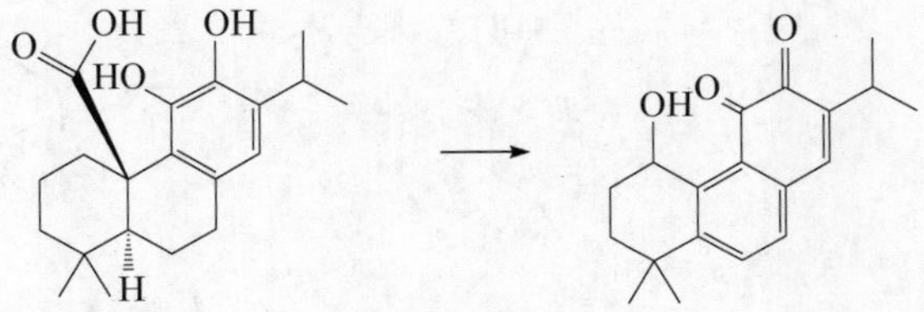

鼠尾草酸衍生物 5 的合成

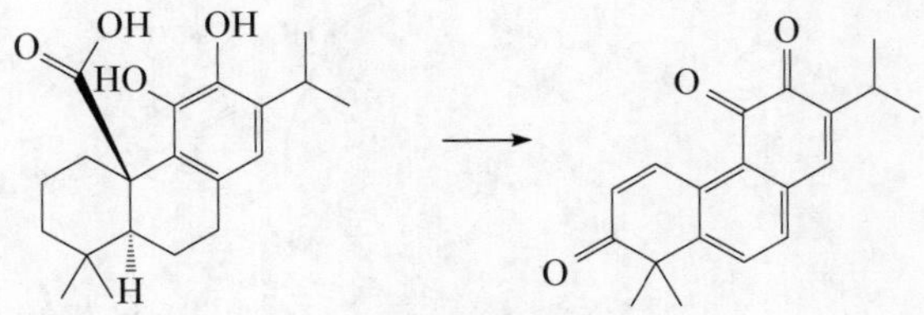

鼠尾草酸衍生物 6 的合成

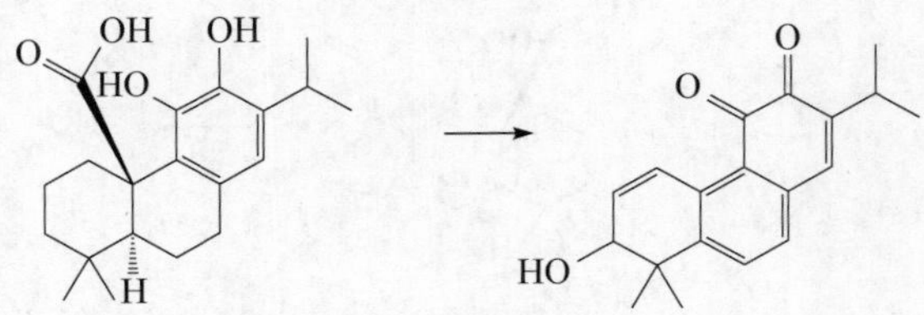

鼠尾草酸衍生物 7 的合成

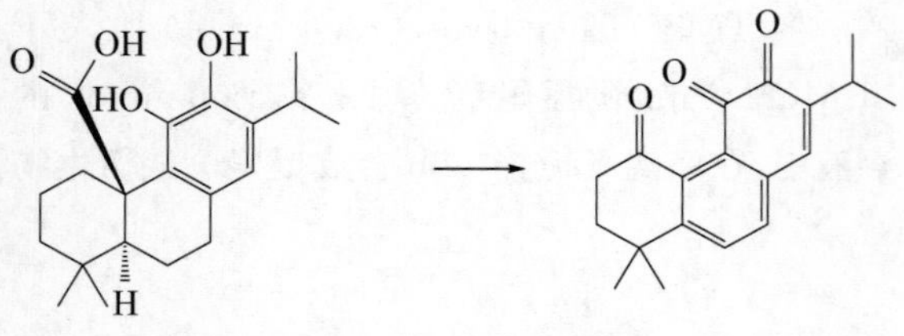

鼠尾草酸衍生物 8 的合成

将臭氧通过 DCM-MeOH 溶液 −78 ℃下持续 1.5 h，然后用 $NaBH_4$(12.6 g，450.0 mmol，6.0 当量)处理所得混合物(−78 ℃)，得到鼠尾草酸衍生物 10～13。

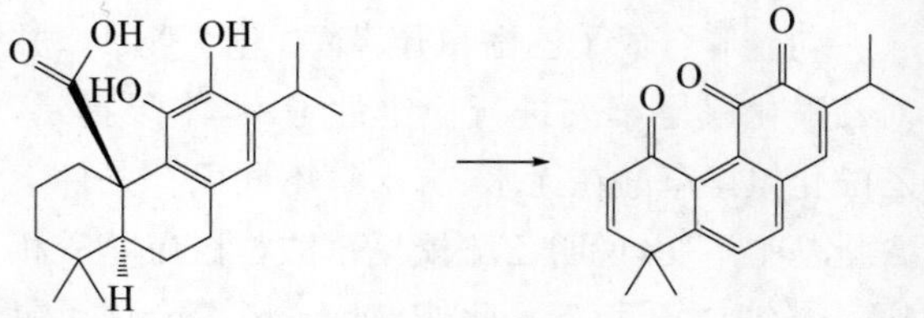

鼠尾草酸衍生物 9 的合成

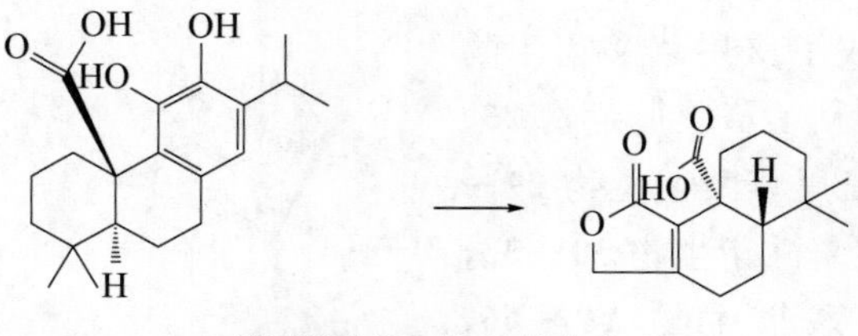

鼠尾草酸衍生物 10 的合成

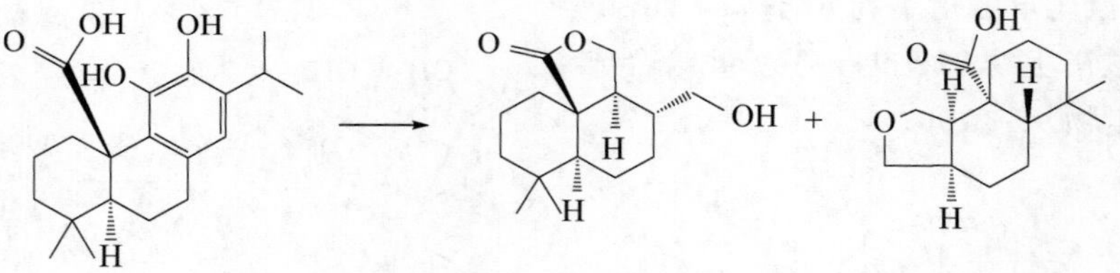

鼠尾草酸衍生物 11、12 的合成

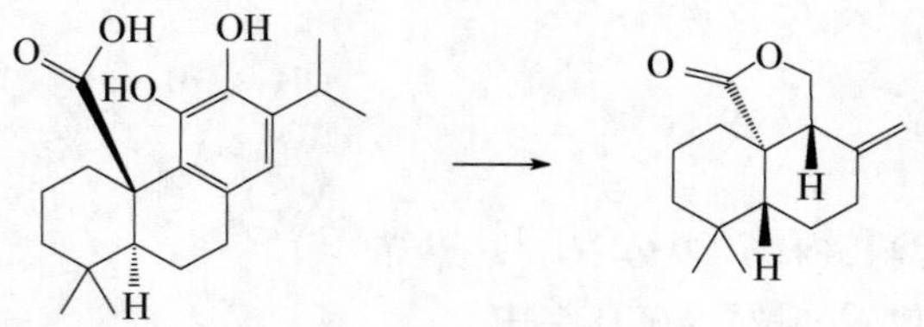

鼠尾草酸衍生物 13 的合成

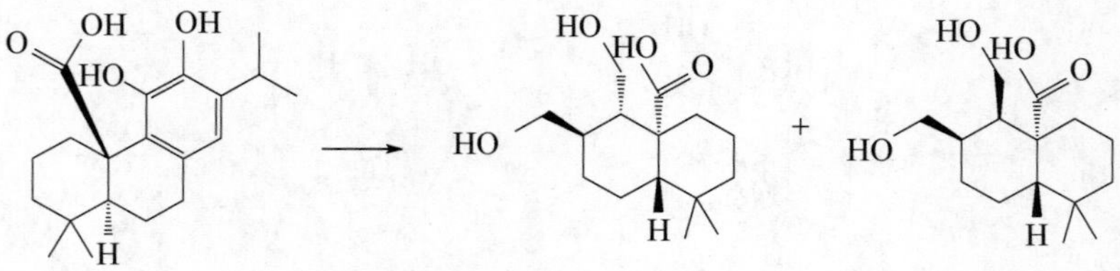

鼠尾草酸衍生物 14、15 的合成

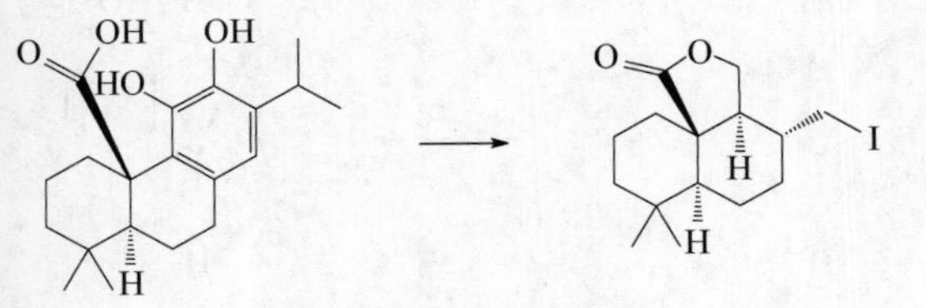

鼠尾草酸衍生物 16 的合成

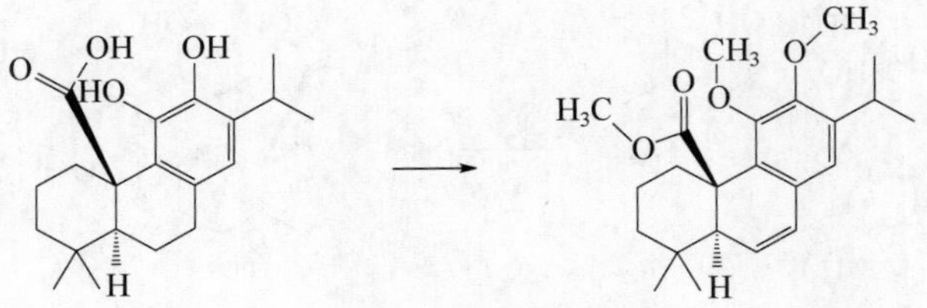

鼠尾草酸衍生物 17 的合成

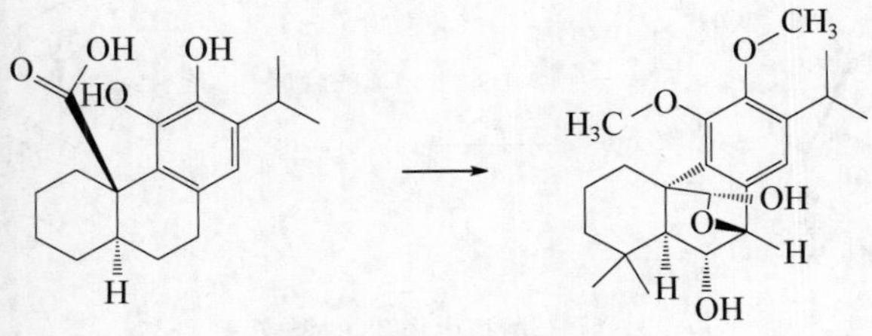

鼠尾草酸衍生物 18 的合成

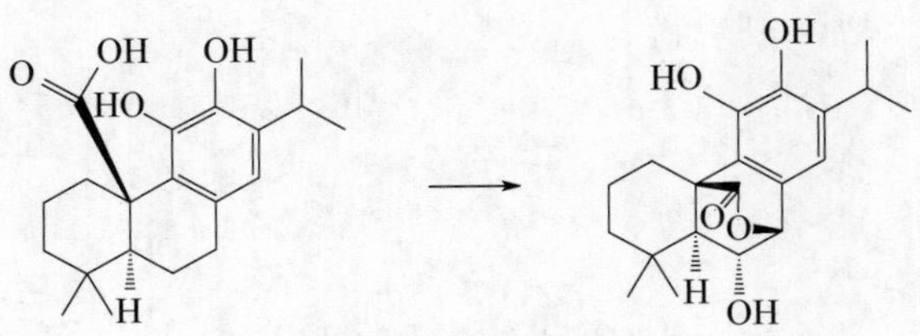

鼠尾草酸衍生物 19 的合成

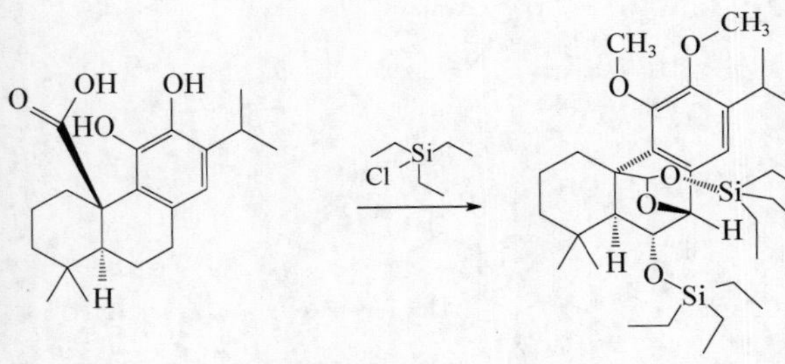

鼠尾草酸衍生物 20 的合成

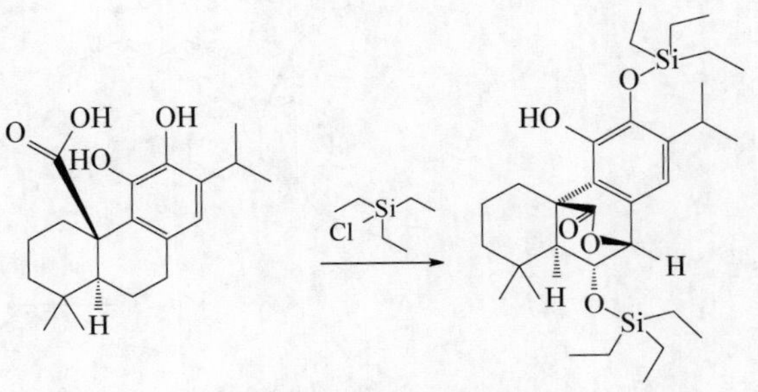

鼠尾草酸衍生物 21 的合成

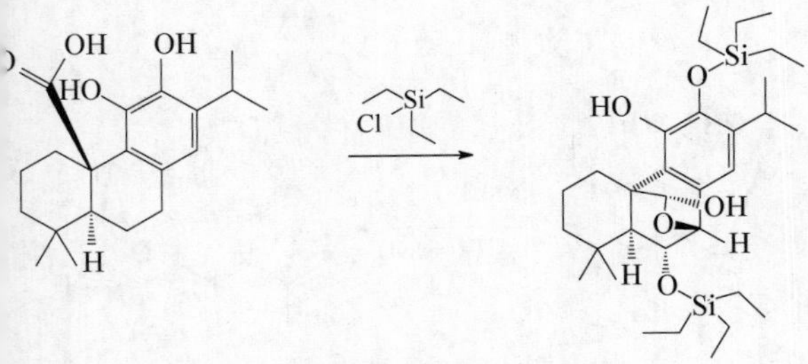

鼠尾草酸衍生物 22 的合成

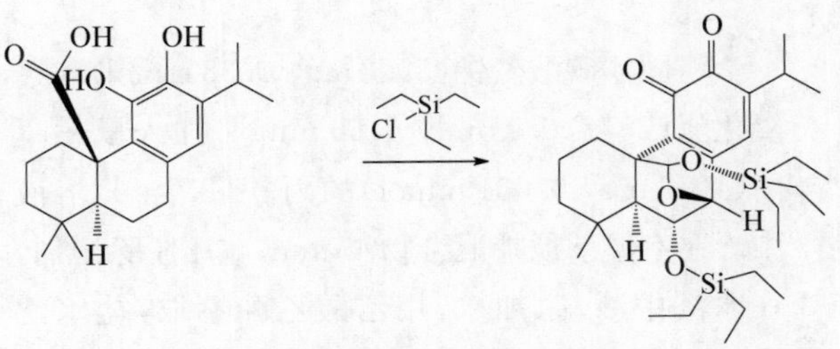

鼠尾草酸衍生物 23 的合成

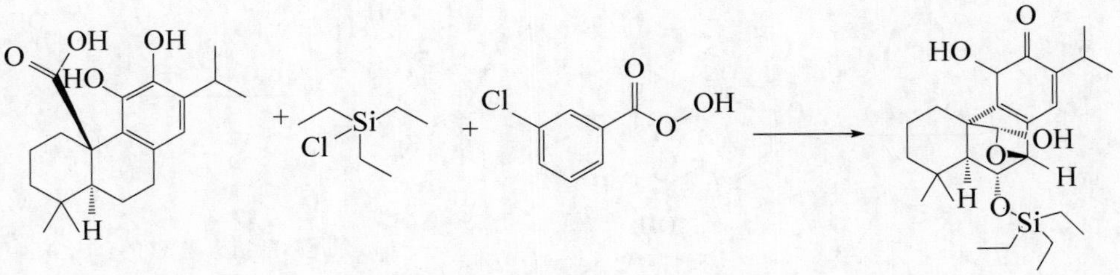

鼠尾草酸衍生物 24 的合成

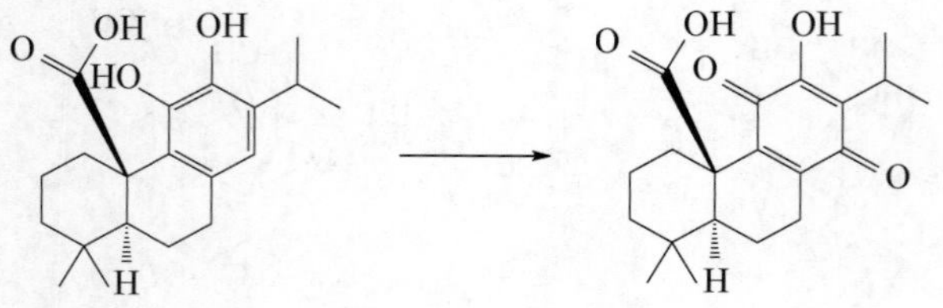

鼠尾草酸衍生物 25 的合成

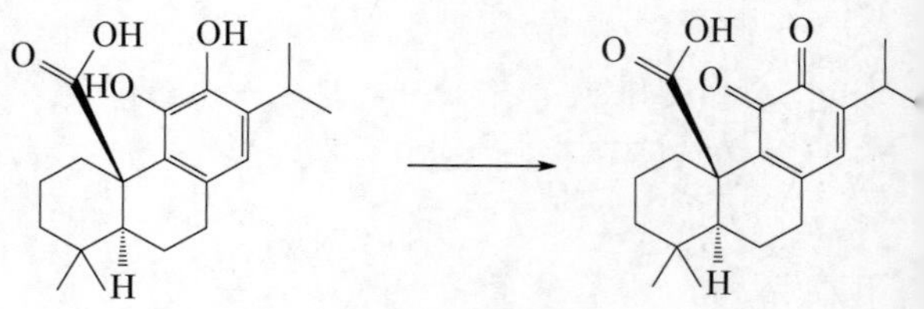

鼠尾草酸衍生物 26 的合成

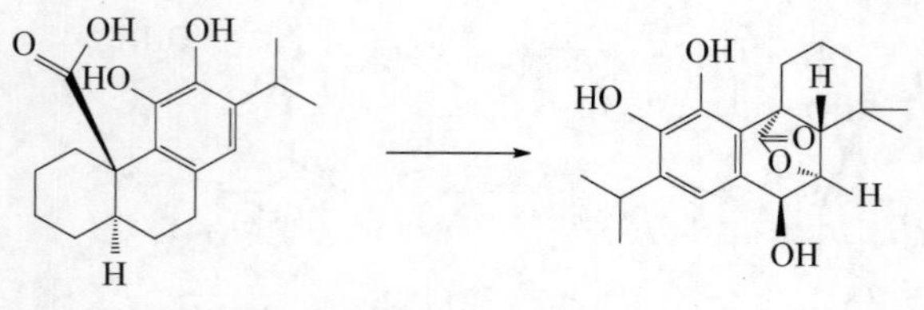

鼠尾草酸衍生物 27 的合成

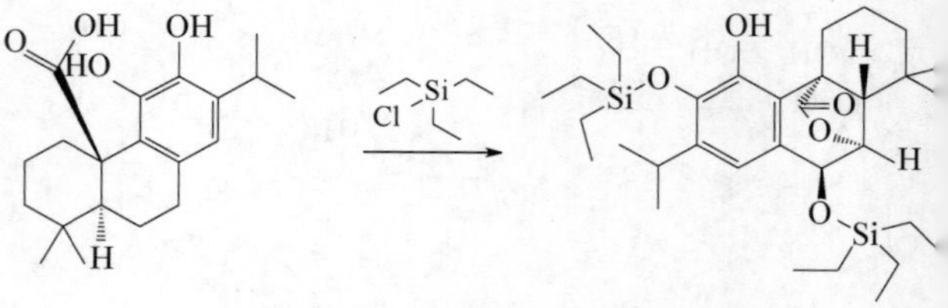

鼠尾草酸衍生物 28 的合成

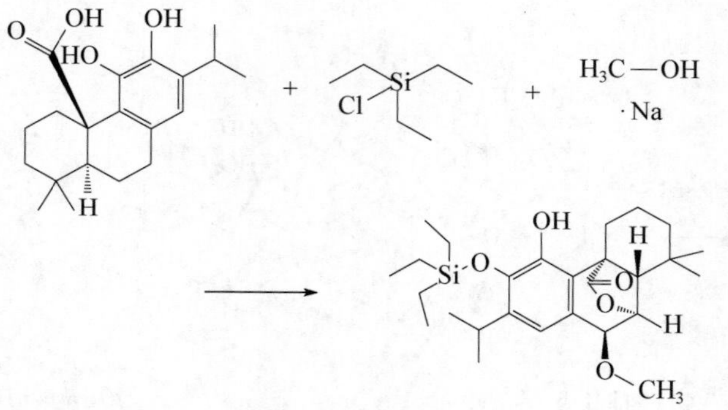

鼠尾草酸衍生物 29 的合成

将固体碳酸氢钠(32.2 mg，0.38 mmol)和过氧化氢(35%，0.14 ml，1.56 mmol)加入鼠尾草酚(10.3 mg，0.031 mmol)的丙酮(2.5 ml)溶液中。在室温下搅拌混合物 45 min，减压脱除溶剂，在冰浴中冷却，加水，用乙酸乙酯萃取，盐水洗涤，无水硫酸钠干燥。以正己烷/丙酮(7∶3)为洗脱剂，经制备性 TLC 纯化，得到蔷薇醌(鼠尾草酸衍生物 30)，收率 70%(7.5 mg)。

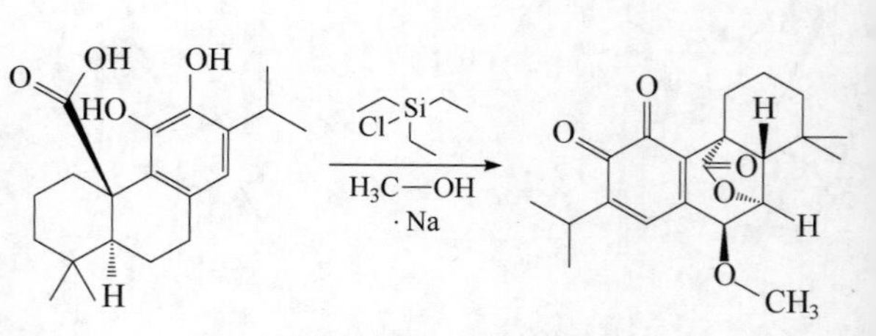

鼠尾草酸衍生物 31 的合成

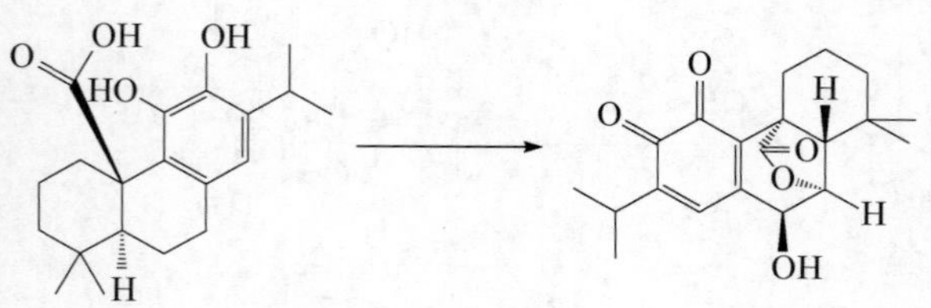

鼠尾草酸衍生物 30 的合成

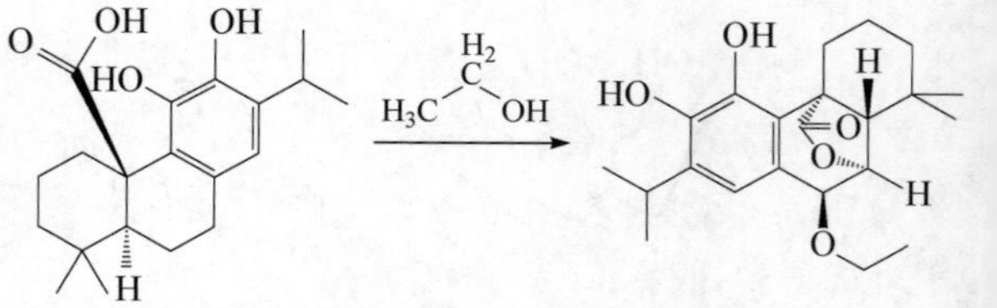

鼠尾草酸衍生物 32 的合成

在甲醇（5 ml）中加入甲醇钠（145.3 mg，2.69 mmol）和鼠尾草酚（68.6 mg，2.69 mmol）的混合物，在室温下搅拌 12 h，在冰浴中冷却，加入 5%盐酸溶液，直至反应混合物呈酸性。在减压下蒸发甲醇，用乙酸乙酯提取产物，用盐水洗涤有机层，在无水硫酸钠上干燥。粗品经硅胶柱层析纯化，用二氯甲烷/丙酮（98∶2）洗脱，得到 7-甲氧基迷迭香醇 12（鼠尾草酸衍生物 33），收率 39%（29.5 mg）。

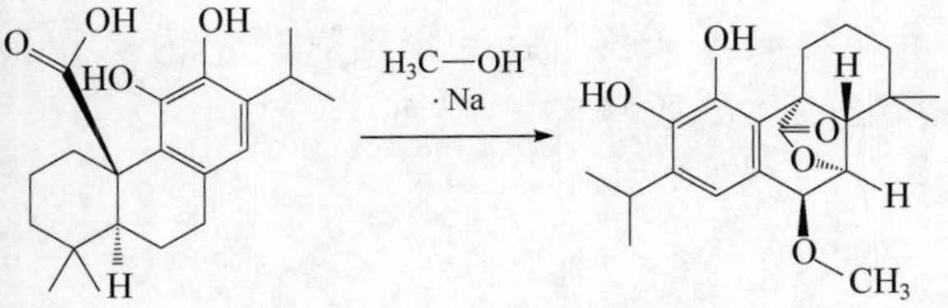

鼠尾草酸衍生物 33 的合成

在鼠尾草酸（2.51 g，7.56 mmol）的 CH_2Cl_2 溶液（50 ml）中加入 DCC（2.33 g，11.33 mmol）和催化量的 DMAP。在室温下搅拌混合物 1 h，在冰浴中冷却，加水，用乙酸乙酯（3×20 ml）萃取，用盐水洗涤，用无水 Na_2SO_4 干燥。残渣经硅胶柱层析纯化，正己烷/乙酸乙酯（7∶3）洗脱，得鼠尾草酸 γ-内酯（鼠尾草酸衍生物 34），无色晶体，收率 82%（1.95 g）。

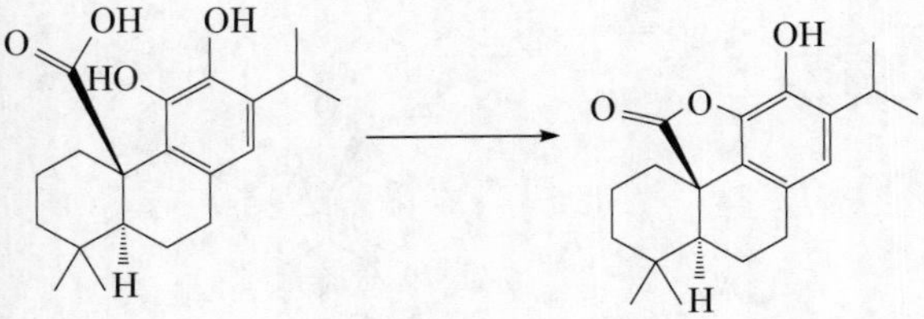

鼠尾草酸衍生物 34 的合成

鼠尾草酸 γ-内酯 12-苯甲酸酯（鼠尾草酸衍生物 35）：无色粉末，由鼠尾草酸 γ-内酯用苯甲酸合成得到，收率 61%（76 mg）。

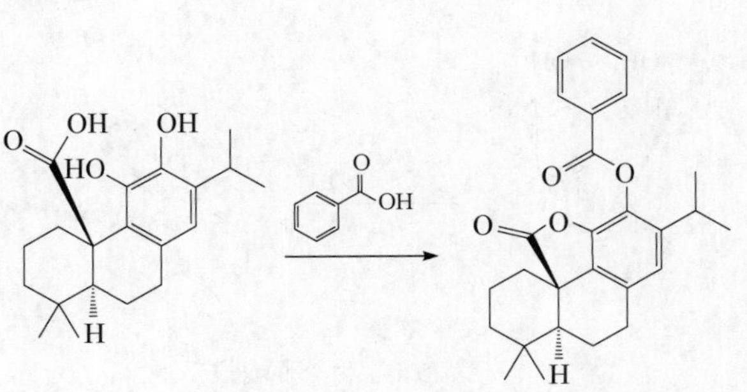

鼠尾草酸衍生物 35 的合成

鼠尾草酸 γ-内酯 12-烟酸酯（鼠尾草酸衍生物 36）：无色粉末，由鼠尾草酸 γ-内酯用烟酸合成，收率 85%（122 mg）。

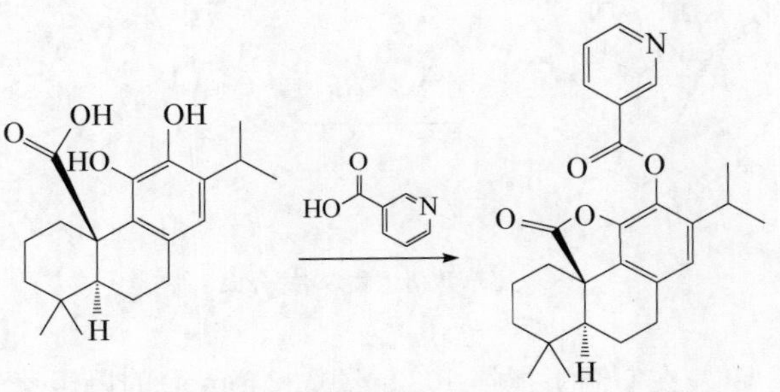

鼠尾草酸衍生物 36 的合成

鼠尾草酸 γ-内酯 12-丙酸（鼠尾草酸衍生物 37）：淡黄色油脂，由鼠尾草酸 γ-内酯用丙酸合成的，收率 81%（91 mg）。

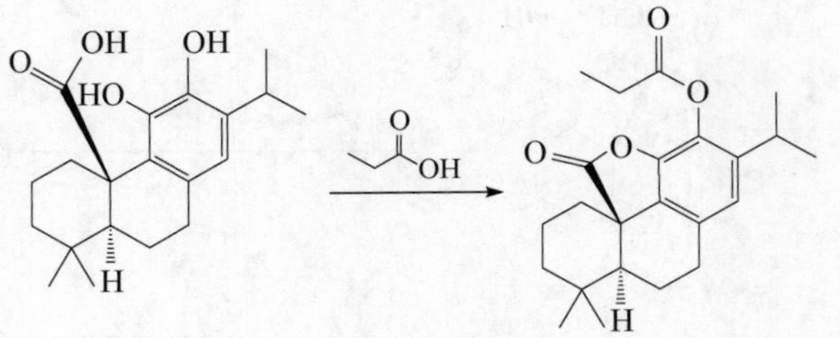

鼠尾草酸衍生物 37 的合成

鼠尾草酸 γ-内酯 12-丁酸（鼠尾草酸衍生物 38）：淡黄色油脂，由鼠尾草酸 γ-内酯用丁酸合成的，收率 78%（90 mg）。

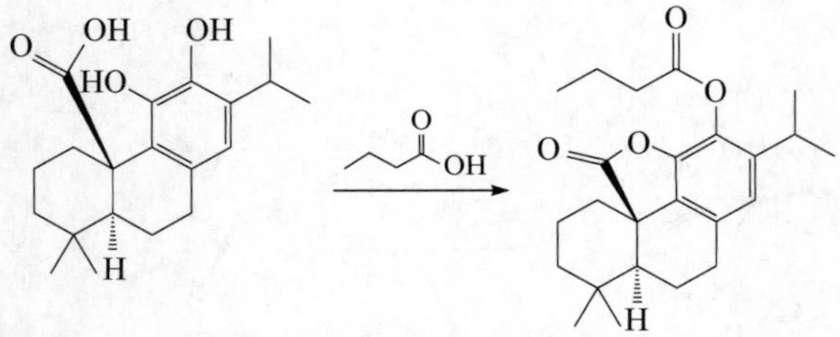

鼠尾草酸衍生物 38 的合成

鼠尾草酸 γ-内酯 12-氯乙酸酯(鼠尾草酸衍生物 39)：由鼠尾草酸 γ-内脂用氯乙酸合成得到，收率 18%(21 mg)，淡黄色油脂。

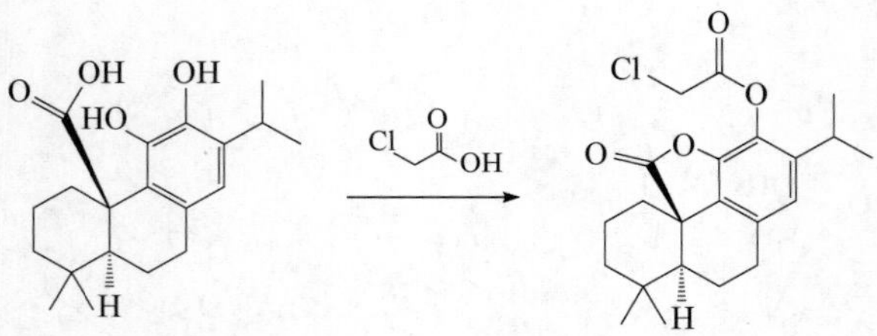

鼠尾草酸衍生物 39 的合成

在室温下搅拌 102 mg(0.32 mmol)的鼠尾草酸 γ-内酯乙酸酐(1 ml)和吡啶(3 ml)溶液，反应混合物用稀盐酸处理，用乙酸乙酯(3×30 ml)萃取，乙酸乙酯溶液用盐水洗涤，用 Na_2SO_4 干燥。残留物在硅胶上用正己烷/乙酸乙酯(9∶1)洗脱，得到鼠尾草酸 γ-内酯 12-乙酸酯(鼠尾草酸衍生物 40)。收率 64%(73 mg)。

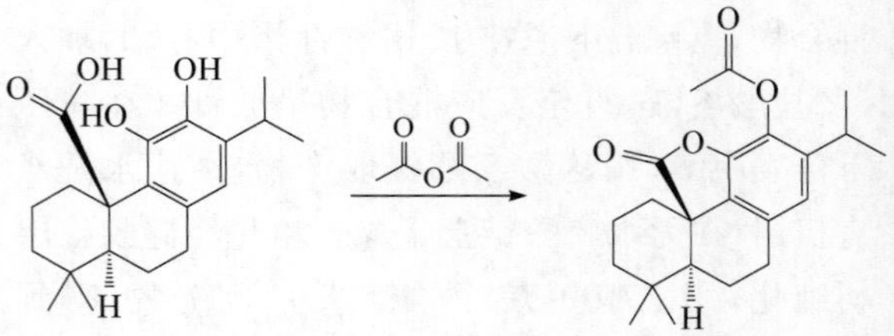

鼠尾草酸衍生物 40 的合成

鼠尾草酸 γ-内酯 12-吲哚乙酸酯(鼠尾草酸衍生物 41)：黄色油脂，由鼠尾草酸 γ-内酯用吲哚乙酸合成，收率 53%(76 mg)。

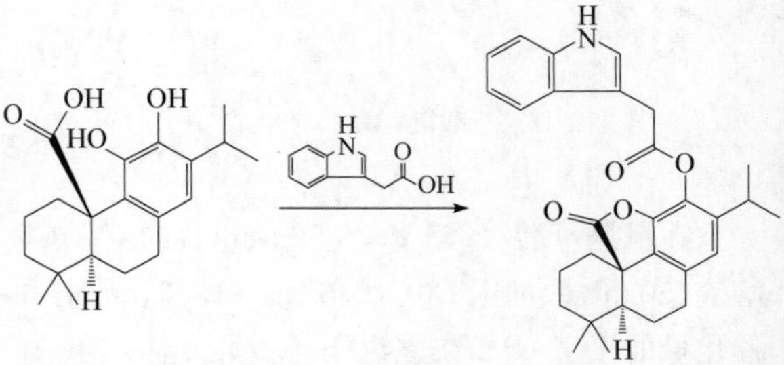

鼠尾草酸衍生物 41 的合成

鼠尾草酸 γ-内酯 12-油酸酯(鼠尾草酸衍生物 42)：无色油脂，由鼠尾草酸 γ-内酯用油酸合成得到，收率 47%(81 mg)。

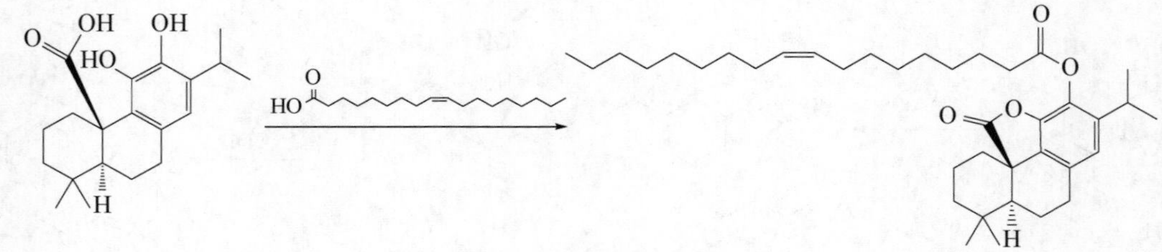

鼠尾草酸衍生物 42 的合成

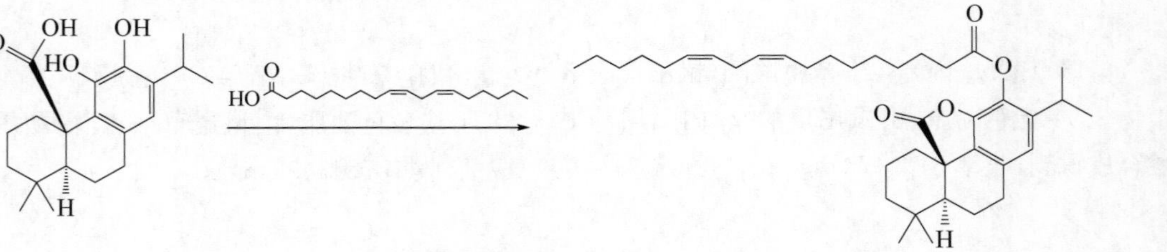

鼠尾草酸衍生物 43 的合成

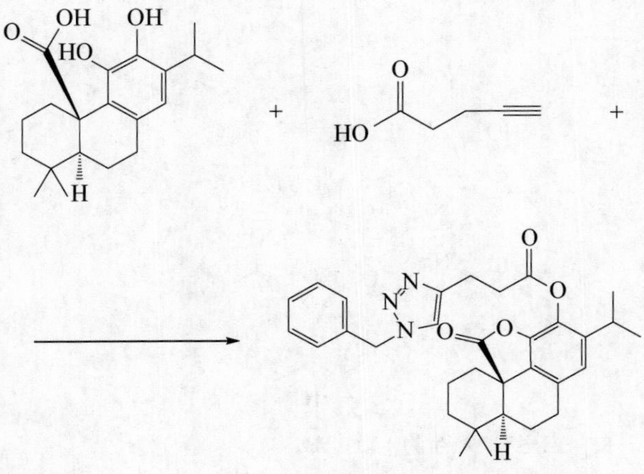

OH OH HO O H + O HO + N3

N N N O O O O O H

鼠尾草酸衍生物 44 的合成

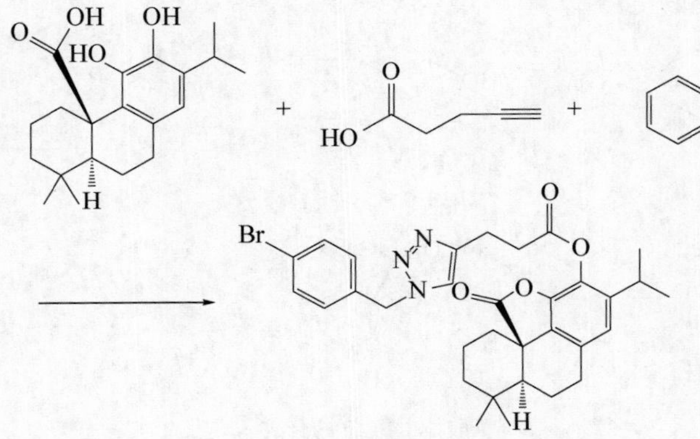

OH OH HO O H + O HO + N3

Br N N N O O O O O H

鼠尾草酸衍生物 45 的合成

OH OH HO O H + O HO + S N3

N N N S O O O O O H

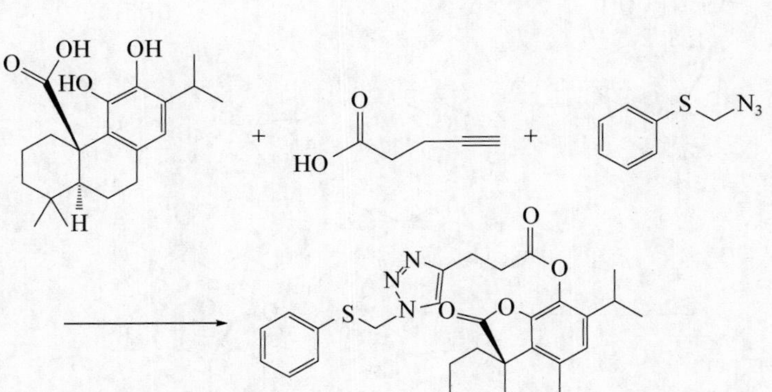

鼠尾草酸衍生物 46 的合成

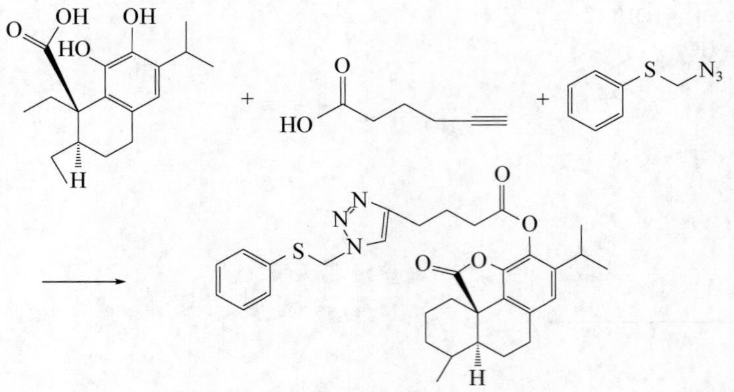

鼠尾草酸衍生物 47 的合成

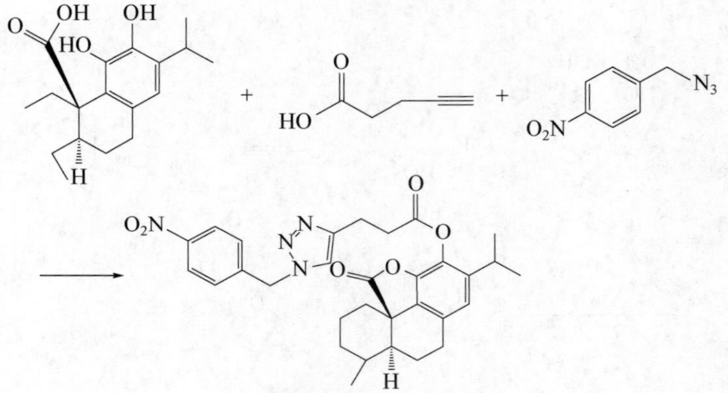

鼠尾草酸衍生物 48 的合成

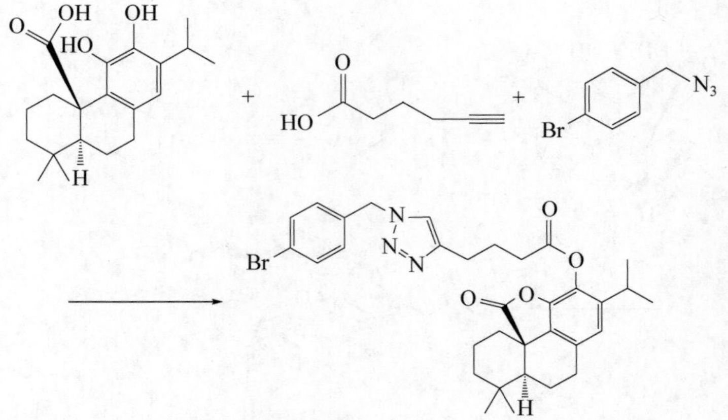

鼠尾草酸衍生物 49 的合成

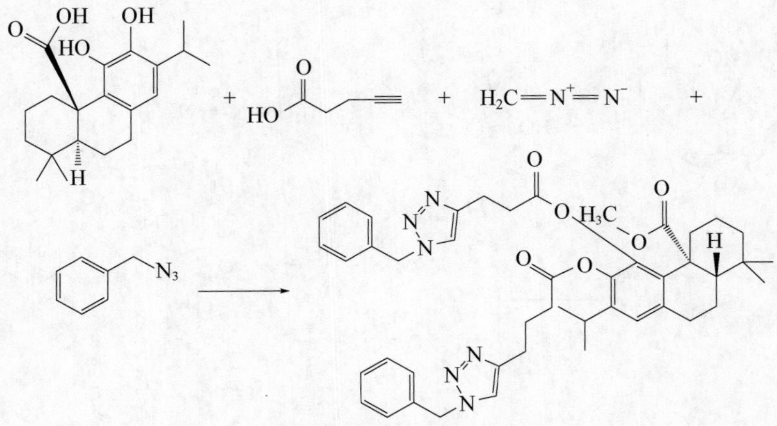

鼠尾草酸衍生物 50 的合成

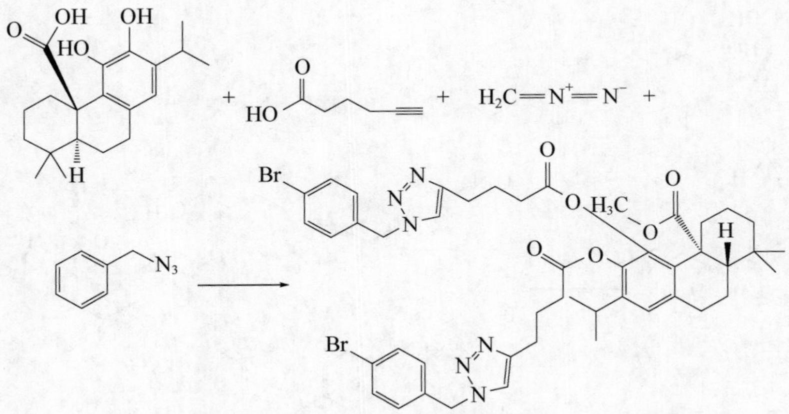

鼠尾草酸衍生物 51 的合成

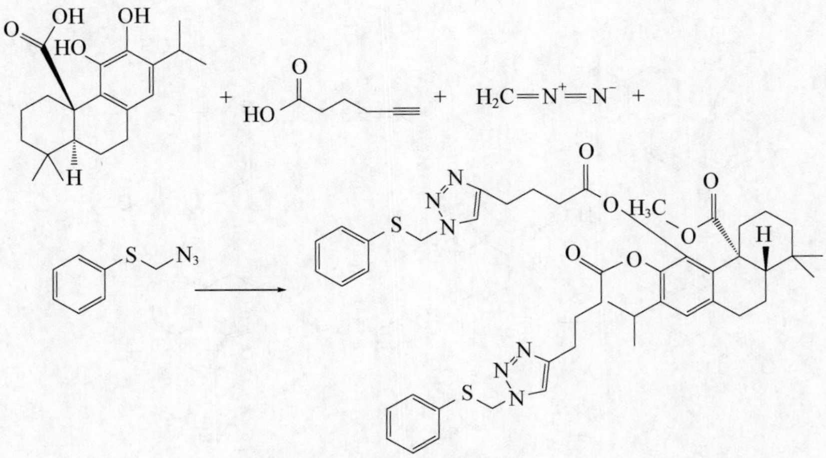

鼠尾草酸衍生物 52 的合成

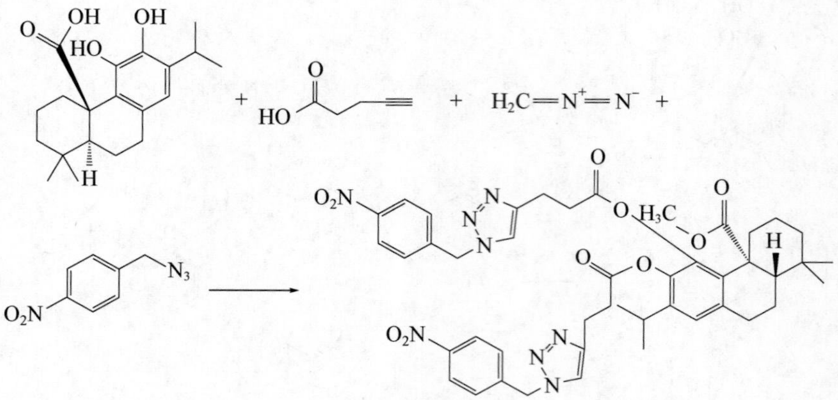

鼠尾草酸衍生物 53 的合成

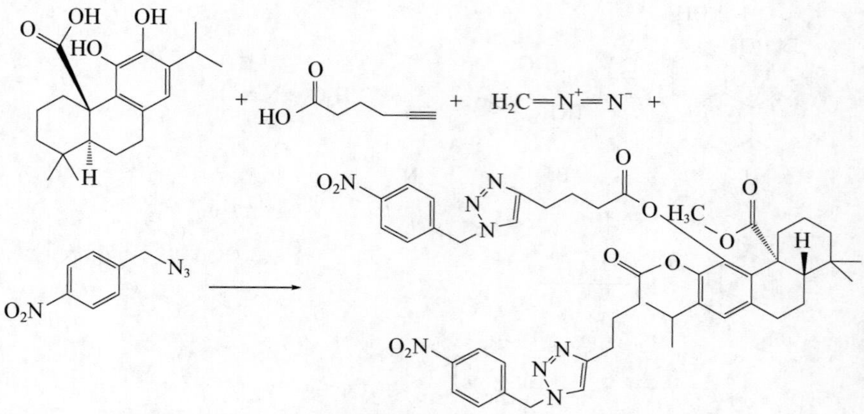

鼠尾草酸衍生物 54 的合成

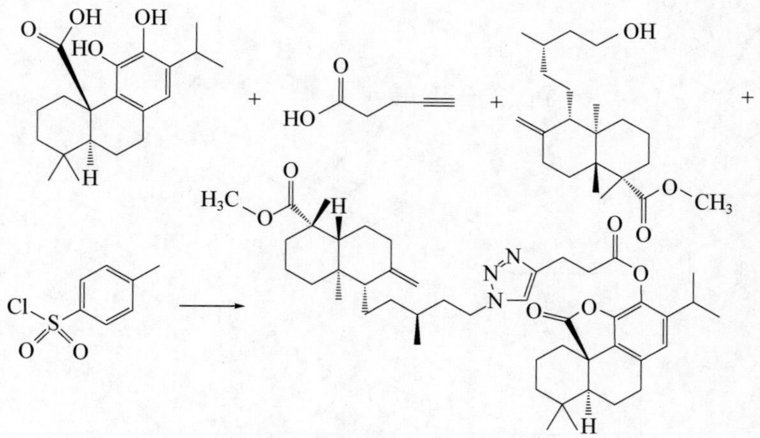

鼠尾草酸衍生物 55 的合成

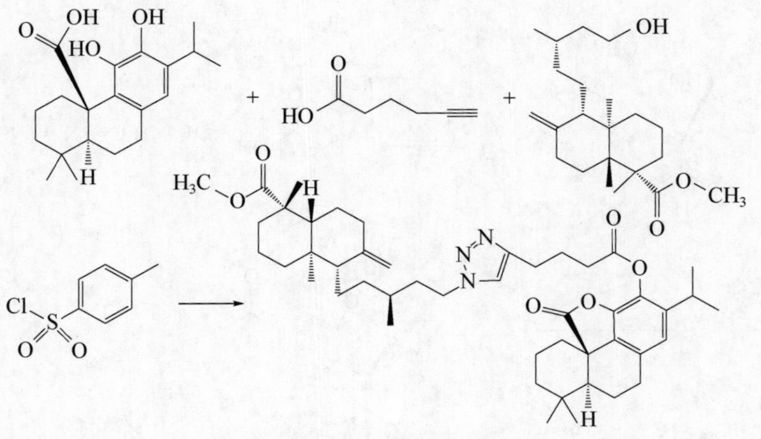

鼠尾草酸衍生物 56 的合成

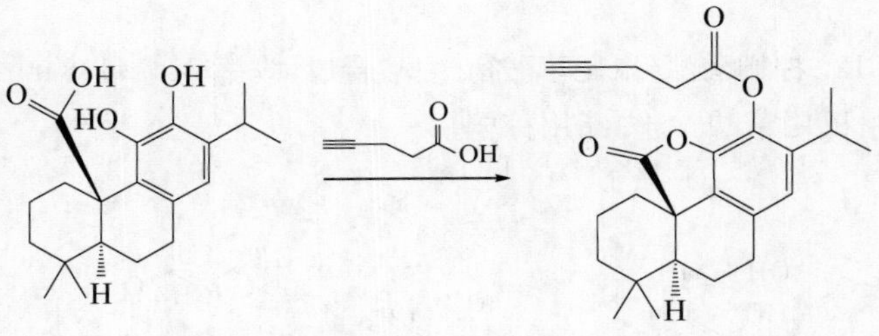

鼠尾草酸衍生物 57 的合成

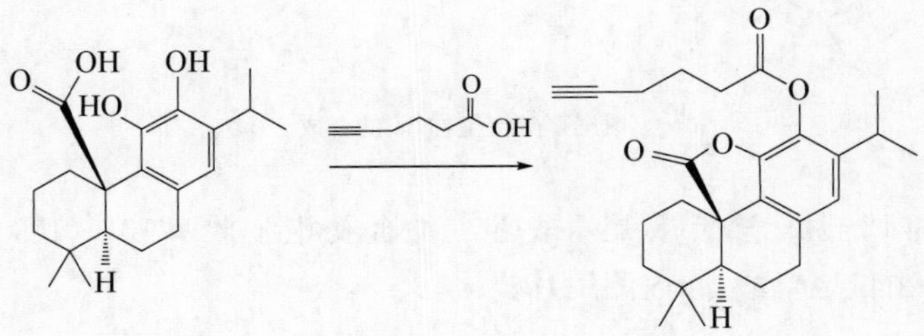

鼠尾草酸衍生物 58 的合成

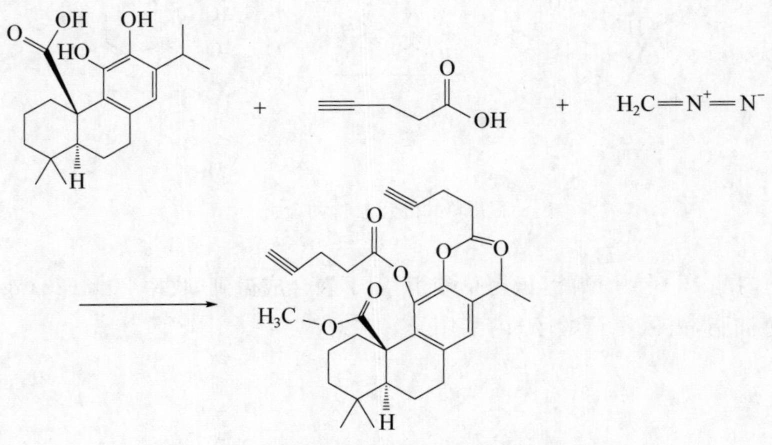

鼠尾草酸衍生物 59 的合成

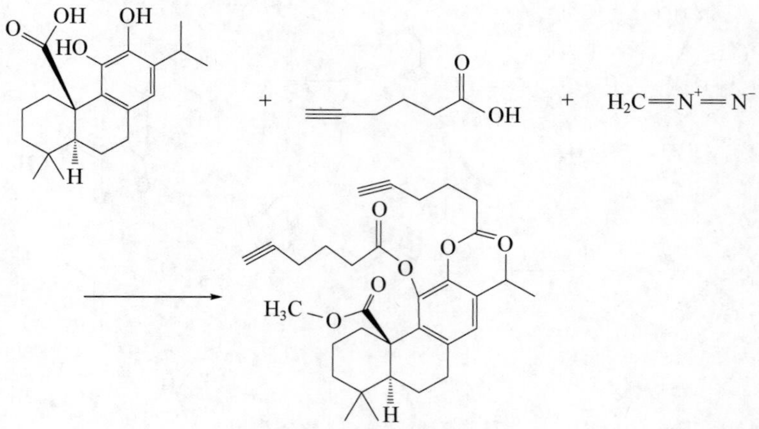

鼠尾草酸衍生物 60 的合成

鼠尾草酸 γ-内酯 12-棕榈酸酯(鼠尾草酸衍生物 61)：无色油脂,由鼠尾草酸 γ-内酯用棕榈酸合成,收率 74%(138 mg)。

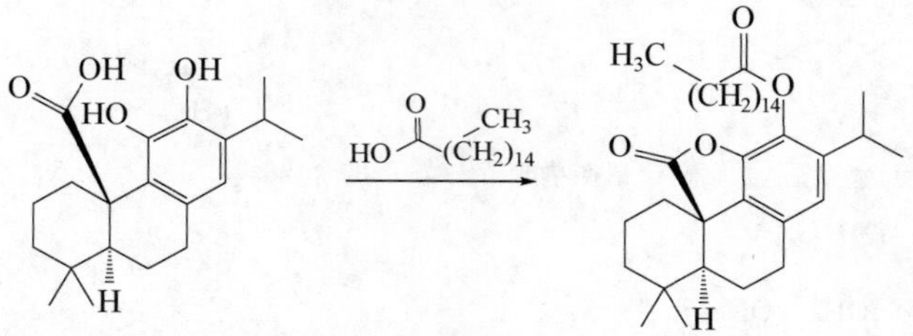

鼠尾草酸衍生物 61 的合成

鼠尾草酸 γ-内酯 12-月桂酸酯(鼠尾草酸衍生物 62)：无色油脂,由鼠尾草酸 γ-内酯用月桂酸合成得到,收率 73%(109 mg)。

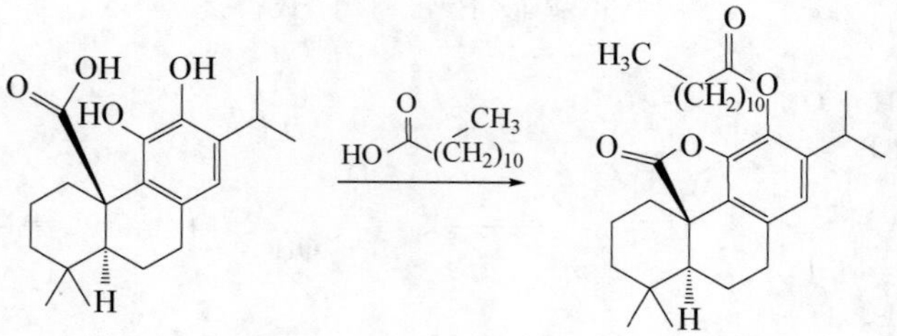

鼠尾草酸衍生物 62 的合成

鼠尾草酸 γ-内酯 12-异丁酸酯(鼠尾草酸衍生物 63)：淡黄色油脂,由鼠尾草酸 γ-内酯用异丁酸合成得到,收率 20%(23 mg)。

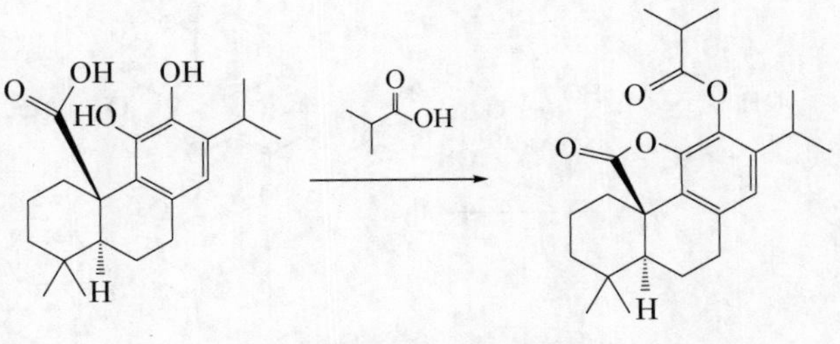

鼠尾草酸衍生物 63 的合成

鼠尾草酸 γ-内酯 12-苯基乙酸酯(鼠尾草酸衍生物 64)：淡黄色油脂，由鼠尾草酸 γ-内酯用苯乙酸合成得到，收率 28%(32 mg)。

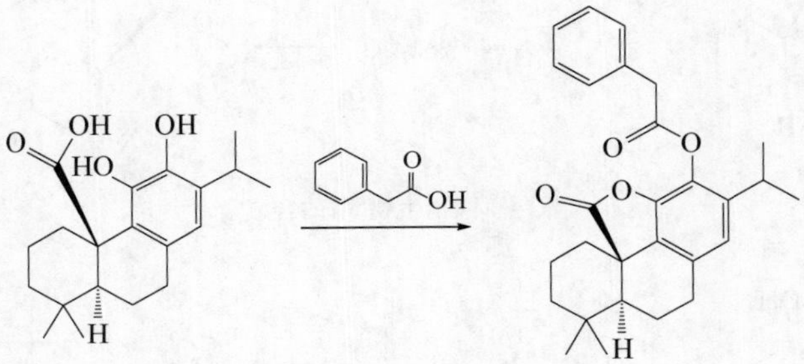

鼠尾草酸衍生物 64 的合成

鼠尾草酸 γ-内酯(95 mg，0.30 mmol)、DCC(94 mg，0.45 mmol)、DMAP 和氯乙酸在干 CH_2Cl_2(10 ml)中催化，室温搅拌 2 h，冰浴冷却，加水，水相用乙酸乙酯(3×20 ml)萃取，用无水 Na_2SO_4 干燥，减压挥发溶剂。残渣经硅胶柱层析纯化，用正己烷/乙酸乙酯(9：1)洗脱，得鼠尾草酸 γ-内酯 12-氯乙酸酯(鼠尾草酸衍生物 65)，淡黄色油脂，收率 41%(8 mg)。

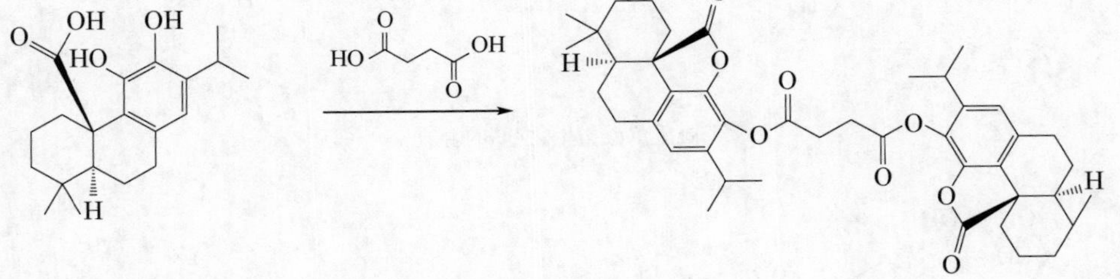

鼠尾草酸衍生物 65 的合成

鼠尾草酸衍生物 66：由鼠尾草酸 γ-内酯与邻苯二甲酸合成得到，收率 32%(73 mg)。

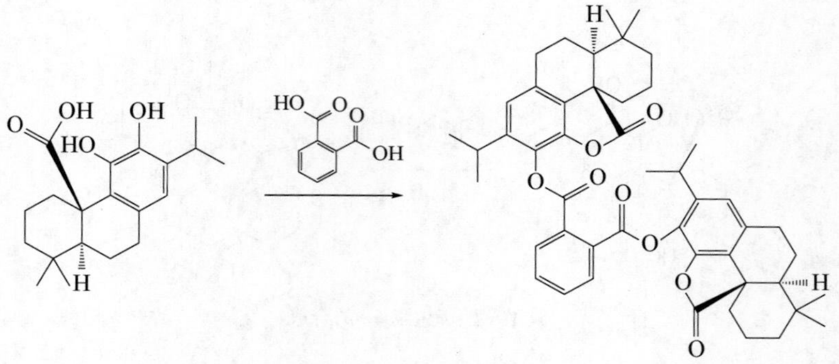

鼠尾草酸衍生物 66 的合成

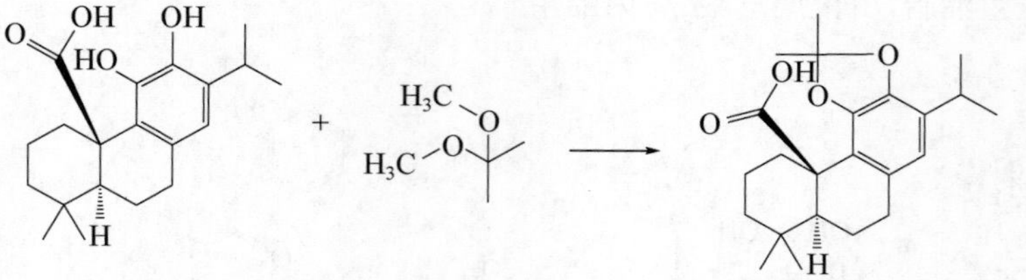

鼠尾草酸衍生物 67 的合成

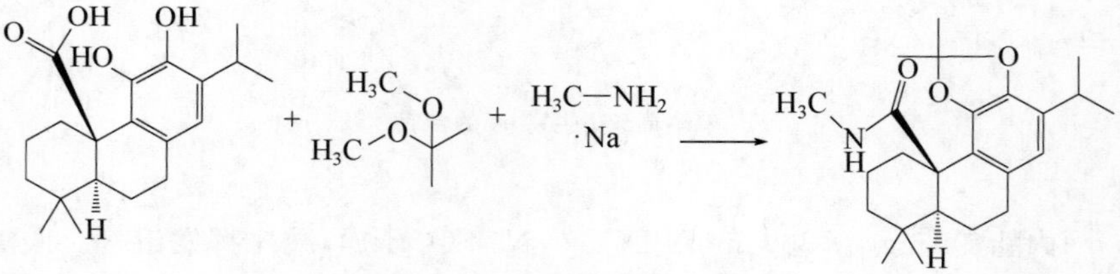

鼠尾草酸衍生物 68 的合成

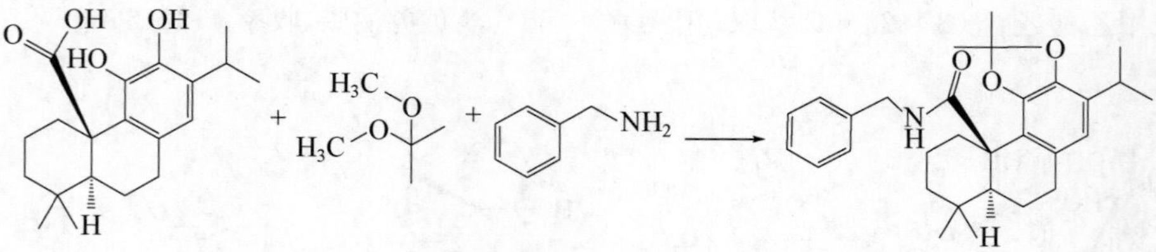

鼠尾草酸衍生物 69 的合成

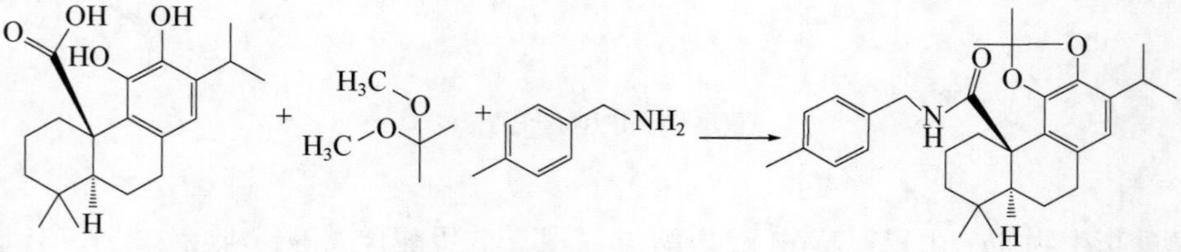

鼠尾草酸衍生物 70 的合成

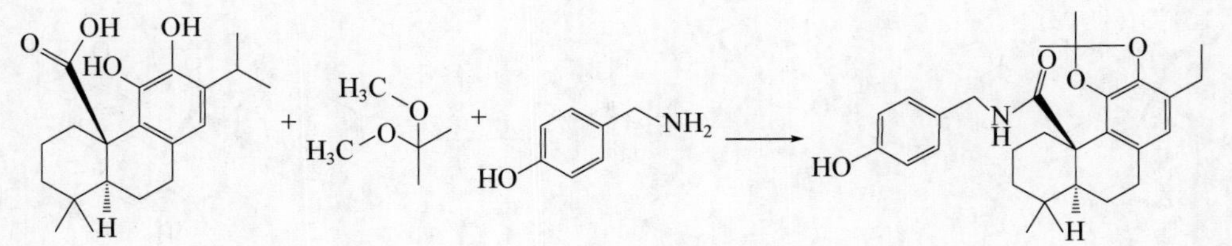

鼠尾草酸衍生物 71 的合成

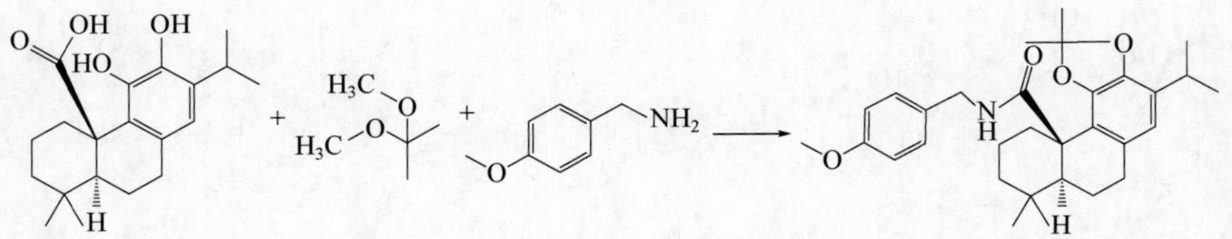

鼠尾草酸衍生物 72 的合成

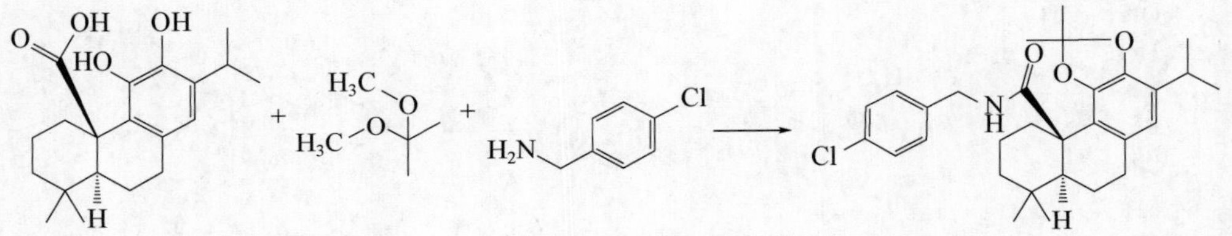

鼠尾草酸衍生物 73 的合成

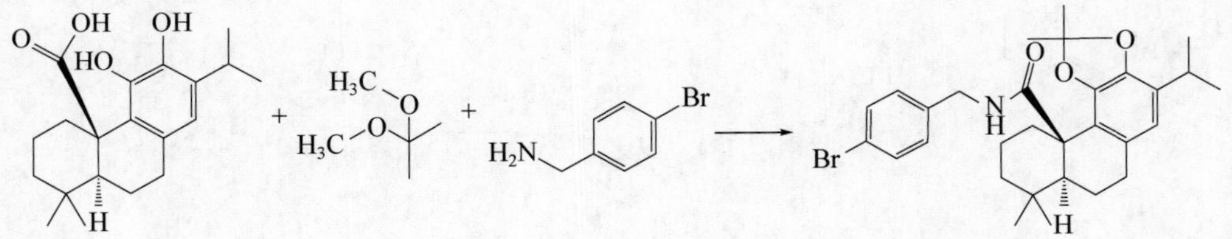

鼠尾草酸衍生物 74 的合成

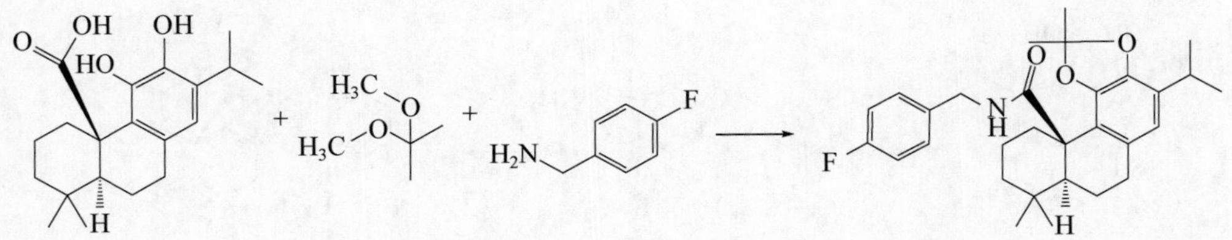

鼠尾草酸衍生物 75 的合成

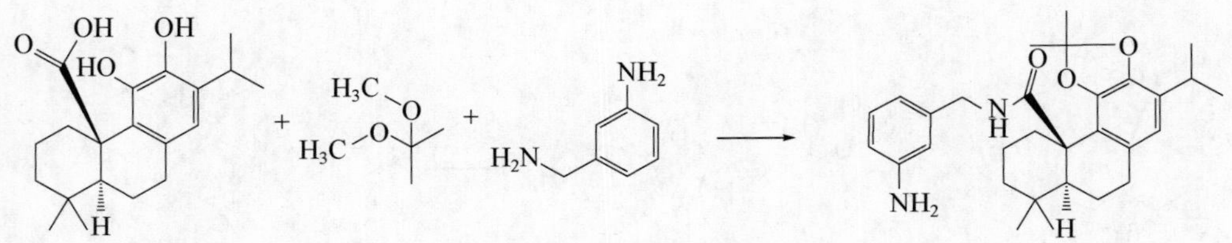

鼠尾草酸衍生物 76 的合成

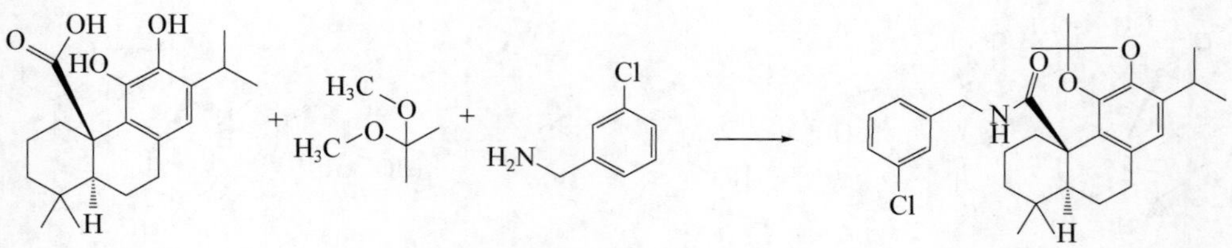

鼠尾草酸衍生物 77 的合成

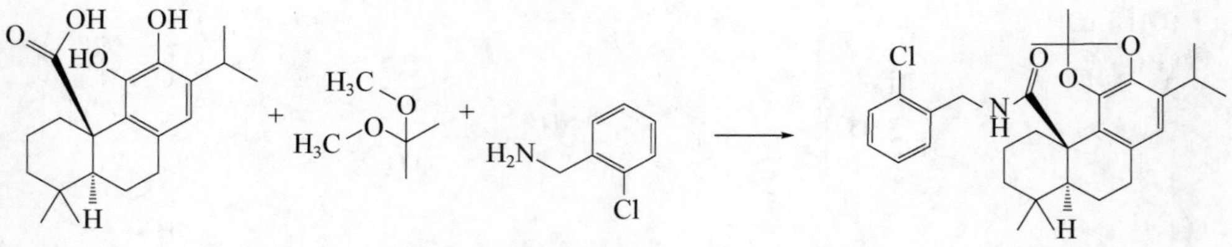

鼠尾草酸衍生物 78 的合成

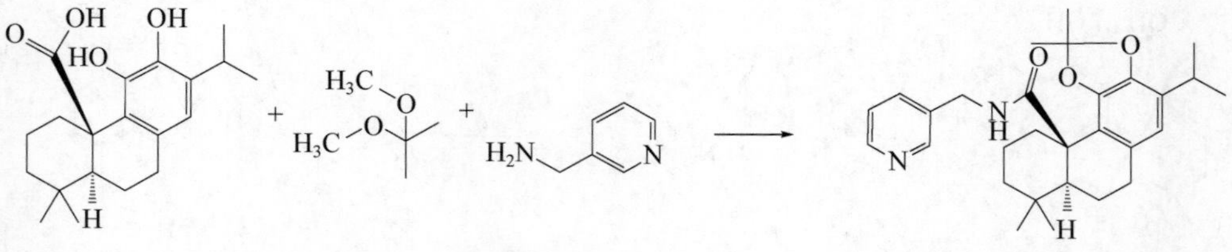

鼠尾草酸衍生物 79 的合成

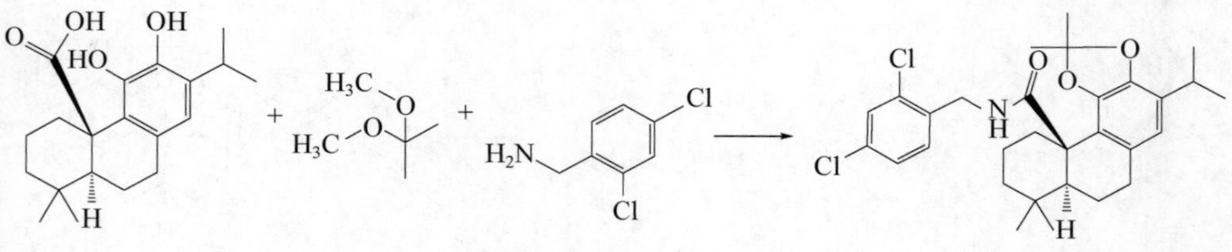

鼠尾草酸衍生物 80 的合成

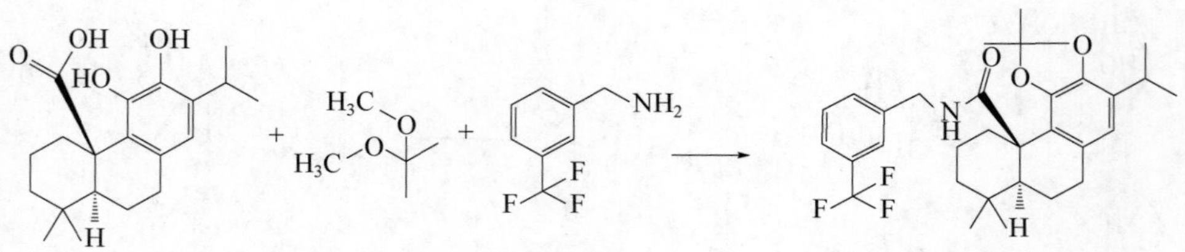

鼠尾草酸衍生物 81 的合成

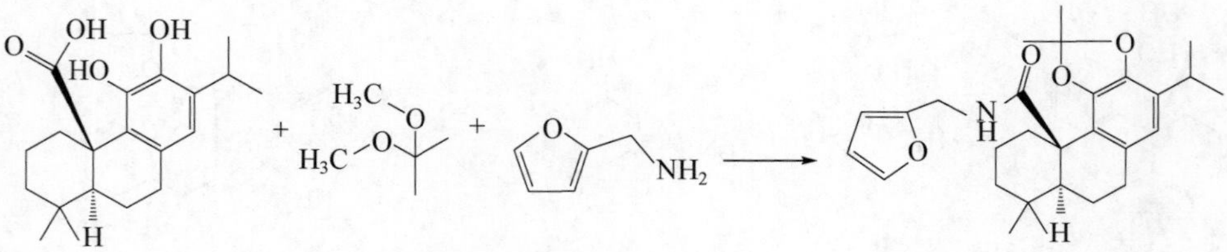

鼠尾草酸衍生物 82 的合成

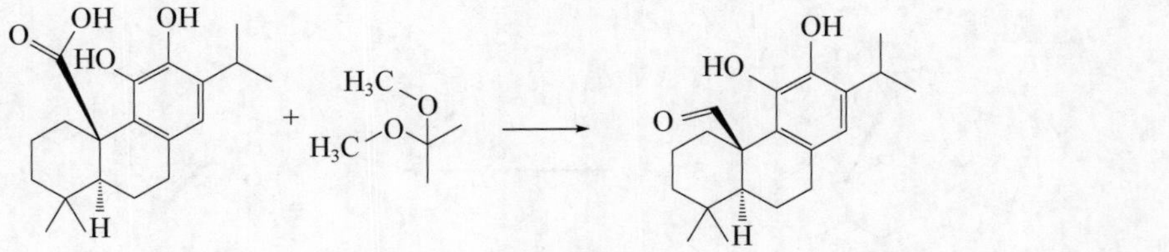

鼠尾草酸衍生物 83 的合成

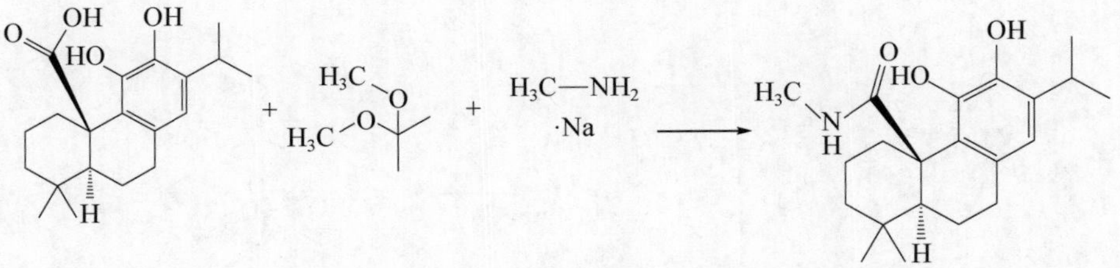

鼠尾草酸衍生物 84 的合成

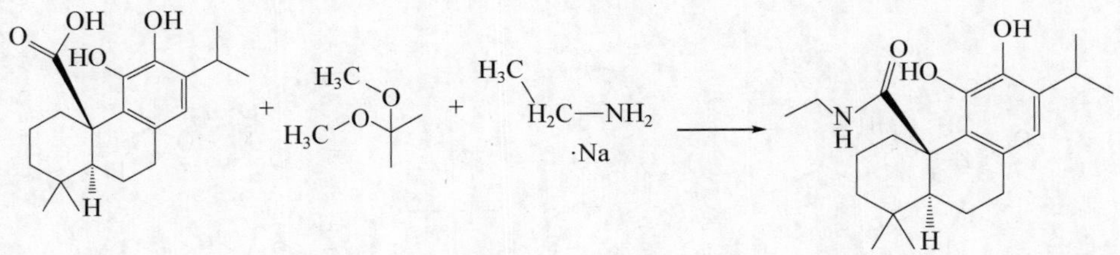

鼠尾草酸衍生物 85 的合成

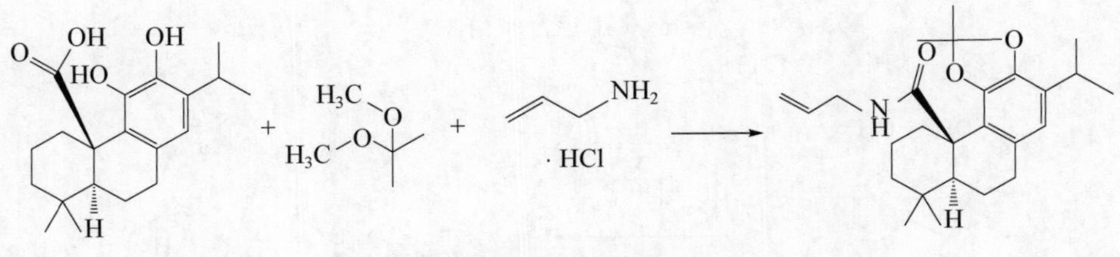

鼠尾草酸衍生物 86 的合成

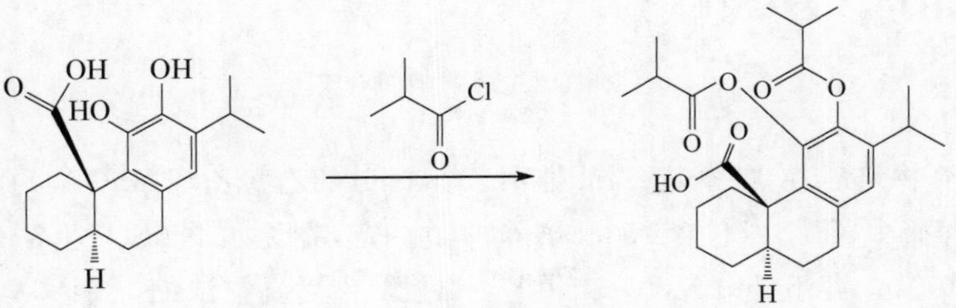

鼠尾草酸衍生物 87 的合成

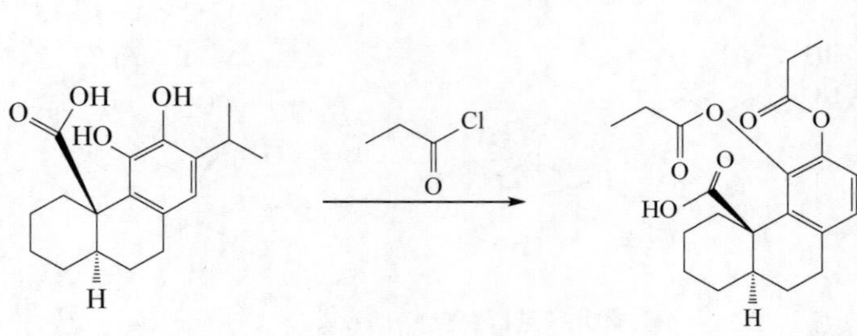

鼠尾草酸衍生物 88 的合成

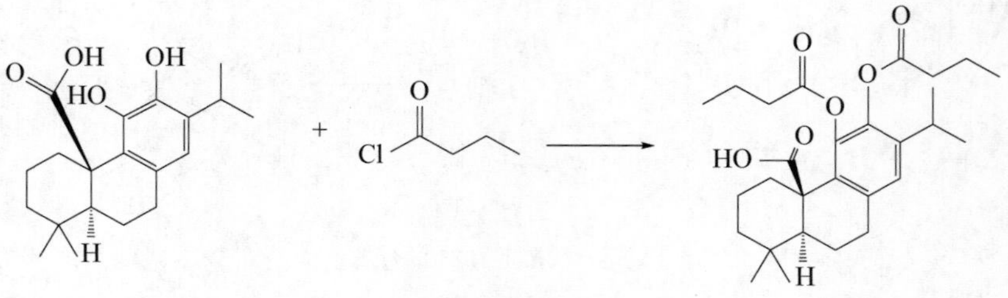

鼠尾草酸衍生物 89 的合成

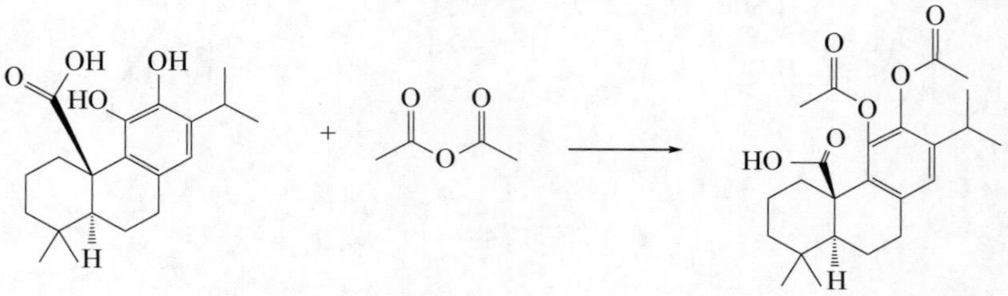

鼠尾草酸衍生物 90 的合成

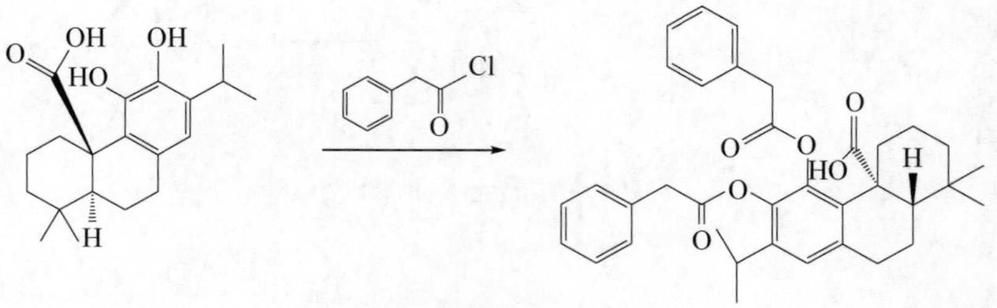

鼠尾草酸衍生物 91 的合成

将诺卡菌培养物培养在 10 个 125 ml 带不锈钢盖的德龙培养瓶中，每个瓶包含 25 ml 培养基。将鼠尾草酸 100 mg 溶于 1 ml *N*,*N*-二甲基甲酰胺中，均匀分布于 24 h 龄的Ⅱ期培养物中。72 h 后，将 10 个培养瓶的内容物合并，在 4 ℃下 10 000 G 离心 20 min。上清液（225 ml）用 3× 500 ml 的乙酸乙酯（EtOAc）提取。有机层混合在一起，在无水 Na_2SO_4 上干燥，通过烧结玻璃过滤，然后真空浓缩，产生 93 mg 的黏性棕色残留物。用硅胶闪蒸柱层析（1.5×50 cm）棕色残留物，顺序为正己烷/乙酸乙酯（95：5→75：25）。通过薄层色谱分析，得到 A 组分（22 mg）

和B组分(53 mg)。采用反相 Sepralyte C18Si 凝胶闪蒸色谱柱(1×50 cm),甲醇/水梯度溶剂系统(40%→70%),柱压 0.28 kg/cm^2,流速 2 ml/min,分离馏分A和B。最终样品用 Sephadex LH-20(25～150 μm, Pharmacia Fine Chemical Co.)净化。柱子用甲醇/$CHCl_3$(1:1)洗脱,得到鼠尾草酸代谢物92(10.5 mg)、93(38 mg)和94(8 mg)。

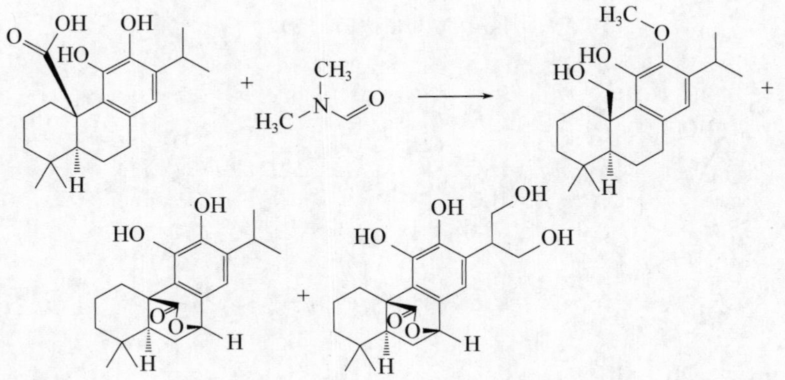

鼠尾草酸衍生物92、93、94的合成

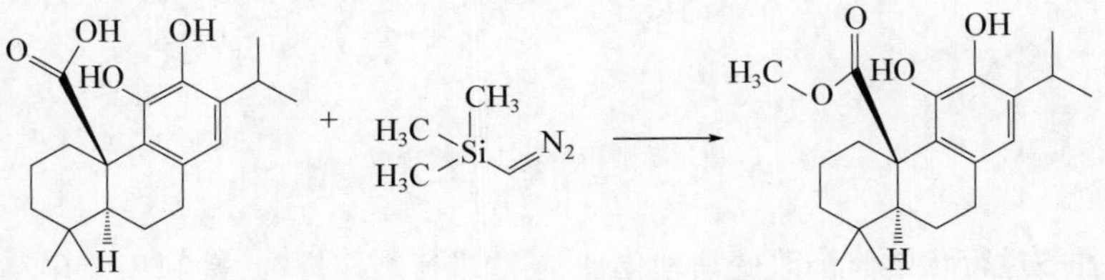

鼠尾草酸衍生物95的合成

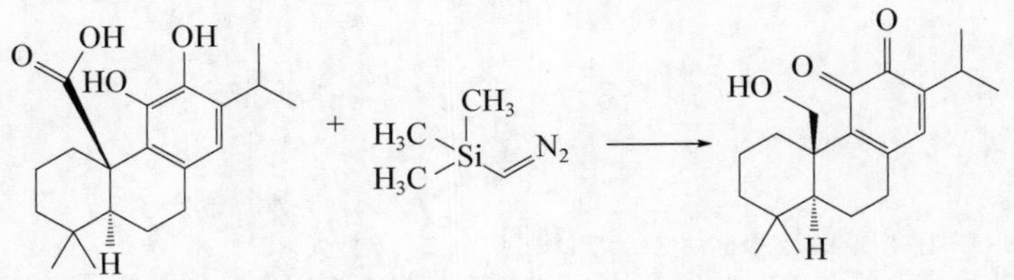

鼠尾草酸衍生物96的合成

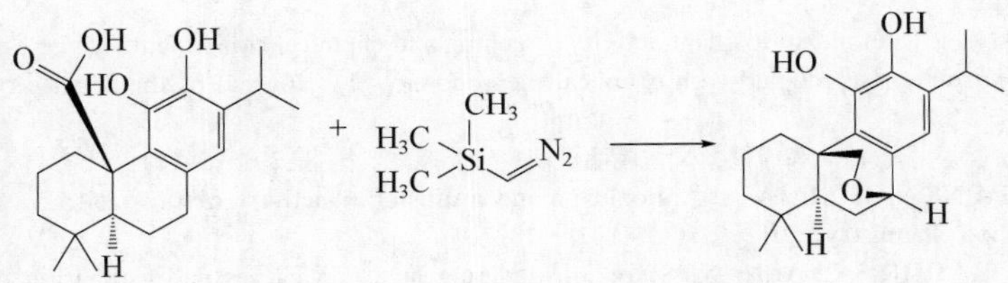

鼠尾草酸衍生物97的合成

鼠尾草酸衍生物 98 的合成

鼠尾草酸衍生物 99 的合成

鼠尾草酸衍生物 100 的合成

通过对迷迭香酸进行化学修饰改变其理化性质，从而扩大迷迭香酸的使用范围。鼠尾草酸对 H_2O_2 损伤的神经元具有保护作用，通过对鼠尾草酸进行结构修饰，有利于鼠尾草酸构效关系的研究，可进一步提高鼠尾草酸的稳定性，改善鼠尾草酸的吸收，使其能更好地发挥神经保护的作用。

参考文献

[1] 王勇.迷迭香精油和抗氧化剂提取工艺及其活性研究[D].合肥：安徽农业大学，2012.
[2] 吕军伟，杨贤庆，林婉玲，等.迷迭香的抗氧化活性及对藻油氧化稳定性影响的研究[J].中国油脂，2015，40(4)：79-83.
[3] MOEIN E, SAYED AH, ATEFE S, et al. Improving storage stability of pistachio oil packaged in different containers by using rosemary (*Rosmarinus officinalis* L.) and peppermint (*Mentha piperita*) essential oils [J]. Eur. J. Lipid Sci. Technol, 2018, 120(4): 1700432.
[4] NIE JY, LI R, JIANG ZT, et al. Antioxidant activity screening and chemical constituents of the essential oil from rosemary by ultra-fast GC electronic nose coupled with chemical methodology [J]. Journal of the Science of Food and Agriculture, 2020, 100(8): 3481-3487.
[5] 贾佳，吴艳，苏莉芬，等.迷迭香精油和肉桂精油抗菌活性研究[J].黑龙江医药，2015，28(1)：8-11.
[6] MARINA BS, JASMINKA G, MAJA A. Antioxidant and antilisterial activity of olive oil, cocoa and rosemary extract polyphenols [J]. Food Chemistry, 2011, 127(4): 1821-1827.
[7] KHEIRABADI K, RASHIDI A, ALIJANI S, et al. Modeling lactation curves and estimation of genetic parameters in Holstein cows using multiple-trait random regression models [J]. Animal Science Journal, 2014(85): 925-934.
[8] 韩阳，吕洛，唐永红，等.两种壁材迷迭香精油脂质体包埋效果的比较[J].上海交通大学学报(农业科学版)，2017，35(1)：72-77，94.
[9] 唐晓溪.迷迭香精油纳米乳制备及其抗氧化作用的研究[D].哈尔滨：东北林业大学，2009.
[10] 刘先章，赵振东，毕良武，等.天然迷迭香抗氧化剂的研究进展[J].林产化学与工业，2004(S1)：132-138.

[11] CHEN QY, SHI H, HO CT. Effect of rosemary extracts and major constituents on lipid oxidation and soybean lipoxy genase activity [J]. JAOCS, 1992(69): 999 - 1002.
[12] 常静,肖绪玲,王夺元.我国引种的迷迭香抗氧化成份的分离和抗氧化性能研究[J].化学通报,1992(3): 30 - 33.
[13] 刘胜男,马云芳,杜桂红,等.迷迭香及其提取物在食品保鲜中的应用研究进展[J].中国调味品,2019,44(6): 181 - 185.
[14] 张婧,熊正英.天然抗氧化剂迷迭香的研究进展及其应用前景[J].现代食品科技,2005(1): 135 - 137.
[15] 陈嬰,曾健青,左雄军,等.迷迭香脂溶性抗氧化剂总酚测定及其稳定性研究[J].中国食品添加剂,2011(2): 83 - 86.
[16] 雷海军,易宇阳,钟志桦,等.迷迭香抗氧化活性成分的稳定性研究[J].安徽农业科学,2014,42(21): 6998 - 6999,7002.
[17] 魏静,胡炜彦,张兰春,等.鼠尾草酸稳定性及对 H_2O_2 损伤神经元的保护作用[J].中药药理与临床,2016,32(2): 43 - 46.
[18] 侯建春,吕晓玲,周平,等.迷迭香酸的稳定性研究[J].食品研究与开发,2009,30(3): 44 - 48.
[19] 曹伟,冀思华,刘芳,等.鼠尾草酸在人工体液中的稳定性考察[J].天然产物研究与开发,2017,29(3): 444 - 448.
[20] AESCHBACH R, WILLE HJ. Preparation of spice extract antioxidant in oil: US5525260 A [P]. 1996 - 06 - 11.
[21] ZHANG Y, SMUTS JP, DODBIBA E, et al. Degradation study of carnosic acid, carnosol, rosmarinic acid, and rosemary extract (*Rosmarinus officinalis* L.) assessed using HPLC [J]. Journal of agricultural and food chemistry, 2012, 60(36): 9305 - 9314.
[22] MASUDA T, INABA Y, MAEKAWA T, et al. Recovery mechanism of the antioxidant activity from carnosic acid quinone, an oxidized sage and rosemary antioxidant [J]. J. Agric. Food Chem. 2002(50): 5863 - 5869.
[23] 李丽华,姜艳艳,张乐,等.迷迭香酸在不同溶剂中的热稳定性及其降解产物研究[J].中国现代应用药学,2017,34(4): 483 - 487.
[24] FUJIMOTO A, MASUDA T. Antioxidation mechanism of rosmarinic acid, identification of an unstable quinone derivative by the addition of odourless thiol [J]. Food Chemistry, 2012, 132(2): 901 - 906.
[25] 陈宝.迷迭香多糖的提取及抗氧化活性研究[D].南宁: 广西大学,2012.
[26] REIMANN E, MAAS HJ, PFLUG T. Synthesis of (±)-rosmarinic acid methyl ester [J]. Monatsh Chem, 1997, 128(10): 995 - 1000.
[27] LECOMTE J, GIRALDO LJL, LAGUERRE M, et al. Synthesis, characterization and free radical scavenging properties of rosmarinic acid fatty esters [J]. J Am Oil Chem Soc, 2010, 87(2): 615 - 620.
[28] ZHUANG Y, GUO ZR, YANG G Z, et al. Synthesis of tetramethyl ether of rosmarinic acid benzyl ester [J]. Chin Chem Lett, 1996, 7(6): 507 - 508.
[29] TAGUCHI R. Structure-activity relations of rosmarinic acid derivatives for the amyloid β aggregation inhibition and antioxidant properties [J]. European Journal of Medicinal Chemistry, 2017(138): 1066 - 1075.
[30] BITTNER FS, KELLO M, ČOMA M, et al. Derivatization of rosmarinic acid enhances its in vitro antitumor, antimicrobial and antiprotozoal properties [J]. Molecules(Basel, Switzerland), 2019, 24(6): 1078.
[31] AUNG HT. Contribution of cinnamic acid analogues in rosmarinic acid to inhibition of snake venom induced hemorrhage [J]. Bioorganic & Medicinal Chemistry, 2011, 19(7): 2392 - 2396.
[32] PARK SH. The structure-activity relationship of the series of non-peptide small antagonists for p56lck SH2 domain [J]. Bioorganic & Medicinal Chemistry, 2007, 15(11): 3938 - 3950.
[33] WONG CH. Compositions and methods for treating inflammation and inflammation-related disorders by Plectranthus amboinicus extracts: US20090076143[P]. 2009 - 05 - 19.
[34] HUR EM. Use of rosmarinic acid and derivatives thereof as immunosuppressants or inhibitors of SH2-mediated processes: US6140363[P]. 2000 - 10 - 31.
[35] CHE TJ. Preparation method of chitooligosaccharide compound and application thereof in fluorescence molecule carrier: CN108840889[P]. 2018 - 11 - 20.
[36] FUJIMOTO A. A novel ring-expanded product with enhanced tyrosinase inhibitory activity from classical Fe-catalyzed oxidation of rosmarinic acid, a potent antioxidative Lamiaceae polyphenol [J]. Bioorganic & Medicinal Chemistry Letters, 2010, 20(24): 7393 - 7396.
[37] WON JW. Preparation of N-cinnamoyl-DOPA esters and related compounds as T lymphocyte inhibitors: USA2003089405[P] 2003 - 10 - 30.
[38] O'MALLEY SJ, KIAN LT, WATZKE A, BERGMAN RG, et al. Total synthesis of (+)-lithospermic acid by asymmetric intramolecular alkylation via catalytic C-H bond activation [J]. Journal of the American Chemical Society, 2005, 127(39): 13496 - 13497.
[39] ZHENG XG. Method for synthesizing and purifying liposoluble rosmarinic acid ester: CN102079705[P]. 2011 - 06 - 01.
[40] Fischer J, Savage GP, Coster MJ, et al. A Concise route to dihydrobenzo [b] furans: formal total synthesis of (+)-lithospermic acid [J]. Organic Letters, 2011, 13(13): 3376 - 3379.
[41] XU CL, HUANG S. Taxane derivatives, their preparation and application as antitumor agents: CN101386607[P]. 2009 - 05 - 18.
[42] CARDULLO N. Synthesis of rosmarinic acid amides as antioxidative and hypoglycemic agents [J]. Journal of Natural Products, 2019, 82(3): 573 - 582.
[43] AYOOB I. New semi-synthetic rosmarinic acid-based amide derivatives as effective antioxidants [J]. Chemistry Select, 2017, 2(31): 10153 - 10156.
[44] TU LH. Rationally designed divalent caffeic amides inhibit amyloid-β fibrillization, induce fibril dissociation, and

ameliorate cytotoxicity [J]. European Journal of Medicinal Chemistry, 2018(158): 393 - 404.
[45] WANG DH, YU JQ. Highly Convergent Total Synthesis of (+)-Lithospermic Acid via a Late-Stage Intermolecular C-H Olefination [J]. Journal of the American Chemical Society, 2011,133(15): 5767 - 5769.
[46] MURATA T. Hyaluronidase inhibitory rosmarinic acid derivatives from Meehania urticifolia [J]. Chemical & Pharmaceutical Bulletin, 2011,59(1): 88 - 95.
[47] ZHANG M. Pharmaceutical composition containing novel compound of IGF1-R growth factor receptor inhibitor: CN108003116[P]. 2018 - 05 - 08.
[48] SNYDER SA, KONTES F. Synthesis of oligomeric neolignans and their therapeutic use. PCT Int: USAWO2010074764 [P]. 2010 - 07 - 01.
[49] GRIFFITH DR. Explorations of caffeic acid derivatives: total syntheses of rufescenolide, yunnaneic acids c and d, and studies toward yunnaneic acids A and B [J]. Journal of Organic Chemistry, 2014,79(1): 88 - 105.
[50] ZHANG YR. Synthesis and characterization of a rosmarinic acid derivative that targets mitochondria and protects against radiationinduced damage in vitro [J]. Radiation Research, 2017,188(3): 264 - 275.
[51] SEBESTIK J. Bifunctional phenolic-choline conjugates as anti-oxidants and acetylcholinesterase inhibitors [J]. Journal of Enzyme Inhibition and Medicinal Chemistry, 2011,26(4): 485 - 497.
[52] JIANG WL. Preparation of rosmarinic acid arginine amide and its medical application: CN1923803[P]. 2007 - 03 - 07.
[53] ROMINE AM. Synthetic and mechanistic studies of a versatile heteroaryl thioether directing group for Pd(II) Catalysis [J]. ACS Catalysis, 2019,9(9): 7626 - 7640.
[54] WANG YC. Amide derivatives as HIV inhibitors and their preparation, pharmaceutical compositions and use in the treatment of AIDs: CN108558808[P]. 2018 - 09 - 21.
[55] WU NF. Silybin rosmarinate and its preparation method and application: CN104744447[P]. 2015 - 07 - 01.
[56] 黄龙江,滕大为,杜桂彩,等.迷迭香酸烯丙基酯的二亚甲醚的合成[J].青岛大学学报(自然科学版),2002(4): 7 - 9.
[57] 刘佳,于浩飞,张荣平,等.乙酰化鼠尾草酸的稳定性及对海马神经元的保护作用[J].中药药理与临床,2018,34(3): 30 - 32.
[58] MARRERO JG. Semisynthesis of rosmanol and its derivatives. easy access to abietatriene diterpenes isolated from the genus salvia with biological activities [J]. Journal of Natural Products, 2002,65(7): 986 - 989.
[59] Li CJ, Zhang F, Wang W, et al. Semisynthesis of miltirone, 1,2-dehydromiltirone, saligerone from carnosic acid and cytotoxities of their derivatives [J]. Tetrahedron Letters, 2018,59(26): 2607 - 2609.
[60] LI FZ, LI S, ZHANG PP, et al. A chiral pool approach for asymmetric syntheses of (−)-antrocin, (+)-asperolide C, and (−)-trans-ozic acid. [J]. Chemical communications (Cambridge, England),2016,52(84): 12426 - 12429.
[61] LI FZ. Method for preparing Antrocin: CN107216299[P]. 2017 - 09 - 29.
[62] LI ZL. Biomimetic synthesis of isorosmanol and przewalskin A [J]. Journal of Organic Chemistry, 2018,83(1): 437 - 442.
[63] MASUDA T. Cytotoxic activity of quinone derivatives of phenolic diterpenes from sage (Salvia officinalis)[J]. ITE Letters on Batteries, New Technologies & Medicine, 2002,3(1): 39 - 42.
[64] ZHANG X. Biomimetic syntheses of C23 terpenoids: structural revision of salyunnanin A and confirmation of hassanane [J]. Organic Chemistry Frontiers, 2018,5(23): 3469 - 3475.
[65] PERTINO MW. Gastroprotective effect of carnosic acid γ-lactone derivatives [J]. Journal of Natural Products, 2010,73(4): 639 - 643.
[66] ZHANG RP. Preparing method and application of carnosic acid derivative: CN108191812[P]. 2018 - 06 - 22.
[67] SATOH T. Carnosic acid protects neuronal HT22 Cells through activation of the antioxidantresponsive element in free carboxylic acid and catechol hydroxyl moieties-dependent manners [J]. Neuroscience Letters, 2008,434(3): 260 - 265.
[68] HOSNY M. Oxidation, Reduction, and Methylation of Carnosic Acid by Nocardia [J]. Journal of Natural Products, 2002, 65(9): 1266 - 1269.
[69] AOYAGI Y. Cytotoxicity of abietane diterpenoids from *Perovskia abrotanoides* and of their semisynthetic analogues [J]. Bioorganic & Medicinal Chemistry, 2006,14(15): 5285 - 5291.

第十章 迷迭香成分的提取工艺

第一节 精油的提取

精油可以通过多种方法提取，例如蒸汽蒸馏、加氢蒸馏（含有更多的单萜烯烃）、有机溶剂萃取、微波辅助蒸馏、微波水扩散和重力萃取（MHG）、高压溶剂萃取、超临界 CO_2 萃取、超声波萃取和无溶剂微波萃取（SFME）。

一、微波辐射预处理迷迭香

微波辐射是一种很好的预处理方法，预处理后的迷迭香叶中抗氧化剂的保留率比未处理的迷迭香叶高，微波导致迷迭香叶的油细胞快速破裂和塌陷，能在更短的时间内提高提取效率。

二、微波辐射提取

微波辐射提取法是利用微波能进行物质萃取的一种新发展起来的技术，是使用适合的溶剂在微波反应器中从天然植物、矿物或动物组织中提取各种化学成分的技术和方法。

微波加热不同于传统的传导加热方法。微波可以加热整个样品同时具有较高的比率，此外，因为微波诱导分子的偶极旋转和溶解离子的迁移。所以微波辐射能量可以破坏氢键，且微波辐射能量可以促进精油中有机化合物的运动，分子与电磁场的相互作用，并向挥发性化合物提供快速的能量转移，从而使待提取的成分挥发。使用微波提取 15 min 后的产率（0.95%）更接近获得的产率，且精油微波萃取可达到 90%以上的最终收率，节省提取时间和能源。

由于不同化合物具有不同的介电常数，所以微波萃取具有选择性加热的特点。溶质和溶剂的极性越大，对微波能的吸收越大，升温越快，萃取速度增大；而对于非极性溶剂，微波几乎不起加热作用。所以，在选择萃取剂时一定要考虑到溶剂的极性，以达到最佳效果。

由于大多数生物体含有极性水分子，所以在微波场的作用下引起强烈的极性振荡，容易导致细胞分子间氢键断裂，细胞膜结构被电击穿、破裂，进而促进基体的渗透和待提取成分的溶剂化。此外，微波萃取还可实现时间、温度、压力控制，保证在萃取过程中有机物不发生分解。因此，利用微波辅助提取从生物基体萃取待萃取的成分时，在热与非热效应的协同作用下，更能提高萃取效率。

由于微波设备是用电的设备，不需配备锅炉；微波属体加热，提取时同样的原料、同样的效率下，用常规方法需两三次提取的，微波一次提取即可。提取的时间大大节省、工艺流程大大简化。微波提取没有热惯性，易控制，所有参数均可数据化，并和制药现代化接轨。

萃取溶剂具有一定的极性，这是微波萃取必需的条件。但是如果萃取溶剂为甲苯、正己烷等非极性溶剂时，必须加入一种极性溶剂，以增加萃取溶剂体系的介电常数。微波萃取时间与被萃取样品量、溶剂体积和加热功率有关。与传统萃取方法相比，微波萃取的时间较短，一般情况10～15 min已经足够。微波辐射条件包括微波辐射频率、功率和辐射时间，它们对萃取效率具有一定的影响。不同的萃取目的采用不同微波辐射条件。和传统提取一样，被提取物经过适当破碎后可以增大接触面积，有利于提取的进行。但通常情况下传统提取不把物料破碎得太小，一方面会使杂质增加溶出；另一方面会给后续过滤带来困难。同时，将近100 ℃的提取温度会使物料中的淀粉成分糊化，提取液变得黏稠，增加了后续分离的难度和溶剂的黏附耗损。因为水分能有效吸收微波能而产生温度差，所以待处理物料中含水量的高低对萃取收率的影响很大。对于不含水分的物料，可采取增湿的方法，使其具有适当的水分，以吸收微波能。

迷迭香油同样的六种主要成分，包括α-蒎烯、莰烯、柠檬烯、1,8-桉树脑、樟脑和冰片，但相对量不同。α-蒎烯和莰烯是主要成分迷迭香精油中的单萜碳氢化合物。HD油比MP油含有更多的α-蒎烯和莰烯。

三、水蒸气蒸馏

水蒸气蒸馏法原理是由于两种不混溶的总液体蒸气压的值为$p_{总}=p_1+p_2+\cdots+p_i$，因此相同外压下，混合液中液体的纯沸点无论多高，均要比混合液中沸点最低的液体低。其具体沸点由两种溶液的比值决定。

水蒸气蒸馏法只适用于具有挥发性的，能随水蒸气蒸馏而不被破坏，与水不发生反应，且难溶或不溶于水的成分的提取。此类成分的沸点多在100 ℃以上，与水不相混溶或仅微溶，并在100 ℃左右有一定的蒸气压。当与水在一起加热时，其蒸气压和水的蒸气压总和为一个大气压时，液体就开始沸腾，水蒸气将挥发性物质一并带出。

水蒸气蒸馏法是指将含挥发性成分药材的粗粉或碎片，浸泡湿润后，直火加热蒸馏或通入水蒸气蒸馏，也可在多能式中药提取罐中对药材边煎煮边蒸馏，药材中的挥发性成分随水蒸气蒸馏而带出，经冷凝后收集馏出液，一般需再蒸馏1次，以提高馏出液的纯度和浓度，最后收集一定体积的蒸馏液；但蒸馏次数不宜过多，以免挥发油中某些成分氧化或分解。本法的基本原理是根据道尔顿定律，相互不溶也不起化学作用的液体混合物的蒸汽总压，等于该温度下各组分饱和蒸气压（即分压）之和。因此尽管各组分本身的沸点高于混合液的沸点，但当分压总和等于大气压时，液体混合物即开始沸腾并被蒸馏出来。

精油与水是互不相溶体系，加热时，随着温度的增高，精油和水均要加快蒸发，产生混合体蒸气，其蒸气经锅顶鹅颈导入冷凝器中得到水与精油的液体混合物，经过油水分离后即可得到精油产品。

水蒸气蒸馏法的基本的蒸馏方式有3种：①水上蒸馏。此种方式是将原料置于筛板，锅内加入水量要满足蒸馏要求，但水面不得高于筛板，并能保证水沸腾至蒸发时不溅湿料层，一般采用回流水，保持锅内水量恒定以满足蒸气操作所需的足够饱和蒸汽，因此可在锅底安装窥镜，观察水面高度。②直接蒸汽蒸馏。这种方法是在筛板下安装一条带孔环形管，由外来蒸汽通过小孔直接喷出，进入筛孔对原料进行加热，但水散作用不充分，应预先在锅外进行水散，锅内蒸馏快且易于改为加压蒸馏。③水扩散蒸气蒸馏。这是国外应用的一种新颖的蒸馏技术。水蒸气由锅顶进入，蒸气自上而下逐渐向料层渗透，同时将料层内的空气推出，其水散和传质出的精油无须全部气化即可进入锅底冷凝器。蒸气为渗滤型，蒸馏均匀、一致、完全，而且水油冷凝液较快进入冷凝器，因此所得精油质量较好、得率较高、能耗较低、蒸馏时间短、设备简单。

四、无溶剂微波提取（SFME）

无溶剂微波萃取是用 Milestone DryDIST（2004）仪器进行的。多模反应器有一对磁控管（2 800 W，2 450 MHz），最大输出功率为 500 W，以 5 W 为增量。旋转微波扩散器确保微波均匀分布在整个等离子涂层聚四氟乙烯腔。温度由工作人员监控外部红外传感器。恒定的温度和湿度条件，冷凝水由一个循环冷却系统在 5 ℃将迷迭香叶放入反应器中，不添加水或任何溶剂。精油的完全提取在 40 min 内完成。

基于低微波加热和蒸馏的组合在大气压下进行。这种方法的优点是第一次精油提取温度可快速达到 100 ℃，精油产量高，能量需求低。

五、瞬时减压或受控瞬时减压

此种方法是将迷迭香叶在短时间内置于 0.5～1.5 bar 的蒸汽压力下，然后瞬间减压至真空（约 15 mb）。装置见图 10 - 1。

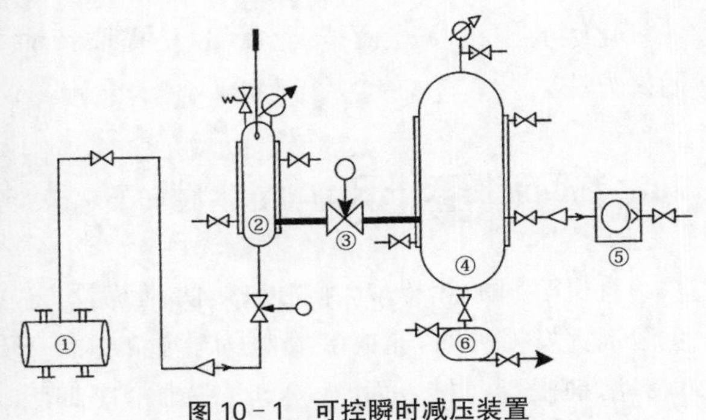

图 10 - 1　可控瞬时减压装置

1. 锅炉；2. DIC 反应器；3. 阀门；4. 真空容器；5. 真空；6. 提取容器

瞬时减压可以局部增湿迷迭香叶，然后把迷迭香叶 DIC 反应器上，通过阀门与真空容器保持在真空状态下（50 mb）。真空状态下，加热流体能更好地通过设备，传热性更好。关闭阀门后，在反应器内产生一种压力下的过热蒸汽。

热处理完后进行快速减压。真空容器的容积（1 600 L）是 DIC 反应器（12 L）的 130 倍。阀门可以在不到 200 ms 内打开，所以反应器可以实现快速减压。真空容器的初始真空水平保持在 15 mb。减压后的平衡压力随操作压力正性改变，压力越高操作压力越大，平衡压力越高。如压力从 1 bar 增加到 3 bar，平衡压力从 22 mb 变化到 37 mb。迷迭香叶中的蒸汽通过自动蒸发而产生的机械强度能够引起形变，形变幅度取决于植物在初始湿度和温度下的流变特性。最后迷迭香提取物和冷凝蒸汽在提取物容器中回收。

六、超临界流体 CO_2 萃取

当一种物质气液两相呈平衡状态的点叫临界点，在临界点时的温度通过调节压力和温度条件来调节提取介质的温度和压力称为临界温度和临界压力。当物质所处的温度高于临界温度，压力大于临界压力时，该物质处于超临界状态。超临界流体是指物质处在临界温度和临界压力以上形成的一种特殊状态的流体。CO_2 超临界流体萃取是以 CO_2 超临界流体作为萃取溶剂，从迷迭香中萃取出精油。

萃取原理：超临界流体与待分离的物质接触，使待分离的物质充分溶解在超临界流体中。控制条件得到最佳比例的混合成分，然后借助减压、升温的方法使超临界流体变成普通气体，被萃取物则完全或基本析出，从而额达到分离提纯的目的。

在一定压力下，升高温度被萃取物的挥发性物质增加，增加了被萃取物在超临界气相中的浓度，从而使萃取量增大，但是升高温度，超临界流

体密度降低，从而使化学组分溶解度减小，导致萃取量降低，因此选择温度要从这两个方面考虑。

CO_2 的流量的变化对超临界流体萃取有两个方面的影响，CO_2 流量太大，会造成萃取器内 CO_2 流速增加，CO_2 停留时间缩短，与萃取物接触时间减少，不利于萃取率的提高。但是另一方面，CO_2 流量增加可增大萃取过程的传质推动力，相应地增大传质系数，使传质速率加快，从而提高 SFE 的萃取能力，因此，合理选择 CO_2 流量在 SFE 萃取中至关重要。

超临界流体与常规的有机溶剂萃取相比，可以在接近室温下提取，有效防止了热敏性物质的氧化和逸散，SFE 是最干净的提取方法，无溶剂残留。萃取和分离和二为一，操作工艺简单，萃取效率高且耗能少。节约成本。CO_2 价格便宜，纯度高，容易取得。环保性高可以循环利用。无毒，不腐蚀设备。

七、加氢蒸馏

用 clevenger 型设备进行加氢蒸馏，加水在全玻璃 clevenger 装置中放置 3 h，向加热套(50 ℃)供热，用 4 L 水提取精油 3 h(直到不再有精油为止恢复)。精油被收集和分析立刻。这个系统是以 700 W 的固定功率加热到沸点；实验是在大气压下进行的。

加氢蒸馏提取出的挥发性成分产率比无溶剂微波萃取高，在加氢蒸馏油中鉴定出 24 种化合物占总精油组成的 90.2%。这种精油主要由单萜类，如 α-蒎烯、莰烯、1,8-桉树脑、樟脑、冰片、乙酸龙脑酯、马鞭草酮。然而，21 种化合物从微波提取的精油中鉴定出占总油组成的 92.3%。对精油组成的重要观察表明，在精油中存在较高含量的氧化单萜，如冰片、樟脑、萜烯-4-醇、芳樟醇、α-萜烯醇(28.6%)SFME 提取的精油与 HD 提取的精油比较(26.98%)。这可能是由于与加氢蒸馏相比的热效应和水解效应其使用大量的水并且耗时耗力。Lucchesi 等认为水是一种极性溶剂，会加速许多反应通过碳正离子中间体进行。Pare 和 Belanger 描述了微波辐射大大加速了提取过程，但是不引起挥发油成分的显著变化的现象。

八、微波加氢蒸馏

精确称量的迷迭香样品用固定的用 200 ml 水以 700 W 的功率加热 60 min。微波辅助加氢蒸馏与传统的加氢蒸馏相比，提取时间最少，一样的精油的产率用微波加氢蒸馏获得仅用 20 min，而用加氢蒸馏需要 180 min，含氧化合物增加了 1.14%，精油质量得到了改善。由于微波加热挥发性化合物内部过热导致细胞壁的脆化或破裂更快、更有效。所以动力学精油的提取过程加快。这种提取时间上的差异可以用热的速率来解释，两种提取方法微波加氢蒸馏利用样品内传递热的方式有 3 种，辐射、传导和对流，而加氢蒸馏热量只能通过传导和对流发生。

氧化合物具有高偶极矩，能更有力地与微波相互作用，不像单萜烯烃容易被加氢蒸馏提取，它们的偶极矩很弱。就其对香味的贡献而言，氧化合物比碳氢化合物更有价值，其含量测定可用作精油质量测量。

微波辅助加氢蒸馏提取得到精油氧化物含量更高，该方法节约了能源，降低了成本，减少了二氧化碳的排放，减轻了环境负担，是提取精油的好方法。

九、热回流提取(HRE)

有机溶剂加热提取，采用加热回流装置，避免溶剂挥发损失回，瓶内装药材为容量的 1/3～1/2，溶剂浸过药材表面 1～2 cm，在水浴中加热回流，一般保持沸腾约 1 h，放冷过滤，再加入溶剂，回流约 0.5 h。重复以上操作，直至有效成分不再提出。热回流提取(HRE)迷迭香叶回流两次：30 min，持续 5 h。提取在沸腾温度下进行(78 ℃)。为了评估萃取前在溶剂中精细分散的潜在效果，相同的实验条件为用均质机在 3 min 内将预先研磨好的迷迭香叶涂抹在溶剂中，每个实验进行 3 次。热回流提取罐综合了传统的煎煮法、渗漉法、回流提取法等提取原理，将传统的提取和浓缩同步进行，属于创新工艺，采用热回流提取技术，基本可以实现微机控制的自动化生产，减少了许多人为因素的干扰，可以确保每一批次提取物的重现性和均一性。

第二节 萜类的提取

鼠尾草酸和迷迭香酸是迷迭香的主要提取物，鼠尾草酸属于天然存在的酚类二萜类化合物，具有丰富的生物活性。迷迭香酸是一种天然酚酸类化合物，属于天然的抗氧化剂，具有很强的抗氧化活性，可防止由于自由基造成的细胞受损，从而降低了患肿瘤和动脉硬化的风险。迷迭香酸具有较强的抗炎活性，同时迷迭香酸还具有抗菌、抗病毒、抗肿瘤的活性。目前，迷迭香酸在制药、食品、化妆品等领域中已体现出其重要的应用价值。

有机提取溶剂甲醇、乙醇、乙腈和丙酮常用于提取三萜皂苷，如熊果酸、油酸、白桦脂酸。在常规的提取方法中，加热回流提取(HRE)、浸渍提取(ME)、搅拌提取和索氏提取是迷迭香属植物的基准提取技术。但是这些方法有几个缺点，例如提取溶剂采用有机溶剂或水，有机溶剂通常有毒且易挥发，提取时间长和回收能量多。相较于传统的提取方法超声波提取法和微波辅助提取法显得更加环保。受到业内广泛关注。

吸附、色谱和双相水系统已经被应用于迷迭香酸的纯化双水相系统(ATPS)是一种液-液分馏程序，使用一对水溶性化合物(聚合物、盐、离子液体、碳水化合物、多元醇和有机溶剂)超过临界点。三磷酸腺苷系统已被广泛用于许多物质的分离、浓缩和纯化生物分子如蛋白酶、生物碱、抗氧化剂、花青素、抗体、和迷迭香酸。

ATPS 的优点是生物相容性好，由于两个阶段的高含水量、可扩展性、低成本、获得高纯度产品的可能性、实施一体化工艺以及回收系统成分。所有这些吸引人的优点可以应用于水胶束两相系统，使其成为生物材料分离、纯化和浓缩的潜在方案，AMTPS 使用非离子表面活性剂的胶束溶液，其两相分离在高于某一温度时自发发生，称为浊点，形成富含表面活性剂的相，可以使用表面活性剂贫化相(水相)。AMTPS 回收疏水性和两亲性生物化合物。

一、热回流提取(HRE)

提取温度从 30 ℃显著变化到 60 ℃使用溶剂将酚类化合物的含量提高到 60%～69%，结果表明，在 60 ℃时，酚类化合物含量下降，延长提取时间至 30 min(提取次数 10 和 15)显著增加酚类化合物的产率，仅在用 90%乙醇提取期间。

二、浸渍提取(ME)

此种提取方法是用溶剂将固体长期浸润而将所需要的物质浸出来，根据溶剂的温度可分为热浸、温浸和冷浸等数种。此法比较简单，可将药粉装入适当的容器中，加入适当的溶剂(多用水或烯醇)，以能浸透药材稍有过量为度，时常振摇或搅拌，放置一日以上过滤，药渣另加新溶剂。整理如此再提 2～3 次。第 2、3 次浸渍时间可缩短。合并提取液，浓缩后可得提取物。本法不需加热(必要时温热)，适用于有效成分遇热易破坏以及含多量淀粉、树胶、果胶、黏液质的天然药物的提取。在通过浸渍获得的提取物中，酚类化合物的浓度更高，酚类化合物含量最高。但本法提取时间长、溶剂用量大、效率不高，特别用水浸渍时，水提取液易发霉变质，必要时应加适量的甲苯等防腐剂。

三、索氏提取(SLE)

索氏提取要求萃取剂的沸点比较低，萃取剂一般选用CS2、苯、甲醇等，直接加热萃取溶剂，通常将萃取剂按照极性不同的顺序进行多级萃取，提高提取物的萃取纯度，将不同的物质分别萃取出来。萃取剂在索氏萃取器中循环利用的，有效降低了溶剂的用量。索氏提取装置见图 10－2。

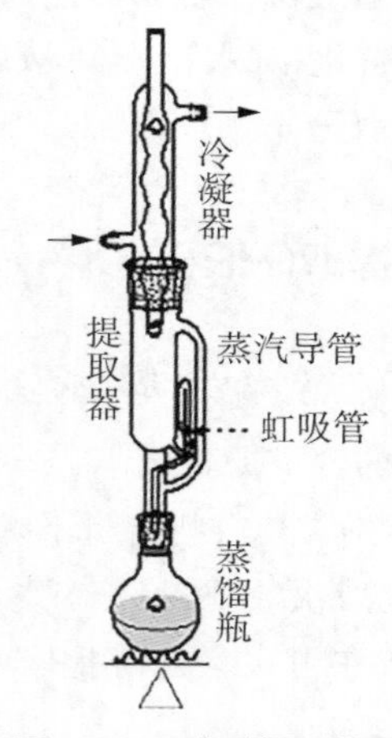

图 10－2 索氏提取装置

索氏提取器利用溶剂回流及虹吸原理，使固体物质连续不断地被纯溶剂萃取，既节约溶剂萃取效率又高。萃取前先将固体物质研碎，以增加固液接触的面积。然后将固体物质放在滤纸套内，置于提取器中，提取器的下端与盛有溶剂的圆底烧瓶连接，上面接回流冷凝管。加热圆底烧瓶，使溶剂沸腾，蒸气通过提取器的支管上升，被冷凝后滴入提取器中，溶剂和固体接触进行萃取，当溶剂面超过虹吸管的最高处时，含有萃取物的溶剂虹吸回烧瓶，因而萃取出一部分物质，如此重复，使固体物质不断为纯的溶剂所萃取、将萃取出的物质富集在烧瓶。这种方法适用于提取溶解度较小的物质，但当物质受热易分解和萃取剂沸点较高时，不宜用此种方法。

四、超声波辅助提取

超声波辅助萃取是利用超声波辐射压强产生的强烈空化作用、扰动效应、高加速度、击碎和搅拌作用等多级效应，增大物质分子运动频率和速度，增加溶剂穿透力，从而加速目标成分进入溶剂，促进提取的进行。

超声波能量利用高频率的机械振动波在弹性介质中传播，同时加速介质质点的运动频率传递大提取液中引起提取液分子的高频运动，使被提取物质和提取溶剂利用超声波的能量加速分离。此外，超声波的空化作用相当于微观的爆破作用不断地将被提取物轰击出原物料，使其充分分离加速浸取速率以达到高效提取的目的。

超声波萃取不需高温。在 40～50 ℃水温超声波强化萃取，没有高温水煮，不破坏中药材中某些具有热不稳定，易水解或氧化特性的药效成分。超声波能促使植物细胞地破壁，使萃取物流出。常压萃取，安全性好，操作简单易行，维护保养方便。萃取效率高。超声波强化萃取 20～40 min 即可获最佳提取率，萃取时间仅为水煮、醇沉法的三分之一或更少。萃取充分，萃取量是传统方法的二倍以上。据统计，超声波在 65～70 ℃工作效率非常高。加入超声波后(在 65 ℃条件下)，植物有效成分提取时间约 40 min。而蒸煮法的蒸煮时间往往需要 2～3 h，是超声波提取时间的 3 倍。每罐提取 3 次，基本上可提取有效成分的 90％以上。超声波萃取具有广谱性。适用性广，绝大多数的中药材各类成分均可超声萃取。超声波萃取对溶剂和目标萃取物的性质(如极性)关系不大。因此，可供选择的萃取溶剂种类多、目标萃取物范围广泛。由于超声萃取无须加热或加热温度低，萃取时间短，因此大大降低能耗。超声波萃取药材原料处理量大，成倍或数倍提高，且杂质少，有效成分易于分离、净化。萃取工艺成本低，综合经济效益显著。

超声波辅助提取法适用于商业生产中，超声波提取法在较短的时间具有较高的重现性，因其简化的操作、较低的溶剂消耗和温度，以及更低的能量输入而广泛应用于基质的提取分析。与常规溶剂萃取法相比，该方法具有更好的分离效果，因为抗氧化剂在加热过程易降解影响产率，所以使用热溶剂提取迷迭香不会得到最佳产率，然而超声波可以提供比常规提取更低的温度，进行更有效的提取。超声增强提取归因于细胞壁的破坏、颗粒尺寸的减小和细胞的增强，由于气泡破裂引起空化产生的微流和质量传递的增强导致细胞毁坏、更多的溶剂渗透到迷迭香中。

新鲜迷迭香提取物中抗氧化剂含量比干燥迷迭香含量低，抗氧化剂水平由于在萃取溶剂中的溶解性差而降低，在超声波处理过程中，由于新鲜迷迭香在超声波处理过程中被浸泡，植物中的水分会被释放出来产生自由基，例如羟基和过氧基，因此，该化合物的溶解度特性萃取溶剂被改变。证明水的存在对有效提取抗氧化剂是不利的。

超声波萃取机由两部分组成，超声波萃取系统和超声波驱动系统，萃取系统主要包括超声波换能器、超声波变幅杆、超声波工具头用于产生超声波振动，并将此振动能量向液体中发射（图10-3）。驱动系统产生高频率电流，驱动超声波振动部件工作。

图10-3　超声波萃取机

迷迭香中两个主要的提取物，迷迭香酸和鼠尾草酸，迷迭香酸溶剂中相对容易降解，降解速率取决于溶剂。使用甲醇或乙醇从干燥的迷迭香叶中提取鼠尾草酸和迷迭香酸，在正常的提取条件下，甲醇是更好的选择，提取溶剂优于超声波提取，但两种溶剂提取都通过超声波处理得到改善。这可能是因为迷迭香酸的极性更强酸倾向于极性更大的甲醇溶剂。最高产量每克干燥的叶子得到1.2 mg/g迷迭香酸使用探针的甲醇，而乙醇中只有0.2 mg/g，但是鼠尾草酸在乙醇中提取的鼠尾草酸为6.41 mg/g，而在甲醇中为4.27 mg/g。

使用新鲜植物进行一系列提取，新鲜与干燥材料的产量必须考虑到叶子的含水量，并且发现干燥过程中叶子重量损失了40%。当使用离子交换膜从新鲜迷迭香中提取鼠尾草酸时，15 min内提取的鼠尾草酸的量再提取45 min后降至11.86 mg/g。与干燥的迷迭香相比，鼠尾草酸的提取水平15 min内为15.12 mg/g，45 min之后上升至19.84 mg/g。这差异是因为提取干燥或新鲜叶子的鼠尾草酸必须包含新鲜树叶中的水分。通过向系统中加水清楚地表明，抗氧化剂水平由于在萃取溶剂中的溶解性差而降低，并且可能由于某些降解而降低产量，对于自由基的形成，众所周知，超声波处理水会产生自由基，例如羟基和过氧基，它们会发生反应，与干样品相比，新鲜迷迭香提取物中抗氧化剂含量降低的原因是因为在超声波处理过程中，由于新鲜迷迭香在超声波处理过程中被浸泡，超声波过程植物中的水分会被释放出来，因此，该化合物的溶解度特性萃取溶剂被改变，因此水的存在已经证明对有效提取这种物质是有不利的。

五、离子液体溶液超声波辅助提取

离子液体是一种新型绿色化学物质激发学术界和化学工业的革命。它们通常由一个有机阳离子,最常用的是二烷基咪唑鎓、N-烷基吡啶鎓和四烷基铵盐和无机阴离子如氯、溴、硫酸根、离子液体是合适且有利的新型溶剂,其可以替代传统的挥发性有机化合物作为溶剂,由于其独特的性质,如可忽略的蒸汽压,不燃性,以及良好的有机和无机化合物的溶解度。

用离子膜蒸馏法可以提高乙酸和乙酸的收率,与常规的 HRE 和 MHD 技术相比,这种方法仅使用少量的离子液体可以在较短的提取时间内获得较高的提取率,表明离子液体是优良的萃取剂 ILMSED 是一种更快速和有效的方法,使用离子液体作为萃取溶剂。随着离子的加入液体中,乙酸和乙酸的提取率大大提高。离子液体的结构,尤其是阳离子,对目标成分的萃取产率有显著影响。

六、 微波萃取

微波辅助萃取提高了迷迭香酸的提取率,迷迭香叶除了其他的提取技术,溶剂的选择和合适的水溶剂比例显著提高了提取物中迷迭香酸的含量;发现甲醇/水和乙醇/水的比例(7∶3)是最有效的。

第三节 叶绿素的提取

叶绿素是高等植物中最丰富的天然色素植物和藻类。基本结构由卟啉形成 4 个吡咯环结合形成支架的大环化合物有一个中心镁离子和一个长长的植物醇链。有两种类型的 Chl,通过存在一种与基本结构相连的侧基,即甲基(Chl a)和甲酰部分(Chl b),其中 8,9 Chl 已广泛用于染料、树脂、化妆品工业(肥皂)中的天然着色剂洗液、香水、漱口水和皮革工业。

叶绿素可以通过浸渍提取,超声波和微波辅助程序,超临界流体萃取加压液体萃取,使用不同的溶剂,如甲醇(甲醇),乙醇、丙酮和氯仿提取。除了叶绿素外,其他生物化合物也可以联合提取,因此,有必要对生物分子进行纯化,使其达到合适的纯度。

叶绿素的提取是在弱光下在轨道振荡器上进行的,在 200 r/min 的速度下运行 0~120 min,使用几个条件,如不同浓度 Triton X-100 在磷酸盐缓冲液,温度(25 ℃、30 ℃、40 ℃和 50 ℃)和固液比例(1∶10、1∶25、1∶50 和 1∶100)。加入不同量的迷迭香叶,最终体积的磷酸盐缓冲液中的表面活性剂水溶液 5 ml。首先,称量样品,然后是加入萃取剂提取,样品以 2 000 r/min 的速度离心 10 min,以分离第一种不含生物质的提取物。为了比较表面活性剂水溶液在磷酸盐缓冲液中的作用,使用有机溶剂行提取。

参考文献

[1] SUI XY, LIU TT, MA CH, et al. Microwave irradiation to pretreat rosemary (*Rosmarinus officinalis* L.) for maintaining antioxidant content during storage and to extract essential oil simultaneously [J]. Food Chemistry, 2012, 131(4): 1399-1405.

[2] LIU TT, SUI XY, ZHANG RR, et al. Application of ionic liquids based microwave-assisted simultaneous extraction of carnosic acid, rosmarinic acid and essential oil from Rosmarinus officinalis [J]. Journal of Chromatography A, 2011, 1218(47): 8480-8489.

[3] REZZOUG SA, BAGHDADI MW, LOUKA, N, et al. Study of a new extraction process: controlled instantaneous decompression. Application to the extraction of essential oil from rosemary leaves [J]. Flavour and Fragrance Journal,

1998,13(4)：251－258
[4] BERNATONIENE J，CIZAUSKAITE U，IVANAUSKAS L，et al. Novel approaches to optimize extraction processes of ursolic，oleanolic and rosmarinic acids from Rosmarinus officinalis leaves [J]. Industrial Crops & Products，2016(84)：72－79.
[5] PAULA GC，AMANDA FV，ISABELLA FN，et al. Integrative process to extract chlorophyll and purify rosmarinic acid from rosemary leaves (*Rosmarinus officialis*)[J]. Journal of Chemical Technology & Biotechnology，2020,95(5)：1503－1510
[6] PANIWNYK L，CAI H，ALBU S，et al. The enhancement and scale up of the extraction of anti-oxidants from Rosmarinus officinalis using ultrasound.[J]. Ultrasonics sonochemistry，2009,16(2)：287－292.

第十一章　迷迭香的临床应用

迷迭香起源于地中海沿岸的欧洲及北非地区，且广泛分布和种植，具有悠久的使用和研究历史。欧洲自古以来便经常将迷迭香用做烹饪、提取香料以及各类宗教仪式。例如古希腊人称迷迭香为“熏香灌木”，他们在神龛中燃烧迷迭香，用以替代熏香的效果；古罗马人将迷迭香奉为神圣的植物；古埃及人的墓穴中也发现有迷迭香的使用痕迹。

迷迭香是具有丰富价值的药食同源的植物，也是最早应用于医药的植物之一，在欧洲的草药中有着重要的地位。人们常常对迷迭香提神醒脑，改善记忆的功效加以利用，据传早在古希腊，人们已开始将迷迭香作为益智药使用，学生在读书、考试期间会点燃迷迭香，以提神醒脑、增强记忆力；印度医学记载中将迷迭香用以治疗神经紧张所致的消化不良和偏头痛；至今一些欧美人仍习惯于在室内点燃迷迭香精油，使其浓郁的香气增添生活情趣。

中国对迷迭香的引种较晚，虽然早在三国魏晋时期就有迷迭香传入中国，但多在园圃中栽培，鲜有大规模的商业栽培，中国在对迷迭香的科学研究和开发应用不如欧洲广泛和深入。

在长期的研究中发现，迷迭香具有丰富而独特的活性成分，也具有多样的的功效。迷迭香提取物及其组分中含有迷迭香酸、鼠尾草酸、迷迭香酚、鼠尾草酚等多种活性成分，药理学研究表明，依托于这些活性成分，迷迭香具有抗氧化、抗微生物、抗肿瘤、抗菌、抗炎、抗糖尿病、镇痛、抗胃溃疡、保肝等多种作用。这些特性逐渐引起科学家的重视，在临床、药品、食品、化妆品工业等领域中得以广泛的探索及应用。迷迭香的活性成分所表现出的消炎、抗肿瘤、调节脂质代谢、降血糖、保肝降酶等功效，也成为当前国内外科研和临床探索的热门问题。

一、药用历史

迷迭香属（*Rosmarinus*）中仅迷迭香（*Rosmarinus officinalis* L.）具有药用价值。《欧洲药典》（第 5 版）和《英国药典》（2002 年版）收载迷迭香（*Rosmarinus officinalis* L.）为迷迭香叶和迷迭香油的法定原植物来源种，采用新鲜和干的枝叶及精油入药。

在中国，迷迭香药用历史悠久，其干燥叶入药，夏季采集叶和小枝，阴干备用，药用名为迷迭香叶。彝医称迷迭香为“明定消”，意译为“迷迭香”；也称“觅迭写”“哦堵拿”，意译为“治疗头痛的药”。中国早在《本草拾遗》一书中已经对迷迭香有记载，此后历代本草著作也多有著录，古今用药品种一致。

【药性】味辛，性温。

1.《本草拾遗》：“辛，温，无毒。”

2.《海药本草》:"平。"

3.《彝药本草》:"辛,温,无毒,平。"

【功能与主治】发汗,健脾,安神,止痛。主治各种头痛,防止早期脱发。

1.《本草拾遗》:"主恶气。"

2.《海药本草》:"味平,不治疾。烧之祛鬼气,合羌活为丸散,夜烧之,辟蚊蚋。"

3.《国药的药理学》:"芳香健胃,亢进消化机能。"

4.《中国药用植物图鉴》:"为强壮剂,发汗剂,且为健胃、安神药,能治各种头痛症。和硼砂混合作成浸剂,为优良的洗发剂,且能防止早期秃头。"

5.《彝药本草》:"健胃,安神,发汗。主治各种头痛,心脑血管方面的疾病。"

6.《植物学大辞典》:"迷迭香之叶,用为通经药。又将其枝叶蒸熘之,采取迷迭油,以之供外用,亦间有内用者。此油有毒,故用时若其量过多,足以致死。"

二、 功效及临床应用

(1) 中医理论认为,迷迭香有发汗、健脾、安神、止痛的功效,在临床用药中,迷迭香常用于治疗各种头痛,防止早期脱发。彝药中将迷迭香用于治疗外感头痛、头风痛、脾虚湿滞、脘腹胀满、虚劳发热。

(2) 迷迭香有提神醒脑的作用。可促进头部血液循环,活化脑细胞,使头脑清醒,增强记忆力。可改善紧张的情绪、郁闷和嗜睡。在人软弱疲惫之时,迷迭香能使人充满活力,强化心灵,可用于缓解头痛和周期性偏头痛症状,并有助于缓解长期紧张和由此引发的各类慢性疾病。

(3) 迷迭香是一种强心剂与心脏刺激剂,可升高血压,缓解低血压症状,调理贫血。调理由于循环不足导致的虚弱,有助于缓解感冒、气喘、慢性支气管炎与流行性感冒等的症状。

(4) 迷迭香用做内服,可促进肾上腺活动,增强机体消化功能,改善循环功能及消化功能的不足,缓解结肠炎、消化不良、胀气和胃痛的症状。临床上将其用于治疗和缓解胃积气性消化不良、胃痛、头痛、精神紧张等,改善肝脏充血现象,减轻肝炎、肝硬化、胆结石、黄疸及胆管阻塞的症状。

(5) 迷迭香可作为收敛剂,有紧实效果。可缓解皮肤充血、浮肿、肿胀的症状。对松垮的皮肤恢复和头皮失调有帮助,能改善头皮屑过多的症状。迷迭香浸剂外搽头皮,能促进毛发生长;与蜀葵根制成混合油剂,可促进头发的生长,用于预防和治疗早期脱发。

(6) 根据民间应用经验,迷迭香叶具有驱风功效、解痉、利胆、通经等功效。迷迭香碱有中度镇痛作用,迷迭香精油也有镇静、止痛作用,因此被用于治疗呼吸紊乱,并广泛用做肾脏绞痛和痛经的止痉挛药物。

(7) 迷迭香外用,可用做治疗风湿病和循环系统疾病支持性疗法的药物。迷迭香洗剂和稀释的精油可用于治疗肌肉疼痛和风湿病。

(8) 迷迭香制剂在妇科中可用作催经药,对于更年期的神经紊乱所致的月经过少或停经,可用迷迭香制剂加速月经来潮。

三、 用法与用量

1. 迷迭香内服用法与用量

(1) 煎汤:4.5～9 g。

(2) 茶剂:生药 10 g 加 1 杯沸水(250 ml),浸泡 10～15 min,内服。

(3) 酊剂:2 ml,温水冲服,1 日 2 次。

(4) 彝药用药经验:每用全草 10～20 g 置容器内加盖开水焖服。

2. 迷迭香外用用法与用量

(1) 适量,浸水洗。

(2) 浸剂或精油适量加入浴缸中,洗浴,可提高精力。

(3) 浸剂,外搽头皮可治疗促进毛发生长,预防脱发。

四、中成药及复方

1. 迷迭香清肺止咳丸·张文以迷迭香为君药，配伍冬虫夏草、黄芩、前胡、天冬、生地黄及炙甘草等制成了一种迷迭香清肺止咳丸。目的在于利用迷迭香促进微循环和抗氧化的作用，充分发挥冬虫夏草、黄芩及炙甘草等中草药的益气养阴、止咳平喘、清热解毒、顺气祛痰之功效，可用于治疗咳喘痰多、呼吸不畅；急慢性支气管炎及肺气肿等病症。

2. 迷迭香稳心胶囊·张文还发明了一种迷迭香稳心胶囊，以迷迭香提取物为君药，经过炮制后与当归、牛膝、黄芪、党参、玄参、石斛、金银花以及甘草等中草药配伍制得。利用迷迭香促进微循环和抗氧化的作用，使当归、牛膝、黄芪等中药能够到达人体心脏、大脑等器官，充分发挥其药效。可用于治疗心动过速、轻中度动脉粥样硬化性血栓性脑梗死恢复期气虚血瘀症等。

3. 治疗口腔炎症及咽炎的中药组合物·张小飞等发明了一种治疗口腔炎症及咽炎的中药组合物，由迷迭香、丁香、肉桂、薰衣草等中药组成，称其能够除菌、消炎、除口臭，还可以治疗喉咙肿痛和咽炎。

参考文献

[1] COLE R，毕良武，赵振东．欧洲迷迭香的研究状况[J]．生物质化学工程，2006，40(2)：41－44.
[2] 赵中振．当代药用植物典[M]．上海：上海世界图书出版公司，2008.
[3] 袁昌齐，肖正春．世界植物药[M]．南京：东南大学出版社，2013.
[4] 张卫明，袁昌齐，肖正春，等．一带一路经济植物[M]．南京：东南大学出版社，2017.
[5] 刘胜男，马云芳，范刘敏，等．迷迭香活性组分及生理功能研究进展[J]．农产品加工，2019(13)：79－83.
[6] 胡炜彦，于浩飞，张荣平．鼠尾草酸对 Aβ 损伤海马神经元的保护作用研究[J]．天然产物研究与开发，2014，26(4)：490－493.
[7] ULBRICHT C, ABRAMS TR, BRIGHAM A, et al. An evidence-based systematic review of rosemary (Rosmarinus officinalis) by the Natural Standard Research Collaboration [J]. J Diet Suppl, 2010, 7(4): 351－413.
[8] 刘士德，余玉雯，张建华，等．迷迭香抗氧化提取物的应用研究[J]．食品科学，2003，24(2)：95－99.
[9] 杜纪权，徐宏，曹庸，等．迷迭香提取物在玉米油中的抗氧化作用研究[J]．现代食品科技，2011(4)：400－403.
[10] 谢阳姣，时显芸，何志鹏．迷迭香研究进展[J]．安徽农业科学，2010(6)：2951－2952.
[11] 张之道．彝药本草[M]．昆明：云南科技出版社，2006.
[12] 南京中医药大学．中药大辞典[M]．2版．上海：上海科学技术出版社，2006.
[13] 国家中药学管理局《中华本草》编委会．中华本草[M]．上海：上海科学技术出版社，1998.
[14] 云南省楚雄彝族自治州食品药品监督管理局，昆明医学院．彝族药材现代研究[M]．昆明：云南科技出版社，2009.
[15] 屠鹏飞，徐占辉，郑家通，等．新型资源植物迷迭香的化学成分及其应用[J]．天然产物研究与开发，1998，10(3)：62－68.
[16] 冉先德，徐扣根，伍超．中华药海[M]．哈尔滨：哈尔滨出版社，1993.
[17] 王莹，魏金庚，靳鹏，等．迷迭香的使用价值与文化价值探讨[J]．现代农业科技，2016(5)：171.
[18] WANG JY, XU HM, JIANG H, et al. Neurorescue effect of rosmarinic acid on 6-hydroxydopamine-lesioned nigral dopamine neurons in rat model of Parkinson's disease [J]. Journal of Molecular Neuroscience, 2012, 47(1): 113－119.
[19] 齐锐，董岩．迷迭香的化学成分与药理作用研究进展[J]．广州化工，2012，40(11)：43－46.
[20] 陈美云．迷迭香高效无毒抗氧化剂的开发利用[J]．生物质化学工程，2000，34(3)：28－30.
[21] 李婷婷，励建荣，胡文忠，等．迷迭香对冷藏鲅鱼蔬菜鱼丸的保鲜效果[J]．中国食品学报，2012，12(11)：90－96.
[22] 尤茹，马雪倩，吴炳火，等．迷迭香酸药理作用研究进展[J]．四川生理科学杂志，2015(2)：93－96.
[23] 李兆亭，林涛，申基雪，等．迷迭香对冷鲜肉抑菌及其保鲜作用的影响[J]．食品研究与开发，2017，38(21)：181－186.
[24] 余翔，冯艳丽，石鹤，等．冷鲜肉天然保鲜剂研究进展[J]．食品工业，2015(10)：238－241.
[25] GAO MS, FENG LF, JIANG TJ, et al. The use of rosemary extract in combination with nisin to extend the shelf life of pompano (Trachinotus ovatus) fillet during chilled storage [J]. Food Control, 2014, 37(1): 1－8.
[26] 王文中，王颖．迷迭香的研究及其应用——抗氧化剂[J]．中国食品添加剂，2002(5)：60－65.
[27] 冷桂华，邹佑云．迷迭香在食品工业中的应用[J]．安徽农业科学，2007，35(21)：6587－6588，6595.
[28] BRAGAGNOLO N, DANIELSEN B, SKIBSTED L H. Effect of rosemary on lipid oxidation in pressure-processed, minced chicken breast during refrigerated storage and subsequent heat treatment [J]. European Food Research & Technology, 2005, 221(5): 610－615.
[29] 刘庆慧，李勃生．δ－维生素 E 和迷迭香在鲱鱼油中的抗氧化效果[J]．海洋科学，1998(4)：64－66.

[30] Sebranek JG, Sewalt VJH, Robbins KL, et al. Comparison of a natural rosemary extract and BHA/BHT for relative antioxidant effectiveness in pork sausage [J]. Meat ence, 2005,69(2): 289 - 296.
[31] JONGBERG I, TORNGREN MA, GUNVIG A, et al. Effect of green tea or rosemary extract on protein oxidation in Bologna type sausages prepared from oxidatively stressed pork [J]. Meat Science, 2013,93(3): 538 - 546.
[32] NASSU RT, GONCALVES LA G, SILVA MAAPD, et al. Oxidative stability of fermented goat meat sausage with different levels of natural antioxidant [J]. Meat Science, 2003,63(1): 43 - 49.
[33] NISSEN LR, BYRNE DV, BERTELSEN G, et al. The antioxidative activity of plant extracts in cooked pork patties as evaluated by descriptive sensory profiling and chemical analysis [J]. Meat Science, 2004,68(3): 485.
[34] DOOLAEGE EHA, VOSSEN E, RAES K, et al. Effect of rosemary extract dose on lipid oxidation, colour stability and antioxidant concentrations, in reduced nitrite liver ptés [J]. Meat Science, 2012,90(4): 925 - 931.
[35] 董文宾,李龙章.迷迭香的抗氧化性及有效成份研究[J].精细化工,1991(1): 9 - 15.
[36] 大久保贵泰.食品保质剂及保质器具以及保质器具的用途: CN 98100058[P]. 1998 - 01 - 20.
[37] 柴向华,陈春,吴克刚,等.迷迭香提取物与微胶囊化对鸡油抗氧化作用的研究[J].中国食品添加剂,2012(6): 83 - 87.
[38] 李永菊,丁玉勇.天然植物食用香辛料在烹调中的应用[J].中国调味品,2010,35(12): 113 - 116.
[39] 李玉邯.天然香料迷迭香及其提取物开发应用的研究进展[J].中国调味品,2017,42(12): 178 - 180.
[40] 张婧,熊正英.天然抗氧化剂迷迭香的研究进展及其应用前景[J].现代食品科技,2005,21(1): 135 - 137.
[41] 吴蒙,徐晓军.迷迭香化学成分及药理作用最新研究进展[J].生物质化学工程,2016,50(3): 51 - 57.
[42] BADREDDINE BS, OLFA E, SAMIR D, et al. Chemical composition of Rosmarinus and Lavandula essential oils and their insecticidal effects on Orgyia trigotephras (Lepidoptera, Lymantriidae)[J]. Asian Pacific Journal of Tropical Medicine, 2015,8(2): 98 - 103.
[43] 马艳粉,杨新周,田素梅.迷迭香的应用现状和将来的研究方向[J].南方园艺,2019,30(4): 56 - 59.
[44] PAPACHRISTOS DP, STAMOPOULOS DC. Repellent, toxic and reproduction inhibitory effects of essential oil vapours on Acanthoscelides obtectus (Say) (Coleoptera: Bruchidae)[J]. Journal of Stored Products Research, 2002,38(2): 117 - 128.
[45] HORI Masatoshi. Repellency of Rosemary Oil Against Myzus persicae in a Laboratory and in a Screenhouse [J]. Journal of Chemical Ecology, 1998,24(9): 1425 - 1432.
[46] WALIWITIYA R, KENNEDY CJ, LOWENBERGER CA. Larvicidal and oviposition-altering activity of monoterpenoids, trans-anithole and rosemary oil to the yellow fever mosquito Aedes aegypti (Diptera: Culicidae)[J]. Pest Management Science, 2010,65(3): 241 - 248.
[47] ZHANG ZQ, SUN XL, XIN ZJ, et al. Identification and Field Evaluation of Non-Host Volatiles Disturbing Host Location by the Tea Geometrid, Ectropis obliqua [J]. Journal of Chemical Ecology, 2013,39(10): 1284 - 1296.
[48] Bomfim NDS, Nakassugi LP, Oliveira JFP, et al. Antifungal activity and inhibition of fumonisin production by *Rosmarinus officinalis* L. essential oil in *Fusarium verticillioides* (Sacc.) Nirenberg [J]. Food Chemistry, 2015(166): 330 - 336.
[49] 赵杰,倪秀红.迷迭香精油对几种植物病原菌的抑菌活性研究[J].北方园艺,2009(9): 33 - 35.
[50] 张文.迷迭香清肺止咳丸: CN108114214A [P]. 2018 - 06 - 05.
[51] 张文.迷迭香稳心胶囊: CN108126115A [P]. 2018 - 06 - 08.
[52] 张小飞,杨明,伍振峰,等.一种治疗口腔炎症及咽炎的中药组合物及其制备方法: CN106420938B [P]. 2019 - 11 - 12.

第十二章　迷迭香的开发利用

迷迭香作为一种天然香料植物，带有特殊的芳香气味，可以提炼精油，而且具有良好的抑菌、抗氧化功能，加上其天然无毒、稳定性好等优点，具有工业价值、药用价值和食用价值，近些年被广泛用在医药、保健品、日化用品和食品保鲜等领域。

第一节　迷迭香在日化产品中的开发利用

迷迭香的香味成分主要来源于不含氮的芳香族化合物，以芳香型香气为主，含少量的辛味成分。提取的迷迭香精油通常为无色至淡黄色的挥发性液体，具有特有的清凉、香辛气味和甜樟脑气息的药草香，香气强烈而持久。

在欧美地区，将迷迭香精油用做香料有着悠久的历史。将迷迭香精油用作化妆品加香，常用于古龙水及香水。西班牙和北非等地曾用迷迭香生产高含量的天然樟脑花，用嫩枝提取芳香油，用于调配空气清洁剂、香水和香皂等，还可以应用于洗发水、生发剂、护肤油、洗衣膏和牙膏香精等日用化工品的原料。

迷迭香的各类活性成分均具有很强的抗氧化性，能够很好地清除机体自由基，促进纤维芽细胞增殖，抑制弹性蛋白酶、胶原酶，对由此产生的疾病防治和延缓衰老均能起到很好的效果，具有活肤的作用。因此，迷迭香酸是优良的化妆品添加剂，不仅具有较强的收敛作用，使皮肤更加细腻平整，还能消除脂肪、使皮肤紧张柔韧，可起到抗感染、去色斑、抗氧化、增加弹性、去疱疹等功效。并且迷迭香抗氧化剂还克服了 SOD 等酶类化妆品添加剂性质不稳定的缺陷，可用于护肤、抗衰化妆品以及防晒、生发、护发产品中，已有多项相关的专利。

（一）迷迭香面膜

面膜是日常生活中常见的一种护肤品，主要用于保养面部皮肤，迷迭香因具有抗氧化、抗菌和促进血液循环等作用，以及特殊的香味，可以很好地应用在面膜中，能够有效清洁皮肤和抵抗皱纹。罗伟和刘学生发明了一种迷迭香纯露保湿面膜，先用迷迭香叶通过蒸馏获得迷迭香纯露，用来代替面膜制作过程中要用的水，再加上迷迭香提取物和其他保湿因子，能够有效提高面膜的功效，称其具有深层补水保湿和延缓衰老的作用。谷令彪等采用分子蒸馏技术等技术，获取高纯度的迷迭香精油与纯露，制作了一种迷迭香撕拉面膜，表示该面膜在美白、保湿、抗氧化、抑菌等方面具有一定优势。陆映菲也发明了一种美白面膜，含有迷迭香成分，称其具有消炎、祛痘、美白等功效。

（二） 迷迭香牙膏

迷迭香的抗菌作用可以很好地应用在牙膏中，清洁口腔卫生。付大亮利用迷迭香具有抗菌、消炎以及含有特殊香味等特点，采用多种形态的迷迭香活性产品为原料，再配以蒲公英提取物、黄芩提取物、超微细化臭氧茶油等，发明了一种迷迭香牙膏，称其不仅可以去除口腔内异味，维持口腔健康，还具有迷迭香的清香气味。周昌琼也发明了一种含有植物提取物的牙膏，包含鼠尾草、迷迭香、九里香、肉桂、甘草和薄荷，称其具有杀菌、抗炎、抗感染等功效，能有效预防龋齿、牙石和牙菌斑，缓解牙龈出血和牙疼咽痛。Valones 等采用随机对照双盲实验，选取了 110 名志愿者分为实验组和对照组，对迷迭香牙膏进行了临床评价，发现与传统牙膏相比，迷迭香牙膏能够有效治疗牙龈出血和减少菌斑的产生。

（三） 迷迭香沐浴露

沐浴露又称沐浴乳，是指洗澡时使用的一种液体清洗剂，将迷迭香添加在沐浴露中既可以增加香味还可以杀菌止痒，清洁皮肤。严敬华发明了一种纯天然迷迭香薄荷沐浴露，他发现利用迷迭香精油良好的抗氧化性和抗菌作用，配合薄荷油、柠檬酸以及丙三醇、丙二醇等稳定剂，可以使沐浴露具有稳定性好、气味清香、清洁抗菌、柔顺滋润和保湿滋养等功能。陈杨明利用迷迭香提取物加上蜂蜜、珠光膏、黄丹和蛇床子发明了一种中草药沐浴露，发现其中的有效成分迷迭香不仅香味独特，还能够发挥抗氧化、杀菌消炎、延缓衰老等功效。连宾等也发明了一种迷迭香沐浴露，利用迷迭香的抗菌抗氧化、提神醒脑、促进血液循环以及具有独特香味等特点，使沐浴露达到保健功效，称其具有消毒杀菌，减轻肌肉疲劳、嫩肤、护肤等功效。

（四） 迷迭香洗发水

由于生活压力的增大和不良的生活习惯，越来越多的人都面临脱发的困扰，洗发水已经不仅用于清洗头发，还要求护发防脱的作用，因此，含有植物提取物的洗发水近些年受到广大消费者的青睐。

柏圣官将迷迭香用水提取，加上维生素 B_5 和甘油及其他辅料，制作了一种迷迭香洗发水，表示利用迷迭香促进血液循环，增加头皮供血，可以有效防止脱发。苏建丽在传统洗发水的基础上加入迷迭香精油，使迷迭香能够促进血液循环，活化脑细胞，并散发出令人头脑清醒的香味，还能够减少头皮屑，刺激毛发生长，改善紧张情绪。田鹏新用银杏和迷迭香提取物，加上广谱抑菌除油剂及其他辅料，发明了一种银杏-迷迭香除菌控油洗发水，利用迷迭香中迷迭香酸和鼠尾草酸的亲脂性和抗菌活性，使有效成分能够渗入毛囊，清除毛囊中较小的脂肪粒并达到杀菌止痒的效果，对脂溢性皮炎有益。付大亮充分利用迷迭香全植株的不同部位提取物，并合理添加茶油、椰子油、蒲公英等成分，发明了一种迷迭香洗发露，称其具有抗氧化、消炎、护发等功效，还可以长久散发出迷迭香的香气。周晓浩利用迷迭香与其他中药配伍生协同作用，发明了一种中药保健洗发香波，称其清爽无刺激，具有清洁杀菌、保健护发的效果。

（五） 迷迭香化妆水

化妆水是一种具有补水保湿和清洁皮肤作用的护肤品，一般为透明液体，包括爽肤水、收敛水、保湿水、柔肤水等多个品种。已被越来越多的人作为日常用品，加工原料也日益丰富，但化学物质容易对皮肤产生刺激，人们更倾向于使用天然、绿色、安全的植物提取物作为原料，还能够发挥植物的多种功效。

付大亮采用迷迭香纯露为主要原料，制备了一种迷迭香纯露化妆水，表示利用迷迭香的强抗氧化性,可以激活老化细胞,促进血液循环,改善皮肤油脂分泌平衡,使化妆水具有保水、润肤、美白、紧致皮肤等多重功效。刘汉科也利用迷迭香纯露为底料,加入其他护肤成分,发明了一种迷迭香纯露化妆水,称其具有保湿、美白、延缓衰老的功效,还可以治疗粉刺、皮炎和湿疹。朱建清发明了一种含迷迭香精油的爽肤水,主要成分有迷迭香精油、柠檬精油和苹果醋,称其能够深层清洁皮肤,收缩毛孔,减少皱纹的产生。

(六) 迷迭香空气清新剂

空气清新剂是通过散发香味来掩盖异味的一种气雾或喷雾剂,但近些年不断发现,有一些空气清新剂中含有对人体有害的化学物质,严重危害人类健康,尤其是孕妇。因此,天然植物香成分逐渐受到关注。董坤利用迷迭香精油制作了一种空气清新剂,称其不仅气味清香,还可以杀菌驱虫,并且安全无污染。姚素梅也发明了一种迷迭香叶驱蚊空气清新剂,含有迷迭香叶提取液、柠檬精油、薄荷脑、香茅精油等,表示其无刺激性,无毒副作用,驱蚊效果好,气味清香,还有提神作用。

(七) 迷迭香驱蚊产品

花露水是用香料配以乙醇制成的一种香水类产品。陈召林利用迷迭香中的有益成分发明了一种迷迭香花露水,称其不仅可以驱蚊驱虫,还可以治疗蚊虫叮咬后的红肿、瘙痒。费有贵发明了一种婴儿用驱蚊花露水,含有迷迭香精油等多种天然产物,称其安全无害,具有植物清香,可长效驱蚊。徐广鑫将迷迭香用在电蚊香液中,表示其成本低廉、无毒环保,驱蚊效果也很好。

(八) 迷迭香洗衣液

解啸腾等将迷迭香用在洗衣液中,表示可以增加洗衣液的去污能力和香气。

(九) 迷迭香洗手液

肖军平等将迷迭香用在洗手液的制备中,表示不仅增强了洗手液的去污能力,还可以有效抗菌消毒、滋润皮肤。

第二节 · 迷迭香在食品中的开发利用

迷迭香的花和叶子中的活性成分提取物可作为有优良抗氧化性的抗氧化剂和天然保鲜剂,能够有效减缓和降低蛋白质及脂类的氧化程度,并具有显著的抑菌能力。相比当前食品及医药中广泛使用的人工合成抗氧化剂,迷迭香提取物用做抗氧化剂在安全、高效、耐热方面都具有独特的优势,且具有优秀的可溶性及稳定性,能够阻止和延缓食品的氧化变质,提高保存的稳定性,延长贮存期等,具有高效、安全、耐光测温性佳、稳定性好、使用方便的优良特性,其独特的香味还能够增添食物的口感,并且安全无毒。近年来逐渐成为食品工程研发的热点。目前在高级油脂、肉制品、海产品、烘焙食品、富油产品、冻干食品、深海鱼油、DHA、EPA、高级香精、口服液、蜂王浆产品、透明包装食品、宠物食品、饮料和糖果等行业中得以应用。

(一) 肉制品

肉制品中含有丰富的脂肪和蛋白质,在加工、储藏过程中极易发生氧化变质和微生物污染,而化学防腐剂又存在一些安全性问题,因此迷迭香作为一种天然无毒的抗氧化剂在肉制品中具有很好的应用前景。

1. 冷鲜肉保鲜 · 迷迭香酸对革兰阳性菌和革兰阴性菌均有强抑制作用,能够抑制金黄色葡萄球菌的生长和生物膜的形成,是天然的食品保鲜剂。使用迷迭香与乳酸链球菌素可制成复合型保鲜剂，效果要优于单一类型的保鲜剂。迷迭香用于冷鲜肉和水产品的保鲜处理上，能有效增强保鲜剂的抑菌效果和保水效果，降低保鲜剂的使用量，改善食品品质和货架期。Petrová 等的研究发现在真空包装的鸡胸肉中加入 2%的迷迭香精油，在 4 ℃的储藏条件下，能够有效抑制乳酸菌和铜绿假单胞菌的数量。西北农林科技大学制备迷迭香精油壳聚糖纳米制剂对冷藏草鱼肉有很好保鲜作用。

2. 肉制加工品・肉禽、海鲜制品经过预煮、绞碎、切片等工序，极易造成氧化腐败，使得食品产生强烈的异味。迷迭香用于加工肉类制品时，能起到延缓食品氧化变质的功效，改善食品在高温、高压处理及储存过程中的稳定性，保证食品风味、口感和安全性。此外，迷迭香还可以提高肉制品的品质。在一些肉制品、腊肠、冻牛肉等食品中添加迷迭香，能产生特殊的清香味，提高食品的口感，延长食品保质期。

(1) 火腿制品：孙卫青研究发现迷迭香在实验浓度范围内可以显著抑制猪肉和牛肉火腿中 SCCH 的脂肪氧化和红色素的降解。廖婵等发现将迷迭香、茶多酚、VE 及其复合剂喷淋于干腌火腿切块表面，可以有效抗脂质氧化和护色，其中迷迭香的抗氧化活性最好。

(2) 香肠制品：朱伟等采用色差计研究了天然抗氧化剂对乳化香肠色泽的影响，发现迷迭香提取物能够有效保持香肠的色泽。Klavdija 等发现迷迭香提取物 vivox20 和 vivox4 对真空包装的法兰克福香肠均具有抗氧化和抗菌特性。Nassu 等发现 0.05%浓度的迷迭香提取物对发酵羊肉香肠具有良好的抗氧化作用。Sang 等研究了百里香和迷迭香对冷藏香肠品质特性的影响，发现添加了百里香和迷迭香粉末的香肠在 10 ℃储藏 6 周后，降低了香肠样品的亚硝酸盐的残留量、总蛋白含量和乳酸菌含量，提高了 DPPH 自由基清除活性，而对香气、风味和总体可接受性没有显著影响。

(3) 猪肉饼：殷燕等比较了不同质量分数的迷迭香提取物对真空包装熟猪肉饼在冷藏过程中抗氧化和抑菌能力，发现各处理组均具有较好的抗脂肪氧化和抑菌能力，其中添加 0.09%迷迭香提取物的猪肉饼在冷藏 1 天时的抗氧化效果与 0.02%BHT(二丁基羟基甲苯)相当，并在一定程度上能够改善其质构特性。王正荣等通过研究发现，迷迭香能够有效提高壳聚糖涂膜对猪肉饼的保鲜效果和感官效果，复合使用有效抑制肉饼的菌落总数和 pH 的增加，添加质量浓度为 0.10 g/100 ml、0.15 g/100 ml 迷迭香溶液能使冷藏肉饼的货架期延长至 15 天左右。Nissen 等研究了迷迭香、绿茶、咖啡和葡萄皮提取物在零售条件下(10 天，4 ℃)对猪肉饼的抗氧化效果，发现迷迭香提取物效果最好，可以有效延缓猪肉饼的脂质氧化。

(4) 鸡肉汉堡：Daiane 等发现迷迭香冻干提取物在 4 ℃的储藏条件下，对鸡肉汉堡具有很好的抗氧化性，能抑制 48.29%的脂质氧化(贮藏 21 天)，丙二醛的生成量较低，可作为天然抗氧化剂用于鸡肉汉堡。

3. 肉类菜肴・张海豹通过单因素对比试验，研究了 3 种肉类菜肴在添加迷迭香前后的品质差异，发现迷迭香能够显著改善和保持肉类菜肴的颜色和质地。

(二) 油脂制品

迷迭香的优秀抗氧化性能可作为稳定剂，有效适用于大豆油、花生油、棕榈油、菜籽油、猪油、胡萝卜色素等相关制品中，可有效地防止不饱和分子免于氧化破坏，起到稳定产品颜色、防止其氧化降解腐败、提高感官品质、增加储藏时间的作用。迷迭香提取物的抗氧化能力优于人工合成抗氧化剂 BHA，并在高温条件下表现出更强的抗氧化能力和很好的可溶性及稳定性，能耐受喷雾干燥、挤压及烘烤的高温，性质非常稳定，对油脂的稳定效果远远优于合成类的抗氧化剂。

1. 葵花籽油・韩淑琴等采用 Schaal 烘箱试验法，比较了多种抗氧化剂对葵花籽油稳定性的影响,发现迷迭香提取物对葵花籽油具有较强抗氧化作用,抗氧化效果优于 BHT 和 BHA(丁基羟基苯甲醚)($P<0.05$),略差于 TBHQ(特丁基对苯二酚)。

2. 花生油・毛绍春等通过多因素比较,发现迷迭香抗氧化剂在花生油中的抗氧化效果优于 PG(没食子酸丙酯)和 BHA,但用量不宜超过 0.03%,温度不宜超过 150 ℃。

3. 澳洲坚果油・郑依等通过 Rancimat 法快速测定了迷迭香提取物、茶多酚和 BHT 等 3 种抗氧化剂对澳洲坚果油样品的诱导时间,发现添加质量分数为 0.08%的迷迭香提取物对澳洲坚果油的抗氧化活性最好,能够显著延长的氧化诱导时间。并且可以提高 DPPH 和 ABTS 自由基清除能力。

4. 大豆油・Ramalho 等向精制大豆油中添加 1 g/kg 迷迭香提取物,在 180 ℃加热。在 0 h、2.5 h、5 h、7.5 h 和 10 h 的热氧化后,通过氧化稳定性测定,发现迷迭香提取物在高温下具有抗氧化作用,可作为替代抗氧化剂。Casarotti 等分别将未添加抗氧化剂、3 g/kg 迷迭香提取物(RE)、50 mg/kg TBHQ 以及这两种抗氧化剂(RE+TBHQ)混合物的大豆油样品加热至 180 ℃。在 0 h、10 h 和 20 h 后,测定其氧化稳定性,发现迷迭香提取物具有更高的抗氧化能力,并且与 TBHQ 没有协同作用。

5. 酥油・Rahila 等的研究发现 0.1%的迷迭香提取物可以提高酥油的抗氧化能力,延长其货架期,而不会影响产品的内在质量;还可以提高酥油在油炸过程中的热稳定性。

6. 其他・Ozcan 等的研究也表明迷迭香精油对榛子油和罂粟油具有一定的抗氧化作用。

(三) 海产品

迷迭香还被用在鱼类及其加工产品的保鲜中。Li 等研究发现,用茶多酚和迷迭香提取物浸泡结合壳聚糖涂膜对大黄鱼的冷藏保鲜效果显著,在冷藏过程中比对照组延长货架期 8~10 天。Kenar 等将真空包装沙丁鱼在含 10 g 迷迭香或鼠尾草茶提取物的 1 L 蒸馏水中浸泡 4 min,通过一段时间后的微生物鉴定,与未处理组比较,发现迷迭香或鼠尾草茶的天然提取物具有良好的抗氧化和抗菌作用,可用于食品工业中延长货架期。Ucak 等的研究也表明迷迭香提取物与真空包装相结合能够有效地控制大西洋鲭鱼汉堡中细菌的生长和生化指标,可延长货架期,还可以改善口感。刘楠等发现 0.1 g/kg 迷迭香提取物和 0.3 g/kg 葡萄籽提取物合用,对白鲢鱼丸具有良好的抑菌效果,可有效延缓鱼丸劣变,延长货架期。并且能够保持鱼丸良好的质构特性和水分分布,还可以提高鱼丸凝胶强度。

(四) 调料

迷迭香在日常烹调中常作为香料使用,在欧美和北非,迷迭香是一种重要的辛香料,传统的地中海料理中经常添加迷迭香。新粉碎的迷迭香干叶具有桉叶样的清新香气和樟脑样的香韵,有些辛辣和涩感。迷迭香用做香料更适合西式烹调,在牛排、土豆等料理以及烤制品中特别经常使用,法国和意大利使用最多,而东方菜肴则很少使用。

迷迭香香气强烈,少量添加就能够提升食品的香味。在烹饪羊肉、烤鸡鸭、肉汤或烧制马铃薯等菜肴过程中添加迷迭香粉或将叶片与食物共煮,可去除腥味,提高食品风味和清香感;在烤制腌肉过程中加入迷迭香粉可使肉食味道特别鲜美;在豌豆、青豆、龙须菜、花菜、土豆、茄子、南瓜等蔬菜的烹调上亦可使用。在沙拉酱中放入少许迷迭香,可制成香草沙拉油汁;用葡萄酸浸泡干燥的迷迭香,可制成面包的蘸料,也可直接添加到面食(如饼干、面包)中以提升口感。此外,各类烘烤食品、糖果、软饮料和调味品等也经常使用迷迭香,使其风味更加独特。因此,使用迷迭香作为主要原料,配以各种配料,制作出新型的各种有益功效强的食品调料,是一种很好的尝试。

1. 酱油・吴周和等发现丁香、甘草、迷迭香

3 种药材在酱油中具均有较好的抑菌效果，能够抑制细菌、真菌及酵母菌，热稳定性好，活性 pH 较宽，组合配伍使用，效果优于化学防腐剂苯甲酸钠，并且还赋予了酱油一种特殊的香味。

2. 茄香酱汁・范红梅等发现在茄香酱汁中添加 0.1 g/kg 的迷迭香提取物能够显著抑制微生物生长，还具有一定的清除羟自由基的能力，并且在 15 天内对茄香酱汁的风味、pH 和盐度没有显著影响，可以保持茄香酱汁品质，将货架期延长至 15 天。

3. 料酒・徐连生等发明了一种烹调迷迭香料酒，表示将迷迭香用在料酒中，可以提香、保鲜，还具有保健功能。

（五）其他食品

迷迭香及其提取物广泛应用于各类烘焙食品、酱制品、甘薯制品、脱水加工食品、口服液、蜂王浆产品、透明包装食品、饮料和糖果中，能有效起到防腐防霉、抗衰败、祛臭、稳定油脂、保存风味等作用。迷迭香经蒸馏后的残渣提取物亦可作为天然防腐剂，在油炸食品中得以应用。

徐小凤等将迷迭香叶用在葵花籽的煮制过程中，发现迷迭香叶可以提高葵花籽抗氧化性和感官品质，在延长葵花籽的保质期的同时还将迷迭香独有的香味融入其中。通过正交实验确定了最佳的工艺条件为：迷迭香叶添加量 15%，煮制时间 120 min，烘烤时间 100 min。

王莹等用迷迭香酸代替二氧化硫作为抗氧化剂加入到沙棘果酒中，发现迷迭香酸具有较好的抗氧化效果，清除 DPPH 和 OH 自由基的能力优于二氧化硫，并且不会影响果酒发酵，还可以避免二氧化硫对人体健康造成的不良影响。

第三节・迷迭香在保健品中的开发利用

迷迭香具有多种药理活性，既可药用也可食用。迷迭香已被证实是一种具有高抗氧化作用的植物，是优良的天然抗氧化剂，能消除人体内自由基，猝灭单重态氧，是一种延缓衰老药物，可广泛应用于保健药物、保健饮料、口服液等的开发，在日常医疗保健方面具有广泛的用途。

（一）茶或饮料

将迷迭香制作成保健茶或饮料，简单方便，经济实用。迷迭香有特殊香味，饮用能令人镇静安神、醒脑，有助于改善头痛，能改善语言、视觉、听力障碍；帮助治疗风湿痛，动脉硬化，强化肝功能，降低血糖；对消化不良和胃痛具有一定的疗效，亦有助于麻痹的四肢恢复活力。

1. 保健茶・吴新荣等以迷迭香为原料，配伍蜂胶糖、杭白菊、天门冬、麦芽糊精、玫瑰精油、红景天、白附子、洛神花、酸枣仁、龙眼蜜和黑丝草多种中药，发明一种蜂胶美容养颜茶，称其具有通气补血、美白养颜、开胃、安神、解郁、抗皱纹等功效。潘剑虎发明了一种减肥花草茶叶包，含有迷迭香和多种中草药成分，称其不仅口味佳，还具有清脂、消炎、瘦身等功能。付大亮等发明了一种迷迭香花茶，由迷迭香叶与鲜花窨制后与柠檬、薄荷叶、山楂、甘草复配而成，称其具有清凉甘甜、香气浓郁、口感柔和等特点。彭超昀莉等选用新鲜优质的石斛和迷迭香为原料，经过热萃取、浸提、调和、浓缩、沉淀和无菌灌装等过程，制作了一种石斛迷迭香保健茶，称其具有养阴清热、益胃生津、提神醒脑等保健功效。汤汉忠发明了一种安眠茶，以迷迭香、瑰花苞干、菩提叶和甜叶菊为原料，消毒晒干即可，称其可以有效地提高睡眠的质量。何慧艳发明了一种养生花茶，以迷迭香为原料，加上茉莉花、洋甘菊、薄荷叶、玉蝴蝶、蜂蜜和薏苡仁，称其具有润肺、助消化、延缓老化、宜脾胃、强心护肝、降血压、消除紧张疲劳等保健效果。高磊等发明了一种治疗痛风的迷迭香茶，以普洱茶、迷迭香叶、珍珠露水草根、猫须草茎叶为原料，制成迷你小沱茶，称其具有治疗痛风、清热解毒、养肾等功效。

2. 饮料・苏刘花发明了一种含有迷迭香提取液的复合饮料，配合椰子汁、雪莲果汁、紫苏叶提取液和桂花提取液，表示该饮料不仅口味佳，还具有较好的解酒效果。廖乐隽发明了一种迷迭香奶茶，用迷迭香加上梨汁、红茶、鲜牛奶、水、白砂糖和蜂蜜制成。

（二） 酒制品

任伦发明了一种迷迭香红酒，将迷迭香与葡萄浆混合，经过多次发酵、加工制得。表示该红酒营养丰富，风味独特，还具有增强记忆力、提神醒脑、降低血糖、改善头痛和治疗动脉硬化等保健功效。胡志荣发明了一种迷迭香和青梅保健酒，称其醇香可口，还有助于提发挥迷迭香的药用功效。贾京达发明了一种迷迭香保健药酒，迷迭香鲜叶烘烤后搭配干燥的黄芪、当归和枸杞，用白酒和黄酒多次浸泡制得，称该酒具有补气养血、调和阴阳、补益脏腑等保健作用。汪保华等以黑树莓、迷迭香为原料酿造了一种黑树莓迷迭香保健酒，称其口味独特，具有改善新陈代谢、增强人体免疫力等保健作用。

（三） 足疗产品

迷迭香还被用在足疗中，王德其和罗黔超发现用迷迭香粉和盐制成的迷迭香足浴粉，可消炎杀菌，治疗脚气，缓解湿疹、脚汗、脚臭、皲裂、脱皮等症状。连宾等也发明了一种迷迭香保健足浴液，称其能够消毒杀菌、改善睡眠、促进血液循环、减轻疲劳。或者用迷迭香与多种中药组合用于足疗，能够发挥多种药效，达到很好的保健效果。

（四） 保健食品

林俊君将迷迭香制作成一种迷迭香杏鲍菇茶糕，可作为保健食品。徐仁钰和王放林将迷迭香和石斛制成了泡腾片，发现这种方法在保持其养阴清热，益胃生津、提神醒脑等保健作用的同时，还具有保存时间长和便于携带等优点。刘成其将迷迭香装在枕头中做成保健枕，使迷迭香可以通过呼吸和皮肤被人体吸收发挥药理作用，达到保健效果。程斌等将迷迭香和紫荆花制成了一种保健含片，称其具有清热凉血、祛风解毒、提神醒脑等保健作用。

（五） 保健药品

迷迭香中含有大量黄酮类、二萜酚类、迷迭香酸等成分，具有明显解热、镇痛、抗炎、抗氧化、抗血栓和溶解纤维蛋白的活性，是开发解热、镇痛、抗炎、抗肿瘤以及心脑血管疾病等药物的理想原料。利用迷迭香提取物抑制磷酸二酯酶的特性，可开发出专利减肥产品用以治疗脂肪过多性肥胖症。迷迭香提取物和富硒水开发出的药物，可用于治疗静脉曲张、痔疮、湿疹、银屑病和皮肤感染。

（六） 其他保健品

迷迭香精油中富含迷迭香酸，在临床和日常生活中，可直接通过吸嗅的方式，令头脑清醒，记忆力增强，改善紧张情绪，让人活力充沛，振奋提神。

第四节・迷迭香在其他方面的开发利用

（一） 在饲料中的应用

迷迭香因具有抗菌活性，且较为安全，可以作为抗生素替代品添加在动物饲料中。

1. 鸡饲料・杨建生等发现在鸡饲料中添加0.3%的迷迭香草粉，能够增加高温季节蛋鸡的产蛋率和平均日总蛋重，还可以提高蛋黄颜色和血清 ALB 的含量。但较高量的迷迭香草粉(0.9%)会使鸡蛋的蛋壳强度降低。刘亚楠等发现在京海黄鸡饲料中添加迷迭香提取物可以改善肉鸡对饲料的吸收利用能力，增加日增重，降低料重比，还能够提高胸腺指数和血清中总抗氧化能力，有利于提高肉鸡的免疫力和生长功能。Mathlouthi 等发现迷迭香精油能够有效抑制肉鸡体内的大肠埃希菌、印第安纳沙门菌和无害李斯特菌，并提高肉鸡的生长性能，可能是由于迷迭香精油通过降低微生物活性和控制动物胃肠道中潜在的致病微生物来稳定胃肠道微生物群的生态系统，达到促进消化和增强吸收的作用。

2. 牛饲料・ Monteschio 等发现在小母牛的饲料中添加迷迭香精油能够减少牛肉的颜色退化，增加抗氧化活性，并减少脂肪氧化，有助于增加牛肉保质期。

3. 羊饲料・ Chiofalo 等发现在母羊的饲料中添加迷迭香提取物能够增加产奶量并提高奶中蛋白质、酪蛋白、脂肪和乳糖的含量。

4. 鱼饲料・ Zoral 等发现在鲤鱼饲料中加入迷迭香提取物能够有效控制鱼体内的寄生虫。Zilberg 等发现在罗非鱼饮食中添加 16%迷迭香干叶能显著降低 44 g 鱼的无乳链球菌感染死亡率，但对 5.5 g 鱼的类没有效果。

(二) 在卷烟中的应用

孙志涛等发现在卷烟中加入 0.01%的迷迭香浸膏，能够增加卷烟的香气量和香气质，赋予卷烟一种独特的香韵，但加入量过多会影响烟草本香。郭鹏等将迷迭香精油应用到卷烟产品中，发现提高了卷烟中酮类化合物的含量，有效改善了卷烟的口感和烟气润度。汪显国等将迷迭香提取物作为香料添加在卷烟中，表示其可以丰富烟香，增加细腻感、减少刺激、掩盖杂气、提升舒适性。王昱发明了一种迷迭香香型鼻烟，称其安全可靠，具有迷迭香的香气，可以提神醒脑，并辅助戒烟。

在卷烟的过滤嘴中加入一颗可挤爆的液体小胶珠，称为爆珠烟，吸烟者可以在吸烟过程中捏爆，使珠内液体流出，获得更丰富的口感。孙炜炜等将迷迭香做成滴丸，作为爆珠用在卷烟中，表示这种方法能够避免卷烟在燃烧中破坏迷迭香的成分，还可以提高感官舒适度，同时清除卷烟主流烟气中自由基含量。

(三) 在园林绿化中的应用

昆明冶金高等专科学校 2012 年将迷迭香应用于校园绿化，杨照坤等对 8 年来迷迭香的成长情况和绿化效果进行了研究评价，发现迷迭香生命力强，繁殖快，土壤要求不严，适应性强，独立种植效果比较好，香四季常绿，芬芳宜人，人群对其没有不适感，具有不错的观赏效果，比较适合作为绿化植物。

(四) 在防治病虫害方面的应用

迷迭香精油具有杀菌、杀虫、消炎等活性，其杀虫作用主要表现为杀灭毒蛾、螨虫、甘蓝银纹夜蛾等成虫或幼虫，具有驱避产卵、杀卵、杀灭幼虫的活性。研究表明，迷迭香精油中的樟脑可使毒蛾的生长受到抑制，而精油中的 1,8-桉树脑可以使虱的虫卵死亡。迷迭香的植株气味对茶尺蠖成虫有驱避作用，迷迭香精油对于红蜘蛛、蚊子及其虫卵具有很强的杀伤力，对烟蚜、埃及伊蚊、菜豆象有驱避活性，此特性已用以开发各类驱蚊剂和驱虫剂。

此外，迷迭香还具有很强的抗菌活性，常常被用做农作物的抗菌剂。迷迭香精油对串珠镰刀菌、甜瓜蔓枯病菌、西瓜炭疽病菌、甜瓜灰霉病菌、甜瓜枯萎病菌、梨树腐烂病菌、柑橘黑腐病菌、油菜菌核病菌、蚕豆轮纹病菌和桃细菌性穿孔病菌有显著的抑菌活性。

参考文献

[1] 罗伟,刘学生.一种迷迭香纯露保湿面膜及其制备方法: CN110496078A [P]. 2019-11-26.
[2] 谷令彪,杜磊,王爽,等.一种迷迭香撕拉面膜及其制备方法: CN109363994A [P]. 2019-02-22.
[3] 陆映菲.一种美白面膜及其制备方法: CN109172461A [P]. 2019-01-11.
[4] 付大亮.迷迭香牙膏及其制备方法: CN107802579A [P]. 2018-03-16.
[5] 周昌琼.一种含有植物提取物的牙膏的制备方法: CN109549884A [P]. 2019-04-02.
[6] VALONES MAA, SILVA ICGD, GUEIROS LAM, et al. Clinical assessment of rosemary-based toothpaste (*Rosmarinus officinalis* L.): a randomized controlled double-blind Study [J]. Brazilian Dental Journal, 2019,30(2): 146-151.
[7] 严敬华.一种纯天然迷迭香薄荷沐浴露: CN105902417A [P]. 2016-08-31.
[8] 陈杨明.一种中草药沐浴露的配方: CN102440931A [P]. 2012-05-09.
[9] 连宾,田洪跃,俞建平,等.迷迭香保健沐浴露: CN1473557[P]. 2004-02-11.
[10] 柏圣官.一种迷迭香洗发水的生产方法: CN106309224A [P]. 2017-01-11.
[11] 苏建丽.一种迷迭香精华洗发水: CN102895137A [P]. 2013-01-30.
[12] 田鹏新.一种银杏-迷迭香除菌控油洗发水及其制作方法: CN106806252A [P]. 2017-06-09.
[13] 付大亮.一种迷迭香洗发露: CN107802547A [P]. 2018-03-16.
[14] 周晓浩.中药保健洗发香波: CN106265226A [P]. 2017-01-04.
[15] 付大亮,付泽,付雅琴,等.一种迷迭香纯露化妆水及其制备方法: CN104490678A [P]. 2015-04-08.
[16] 刘汉科.一种迷迭香纯露化妆水及其制备方法: CN105055236A [P]. 2015-11-18.
[17] 朱建清.一种含迷迭香精油的爽肤水: CN106309187A [P]. 2017-01-11.
[18] 董坤.一种迷迭香空气清新剂的生产方法: CN106267285A [P]. 2017-01-04.
[19] 姚素梅,刘永春.一种迷迭香叶驱蚊空气清新剂及制备方法: CN102973972A [P]. 2013-03-20.
[20] 陈召林.一种迷迭香花露水的生产方法: CN106176473A [P]. 2016-12-07.
[21] 费有贵.一种婴儿用驱蚊花露水: CN110917050A [P]. 2020-03-27.
[22] 徐广鑫.一种中药电蚊香液: CN105475380A [P]. 2016-04-13.
[23] 解啸腾,赵洪波.一种高效去污洗衣液: CN104479893A [P]. 2015-04-01.
[24] 肖军平,吴永忠,郭峰,等.一种中药抗菌洗手液及其制备方法: CN102949310A [P]. 2013-03-06.
[25] 孙卫青.迷迭香对西式切片火腿色泽和氧化稳定效应的研究[J].食品科技,2014,39(4): 116-121.
[26] 廖婵,靳国锋,章建浩,等.迷迭香、茶多酚、V_E 对干腌火腿贮藏过程中抗脂质氧化及护色效果的研究[J].食品工业科技,2008(8): 82-86.
[27] 未伟,张坤生,任云霞.几种天然抗氧化剂对乳化香肠色度值的影响[J].食品工业科技,2011,32(9): 343-345.
[28] RIŽNAR K, ČELAN Š, KNEZ Ž, et al. Antioxidant and Antimicrobial Activity of Rosemary Extract in Chicken Frankfurters [J]. Journal of Food Science, 2010,71(7): C425-C429.
[29] NASSU R T, GONCALVES L A G, SILVA M A A P D, et al. Oxidative stability of fermented goat meat sausage with different levels of natural antioxidant [J]. Meat Ence, 2003,63(1): 43-49.
[30] SANG K J, CHOI J S, LEE S J, et al. Effect of Thyme and Rosemary on The Quality Characteristics, Shelf-life, and Residual Nitrite Content of Sausages During Cold Storage [J]. Korean journal for food science of animal resources, 2016,36(5): 656-664.
[31] 殷燕,张万刚,周光宏,等.迷迭香提取物对真空包装熟猪肉饼抗氧化和抑菌效果的影响[J].食品科学,2015,36(6): 236-241.
[32] 王正荣,马汉军.迷迭香与壳聚糖涂膜对猪肉饼的复合保鲜效果[J].肉类研究,2016(7): 21-25.
[33] NISSEN L R, BYRNE D V, BERTELSEN G, et al. The antioxidative activity of plant extracts in cooked pork patties as evaluated by descriptive sensory profiling and chemical analysis [J]. Meat Ence, 2004,68(3): 485.
[34] PETROVá J, PAVELKOVá A, HLEBA L, et al. Microbiological quality of fresh chicken breast meat after rosemary essential oil treatment and vacuum packaging [J]. Lucrari Stiintifice Zootehnie Si Biotehnologii, 2013,46(1): 1419-1427.
[35] DAIANE P, SIMIONATTO P R, SERAFINI H L F, et al. Rosemary as natural antioxidant to prevent oxidation in chicken burgers [J]. Food Sci Technol, 2017,37(s1): 17-23.
[36] 张海豹.迷迭香在烹调肉类食物中的应用研究[J].中国调味品,2013,38(8): 117-120.
[37] 韩淑琴,杜玉兰,李志锐.天然抗氧化剂在食用油中的应用与研究[J].保鲜与加工,2016,16(3): 71-74.
[38] 毛绍春,李竹英.迷迭香抗氧化剂在食用油脂中的应用[J].保鲜与加工,2006,6(5): 31-32.
[39] 郑依,李丽,吴华,等.天然迷迭香提取物对提升澳洲坚果油氧化稳定性的研究[J].河南工业大学学报(自然科学版),2017,38(3): 73-76.
[40] RAMALHO V C, JORGE N. Antioxidant action of Rosemary extract in soybean oil submitted to thermoxidation [J]. Grasas Y Actes, 2008,59(2): 128.
[41] CASAROTTI S N, JORGE N. Antioxidant Activity of Rosemary Extract in Soybean Oil Under Thermoxidation [J]. Journal of Food Processing & Preservation, 2012,38(1): 136-145.

[42] RAHILA M P, NATH B S, NAIK N L, et al. Rosemary (Rosmarinus officinalis Linn.) extract: A source of natural antioxidants for imparting autoxidative and thermal stability to ghee [J]. Journal of Food Processing and Preservation, 2018,42(2): e13443. 1 - e13443. 10.
[43] OZCAN M M, ARSLAN D. Antioxidant effect of essential oils of rosemary, clove and cinnamon on hazelnut and poppy oils [J]. Food Chemistry, 2011,129(1): 171 - 174.
[44] LI T, HU W, LI J, et al. Coating effects of tea polyphenol and rosemary extract combined with chitosan on the storage quality of large yellow croaker (Pseudosciaena crocea)[J]. Food Control, 2012,25(1): 101 - 106.
[45] KENAR M, OEZOGUL F, KULEY E. Effects of rosemary and sage tea extracts on the sensory, chemical and microbiological changes of vacuum-packed and refrigerated sardine (Sardina pilchardus) fillets [J]. International Journal of Food Ence & Technology, 2010,45(11): 2366 - 2372.
[46] UCAK I, OZOGUL Y, DURMUS M. The effects of rosemary extract combination with vacuum packing on the quality changes of Atlantic mackerel fish burgers [J]. International Journal of Food Science and Technology, 2011,46(6): 1157 - 1163.
[47] 刘楠,李婷婷,王当丰,等.迷迭香与葡萄籽复合保鲜剂对白鲢鱼丸的保鲜效果[J].食品与发酵工业,2017,43(3): 247 - 253.
[48] 徐小凤,张淼,唐维维,等.迷迭香叶对葵花籽抗氧化性的影响研究[J].粮食与油脂,2017,30(11): 64 - 68.
[49] 王莹,刘凤霞,王文庆,等.迷迭香酸在沙棘果酒中的应用研究[J].中国酿造,2018,37(10): 126 - 128.
[50] 吴新荣,吴昊苏,冯红梅.一种蜂胶美容养颜茶: CN107372954A [P]. 2017 - 11 - 24.
[51] 潘剑虎.一种减肥花草茶叶包及其制备方法: CN104186845A [P]. 2014 - 12 - 10.
[52] 付大亮,付泽,付雅琴.一种迷迭香花茶及其制备方法: CN104256021A [P]. 2015 - 01 - 07.
[53] 彭超昀莉,强国庆.石斛迷迭香保健茶的制备方法: CN108835337A [P]. 2018 - 11 - 20.
[54] 汤汉忠.一种安眠茶的制作方法: CN103125656A [P]. 2013 - 06 - 05.
[55] 何慧艳.一种养生花茶及其制备方法: CN105166217A [P]. 2015 - 12 - 23.
[56] 高磊,乔中秋,冼浩源,等.一种治疗痛风的迷迭香茶: CN106070795A [P]. 2016 - 11 - 09.
[57] 苏刘花.一种复合饮料及其应用: CN104970406A [P]. 2015 - 10 - 14.
[58] 廖乐隽.一种迷迭香奶茶及其制造方法: CN103004993A [P]. 2013 - 04 - 03.
[59] 任伦.一种迷迭香红酒的加工方法: CN106085684A [P]. 2016 - 11 - 09.
[60] 胡志荣.一种迷迭香青梅保健酒的制作方法: CN105886222A [P]. 2016 - 08 - 24.
[61] 贾京达,贾培琳,贾宗达.一种迷迭香保健药酒: CN102443529A [P]. 2012 - 05 - 09.
[62] 汪保华,张克明,林鑫.一种黑树莓迷迭香保健酒的酿造方法: CN108913455A [P]. 2018 - 11 - 30.
[63] 王德其,罗黔超.一种迷迭香沐足粉及其制作方法: CN105079097A [P]. 2015 - 11 - 25.
[64] 连宾,蔡景尧,田洪跃,等.迷迭香保健足浴液,CN1473556[P]. 2004 - 02 - 11.
[65] 付大亮,付泽,付雅琴,等.一种迷迭香足浴粉及其制备方法: CN104436116A [P]. 2015 - 03 - 25.
[66] 林锦浩.一种足浴中药软胶囊: CN105477397A [P]. 2016 - 04 - 13.
[67] 罗丁华.一种中药足贴: CN106039243A [P]. 2016 - 10 - 26.
[68] 王亚,周雨晴,储浩侠,等.一种中药足疗组合物: CN105944061A [P]. 2016 - 09 - 21.
[69] 林俊君.一种迷迭香杏鲍菇茶糕及其制备方法: CN106070444A [P]. 2016 - 11 - 09.
[70] 徐仁钰,王放林.一种石斛迷迭香泡腾片的制备方法: CN108740666A [P]. 2018 - 11 - 06.
[71] 刘成其.迷迭香保健枕: CN109077558A [P]. 2018 - 12 - 25.
[72] 程斌,张宏平.一种紫荆花迷迭香保健含片的加工方法: CN108835618A [P]. 2018 - 11 - 20.
[73] 吴周和,徐燕,吴传茂.丁香、甘草与迷迭香的抑菌作用及其在酱油中的应用研究[J].中国酿造,2003(4): 18 - 20.
[74] 范红梅,张超,马越,等.迷迭香和绿茶提取物对 25 ℃贮藏茄香酱汁品质的影响[J].食品工业科技,2017,38(1): 328 - 333.
[75] 徐连生,贾培琳,张升,等.一种烹调迷迭香料酒: CN102894322A [P]. 2013 - 01 - 30.
[76] 杨建生,林雨鑫,安婷婷,等.迷迭香草粉对高温蛋鸡产蛋性能、蛋品质和血清指标的影响[J].中国饲料,2016(19): 9 - 11,25.
[77] 刘亚楠,李爱华,谢恺舟,等.迷迭香提取物对京海黄鸡生长性能、免疫器官指数和血清抗氧化性的影响[J].中国兽医学报,2016,36(7): 1218 - 1223,1272.
[78] MATHLOUTHI N, BOUZAIENNE T, OUESLATI I, et al. Use of rosemary, oregano, and a commercial blend of essential oils in broiler chickens: in vitro antimicrobial activities and effects on growth performance [J]. Journal of Animal Science, 2012,90(3): 813 - 823.
[79] MONTESCHIO JDO, SOUZA KAD, VITAL ACP, et al. Clove and rosemary essential oils and encapsuled active principles (eugenol, thymol and vanillin blend) on meat quality of feedlot-finished heifers [J]. Meat Ence, 2017(130): 50 - 57.
[80] CHIOFALO B, RIOLO E B, FASCIANA G, et al. Organic management of dietary rosemary extract in dairy sheep: effects on milk quality and clotting properties [J]. Veterinary Research Communications, 2010,34(s1): 197 - 201.
[81] ZORAL MA, FUTAMI K, ENDO M, et al. Anthelmintic activity of Rosmarinus officinalis against Dactylogyrus minutus (Monogenea) infections in Cyprinus carpio [J]. Veterinary Parasitology, 2017(247): 1 - 6.
[82] ZILBERG D, TAL A, FROYMAN N, et al. Dried leaves of Rosmarinus officinalis as a treatment for streptococcosis in tilapia [J]. Journal of Fish Diseases, 2010,33(4): 361 - 369.
[83] 孙志涛,费嘉祥,臧亚飞,等.迷迭香浸膏的提取及在卷烟中的应用研究[J].轻工科技,2020,36(3): 4 - 5,7.
[84] 郭鹏,邹艳,张峻松.迷迭香挥发油的提取及其在卷烟中应用研究[J].安徽农学通报(下半月刊),2011,17(4): 83 - 88.
[85] 汪显国,颜克亮,胡巍耀,等.一种迷迭香提取物及其在卷烟中的应用: CN103205314A [P]. 2013 - 07 - 17.

[86] 王昱. 一种迷迭香香型鼻烟：CN103054167A [P]. 2013-04-24.
[87] 孙炜炜，陈胜，祃志明，等. 一种迷迭香烟用香料及其制备方法和应用：CN109022152A [P]. 2018-12-18.
[88] 杨照坤，周慧，何二坤，等. 迷迭香在园林绿化中的应用前景探析[J]. 特种经济动植物，2020，23(6)：20-21.